U0612072

"101 计划"核心教材
数学领域

数学分析（上册）

楼红卫　杨家忠　梅加强　编著

中国教育出版传媒集团

高等教育出版社·北京

内容提要

本教材根据"101 计划"的要求编写。教材的编写基于编者多年的教学经验以及与兄弟院校教师的交流，兼顾了先进性与一定的普适性，注重基础性、思想性以及学科间的融会贯通，精选了例题和习题。

全书共二十一章，包含集合与映射、实数、序列极限、函数极限、连续函数、导数与微分、微分中值定理、不定积分、Riemann 积分、广义积分、数项级数、函数序列与函数项级数、幂级数、多元函数与映射的极限与连续、多元函数微分学及其应用、多元函数的积分学、曲线积分与曲面积分、微分形式简介、场论初步、含参变量积分、Fourier 级数等。

本教材可作为数学类专业数学分析课程的教材或教学参考书，还可供科技工作者参考。

总　序

　　自数学出现以来，世界上不同国家、地区的人们在生产实践中、在思考探索中以不同的节奏推动着数学的不断突破和飞跃，并使之成为一门系统的学科。尤其是进入 21 世纪之后，数学发展的速度、规模、抽象程度及其应用的广泛和深入都远远超过了以往任何时期。数学的发展不仅是在理论知识方面的增加和扩大，更是思维能力的转变和升级，数学深刻地改变了人类认识和改造世界的方式。对于新时代的数学研究和教育工作者而言，有责任将这些知识和能力的发展与革新及时体现到课程和教材改革等工作当中。

　　数学 "101 计划" 核心教材是我国高等教育领域数学教材的大型编写工程。作为教育部基础学科系列 "101 计划" 的一部分，数学 "101 计划" 旨在通过深化课程、教材改革，探索培养具有国际视野的数学拔尖创新人才，教材的编写是其中一项重要工作。教材是学生理解和掌握数学的主要载体，教材质量的高低对数学教育的变革与发展意义重大。优秀的数学教材可以为青年学生打下坚实的数学基础，培养他们的逻辑思维能力和解决问题的能力，激发他们进一步探索数学的兴趣和热情。为此，数学 "101 计划" 工作组统筹协调来自国内 16 所一流高校的师资力量，全面梳理知识点，强化协同创新，陆续编写完成符合数学学科 "教与学"特点，体现学术前沿，具备中国特色的高质量核心教材。此次核心教材的编写者均为具有丰富教学成果和教材编写经验的数学家，他们当中很多人不仅有国际视野，还在各自的研究领域作出杰出的工作成果。在教材的内容方面，几乎是包括了分析学、代数学、几何学、微分方程、概率论、现代分析、数论基础、代数几何基础、拓扑学、微分几何、应用数学基础、统计学基础等现代数学的全部分支方向。考虑到不同层次的学生需要，编写组对个别教材设置了不同难度的版本。同时，还及时结合现代科技的最新动向，特别组织编写《人工智能的数学基础》等相关教材。

　　数学 "101 计划" 核心教材得以顺利完成离不开所有参与教材编写和审订的专家、学者及编辑人员的辛勤付出，在此深表感谢。希望读者们能通过数学 "101计划" 核心教材更好地构建扎实的数学知识基础，锻炼数学思维能力，深化对数学的理解，进一步生发出自主学习探究的能力。期盼广大青年学生受益于这套核心教材，有更多的拔尖创新人才脱颖而出！

田 刚

数学"101 计划"工作组组长

中国科学院院士

北京大学讲席教授

前　言

　　数学分析是高等学校数学类专业本科阶段最重要的基础课之一，它以微积分为核心内容，历经三百余年众多数学大师们的精心打造，理论基础日趋严谨，知识构架更加宏大，与其他学科的交叉不断深入，影响和应用愈加深远，其强大的生命力也越发彰显。基于课程的上述特点和地位，当教育部在 2023 年启动数学领域本科教育教学改革试点工作即"101 计划"时，数学分析教材的撰写被列为核心教材建设项目，本套教材正是在此背景下诞生的。

　　根据教育部关于"101 计划"教材的指导精神，即从课程的基本规律和基础要素出发，借鉴国内外的先进资源和经验，以 26 所数学类基础学科拔尖学生培养基地建设高校为主，以培养高校尖子人才为目标，本书定位于为基础较好的优秀大学生提供一套完整的数学分析教材，主要面向部分试点高校数学类基础学科的拔尖班、实验班等群体，同时也期望能为各高校广大的数学分析任课教师提供一套有益的参考书。

　　微积分的发展大致经过了三个阶段：第一个阶段是从公元前 3 世纪以 Archimedes 为代表的微积分的萌芽状态到 17 世纪后半叶 Newton 和 Leibniz 将微积分发展为独立的学科，彼时的微积分重在解决天文、力学、工程等方面的实际问题。在之后的一二百年间，第一个阶段微积分发展过程中的概念的含糊性和理论基础的欠缺性渐渐显露，使得微积分陷入了深重的危机之中，这一现象直到 19 世纪 Cauchy, Riemann, Liouville 和 Weierstrass 等众多数学家在极限理论等严谨性方面奠基性的工作，才对微积分的定义、概念和定理给出严谨和精准的描述，才力挽数学大厦之危难于不倒，这是微积分发展的第二个阶段。微积分发展的第三个阶段大致始于 19 世纪末，随着问题研究的进一步深化，各种深层次的问题层出不穷，尤其一些悖论的出现，再度引起数学根基的动摇，人们发现，严格性与精确性其实只解决了逻辑推理本身这个基础问题，而逻辑推理所依存的理论基础才是更根本也更难解决的问题，甚至人们连实数系也并不完全了解。这一时期的混乱最终得益于 Dedekind, Cantor, Lebesgue 等数学家对实数理论、集合论等基础性问题的厘清，微积分创建的过程才算得以终结。在同一时期，Grassmann, Poincaré 和 Cartan 等人又发展了外微分形式的语言，并利用外微分形式的语言把微分和积分这一对矛盾统一在 Stokes 积分公式中, 这就使得 Newton 和 Leibniz 的微积分基本公式达到了一个统一的新的高度, 微积分也渐渐融入现代分析的洪流。

下面对本套教材主要内容和特点作一简要介绍。由于数学分析是非常成熟的一门基础课程, 市面上也有大量的数学分析教材, 因此我们只着重介绍和大多数传统教材有较大区别的地方。

教材前两章属于数学分析内容的立足之本。第一章介绍了数学中两个最基本的概念: 集合与映射, 着重复习了数学中的底层逻辑语言和相关概念与性质。第二章详细讨论了实数系的构造及其基本性质, 实数系是数学分析研究对象所处的底层空间, 其重要性不言而喻。这部分内容对于初学者而言既是重点也是难点。

第三章和第四章旨在打造分析学的最基本工具之一: 极限。具体来说, 第三章是关于数列极限的讨论, 这里汇集了所谓的实数完备性的几个等价的大定理、它们的证明以及应用。第四章是与数列极限平行的内容, 即函数的极限。

在引入了微积分研究对象所处的基本舞台 —— $\mathbb{R}$ 和所用的基本工具 —— 极限后, 数学分析的角色——函数, 在第五章登场。在本章, 我们主要讨论了函数的连续性。紧随函数的连续性讨论, 第六、七两章讨论了函数的微分及其应用。我们详细讨论了经典导数定义的本质定位, 从而由此可以给出多种导数定义的自然推广。在应用部分, 我们介绍了几个理论上非常重要的微分中值定理。

第八章的不定积分是由微分转向积分的过渡章节, 本章的特点之一是在没有引入定积分的定义前, 给出了连续函数必有原函数的直接证明。另外, 这一章有若干道关于不定积分较为新颖的习题。

从第九章开始, 我们转向了本套教材的第二册, 即中册。除了第十四和第十五章是关于多元函数的内容外, 其余章节全部是围绕着研究对象的"求和"展开的。当求和对象为函数时, 对应的求和表现为定积分; 当求和对象为数列或者函数列时, 表现为数项级数或函数项级数。函数项级数的一种特殊情况就是幂级数, 对幂级数的深入讨论放到了第十三章。

第九章中的 Riemann 积分是一元分析的一个重点和难点。我们首先从 Riemann 积分的定义出发, 分别介绍由 Riemann, Darboux, Lebesgue 等人所发展的可积性理论, 其中引入了零测集的概念以刻画可积函数; 其次证明了将微分和积分联系在一起的核心结果——Newton-Leibniz 公式, 并介绍了计算定积分的基本方法, 同时还给出了 Wallis 公式和 Taylor 公式的积分余项; 接下来介绍了可积函数的阶梯逼近和分段线性逼近的技巧并由此证明了推广的分部积分公式和积分第二中值定理; 之后我们简要介绍了积分近似计算的矩形公式、梯形公式和 Simpson 公式及其误差估计; 最后介绍了定积分在若干几何问题和物理问题中的应用。

　　第十章讨论一元函数定积分的推广。Riemann 框架下的经典的定积分理论，主要讨论的是有界闭区间上定义的有界函数的积分，当闭区间的有界性和函数的有界性二者之一遭到破坏时，我们面对的将是广义积分。我们首先引入了无界函数的瑕积分和无界区间上的无穷限积分等概念，其次介绍了判断广义积分收敛性的常用方法，最后具体计算了几个常见的广义积分。

　　第十一、十二和十三章是关于无穷级数理论的。这是分析学的经典内容。其中，关于数项级数我们突出了若干个经典的判别法，特别对于比较判别法，突出了取什么样的级数作为"被比较"对象的典范的基本思想。我们还探讨和推广了经典的交错级数的 Leibniz 判别法、级数与积分的敛散性之间的关系、两个收敛级数之间的代数运算等内容。在函数项级数章节，我们深入讨论了在可列无穷个函数相加时通项函数性质到和函数性质的传承性的一般性理念和根本性思想，以及一致收敛的本质作用。我们还讨论了 Baire 定理、Dini 定理、Arzelà 控制收敛定理等几个深刻的经典结论。在幂级数一章，除了大多数教材上通常包含的内容外，我们还深入讨论了函数的 Taylor 展开，以及 Bernstein 定理、收敛幂级数之间的代数运算、Tauber 定理、小 o Tauber 定理、Abel 定理、Cesàro 可和与Abel 可和之间的关系等内容。在幂级数一章的最后，我们证明了闭区间上连续函数的多项式一致逼近的 Weierstrass 定理，给出了 Peano 曲线的构造等内容。

　　第十四章讨论欧氏空间以及多元函数的极限和连续性等基本性质，为后续的多元函数的微分学和积分学理论提供必要的预备知识。我们首先引入了内积、范数等基本概念，并讨论了外积运算在高维空间中的推广形式；其次引入了开集、闭集等拓扑学基本概念，并证明了与实数理论相对应的几个基本结果，给出了重要的压缩映射原理；接下来介绍了多元函数和向量值函数的极限和连续性等概念并用开集和闭集刻画了连续性，研究了连续函数的介值定理和最值定理等整体性质；最后我们简要介绍了欧氏空间上的 Lipschitz 映射和零测集，这主要是为多元函数的可积性理论以及积分变量替换公式的证明做准备的。

　　第十五章是多元函数的微分学。在这一章，我们特别分析了二阶混合偏导数不具有交换性的一个著名的经典例子，指出如果用极坐标的角度去看这个函数，我们不但能构造出大量的这样"神奇"的函数，而且能更深刻理解其中的原因。围绕这个例子，我们还指出了二阶混合偏导数可以交换的 Young 定理和 Schwarz定理。值得注意的是这一章对于线性代数的要求较高，读者应当具备线性映射、线性变换的基础知识。究其原因是因为微分学的基本手法无非是作线性化，线性代数的语言很自然地要用上。比如，在这一章里，无论是拟微分中值定理，还是逆映射定理、隐映射定理，甚至是 Lagrange 乘数法，它们的严格表述和证明都是用线性代数的语言完成的，其中 Jacobi 矩阵起了突出的作用。在本章我们还较为详细地讨论了多元微分学的若干应用。

从下册，即第三册开始，我们转向了多元函数的 Riemann 积分，即重积分。第十六章讨论多元函数的积分学。我们首先给出了矩形区域上的二元函数积分的定义，并将一元函数的可积性理论推广到了二元函数；其次给出了 n 维矩形区域上的多元函数的重积分的定义，推广了可积性理论，引入了 Jordan 可测集的概念并将矩形区域上的积分推广到了 Jordan 可测集上；接下来介绍了多元函数的重积分化为累次积分的计算方法以及变量替换方法，我们还给出了变量替换公式的完整证明；最后简要讨论了重积分的进一步推广以及简单的物理应用。

第十七章讨论欧氏空间中曲线以及曲面上的积分理论，包括曲线的长度、曲面的面积以及曲线和曲面上函数或向量值函数的积分，这些积分往往有着明显的几何或物理背景。

第十八章讨论曲线积分、曲面积分以及重积分之间的联系，得到了 Newton-Leibniz 公式在欧氏空间中的几种推广形式，包括 Green 公式、Gauss 公式、Stokes 公式，它们也可以统一表述为散度定理的形式。为了统一描述这些公式，我们还引入微分形式这一新的研究对象并证明了重要的 Brouwer 不动点定理。

第十九章讨论了场论的若干基本结果。我们首先引进了梯度场和保守场的概念并给出了保守场的刻画；其次给出了散度、Laplace 算子和调和函数的定义，证明了调和函数的平均值公式以及 Liouville 定理，利用微分形式还给出了曲线坐标系中散度的计算公式；最后我们介绍了旋度场并给出了曲线正交坐标系中旋度场的计算公式。

第二十章讨论了含参变量积分，给出了 Arzelà 有界收敛定理和 Arzelà 控制收敛定理的证明，系统讨论了含参变量积分以及含参变量广义积分下的连续性、可微性和可积性。特别地，我们还讨论了 Gamma 函数以及 Beta 函数，Stirling 公式、Euler 公式和 Euler 余元公式的推导和证明，以及 Bohr-Mollerup 定理。

本书的最后一章即第二十一章是关于 Fourier 级数理论的讨论。Fourier 级数是数学分析中极为重要的一部分内容，有着广泛和深刻的影响。在本章中，我们讨论了较为丰富的内容，有些内容对于初学者有一定的难度。这里我们给出了 Fourier 级数的敛散性讨论，Cesàro 求和意义下的收敛，Weierstrass 第二逼近定理，以及 Fejér 积分，讨论了 Fourier 级数的逐项可积、可微和连续性，我们还介绍了 Gibbs 现象，研究了 Fourier 变换以及 Fourier 变换的卷积、逆变换和 Plancherel 定理，并讨论了 Fourier 分析在热传导等问题上的几个重要应用。本章的最后一节给出了 Fourier 级数的唯一性的深入讨论。

完全讲授本教材的全部内容大约需要三个学期的教学量，其中每周需要 4 个学时的主课，配以 2 个学时的习题课。对于部分有困难的学校，可以按照章节内容的特点，做适当的删减。同时，部分习题可能也有一定的难度。

本教材在内容的编排和处理上试图展现微积分上述各阶段的重要理论和思

想方法，以及与此有关的适度外延，对这些问题的分析和讨论，既可以用朴素的观点展望现代分析的思想方法、观点和内容，又可以为后续课程提供大量的素材，有助于读者化解更高深课程的抽象性和艰涩性。

本教材采用的教学内容安排是一种新的尝试，目前还很不成熟。这样的编排次序也迫使我们在一些问题的处理方法上采用了与通常教材不同的手法。

教材较早地引入了一些重要的分析思想，较早地让学生面对了一些问题，因此不是那么遵循循序渐进的教学思想。这可能给部分学生带来一些学习上的困难，但也为学生熟悉运用那些重要的分析思想提供了更多的练习机会，并帮助学生减少一些习惯性的错误认知。

另一方面，对于定理和例题中的推导证明，在大多数情况下，教材尽量采用了"直接"的证明，尤其是接近于"从定义出发"的证明，尽量介绍"常规"的证明思路。我们认为这对于培养学生的基本功是非常重要的。自然，这也可能带来一些副作用。

本教材能较好地对接后继课程的教学，其特点之一是不仅保留了课程传统的教学内容和经典章节，还增加了一些拓展内容以供教师选讲或学生自学。在选材和处理手法上、考虑问题的角度上充分注意到数学内在的统一性，使之在思想、体系、理论和方法等方面能够更自然地对接后续课程。

总体而言，本教材的基本内容仍然属于经典的微积分范畴。在取材方面我们着重理论基础和结构的完整，然而限于编者的水平，如有处理得不恰当的地方还请专家和读者予以批评指正。

编　者

2024 年 11 月

目 录

集合与映射

1.1 集合

新概念的定义, 总是基于比它更基本的概念. 这样, 总有一个概念是最基本的. 集合正是这样一个概念. 我们只能描述它, 而不能定义它.

1.1.1 集合论简介

集合 (简称**集**) 是指一些具有特定性质的对象的总体, 这些对象称为集合的元素. 集合论创始人 Cantor[①] 对集合的刻画为[②]"吾人直观或思维之对象, 如为相异而确定之物, 其总括之全体即为集合, 其组成集合之物谓之集合之元素".

通常用大写字母 A, B, C 等表示集合, 而用小写字母 a, b, c 等表示元素.

一个元素 a 是否是集合 A 的元素必须是确定的. 同样, 集合是由它所有元素确定的. 若两个集合的元素完全相同, 则它们相等.

这种确定性与我们是否有能力判断具体一个 a 是否是 A 的元素无关. 例如, 若 a 为圆周率 π 与自然对数的底 e 的和 $\pi + e$, 而 A 为所有无理数组成的集合. 到目前为止, 我们还无法判断这个 a 是否是 A 的元素. 但 "a 是 A 的元素" 和 "a 不是 A 的元素" 中, 有且只有一个成立. 而且, 究竟是哪一个成立, 是确定的, 并不依赖于我们的认识能力.

以上要求抽象为如下的外延原则与概括原则.

外延原则　一集合是由它的元素唯一确定的.

概括原则　对于描述或刻画人们直观或思维的对象 x 的任一性质或条件 $P(x)$, 都存在一集合 S, 它的元素恰好是具有性质 P 的那些对象.

表示一个集合的方式通常有两种: 枚举法和描述法. 例如由数字 $1, 2, 3$ 组成的集合可以用枚举法表示为

$$A = \{1, 2, 3\}.$$

自然数集[③]可以表示为

$$\mathbb{N} = \{0, 1, 2, \cdots, n, \cdots\}.$$

上面的表示事实上并没有列出集合的所有元素, 但是给出了元素的变化规律, 我们也把这种表示方法归为枚举法.

---

① Cantor, Georg Ferdinand Ludwig Philipp, 1845 年 3 月 3 日—1918 年 1 月 6 日, 德国数学家.

② 参见文献 [66]: 肖文灿《集合论初步》.

③ 历史上, 零并不是一开始就出现的数字, 所以, 曾经只把正整数才看作自然数. 目前对于零是否是自然数也有不同的取舍. 在我国, 1993 年发布的《中华人民共和国国家标准: 量和单位》(GB 3100~3102—93), 将零纳入自然数.

如果 m, n, k 是三个整数, 则 $\{m, n, k\}$ 就表示元素为 m, n, k 的集合. 这样当 $m = n \neq k$ 时, $\{m, n, k\}$ 事实上是含有两个元素的集合. 易见, 为了今后讨论的方便, 在用枚举法表示集合时, 允许所列的元素出现重复是合适的. 当然, 对于集合 $\{1, 2, 3\}$, 我们自然不会把它写成 $\{1, 2, 3, 3\}$. 但从规则上, 我们不妨允许 $\{1, 2, 3, 3\}$ 也作为集合, 只是这个集合就等于集合 $\{1, 2, 3\}$.

仅用枚举法难以应对更复杂的情形, 我们用描述法来表示具有某种性质 $P(x)$ 的元素 x 的全体组成的集合[①]:
$$\{x \,|\, P(x) \,\text{成立}\}.$$

例如, 有理数集可表示为
$$\mathbb{Q} = \left\{ \frac{q}{p} \,\middle|\, p \,\text{为正整数}, \, q \,\text{为整数} \right\}.$$

为简便起见, 我们可采用
$$\{x \in \mathbb{Q}_+ \,|\, x^2 < 2\}$$

表示集合
$$\{x \,|\, x^2 < 2 \,\text{且}\, x \in \mathbb{Q}_+\},$$

这里 $\mathbb{Q}_+$ 表示正有理数集. 今后还用 $\mathbb{Z}, \mathbb{Z}_+, \mathbb{R}, \mathbb{R}_+$ 和 $\mathbb{C}$ 依次表示整数集、正整数集、实数集、正实数集和复数集.

若 a 是集合 A 的元素, 我们称 a 属于 A 或 A 包含 a, 记作 $a \in A$ 或 $A \ni a$. 若 a 不是集合 A 的元素, 则记作 $a \notin A$ 或 $A \not\ni a$.

若集合 B 的所有元素都是集合 A 的元素, 我们称 B 是 A 的**子集**, 记作[②] $B \subseteq A$ (读作 B 包含于 A) 或 $A \supseteq B$ (读作 A 包含 B). 若 $B \subseteq A$ 但 $B \neq A$, 则称 B 为 A 的**真子集**, 记作 $B \subset A$ (读作 B 真包含于 A) 或 $A \supset B$ (读作 A 真包含 B).

1.1.2 第三次数学危机 集合论公理体系简介

在 19 世纪末, Cantor 创立了 (古典) 集合论, 很快渗透到了大部分数学分支中, 得到了大多数数学家的肯定. 在此基础上, 人们可以建立起严格的实数理论和极限理论等. 当时的数学家为找到数学大厦的基础而充满乐观. 在 1900 年举办的国际数学家大会上, 著名数学家 Poincaré[③] 宣称: "借助集合论概念, 我们可以建造整个数学大厦……我们可以说绝对的*严格性*已经达到了!"

---

① 也常表示为 $\{x : x \,\text{具有性质}\, P\}$.

② 也有人用 $\subset$ 与 $\subsetneqq$ 依次表示包含于和真包含于.

③ Poincaré, Jules Henri, 1854 年 4 月 29 日—1912 年 7 月 17 日, 法国数学家、天体力学家、数学物理学家、科学哲学家.

然而, 1902 年, Russell[①] 就发现了现在称为 **Russell 悖论**的集合论悖论. 所谓悖论, 是指这样一个命题 T, 从 T 出发可以找到一个命题 S. 若假定 S 成立, 可推出 S 不成立; 而假设 S 不成立, 则又可以推出 S 成立.

现考虑把所有集合作为元素来构成一个集合 X. 则 X 作为一个集合也是它自身的元素, 于是就形成了 $X \in X$ 这样的关系式. 进一步, 考虑集合

$$A := \{B \mid B \notin B\}.$$

那么是否成立 $A \in A$? 如果 $A \in A$, 则按照 A 的定义, $A \notin A$. 如果 $A \notin A$, 则可得 $A \in A$. 因此, 无论如何都会得到矛盾. 这就是 Russell 悖论.

Russell 悖论的出现引发了数学史上所谓的**第三次数学危机**. 集合论需要通过建立其他的一系列原则来替代概括原则. 而把外延原则和概括原则作为比集合更为广泛的概念——**类**的一种直观描述.

如今, 集合论采用的公理系统是 Zermelo[②]-Fraenkel[③] 公理系统 (ZF 公理系统). ZF 公理系统加上选择公理 (AC) 称为 **ZFC 公理系统**.

为区别起见, Cantor 最初建立的集合论称为古典集合论或朴素集合论.

在新的公理体系中, 替代朴素集合论概括原则的是六条新原则 (参见文献 [72]), 这些原则用于确定哪些类可以接受为集合. 欲对此有更详细的了解, 可以参见文献 [72] 或其他集合论的书籍.

以下我们罗列 ZFC 公理系统的公理. 从这些公理中可以看到, 在集合论中, 集合以及集合中的元素都是集合. 而这些公理规定了什么可以作为集合. 用大白话来讲, 公理中说什么样的集合存在, 相当于说我们把公理提到的那些东西视为集合.

公理 1——外延公理   如果集合 X 与集合 Y 有相同的元素, 则它们相等.

就是说, 集合是由它的元素确定的.

公理 2——空集存在公理   存在一个空集, 即存在不含任何元素的集合, 记作 $\varnothing$.

公理 3——无序对集合存在公理   对任意的集合 x, y, 存在一个集合 S, 它恰有元素 x 和 y, 并记作 $\{x, y\}$, 当 x 与 y 相等时, 就记作 $\{x\}$.

在使用公理 3 时, x, y 不能选用**真类**——不是集合的类. 而利用公理 2 和公理 3, 我们可以得到 $\{\varnothing\}$, $\{\varnothing, \{\varnothing\}\}$ 等新的集合.

公理 4——幂集存在公理   对任意的集合 E, $2^E := \{A \mid A \subseteq E\}$ 是一个集合.

我们称集合 2^E 为 E 的**幂集**.

公理 5——并集存在公理   对任意的集合 S, 存在一个集合 $\cup S$, 由 S 的所有元素的元素组成, 称为 S 的**并集**.

---

① Russell, Bertrand Arthur William, 3rd Earl Russell, 1872 年 5 月 18 日—1970 年 2 月 2 日, 英国哲学家、逻辑学家、数学家、历史学家、社会活动家、政治活动家.

② Zermelo, Ernst Friedrich Ferdinand, 1871 年 7 月 27 日—1953 年 5 月 21 日, 德国逻辑学家、数学家.

③ Fraenkel, Abraham Halevi (Adolf), 1891 年 2 月 17 日—1965 年 10 月 15 日德国裔以色列逻辑学家、数学家.

对于两个集合 E 和 F, 习惯上用 $E \cup F$ 表示由 E 中所有的元素和 F 中所有的元素合在一起的集合. 按照公理 5 中的记号, $E \cup F$ 就是 $\cup\{E, F\}$.

利用无序对集合存在公理以及并集存在公理, 对于集合 x, y, 可以得到它们的有序对集合 $\{\{x\}, \{x, y\}\}$, 记作 (x, y).

公理 6——分离公理模式 给定性质 $P(x)$ 和集合 S, $E := \{x \mid P(x)$ 成立, 且 $x \in S\}$ 是一个集合.

可以看到 E 是集合 S 中由满足性质 P 的元素组成的子集.

这里的性质 $P(x)$ 是用形式语言按一定规则形成的所谓公式.

与前五条公理不同, 这是无穷多条公理, 因为它是一种模式, 对每一个公式都适用. 由于每个公式是有限长的, 因此公式的总数是可数[1]多个 (即 $\aleph_0$ 个), 从而公理 6 相当于可数多个公理.

公理 7——替换公理模式 如果 F 是类函数, 且 S 是集合, 则 $\{y \mid$ 存在 $x \in S$, 使得 $y = F(x)\}$ 是一个集合.

公理 8——无穷公理 (无穷集存在公理) 存在一个集合 X 使得 $\varnothing \in X$, 而且当 $A \in X$ 时, $A \cup \{A\} \in X$.

设 X 为无穷公理中的 X, 则 $\varnothing \in X$, 而且 $\{\varnothing\} = \varnothing \cup \{\varnothing\} \in X$. 进而 $\{\varnothing, \{\varnothing\}\} = \{\varnothing\} \cup \{\{\varnothing\}\} \in X$. 一般地, 可以得到 X 包含以下元素:

$$\varnothing, \quad \{\varnothing\}, \quad \{\varnothing, \{\varnothing\}\}, \quad \{\varnothing, \{\varnothing\}, \{\varnothing, \{\varnothing\}\}\}, \quad \{\varnothing, \{\varnothing\}, \{\varnothing, \{\varnothing\}\}, \{\varnothing, \{\varnothing\}, \{\varnothing, \{\varnothing\}\}\}\}, \quad \cdots.$$

这也就是说 X 包含 von Neumann[2] 构造的自然数集 $\mathbb{N}$ (参见第 20 页).

无穷公理中的 X 可能比这个 $\mathbb{N}$ 更大. 但是我们可以通过分离公理来得到 $\mathbb{N}$ 是一个集合.

而之所以需要无穷公理, 是因为之前的公理无法保证无穷集的存在性.

公理 9——正则公理 对于非空集 X, 存在 $x \in X$ 使得 $x \cap X$ 为空集.

例如, 对于非空集 $X = \{\varnothing\}$, $\varnothing \in X$ 而 $\varnothing \cap X = \varnothing$.

公理 10——选择公理 对于任何集合 X, 存在一个函数 F, 使得对任何非空集 $x \in X$, 有 $F(x) \in x$.

关于函数的概念, 参见第 7 页.

直白地说, 选择公理是说, 对于集族 X, 可以从 X 的每一个不等于空集的元 E 中选取一个元素 $e_E \in E$.

在无穷公理中, 规定了无穷集的存在性. 那么什么叫无穷集. 有两个常见的定义. 一是定义无穷集为不是有限集的集合. 另一个定义是把它定义为 Dedekind[3] 无穷集: 与自身的一个真子集一一对应的集合.

如果 X 不是有限集, 我们 "容易" 证明它与它的一个真子集一一对应. 首先, 我们 "证明" 它包含一个可列子集. 所谓可列集是与 $\mathbb{N}$ 一一对应的集合. 具体地, 由于 X 不是有限集, 因此, 可以取出 $x_0 \in X$. 进而由于 X 不只包含一个元素 (否则为有限集), 我们可以取到 $x_1 \neq x_0$, 使得 $x_1 \in X$. 以此类推, 可以取出 X 中两两不同的一列元素 $x_0, x_1, \cdots, x_n, \cdots$. 此时 $k \mapsto x_k$

---

① 参见集合的基数.

② von Neumann, John, 1903 年 12 月 28 日—1957 年 2 月 8 日, 匈牙利裔美国数学家.

③ Dedekind, Julius Wilhelm Richard, 1831 年 10 月 6 日—1916 年 2 月 12 日, 德国数学家.

就是一个 $\mathbb{N}$ 到 X 的子集 $X_0 := \left\{ x_k \middle| k \in \mathbb{N} \right\}$ 的一一对应. 进而可以得到 X 到其自身真子集 $X \setminus \{x_0\}$ 的一个一一对应:

$$F(x) := \begin{cases} x, & x \notin X_0, \\ x_{k+1}, & x = x_k \in X_0, k \in \mathbb{N}. \end{cases}$$

然而上述证明过程, 如果没有选择公理 (确切地讲, 如果没有一个较弱的选择公理——可数选择公理), 而只有其他几个公理, 则是不合法的. Cohen[1] 证明了这个可数选择公理在 ZF 集合论中是不可证明的.

1.2   集合的运算

我们回顾熟知的集合运算. 为方便叙述, 用符号 "$\forall$" 表示 "对于任意", 用符号 "$\exists$" 表示 "存在", 用 "s.t." 表示 "满足" 或 "使得".

若对于集合 I 中的元 α, 均对应一个集合 A_α, 我们记 $\bigcup\limits_{\alpha \in I} A_\alpha$ 为它们的并集, 即

$$\bigcup_{\alpha \in I} A_\alpha := \{ x | \, \exists \, \alpha \in I, \text{s.t.} \ x \in A_\alpha \},$$

记 $\bigcap\limits_{\alpha \in I} A_\alpha$ 为它们的交集, 即

$$\bigcap_{\alpha \in I} A_\alpha := \{ x | \, \forall \, \alpha \in I, \text{均有} \ x \in A_\alpha \}.$$

两个集合 A, B 的并集和交集可以记为 $A \cup B$ 和 $A \cap B$. 集合 $A_1, A_2, \cdots, A_n$ 的并集和交集也可以记为 $\bigcup\limits_{k=1}^{n} A_k$ 和 $\bigcap\limits_{k=1}^{n} A_k$.

对于两个集合 A, B, 它们的**差集**定义为

$$A \setminus B := \{ x | x \in A, \text{且} \ x \notin B \}.$$

当 A 是全集时, 即 A 是我们所研究的问题中所有元素的集合时, 称 $A \setminus B$ 为 B 的**补集**, 又称为**余集**, 记作 $\mathscr{C} B$.

集合 $(A \setminus B) \cup (B \setminus A)$ 称为集合 A, B 的**对称差**.

我们有如下的 **De Morgan**[2]**定律**.

定理 1.2.1   设有集合 X, 以及集族 $\{A_\alpha | \alpha \in I\}$, 则成立

---

[1] Cohen, Paul Joseph, 1934 年 4 月 2 日—2007 年 3 月 23 日, 美国数学家.

[2] De Morgan, Augustus, 1806 年 6 月 27 日—1871 年 3 月 18 日, 英国数学家、逻辑学家.

(1) $X \setminus \bigcup_{\alpha \in I} A_\alpha = \bigcap_{\alpha \in I} (X \setminus A_\alpha)$;

(2) $X \setminus \bigcap_{\alpha \in I} A_\alpha = \bigcup_{\alpha \in I} (X \setminus A_\alpha)$.

定义 1.2.1　对于集合 E 和 F, 称集合 $E \times F := \{(x, y) | x \in E, y \in F\}$ 为它们的 **Descartes**[①] **乘积集合**, 简称 Descartes 乘积.

更一般地, 若有 $n \geqslant 2$ 个集合 $E_1, E_2, \cdots, E_n$, 它们的 Descartes 乘积定义为集合

$$E_1 \times E_2 \times \cdots \times E_n := \{(x_1, x_2, \cdots, x_n) | x_k \in E_k, k = 1, 2, \cdots, n\}.$$

当 $E_1 = E_2 = \cdots = E_n = E$ 时, $E_1 \times E_2 \times \cdots \times E_n$ 记为 E^n. 若 $n = 1$, 则 E^n 理解为 E.

1.3　关系与映射

定义 1.3.1　对于集合 E 和 F, $E \times F$ 的子集 R 称为集合 E 和 F 间的**关系**, 有时候也称为**对应**. 若 $(x, y) \in R$, 则称 x 与 y R-**相关**, 记作 xRy.

称 $\operatorname{dom} R := \{x | \exists y \in F, \text{s.t. } xRy\}$ 为 R 的**定义域**, 称 $\operatorname{ran} R := \{y | \exists x \in E, \text{s.t. } xRy\}$ 为 R 的**值域**.

在具体的情形, 究竟称为关系还是称为对应, 根据习惯而定, 且通常并不能互相替换.

定义 1.3.2　设 R 是 E 和其自身间的关系. 称 R 是 E 上的一个**等价关系**, 是指如下性质成立:

(1) **自反性**: $\forall x \in E$, 有 xRx;

(2) **对称性**: 若 xRy, 则 yRx;

(3) **传递性**: 若 xRy, yRz, 则 xRz.

时常用记号 $\sim$ 表示等价关系.

定义 1.3.3　称 E 和 F 间的关系 R 为**映射**或**函数**, 是指对于 E 中任何一个元素 x, 均有 F 中唯一的元素 y 与之 R-相关, 此时 y 可以记作 $R(x)$, 称为 x (在映射 R 之下) 的**像**, 称 x 为 y (在映射 R 之下) 的**逆像**或**原像**. 通常我们用 "$R: E \to F$" 来表示映射. 也可以用 $R: x \mapsto R(x)$ 给出映射的对应关系. 映射通常用 f, F 等符号表示.

通常 E 中的元素称为**自变量**, F 中的元素称为**因变量**.

若 E 中不同的元素对应 F 中不同的元, 即当 $x_1, x_2 \in E$ 且 $x_1 \neq x_2$ 时, $R(x_1) \neq R(x_2)$, 则称 R 是**单射**.

若 $\operatorname{ran} R = F$, 则称 R 为**满射**或**到上的**.

既是单射又是满射的映射称为**双射**, 也称为**一一映射**或**一一对应**.

---

① Descartes, René, 1596 年 3 月 31 日— 1650 年 2 月 11 日, 法国哲学家、数学家.

按照定义, 映射与函数是一个含义. 在不同情形下, 对于映射 $f : E \to F$, 人们对 f 有一些习惯性的称呼. 以下是一个常见称呼的列表. 具体场合, 请注意根据上下文判断. 例如, 很多时候复变函数指的是复变复值的函数.

函数　往往指 E, F 均为 $\mathbb{R}^n$ 或 $\mathbb{C}^n$ ($n \geqslant 1$) 的子集.

实变　指 E 为 $\mathbb{R}^n$ ($n \geqslant 1$) 的子集, 其中当 $n = 1$ 时称为一元, 当 $n \geqslant 2$ 时称为多元.

复变　指 E 为 $\mathbb{C}^n$ ($n \geqslant 1$) 的子集, 其中当 $n = 1$ 时称为单复变, 当 $n \geqslant 2$ 时称为多复变.

实值　指 $F = \mathbb{R}$.

复值　指 $F = \mathbb{C}$.

向量值　指 $m \geqslant 2$, 且 $F = \mathbb{R}^m$ (或 $\mathbb{C}^m$).

算子　指 E, F 均为函数空间.

泛函　指 E 为一般的集合, 通常是函数空间, F 为 $\mathbb{R}$.

如果对于 $x > 0$, 我们定义 $f(x)$ 为 $y^2 = x$ 的解. 则 $f(x)$ 有两个取值, 它不是唯一的. 因此, 按照定义 1.3.3, 它不是函数. 但我们经常把这一类对应关系称为**多值函数**. 如果我们把 $f(x)$ 的两个取值看成一个集合 $\{y \in \mathbb{R} | y^2 = x\}$, 则 f 可以看成是 $(0, +\infty)$ 到 $2^{\mathbb{R}}$ 的一个映射, 称为**集值函数**. 在这种意义上, 它按照定义 1.3.3, 确实是一个函数.

人们经常用 $f(x)$ 来表示函数 f, 尤其是在数学分析中. 严格说来, $f(x)$ 表示的是函数值而不应是函数. 为避免误解, 我们可采用 $f(\cdot)$ 表示函数 f. 对于 $f : E \times F \to \mathbb{R}$, 我们可以用 $f(x, \cdot)$ 表示 x 值固定时的函数 $y \mapsto f(x, y)$, 而 $f(\cdot, y)$ 表示 y 值固定时的函数 $x \mapsto f(x, y)$.

如果 f 是定义在 E 上的函数, $W \subseteq E$, 在 W 上定义

$$g(x) := f(x), \qquad \forall x \in W.$$

则称 g 为 f 在 W 上的**限制**, 记作[①] $f|_W$. 而 f 称为 g 在 E 上的**延拓**.

定义 1.3.4　若 $f : E \to F$ 是单射, 则对任何 $y \in \operatorname{ran} f$, 存在唯一的 x 满足 $y = f(x)$, 我们记 $x = f^{-1}(y)$. 这样我们就给出了一个映射 $f^{-1} : \operatorname{ran} f \to E$, 称为 f 的**逆映射**.

定义 1.3.5　对于映射 $f : E \to F$ 以及 $g : F \to G$, 将 $x \in E$ 映为 $g(f(x)) \in G$ 的映射 $x \mapsto g(f(x))$ 称为 g 和 f 的**复合映射**, 记为 $g \circ f$.

如果函数 f 由一个表达式给出, 通常将这个表达式有意义的范围称为 f 的**自然定义域**. 例如 $\ln x$ 的自然定义域是正数集, $\dfrac{1}{x^2 - 1}$ 的自然定义域是 $\mathbb{R} \setminus \{-1, 1\}$.

对于映射 $f : E \to W$ 以及 $g : F \to G$, 当 $f(E) \not\subseteq F$ 而 $f(E) \cap F \neq \varnothing$ 时, 习惯上, 仍然可以考虑 g 和 f 的复合映射 $g \circ f$, 此时, 复合映射的定义域就调整为 $f^{-1}(F) :=$

[①] 类似地, 可用 $f(x)\big|_{x=x_0}$ (简记为 $f(x)|_{x_0}$) 表示 $f(x_0)$, 用 $f(x, y)\big|_{x=x_0}$ 表示 $f(x_0, y)$.

$$\{x \in E | f(x) \in F\}.$$

1.4 集合的势

要理解数学分析中一些较为深刻的问题, 避不开 "可数" 和 "不可数" 的概念. 本节我们介绍 Cantor 研究无限集 "元素个数" 的思想. 我们将称一个集合的 "元素个数" 为**基数**或**势**. 集合 A 的势记为 $\overline{\overline{A}}$.

严格说来, 自然数乃至实数的性质, 有待于下一章建立. 为方便起见, 在本节的讨论中, 我们将提前使用关于实数的那些熟知 (中学阶段默认) 的性质.

定义 1.4.1 设 E, F 是两个集合.

(1) 若存在 E 和 F 之间的双射, 则称 E 和 F 有相同的**基数** (或**势**), 记作 $\overline{\overline{E}} = \overline{\overline{F}}$.

(2) 若 $E = \varnothing$ 或者存在 $n \geqslant 1$ 使得 $\overline{\overline{E}} = \overline{\overline{\{1, 2, \cdots, n\}}}$, 则称 E 为**有限集**, 并将 $\overline{\overline{E}}$ 相应地记为 0 或 n.

(3) 若 $\overline{\overline{E}} = \overline{\overline{\mathbb{N}}}$, 则称 E 为**可数集**或**可列集**, 其基数记为 $\aleph_0$, 读作阿列夫零.

(4) 若 $\overline{\overline{E}} = \overline{\overline{\mathbb{R}}}$, 则称 E 具有**连续统**、**连续势**, 其基数记为 $\aleph$.

(5) 若存在 E 到 F 的单射, 则称 E 的基数小于或等于 F 的基数, 记作 $\overline{\overline{E}} \leqslant \overline{\overline{F}}$ 或 $\overline{\overline{F}} \geqslant \overline{\overline{E}}$. 进一步, 若 $\overline{\overline{E}} \leqslant \overline{\overline{F}}$ 且 $\overline{\overline{E}} \neq \overline{\overline{F}}$, 则称 $\overline{\overline{E}} < \overline{\overline{F}}$ 或 $\overline{\overline{F}} > \overline{\overline{E}}$.

(6) 若 $\overline{\overline{E}} \leqslant \aleph_0$, 则称 E 为**至多可数集**或**至多可列集**.

易见, 等势是一种等价关系. 以下定理则表明基数没有上界.

定理 1.4.1 对任何集合 E, 成立 $\overline{\overline{2^E}} > \overline{\overline{E}}$.

证明 若结论不真, 则 $\overline{\overline{2^E}} = \overline{\overline{E}}$, 即存在 E 到 2^E 的双射 T. 定义

$$A := \{x \in E | x \notin T(x)\}.$$

令 $y = T^{-1}(A)$, 则无论 $y \in A$ 是否成立, 都会得出矛盾: 若 $y \in A$, 则根据定义, $y \notin T(y) = A$; 若 $y \notin A$, 则根据定义, $y \in T(y) = A$. $\qquad \square$

容易看到对于基数为 n 的集合 E, 它的元素个数为 k $(0 \leqslant k \leqslant n)$ 的子集数是 C_n^k. 从而 E 的幂集 (定义参见第 4 页) 2^E 的基数为 2^n. 这也是为什么记 E 的幂集为 2^E 的原因. 今后我们记 2^E 的基数为 $2^{\overline{\overline{E}}}$.

通过将 $A \subseteq E$ 对应于映射

$$\chi_A(x) := \begin{cases} 1, & x \in A, \\ 0, & x \notin A, \end{cases}$$

可见 2^E 与从 E 映到 $\{0, 1\}$ 所有映射组成的集合等势.

类似地, E^n 与从 $\{1,2,\cdots,n\}$ 映到 E 的所有映射组成的集合等势. 鉴于此, 我们可以将从 E 映到 F 的所有映射组成的集合的势记作 $\overline{\overline{F}}^{\overline{\overline{E}}}$.

由定理 1.4.1, 立即得到如下推论.

推论 1.4.2　$2^{\aleph_0} > \aleph_0$.

我们将证明 $\aleph = 2^{\aleph_0}$ 以及有理数集、代数数集都是可数集, 从而得到无理数 (超越数) 要比有理数 (代数数) 多得多的结论.

首先, 有以下有趣的定理.

定理 1.4.3　可列个可列集的并是可列集.

证明　设对每个 $k \geqslant 1$, E_k 是一可列集:

$$E_k = \{a_{k1}, a_{k2}, a_{k3}, \cdots\}, \qquad k=1,2,3,\cdots,$$

则按照如下形式列出 $\bigcup\limits_{k=1}^{\infty} E_k$ 中所有元 (期间去除重复的元):

$$
\begin{array}{cccccccc}
a_{11} & a_{12} & a_{13} & a_{14} & a_{15} & a_{16} & a_{17} & a_{18} & \cdots \\
a_{21} & a_{22} & a_{23} & a_{24} & a_{25} & a_{26} & a_{27} & a_{28} & \cdots \\
a_{31} & a_{32} & a_{33} & a_{34} & a_{35} & a_{36} & a_{37} & a_{38} & \cdots \\
a_{41} & a_{42} & a_{43} & a_{44} & a_{45} & a_{46} & a_{47} & a_{48} & \cdots \\
a_{51} & a_{52} & a_{53} & a_{54} & a_{55} & a_{56} & a_{57} & a_{58} & \cdots \\
a_{61} & a_{62} & a_{63} & a_{64} & a_{65} & a_{66} & a_{67} & a_{68} & \cdots \\
a_{71} & a_{72} & a_{73} & a_{74} & a_{75} & a_{76} & a_{77} & a_{78} & \cdots \\
a_{81} & a_{82} & a_{83} & a_{84} & a_{85} & a_{86} & a_{87} & a_{88} & \cdots \\
a_{91} & a_{92} & a_{93} & a_{94} & a_{95} & a_{96} & a_{97} & a_{98} & \\
\end{array}
$$

即得 $\bigcup\limits_{k=1}^{\infty} E_k$ 是可列集.　□

上述证明还表明可列个至多可列集的并是至多可列集. 我们可以把定理 1.4.3 的结果写成

$$\aleph_0^2 = \aleph_0 \times \aleph_0 = \aleph_0. \tag{1.4.1}$$

反复运用该定理, 可以得到

$$\aleph_0^n = \aleph_0, \qquad \forall\, n \geqslant 1. \tag{1.4.2}$$

作为上述结论的推论, 注意到

$$\mathbb{Q} := \bigcup_{n \in \mathbb{N}_+} \left\{ \frac{m}{n} \,\Big|\, m \in \mathbb{N} \right\} \cup \bigcup_{n \in \mathbb{N}_+} \left\{ -\frac{m}{n} \,\Big|\, m \in \mathbb{N} \right\},$$

立即得到

推论 1.4.4　有理数集是可列集.

接下来, 我们证明如下定理:

定理 1.4.5　$\aleph > \aleph_0$.

证明　易证 $\overline{\overline{(0,1)}} = \aleph$, 我们只要证明 $\overline{\overline{(0,1)}} > \aleph_0$. 否则, 由于 $\overline{\overline{(0,1)}} \geqslant \aleph_0$, 可得 $\overline{\overline{(0,1)}} = \aleph_0$. 于是存在把 $(0,1)$ 映到正整数集 $\{1, 2, \cdots\}$ 的双射, 或者说 $(0,1)$ 中的所有数字可以排列成一列:

$$x_1, x_2, x_3, \cdots.$$

用十进制小数

$$x_k = 0.a_{k1}a_{k2}a_{k3}\cdots, \qquad k = 1, 2, \cdots$$

表示这些数 (规定不以 9 为循环节). 定义 $y = 0.y_1y_2y_3\cdots$ 如下:

$$y_k = \begin{cases} 1, & a_{kk} \neq 1, \\ 2, & a_{kk} = 1, \end{cases}$$

则易见 $y \in (0,1)$, 而 y 和任何一个 x_k 不同, 得到矛盾. 所以 $\aleph > \aleph_0$. □

在研究集合的势的过程中, 自然产生了以下问题.

问题 1 (反对称性)　若 $\overline{\overline{E}} \leqslant \overline{\overline{F}}$ 与 $\overline{\overline{F}} \leqslant \overline{\overline{E}}$ 同时成立, 是否有 $\overline{\overline{E}} = \overline{\overline{F}}$?

问题 2 (三歧性)　对于任何集合 E, F,

$$\overline{\overline{E}} < \overline{\overline{F}}, \quad \overline{\overline{E}} = \overline{\overline{F}}, \quad \overline{\overline{E}} > \overline{\overline{F}}$$

是否必有一个成立?

问题 3 (连续统问题)　是否存在严格介于 $\aleph_0$ 与 $\aleph$ 之间的基数, 即是否存在集合 E 使得 $\aleph_0 < \overline{\overline{E}} < \aleph$?

对于问题 1, 我们有如下的 Cantor-Bernstein[①]-Schröder[②] 定理 (简称 **Bernstein 定理**), 得到肯定的回答.

---

① Bernstein, Felix, 1878 年 2 月 24 日—1956 年 12 月 3 日, 德国数学家.

② Schröder, Friedrich Wilhelm Karl Ernst, 1841 年 11 月 25 日—1902 年 6 月 16 日, 德国数学家.

定理 1.4.6　设 $\overline{\overline{A}} \leqslant \overline{\overline{B}}, \overline{\overline{B}} \leqslant \overline{\overline{A}}$, 则 $\overline{\overline{A}} = \overline{\overline{B}}$.

证明　由假设, 存在 A 到 B 的一个子集 B_1 的双射 φ, 以及 B 到 A 的一个子集 A_1 的双射 ψ. 令 $A_0 = A$, 并对 $n \geqslant 0$ 定义 $A_{n+2} = \psi(\varphi(A_n))$. 则 $\psi \circ \varphi : A_n \to A_{n+2}$ 为双射.

注意到 $\varphi(A) \subseteq B$, 我们得到 $A_2 = \psi(\varphi(A)) \subseteq \psi(B) = A_1$. 而由 $A_1 \subseteq A$ 得到 $A_3 \subseteq A_2$. 依次可得 $A_{n+1} \subseteq A_n$ 对任何 $n \geqslant 0$ 成立.

由于 $\psi \circ \varphi$ 是 A_n 到 A_{n+2} 的双射, 同时又是 A_n 的子集 A_{n+1} 到 A_{n+2} 的子集 A_{n+3} 的双射, 因此, $\psi \circ \varphi$ 也是 $A_n \setminus A_{n+1}$ 到 $A_{n+2} \setminus A_{n+3}$ 的双射.

注意到

$$A = \Big(\bigcap_{k=1}^{\infty} A_k\Big) \bigcup \big(A \setminus A_1\big) \bigcup \big(A_1 \setminus A_2\big) \bigcup \big(A_2 \setminus A_3\big) \bigcup \big(A_3 \setminus A_4\big) \bigcup \cdots$$

$$A_1 = \Big(\bigcap_{k=1}^{\infty} A_k\Big) \bigcup \big(A_2 \setminus A_3\big) \bigcup \big(A_1 \setminus A_2\big) \bigcup \big(A_4 \setminus A_5\big) \bigcup \big(A_3 \setminus A_4\big) \bigcup \cdots$$

我们可以给出 A 到 A_1 的双射

$$f(x) := \begin{cases} x, & x \in \Big(\bigcap_{k=1}^{\infty} A_k\Big) \bigcup \Big(\bigcup_{n=0}^{\infty} \big(A_{2n+1} \setminus A_{2n+2}\big)\Big), \\[2mm] \psi(\varphi(x)), & x \in \bigcup_{n=0}^{\infty} \big(A_{2n} \setminus A_{2n+1}\big). \end{cases}$$

所以 $\overline{\overline{A}} = \overline{\overline{A_1}} = \overline{\overline{B}}$.　　　□

Bernstein 定理是证明集合有相同基数的主要方法. 有了这个定理, 要证明 $\overline{\overline{A}} = \overline{\overline{B}}$, 只要找到 A 到 B 的单射以及 B 到 A 的单射. 这比直接寻找两者之间的双射方便多了.

以下运用 Bernstein 定理来证明一些结果.

对于 $n \geqslant 0$, 当 $a_n \neq 0$ 时, 多项式 $a_n x^n + a_{n-1} x^{n-1} + \cdots + a_1 x + a_0$ 称为 n 次多项式. 零多项式 (即 $n = 0$ 且 $a_0 = 0$) 的次数定义为 $-\infty$.

我们称非零整系数多项式的 (复) 零点为**代数数**[①]. 其余的复数称为**超越数**. 可以证明全体代数数构成一个域 (参见习题 11). 特别地, 一个复数为代数数当且仅当其实部和虚部都为代数数. 我们有

定理 1.4.7　代数数集是可列集.

证明　首先, 零次的整系数多项式, 即恒等于非零整数的函数没有零点.

一次整系数多项式形为 $a + bx$, 它的基数小于或等于 $\aleph_0^2 = \aleph_0$. 每一个这样的多项式有一个零点. 因此, 这样的零点总数不大于 $1 \times \aleph_0 = \aleph_0$.

二次整系数多项式形为 $a + bx + cx^2$, 它的基数小于或等于 $\aleph_0^3 = \aleph_0$. 每一个这样的多项式至多有两个零点. 因此, 这样的零点总数不大于 $2 \times \aleph_0 = \aleph_0$.

一般地, 对于任何 $n \geqslant 1$, 可以证明 n 次非零整系数多项式的零点数不大于 $\aleph_0$. 而易见任何整数都是某个 n 次非零整系数多项式的零点. 因此, 所有 n 次非零整系数多项式的零点数是 $\aleph_0$.

---

① 等价于非零有理系数多项式的零点.

最后, 由可列个可列集的并为可列集得到代数数全体是可列集. □

接下来, 有

定理 1.4.8 $\aleph = 2^{\aleph_0}$.

证明 对于 $[0,1)$ 中的点, 用二进制小数表示, 并规定不以 1 为循环节. 对于 $x = 0.a_1 a_2 a_3 \cdots \in [0,1)$, 令

$$F(x) = \left\{ n \in \mathbb{N}_+ \Big| a_n = 1 \right\}.$$

则 $F : (0,1) \to 2^{\mathbb{N}_+}$ 是单射, 从而 $\aleph \leqslant 2^{\aleph_0}$.

另一方面, 对于 $E \subseteq \mathbb{N}_+$, 定义

$$a_n = \begin{cases} 1, & n = 2m, m \in E, \\ 0, & \text{其他}, \end{cases}$$

并令

$$G(E) := 0.a_1 a_2 a_3 \cdots$$

为一个二进制小数. 则 $G : 2^{\mathbb{N}_+} \to [0,1)$ 是单射, 从而 $\aleph \geqslant 2^{\aleph_0}$.

于是由 Bernstein 定理, 得到 $\aleph = 2^{\aleph_0}$. □

以上定理说明了无理数和超越数的基数都是 $\aleph$. 即无理数和超越数都是不可数的. 这样, Cantor 通过对集合基数的研究, 轻松地证明了超越数不仅存在, 而且比代数数还多得多——而在这个过程中, Cantor 没有给出哪怕是一个具体的超越数.

历史上, Liouville[①] 研究了一类现在被称为 Liouville 数的无理数. 若实数 x 满足如下条件: 对任何 $n \in \mathbb{N}_+$, 存在整数 $p > 1$ 和整数 q 使得

$$0 < \left| x - \frac{q}{p} \right| < \frac{1}{p^n}, \tag{1.4.3}$$

则称 x 为 **Liouville 数**.

易见对于 Liouville 数, 对每个 $n \in \mathbb{N}_+$, 满足 (1.4.3) 式的整数对 (p,q) 必然有无限多对.

一般地, 对于实数 x 以及 $\alpha > 0$, 考虑使得以下不等式成立的正整数 p 和整数 q:

$$0 < \left| x - \frac{q}{p} \right| < \frac{1}{p^\alpha}. \tag{1.4.4}$$

Dirichlet[②] 逼近定理 表明, 当 $\alpha = 2$, x 为无理数时, 有无穷多对 (p,q) 满足 (1.4.4)式. 一般地, 定义实数 x 的无理测度为

$$\sup \left\{ \alpha \big| \text{存在无限多对整数} (p,q) \text{满足 (1.4.4) 式} \right\},$$

其中 sup 表示上确界, 即最小上界, 确切的含义参见第二章第 3 节. 目前可以粗略地把它理解为数集的最大值.

---

① Liouville, Joseph, 1809 年 3 月 24 日—1882 年 9 月 8 日, 法国数学家.

② Dirichlet, Peter Gustav Lejeune, 1805 年 2 月 13 日—1859 年 5 月 5 日, 德国数学家.

这样, 通俗地讲, Liouville 数就是无理测度为无穷的无理数. 易见有理数的无理测度为 1, Dirichlet 逼近定理表明无理数的无理测度都大于或等于 2.

1844 年, Liouville 证明了如下定理:

定理 1.4.9 (关于 Diophantus[①] 逼近的 Liouville 定理)   设 $n \geqslant 2$, 无理数 x 是某个 n 次整系数多项式的零点, 则存在常数 $A > 0$ 使得对于任何整数 q 和正整数 p, 成立

$$\left| x - \frac{q}{p} \right| > \frac{A}{p^n}.$$

因此, 所有代数数的无理测度都是有限的, 都不是 Liouville 数. Liouville 还构造出一个 Liouville 数:

$$a = 0.1^{1!} + 0.1^{2!} + 0.1^{3!} + 0.1^{4!} + \cdots.$$

这样 Liouville 就第一次证明了超越数的存在性, 并给出了一个具体的超越数.

定理 1.4.9 的证明并不困难. 可以仿照如下特例的证明来证明: 对任何正整数对 (p, q) 有

$$\left| \sqrt[3]{5} - \frac{q}{p} \right| > \frac{1}{19p^3}. \tag{1.4.5}$$

首先, 只需对满足 $\left| \sqrt[3]{5} - \frac{q}{p} \right| < 1$ 的正整数对 (p, q) 来证明 (1.4.5) 式. 此时

$$\frac{q}{p} \leqslant \left| \frac{q}{p} - \sqrt[3]{5} \right| + \sqrt[3]{5} \leqslant 3.$$

从而

$$\begin{aligned}
\left| \frac{q^3}{p^3} - 5 \right| &= \left| \left(\frac{q}{p} - \sqrt[3]{5} \right) \left(\frac{q^2}{p^2} + \frac{q}{p} \sqrt[3]{5} + \sqrt[3]{5^2} \right) \right| \\
&\leqslant \left(3^2 + 3 \times 2 + 2^2 \right) \left| \frac{q}{p} - \sqrt[3]{5} \right| = 19 \left| \frac{q}{p} - \sqrt[3]{5} \right|.
\end{aligned}$$

另一方面, 易证 $\sqrt[3]{5}$ 是无理数. 因此,

$$\left| \frac{q^3}{p^3} - 5 \right| = \frac{1}{p^3} |q^3 - 5p^3| \geqslant \frac{1}{p^3}.$$

进而得到 (1.4.5) 式.

后人进一步证明了当无理数是代数数时, 其无理测度是 2. 对于两个常数 π 和 e, 目前已经得到 e 的无理测度是 2. 而 π 的无理测度不超过 7.606 3. Stuart[56] 利用 π 的无理测度证明了以下非常有趣的结果: 当且仅当 $\alpha > \frac{1}{\sqrt[3]{\sin 3}} \approx 1.92$ 时, 不等式 $|\sin n| > \alpha^{-n}$ 对于任何正整数 n 成立. 特别地, 对于任何正整数 n, 我们有 $|\sin n| > 2^{-n}$.

不难证明 Liouville 数全体的基数是 $\aleph$(参见习题 9), 但是从一种角度看, Liouville 数全体是**零测度集**, 即它的 "总长度"——**Lebesgue**[②] 测度为零. 也可以这样说, 从测度这个角度来看, Liouville 数在超越数中是极少数——虽然从基数的角度来看, 它们是一样多的.

---

① Diophantus of Alexandria, 很可能生于 201 年到 215 年, 卒于 285 年到 299 年, 古希腊数学家.
② Lebesgue, Henri Léon, 1875 年 6 月 28 日—1941 年 7 月 26 日, 法国数学家.

利用前面引入的记号, 至少在形式上, 我们有

$$\aleph^{\aleph_0} = \left(2^{\aleph_0}\right)^{\aleph_0} = 2^{\aleph_0 \times \aleph_0} = 2^{\aleph_0} = \aleph.$$

读者不难从上式得到启发, 证明如下结果.

定理 1.4.10　　集合 $\mathbb{R}^\infty := \left\{ \{x_k | k \geqslant 1\} \,\big|\, x_k \in \mathbb{R}, k \in \mathbb{N} \right\}$ 的势为 $\aleph$.

定理的证明也可以仿照定理 1.4.8 的证明给出.

进一步, 通过关系式

$$\aleph = 2^{\aleph_0} \leqslant \aleph_0^{\aleph_0} \leqslant \aleph^{\aleph_0} = \aleph$$

可见 $\aleph_0^{\aleph_0} = \aleph$.

类似地,

$$\overline{\overline{\{f | f \text{ 是 } \mathbb{R} \text{ 上的实值函数}\}}} = \aleph^\aleph = 2^{\aleph_0 \times \aleph} = 2^\aleph > \aleph.$$

相比于问题 1, 后两个问题就要困难许多, 1915 年, Hartogs[1] 证明了基数的三歧性与选择公理等价.

对于问题 3, Cantor 给出了定理 1.4.8, 即证明了连续统的势是 $2^{\aleph_0}$, 并提出了**连续统假设**: $\aleph_1 = 2^{\aleph_0}$, 其中 $\aleph_1$ 表示 $\aleph_0$ 的下一个势.

1938 年, Gödel[2] 证明了连续统假设和 ZFC 公理系统不矛盾. 1963 年, Cohen[3] 证明了连续统假设对于 ZFC 公理系统是独立的. 也就是说, 在 ZFC 公理系统中, 不可能判定连续统假设的真假.

Cantor 还提出了广义连续统假设: $\aleph_{k+1} = 2^{\aleph_k}$ $(k = 0, 1, 2, \cdots)$. 自然, 在 ZFC 公理系统下, 不能证明广义连续统假设, 但在 ZF 公理系统下, 广义连续统假设可以导出选择公理.

选择公理看起来显然, 以至很难想象选择公理不成立会怎样. 但当选择公理成立时, 有一些 "不好的" 结果. 其中著名的有 Lebesgue 不可测集的存在性, 更出人意料的是有 Banach[4]-Tarski[5] 定理.

定理 1.4.11　　如果选择公理成立, 则可以把一个单位球体分成 A, B, C, D, E 五份, 其中 A, B, C 通过一些刚体运动, 即平移和旋转, 可以拼合成一个新的单位球体, 而 D, E 也可以通过刚体运动拼合成另一个新的单位球体.

---

① Hartogs, Friedrich Moritz, 1874 年 5 月 20 日—1943 年 8 月 18 日, 比利时数学家.

② Gödel, Kurt Friedrich, 1906 年 4 月 28 日—1978 年 1 月 14 日, 奥地利裔美国逻辑学家、数学家和哲学家.

③ Cohen, Paul Joseph, 1934 年 4 月 2 日—2007 年 3 月 23 日, 美国数学家.

④ Banach, Stefan, 1892 年 3 月 30 日—1945 年 8 月 31 日, 波兰数学家.

⑤ Tarski, Alfred, 1901 年 1 月 14 日—1983 年 10 月 26 日, 波兰裔美国逻辑学家、数学家、哲学家.

<h1 style="text-align:center">习　题　1</h1>

1. 设 $a_0, a_1, \cdots, a_n$ 为复常数, 且对任何 $x \in \mathbb{R}$ 成立 $a_n x^n + a_{n-1} x^{n-1} + \cdots + a_1 x + a_0 = 0$. 证明: $a_0 = a_1 = \cdots = a_n = 0$.

2. 设 P 为首项系数不为零的 n 次复系数多项式, x_1 是它的一个零点. 证明: 存在首项系数不为零的 $n-1$ 次多项式 Q 使得

$$P(x) = (x - x_1) Q(x).$$

3. 设 $a_0, a_1, \cdots, a_n$ 为复常数, $a_n \neq 0$. 证明: 多项式

$$P(x) = a_n x^n + a_{n-1} x^{n-1} + \cdots + a_1 x + a_0$$

至多有 n 个复零点 (含重数).

4. 证明: Viète[①]定理: 设 $a_n \neq 0$, $x_1, x_2, \cdots, x_n$ 为

$$P(x) = a_n x^n + a_{n-1} x^{n-1} + \cdots + a_1 x + a_0$$

的 n 个复零点 (含重根), 则对于 $1 \leqslant k \leqslant n$, 成立

$$\sum_{1 \leqslant m_1 < m_2 < \cdots < m_k \leqslant n} \prod_{j=1}^{k} x_{m_j} = (-1)^k \frac{a_{n-k}}{a_n}.$$

5. 试构造区间 $(0,1)$ 映到 $[0,1]$ 的一个双射.

6. 说明映射 $T : \mathbb{Q} \to \mathbb{Z}$,

$$T(q) = \begin{cases} (m+n)^2 + n, & q = \dfrac{n}{m}, \quad m, n \text{为既约正整数}, \\ 0, & q = 0, \\ -(m+n)^2 - n, & q = -\dfrac{n}{m}, \quad m, n \text{为既约正整数} \end{cases}$$

为有理数集到整数集的单射.

7. 证明: 代数数集是可列集.

8. 证明: 存在常数 $A > 0$ 使得对于任何整数 q 和正整数 p, 成立

$$\left| \sqrt{3} + \sqrt{2} - \frac{q}{p} \right| > \frac{A}{p^4}.$$

9. 证明 $\left\{ \displaystyle\sum_{k=1}^{\infty} \frac{n_k}{10^{k!}} \,\middle|\, n_k = 1, 2, \cdots, 9 \right\}$ 的势是 $\aleph$, 其元均为 Liouville 数.

---

① Viète, François, Seigneur de la Bigotiere, 1540 年—1603 年 12 月 13 日, 法国数学家.

10. 称关于 $x_1, x_2, \cdots, x_n$ 的 m 次 n 元多项式 $R(x_1, x_2, \cdots, x_n)$ 是**可轮换的**, 是指对任何 $1 \leqslant k < j \leqslant n$, 将 $R(x_1, x_2, \cdots, x_n)$ 中的 x_k, x_j 分别替换成 x_j, x_k 后多项式保持不变. 证明:

(1) 若 $R(x_1, x_2, \cdots, x_n)$ 是可轮换的一次齐次多项式, 则它是 $x_1 + x_2 + \cdots + x_n$ 的常数倍;

(2) 若 $R(x_1, x_2, \cdots, x_n)$ 是可轮换的二次齐次多项式, 则有常数 C_1, C_2, 使得

$$R(x_1, x_2, \cdots, x_n) \equiv C_1(x_1^2 + x_2^2 + \cdots + x_n^2) + C_2 \sum_{1 \leqslant i < j \leqslant n} x_i x_j;$$

(3) 归纳证明, 若 $R(x_1, x_2, \cdots, x_n)$ 是可轮换的 k 次多项式, 而 $x_1, x_2, \cdots, x_n$ 是某首项系数不为零的 n 次有理系数多项式的零点, 则 $R(x_1, x_2, \cdots, x_n)$ 为有理数.

11. 设 P, Q 分别是 m, n 阶首项系数为 1 的有理系数多项式:

$$P(x) = \prod_{k=1}^{m}(x - x_k), \quad Q(x) = \prod_{k=1}^{n}(x - y_k).$$

证明:

(1) 多项式 $R(x) := \prod_{k=1}^{m}\prod_{j=1}^{n}(x - x_k - y_j)$ 是有理系数多项式;

(2) 多项式 $S(x) := \prod_{k=1}^{m}\prod_{j=1}^{n}(x - x_k y_j)$ 是有理系数多项式.

12. 证明 Liouville 定理 1.4.9.

13. 证明: 一个复数是代数数当且仅当它的实部和虚部都是代数数.

第二章

实数

数的发展过程可以从两个方面来看: 一个是它的历史发展过程, 另一个是它的逻辑发展过程.

不同的文化对数的认识过程有所区别. 大体上, 人们首先 (感性地) 认识了自然数, 然后认识整数、有理数、实数、复数, 并在有理数基础上建立实数理论, 在集合论基础上建立自然数理论.

逻辑上, 自然应该是先建立自然数理论, 再引入有理数, 并在此基础上建立实数理论, 并引入复数.

2.1　自然数公理

自然数是构造实数的基础, 但从实数理论的历史发展过程来看, 自然数理论晚于实数理论. 这虽然有点意料之外, 却在情理之中.

Peano[①] 于 1889 年发表了自然数公理.

(**N**) **自然数公理**　满足以下性质的集合 $\mathbb{N}$ 称为**自然数集**:

(1) 0 属于 $\mathbb{N}$;

(2) 每一个确定的自然数 n 都有唯一的后继 n^+;

(3) 没有以 0 为后继的自然数;

(4) 不同的自然数对应不同的后继, 即若 $m \neq n$, 则 $m^+ \neq n^+$;

(5) 若 E 是 $\mathbb{N}$ 的子集, 包含 0 及其每一个元素的后继, 则 E 是 $\mathbb{N}$.

在自然数公理中, 只是涉及自然数的序而没有涉及四则运算. 这里 0 可以抽象地看作一个符号. 我们可以用别的记号, 比如 $\bar{n}$ 来代替 0. 自然, 我们也可以用 1 来代替 0.

有了自然数以后, 我们可以在其中定义加法. 对于 $m, n \in \mathbb{N}$, 定义

(1) $n + 0 = n$;

(2) $m + n^+ = (m + n)^+$.

然后建立加法的性质, 再引入乘法, 把自然数集扩充为整数集、有理数集. 对此有兴趣的读者可以尝试自己完成这些工作.

易得有理数具有如下的**稠密性**: 对任何 $p, q \in \mathbb{Q}, p < q$, 存在有理数 r 使得 $p < r < q$. 例如, 取 $r = \dfrac{p+q}{2}$ 即可.

进一步, 有理数还具有 **Archimedes**[②] **性**: 设 p 为正有理数, 则对任何有理数 q, 存在自然数 n, 使得 $np > q$.

---

① Peano, Giuseppe, 1858 年 8 月 27 日—1932 年 4 月 20 日, 意大利数学家.

② Archimedes, 公元前 287 年—前 212 年, 古希腊哲学家、数学家、物理学家、力学家.

为证明这一结论, 不妨设 $q > 0$. 我们有正整数 m_p, k_p 以及 m_q, k_q 使得 $p = \dfrac{k_p}{m_p}$, $q = \dfrac{k_q}{m_q}$. 取 $n = m_p k_q + 1$ 即得 $np > q$.

基于自然数公理, 我们有如下常用的**数学归纳法**.

定理 2.1.1　设 $P_0, P_1, \cdots, P_n, \cdots$ 是一列命题, 满足

(1) P_0 成立;

(2) 若对某个 $n \in \mathbb{N}$, P_n 成立, 则 P_{n+1} 成立,

则对任何 $n \in \mathbb{N}$, P_n 成立.

证明　令

$$E := \left\{ n \in \mathbb{N} \,\middle|\, P_n \text{ 成立} \right\}.$$

由 (1), $0 \in E$, 而由 (2), $n \in E$ 蕴涵 $n + 1 \in E$. 因此, 由自然数公理 (N), 得到 $E = \mathbb{N}$. 即对任何 $n \in \mathbb{N}$, P_n 成立. □

数学归纳法还有以下常用的形式.

定理 2.1.2　设 $m \in \mathbb{N}$ 给定, $P_m, P_{m+1}, \cdots, P_n, \cdots$ 是一列命题, 满足

(1) P_m 成立;

(2) 对某个 $n \in \mathbb{N}$, $n \geqslant m$, 若 P_n 成立, 则 P_{n+1} 成立,

则对任何自然数 $n \geqslant m$, P_n 成立.

定理 2.1.3　设 $m \in \mathbb{N}$ 给定, $P_m, P_{m+1}, \cdots, P_n, \cdots$ 是一列命题, 满足

(1) P_m 成立;

(2) 对某个 $n \in \mathbb{N}$, $n \geqslant m$, 若 $P_m, P_{m+1}, \cdots, P_n$ 成立, 则 P_{n+1} 成立,

则对任何自然数 $n \geqslant m$, P_n 成立.

关于自然数的介绍, 可参看《陶哲轩实分析》[57] 第二章.

Peano 自然数公理对于集合论公理的建立起到了重要作用. von Neumann 则按以下方式 "无中生有" 地构造出了自然数:

$$0 := \varnothing,$$
$$1 := \{\varnothing\} = \{0\},$$
$$2 := \{\varnothing, \{\varnothing\}\} = \{0, 1\},$$
$$3 := \{\varnothing, \{\varnothing\}, \{\varnothing, \{\varnothing\}\}\} = \{0, 1, 2\},$$
$$4 := \{\varnothing, \{\varnothing\}, \{\varnothing, \{\varnothing\}\}, \{\varnothing, \{\varnothing\}, \{\varnothing, \{\varnothing\}\}\}\} = \{0, 1, 2, 3\},$$
$$\cdots,$$
$$n + 1 := n \cup \{n\} = \{0, 1, 2, \cdots, n\},$$
$$\cdots.$$

按照集合论公理, 以上的自然数都是合乎公理规则的集合. 因此, 这可以视为基于集合论公理构造出了自然数. 而完成了自然数的构造, 相当于证明了满足自然数公理的自然

数确实是存在的. 而此项工作的完成, 则意味着我们不必再把 Peano 的自然数公理视为公理. 它更像是一个构造自然数的 "定制标准". 类似地, 即将介绍的实数系公理也可以视为构造实数系的一个 "定制标准".

2.2   实数系公理

什么是实数, Hilbert[①] 于 1899 年首次提出了**实数公理系统**. 这虽然是在建立实数理论的工作之后, 但相关要求是每一种实数理论都必须考虑的. 正如我们在前一节所指出的, 我们在课程中引用这一公理体系, 并非真的要把它们作为公理, 而是把它们视为构造实数系的一个 "定制标准".

2.2.1   实数系公理

实数系公理有几种等价的形式, 我们采用以下形式.

设 $\mathbb{R}$ 是一个集合, 带有加法和乘法两种运算以及序关系:

加法 $+\colon \mathbb{R} \times \mathbb{R} \to \mathbb{R},\ (x, y) \mapsto x + y$;

乘法 $\cdot\colon \mathbb{R} \times \mathbb{R} \to \mathbb{R},\ (x, y) \mapsto x \cdot y$, 在不引起混淆的情况下, $x \cdot y$ 简记为 xy;

序关系 $\leqslant\colon x \leqslant y$ 也记作 $y \geqslant x$.

进一步, $x < y$ (也记作 $y > x$) 表示 $x \leqslant y$ 且 $x \neq y$.

满足下列公理的系统 $(\mathbb{R}, +, \cdot, \leqslant)$ 称为**实数系**, 简写为 $\mathbb{R}$, 它的元素称为**实数**:

设 $x, y, z \in \mathbb{R}$.

(F) 域公理 $(\mathbb{R}, +, \cdot)$ 是一个域, 即满足

(A1) **加法结合律** $(x + y) + z = x + (y + z)$.

(A2) **加法交换律** $x + y = y + x$.

(A3) **存在加法单位元**   存在 $0 \in \mathbb{R}$, 称为**加法单位元**或**零元**, 满足: 对于任何 $x \in \mathbb{R}$, 成立 $x + 0 = x$.

(A4) **存在负元**   对于任何 $x \in \mathbb{R}$, 存在一个元素 $y \in \mathbb{R}$ (记作 $-x$) 满足 $x + (-x) = 0$.

(M1) **乘法结合律** $(xy)z = x(yz)$.

(M2) **乘法交换律** $xy = yx$.

(M3) **存在乘法单位元**   存在非零元 $1 \in \mathbb{R}$, 称为**乘法单位元**, 满足: 对于任何 $x \in \mathbb{R}$, $1 \cdot x = x$.

---

① Hilbert, David, 1862 年 1 月 23 日—1943 年 2 月 14 日, 德国数学家.

(M4) **非零元存在逆元**   若 $x \neq 0$, 则存在一个元素 $y \in \mathbb{R}$ (记作 $1/x$ 或 x^{-1}) 满足 $x(1/x) = 1$.

(AM) **乘法分配律** $x(y+z) = xy + xz$.

(O) **序公理**

(O1) **反对称性**   若 $x \leqslant y$ 与 $y \leqslant x$ 都成立, 则 $x = y$.

(O2) **传递性**   若 $x \leqslant y$, 且 $y \leqslant z$, 则 $x \leqslant z$.

(O3) **全序性**   关系式 $x \leqslant y$, $y \leqslant x$ 中至少有一个成立.

(AO) **加法的保序性**   若 $y \leqslant z$, 则 $x + y \leqslant x + z$.

(MO) **乘法的保序性**   若 $x, y \geqslant 0$, 则 $xy \geqslant 0$.

(C) **连续公理**

(C1) **Archimedes 公理**   给定 y 与 $x > 0$, 则总可以把 x 自己相加足够多的次数使得

$$nx := \overbrace{x + x + \cdots + x}^{n\text{次}} > y.$$

(C2) **完备公理**   如果 $\widetilde{\mathbb{R}} \supseteq \mathbb{R}$ 且 $(\widetilde{\mathbb{R}}, +, \cdot, \leqslant)$ 满足前述公理 (F), (O), (C1), 则 $\widetilde{\mathbb{R}} = \mathbb{R}$.

注 2.2.1   条件 (A1)~(A4) 表示 $(\mathbb{R}, +)$ 是一个 **(可) 交换群**, 又称 **Abel**[①]**群**.

注 2.2.2   条件 (O1)~(O2) 及自反性 "$x \leqslant x$" 表示 $(\mathbb{R}, \leqslant)$ 是一个**偏序集**, 条件 (O1)~(O3) 表示 $(\mathbb{R}, \leqslant)$ 是一个**全序集**. 易见 (O3) 蕴涵自反性.

注 2.2.3   为方便起见, 用 $y \geqslant x$ 表示 $x \leqslant y$. 而 $x < y$ 表示 $x \leqslant y$ 且 $x \neq y$. 这样, 由序公理, 关系式 $x < y$, $\quad x = y$, $\quad y < x$ 中有且只有一个成立.

2.2.2   实数的基本性质

称满足域公理 (F) 与序公理 (O) 的系统为**有序域**. 关于实数四则运算的很多常用性质和不等式的都可以从公理 (F) 和 (O) 推导出来. 我们将它们的一部分留作习题.

对于 $x, y \in \mathbb{R}$ 记 $x - y := x + (-y)$. 当 $y \neq 0$ 时, 记 $x \cdot (1/y)$ 为 x/y 或 $\dfrac{x}{y}$. 定义 x 的**绝对值**为

$$|x| := \begin{cases} x, & x \geqslant 0, \\ -x, & x < 0. \end{cases}$$

对于正整数 n, 定义它的**阶乘** $n!$ 为 $n \cdot (n-1) \cdots 2 \cdot 1$. 定义偶数 $2n$ 的**双阶乘** $(2n)!!$ 为 $(2n)(2n-2) \cdots 2$, 定义奇数 $2n+1$ 的双阶乘 $(2n+1)!!$ 为 $(2n+1)(2n-1) \cdots 3 \cdot 1$. 当 $n = 0$ 时, $n!$ 以及 $n!!$ 定义为 1.

[①] Abel, Niels Henrik, 1802 年 8 月 5 日—1829 年 4 月 6 日, 挪威数学家.

类似地, 可以定义三阶乘等.

对于自然数 n 以及 $0 \leqslant k \leqslant n$, 记

$$C_n^k := \frac{n!}{k!(n-k)!}.$$

则对于 $k \geqslant 0$ 以及 $n \geqslant k+1$, 成立

$$C_{n+1}^{k+1} = C_n^k + C_n^{k+1}. \tag{2.2.1}$$

对于整数 $n \geqslant m$, 以及 $x_m, x_{m+1}, \cdots, x_n \in \mathbb{R}$, 引入**求和符号**

$$\sum_{k=m}^{n} x_k := x_m + x_{m+1} + \cdots + x_n \tag{2.2.2}$$

和**求积符号**

$$\prod_{k=m}^{n} x_k := x_m x_{m+1} \cdots x_n. \tag{2.2.3}$$

当 n 为正整数时, n 个 x 的乘积记为 x^n. 进一步, 当 $x \neq 0$ 时, x^0 定义为 1, x^{-n} 定义为 $(x^{-1})^n$.

我们有以下重要结果.

命题 2.2.1 (三角不等式) $|x+y| \leqslant |x| + |y|$.

证明   上述不等式分情形讨论可得

(i) $x \geqslant 0, y \geqslant 0$. 则 $x+y \geqslant 0$. 从而 $|x+y| = x+y = |x| + |y|$.

(ii) $x \geqslant 0, y \leqslant 0$. 则 $x+y = |x| - |y|$.

若 $|x| - |y| \geqslant 0$, 则 $|x+y| = |x| - |y| \leqslant |x| \leqslant |x| + |y|$.

若 $|x| - |y| < 0$, 则 $|x+y| = |y| - |x| \leqslant |y| \leqslant |x| + |y|$.

(iii) $x \leqslant 0, y \leqslant 0$. 则由 (i), $|x+y| = |(-x) + (-y)| = |-x| + |-y| = |x| + |y|$.

(iv) $x \leqslant 0, y \geqslant 0$. 则由 (ii), $|x+y| = |y+x| \leqslant |y| + |x| = |x| + |y|$.   □

命题 2.2.2 (Newton[①] 二项展开式)   对于正整数 n, 有

$$(x+y)^n = \sum_{k=0}^{n} C_n^k x^k y^{n-k}. \tag{2.2.4}$$

证明   当 $n = 1$ 时, (2.2.4) 式成立. 进一步, 若对某个 $n \geqslant 1$, (2.2.4) 式成立, 则

$$(x+y)^{n+1} = (x+y)(x+y)^n = (x+y) \sum_{k=0}^{n} C_n^k x^k y^{n-k}$$

$$= \sum_{k=0}^{n} C_n^k x^{k+1} y^{n-k} + \sum_{k=0}^{n} C_n^k x^k y^{n+1-k}$$

---

① Newton, Isaac, 1643 年 1 月 4 日—1727 年 3 月 31 日, 英国物理学家、数学家.

$$=x^{n+1} + \sum_{k=1}^{n}(\mathrm{C}_n^{k-1} + \mathrm{C}_n^k)x^k y^{n+1-k} + y^{n+1}$$

$$=\mathrm{C}_{n+1}^{n+1}x^{n+1} + \sum_{k=1}^{n}\mathrm{C}_{n+1}^k x^k y^{n+1-k} + \mathrm{C}_{n+1}^0 y^{n+1}$$

$$=\sum_{k=0}^{n+1}\mathrm{C}_{n+1}^k x^k y^{n+1-k}.$$

于是, 由数学归纳法 (2.2.4) 式对任何自然数 n 成立. □

展开式 (2.2.4) 中的系数称为二项式系数, 这些系数形成的三角称为**杨辉**[①]**三角**或**贾宪**[②]**三角**[③]. 表中每个数字等于上一行左右两个数字之和:

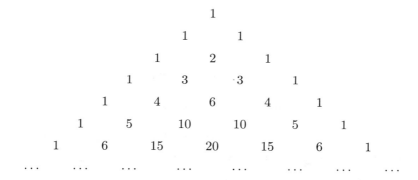

2.2.3 复数域

有很多问题在实数域内难以得到满意的结果. 我们需要复数域.

在 $\mathbb{R}^2$ 中引入加法和乘法:

$$(x_1, y_1) + (x_2, y_2) := (x_1 + x_2, y_1 + y_2),$$

$$(x_1, y_1) \cdot (x_2, y_2) := (x_1 x_2 - y_1 y_2, x_1 y_2 + x_2 y_1).$$

则可以验证 $(\mathbb{R}^2, +, \cdot)$ 构成一个域. 为了与通常的欧氏空间 $\mathbb{R}^2$ 区别开来, 我们把 $(\mathbb{R}^2, +, \cdot)$ 记为 $\mathbb{C}$, 称为**复数域**. 此时 $(1, 0)$ 就是 $\mathbb{C}$ 的单位元. 若记 $\mathrm{i} := (0, 1)$, 则 $\mathrm{i}^2 = (-1, 0)$, 我们称 i 为虚根单位. 此处及今后, 在复数域中, 直接用实数 x 表示 $(x, 0)$, 则 $\mathbb{C}$ 中的元素 (x, y) 可以写为 $x + y\mathrm{i}$, 称为**复数**, x, y 分别称为 $x + y\mathrm{i}$ 的**实数部分**和**虚数部分**, 简称实部和虚部, 记作 $x = \mathrm{Re}\,(x + y\mathrm{i}), y = \mathrm{Im}\,(x + y\mathrm{i})$. 称 $|x + y\mathrm{i}| := \sqrt{x^2 + y^2}$ 为 $x + y\mathrm{i}$ 的

[①] 杨辉, 字谦光, 南宋钱塘 (今浙江杭州) 人, 约 1238 年—约 1298 年.

[②] 贾宪, 北宋人, 生平籍贯不详, 约活动在 11 世纪上半叶.

[③] 杨辉在 1261 年所著的《详解九章算法》一书中, 辑录了这一三角形数表, 称之为 "开方作法本源" 图, 并说明此表引自贾宪的《释锁算术》.

模或**绝对值**. 若 $y \neq 0$, 则 $x + yi$ 称为**虚数**, 而 yi 称为**纯虚数**. 由于 $i^2 = -1$, 因此, 不可能在 $\mathbb{C}$ 中引进序使之成为有序域.

2.2.4　广义实数系

时常, 引入**广义实数系**可以方便讨论. 广义实数系包含 $\mathbb{R}$ 中所有的元以及两个无穷大: **正无穷大** $+\infty$ 和**负无穷大** $-\infty$. 规定

$$-\infty < x < +\infty, \qquad \forall x \in \mathbb{R}.$$

对于广义实数系中的元素 $a < b$, 记

$$(a, b) := \{x | a < x < b\},$$

$$[a, b] := \{x | a \leqslant x \leqslant b\},$$

$$[a, b) := \{x | a \leqslant x < b\},$$

$$(a, b] := \{x | a < x \leqslant b\}.$$

特别地, $(-\infty, +\infty)$ 即为 $\mathbb{R}$, 而 $[-\infty, +\infty]$ 即为广义实数系. 当这些集合不以 $-\infty$ 和 $+\infty$ 为元素时, 我们称之为**区间**. 其中, 当 a, b 为实数时, 称为**有界区间**, 当 $a = -\infty$ 或 $b = +\infty$ 时称为**无界区间**.

进一步, 设 $a < b$ 为实数, 可把区间分为以下三类:

开区间: $(a, b), (a, +\infty), (-\infty, b), (-\infty, +\infty)$.

闭区间: $[a, b], [a, +\infty), (-\infty, b], (-\infty, +\infty)$.

半开半闭区间: $[a, b), (a, b]$.

对于 $x, y, z \in \mathbb{R}$, $y > 0$, $z < 0$, 规定

$$x + (+\infty) = x - (-\infty) = +\infty,$$

$$x - (+\infty) = x + (-\infty) = -\infty,$$

$$y \cdot (+\infty) = z \cdot (-\infty) = +\infty,$$

$$y \cdot (-\infty) = z \cdot (+\infty) = -\infty,$$

进一步, 规定

$$\frac{1}{+\infty} = \frac{1}{-\infty} = 0,$$

$$(+\infty) + (+\infty) = (+\infty) - (-\infty) = +\infty,$$

$$(-\infty) + (-\infty) = (-\infty) - (+\infty) = -\infty,$$

$$(-\infty) \cdot (-\infty) = (+\infty) \cdot (+\infty) = +\infty,$$

$$(-\infty) \cdot (+\infty) = (+\infty) \cdot (-\infty) = -\infty.$$

但是 $(+\infty) + (-\infty), (+\infty) - (+\infty), 0 \cdot (\pm\infty)$ 等无意义.

2.2.5 单调函数与周期函数

单调函数与周期函数是非常重要的两类函数. 首先, 定义单调函数如下:

定义 2.2.1 设有函数 $f : E \to \mathbb{R}$, 其中 E 是 $\mathbb{R}$ 的非空子集[①].

如果对任何 $x, y \in E$, $x < y$ 蕴涵 $f(x) \leqslant f(y)$, 则称 f 在 E 上**单调增加**. 若 $x < y$ 蕴涵 $f(x) < f(y)$, 则称 f 在 E 上**严格单调增加**.

称 f 在 E 上 (**严格**) **单调减少**是指 $-f$ 在 E 上 (**严格**) 单调增加.

单调增加又称单调上升、单调递增, 简称单增, 单调减少又称单调下降、单调递减, 简称单减.

若 $f : \mathbb{R} \to \mathbb{R}$, $T \neq 0$ 使得对任何 $x \in \mathbb{R}$ 成立 $f(x + T) = f(x)$, 则称 f 为以 T 为周期的**周期函数**.

周期时常指正周期, 甚至所谓 "最小正周期". 并非所有周期函数均有最小正周期. 例如任何非零有理数均为 **Dirichlet**[②] **函数** $D(\cdot) := \chi_{\mathbb{Q}}(\cdot)$ 的周期. 因此, Dirichlet 函数没有最小正周期.

2.3 实数系的构造

本节主要介绍用 Dedekind 分割建立实数系的方法.

第一次数学危机

首先, 简单回顾第一次数学危机的历史. 构造实数系的历史可追溯到古希腊的 Pythagoras[③]学派的工作.

Pythagoras 学派信奉任何两个 (同类型的) 量都是 "**可公度**" 的. 以直线段的长度为例, 对于直线段 ℓ 与 L, 都存在直线段 s, 使得 ℓ, L 都是 s 的整数倍, 比如说, 依次为 m 倍和 n 倍. 这样, 如果把 ℓ 的长度定义为 1 的话, L 的长度就是分数 $\dfrac{n}{m}$. 按照这种方法, 就可以定义所有线段的长度.

---

① 可在广义实数系中类似地定义单调性.

② Dirichlet, Peter Gustav Lejeune, 1805 年 2 月 13 日—1859 年 5 月 5 日, 德国数学家.

③ Pythagoras of Samos, 约公元前 580 年—约前 500 年, 古希腊数学家、哲学家.

然而, Pythagoras 学派的 Hippasus[①] 发现存在不可公度的线段. 具体地, 就是正五边形边长与对角线不可公度, 正直角三角形直角边与斜边不可公度 (参见文献 [43]). 前者相当于说方程 $x = \dfrac{1-x}{x}$ 没有有理根. 后者相当于说 $x^2 = 2$ 没有有理根[②].

不可公度量的发现, 导致了数学史上的第一次数学危机. 为了解决不可公度性问题, Eudoxus[③] 建立了比例论.

对于两个同类的量, Eudoxus 定义其 "比例" 及大小关系. 例如,

$\dfrac{a}{b} = \dfrac{A}{B}$ 定义为: 对于任何 (正) 整数 m, n, 以下三者有且只有一个成立:

(1) $ma > nb$ 且 $mA > nB$;

(2) $ma < nb$ 且 $mA < nB$;

(3) $ma = nb$ 且 $mA = nB$.

而 $\dfrac{a}{b} > \dfrac{A}{B}$ 定义为: 存在 (正) 整数 m, n 使得 $ma > nb$ 且 $mA \ngtr nB$.

这样, a, b 可公度当且仅当存在 m, n 使得 $\dfrac{m}{n} = \dfrac{a}{b}$. 否则, (正) 整数的比分成两个集合: $L = \left\{ \dfrac{m}{n} \middle| \dfrac{m}{n} < \dfrac{a}{b} \right\}$ 以及 $U = \left\{ \dfrac{m}{n} \middle| \dfrac{m}{n} > \dfrac{a}{b} \right\}$, 且可见 L 中每一个比例都小于 U 中每一个比例.

然而, 在 Eudoxus 的比例论中, 比例不是数. 对于第一次数学危机, 比例论给出的解决方案是不完备的.

实数系的构造 Dedekind 分割

Dedekind 把有理数分成两个集合 L 和 U, 其中 L 中每一个元素均小于 U 中每一个元素, 其思想明显与 Eudoxus 的比例论有关. 这样的集合对 (L, U) 称为**分割**. 通过在分割中引入序、加法和乘法, Dedekind 给出了实数系的构造.

需要指出的是, Dedekind 时代的数学家们对于实数的理解并不是那么清晰的. 事实上, Dedekind 本人并不认为是通过分割构造了无理数, 而是认为分割确定了无理数. 但 Weber[④] 已经认识到并告诉过 Dedekind, 无理数就是分割.

另一方面, 实数在有理数的基础上构造, 而有理数的基础是自然数. 在建立实数理论时, 对于自然数的认识主要还基于经验. 因此, 那时的实数理论, 本质上还没有做到真正的严密.

如今, 我们基于集合论, 构造出了自然数, 并在此基础上引入了有理数及四则运算, 并建立其性质. 而用 Dedekind 分割构造实数的论证过程 (以及构造实数的其他方法), 完全在集合论公理允许的范围内. 并且, 我们也能够证明满足实数系公理的实数系本质上是唯一的. 因此, 严密地建立实数理论, 已经圆满地完成了.

[①] Hippasus of Metapontum, 约公元前 470 年, 古希腊数学家.

[②] 目前还不能说它相当于说 $\sqrt{2}$ 是无理数, 因为我们还没有定义什么是 $\sqrt{2}$.

[③] Eudoxus of Cnidus, 约公元前 408 年—前 347 年, 古希腊天文学家、数学家.

[④] Weber, Heinrich Martin, 1842 年 5 月 5 日—1913 年 5 月 17 日, 德国数学家.

以下我们来介绍利用 Dedekind 分割构造实数系的过程.

由于 $U = \mathbb{Q} \setminus L$ 完全由 L 确定, 所以我们采用 Rudin[1]《数学分析原理》[52] 中的做法, 只考虑 L.

在通常的教材中, 利用 Dedekind 分割来构造实数时, 定义加法和乘法时都会涉及 Dedekind 分割的定义. 在本小节中, 我们按文献 [43] 中的方法, 在上确界存在定理的基础上来定义加法、乘法以及证明相关性质. 利用这一方法, 可以容易地用小数构造实数[2].

现在, 我们来构造实数系.

I. **实数集**　称满足条件

(D1) $\alpha \neq \varnothing$, $\alpha \neq \mathbb{Q}$;

(D2) 对于有理数 p, q, 若 $q \in \alpha$, $p < q$, 则 $p \in \alpha$;

(D3) α 中没有最大元

的有理数集 $\mathbb{Q}$ 的子集 α 为 **Dedekind 分割**.

称 Dedekind 分割为**实数**, 全体实数记为 $\mathbb{R}$. 本节下文中小写英文字母 k, m, n 表示整数, 其他的小写英文字母表示有理数, 小写希腊字母表示实数. 对于有理数 p, 定义 $p^* := \{q | q < p\}$.

若 $\mathbb{Q} \setminus \alpha$ 中没有最小元, 则称 α 为**无理分割**, 若 $\mathbb{Q} \setminus \alpha$ 中有最小元 p, 则易证 $\alpha = p^*$, 此时称 α 为**有理分割**. 另一方面, 对于任何有理数 p, 必有 $p^* \in \mathbb{R}$. 因此, 有理分割的全体为 $\mathbb{Q}^* = \{p^* | p \in \mathbb{Q}\}$.

例 2.3.1 (无理分割的存在性)　考虑 $\alpha := \{p | p \geqslant 0, p^2 < 2\} \cup 0^*$. 则易见 (D1) 和 (D2) 成立. 为验证 (D3), 考虑 $p > 0$ 满足 $p^2 < 2$. 令 $r = \dfrac{2 - p^2}{2p + 2}$, 则 $0 < r < 1$. 进而 $r < \dfrac{2 - p^2}{r + 2p}$. 即 $(p + r)^2 < 2$. 这表明 $p + r \in \alpha$. 说明 α 中没有最大元, 因此, α 是分割.

另一方面, 由于任何有理数的平方都不等于 2, 因此, $\mathbb{Q} \setminus \alpha = \{p | p > 0, p^2 > 2\}$. 若 $p \in \mathbb{Q} \setminus \alpha$, 取 $r := \dfrac{p^2 - 2}{2p}$, 易见 $0 < r < p$ 且 $r < \dfrac{p^2 - 2 + r^2}{2p}$. 因此, $(p - r)^2 > 2$, 即 $p - r \in \mathbb{Q} \setminus \alpha$. 所以 $\mathbb{Q} \setminus \alpha$ 中没有最小元, 即 α 是无理分割.

II. **在 $\mathbb{R}$ 中定义序**

1. **序的定义**　定义 $\alpha \leqslant \beta$ 为 $\alpha \subseteq \beta$.

2. **$\mathbb{Q}$ 与 $\mathbb{Q}^*$ 的序一致**　显然有

$$p^* \leqslant q^* \Longleftrightarrow p \leqslant q. \tag{2.3.1}$$

3. **全序性 (O1)$\sim$(O3)**　显然, (O1)$\sim$(O2) 成立. 下证 (O3) 成立.

---

[1] Rudin, Walter, 1921 年 5 月 2 日—2010 年 5 月 20 日, 美国数学家.

[2] 利用小数构造实数比想象的要困难一些, 参见第 34 页.

若 $\alpha \leqslant \beta$ 不成立, 即 $\alpha \nsubseteq \beta$, 则存在 $p \in \alpha \setminus \beta$. 由分割定义中的条件 (D2), 这意味着对任何 $q \in \beta$ 成立 $q < p$, 进而得到 $q \in \alpha$. 从而 $\beta \subseteq \alpha$, 即 $\beta \leqslant \alpha$ 成立. 因此 (O3) 成立.

4. **有理分割的稠密性**   易见有理分割在 $\mathbb{R}$ 中有如下引理中的稠密性.

引理 2.3.1   若 $\alpha < \beta$, 则有 p 使得 $\alpha < p^* < \beta$.

证明   首先, 有 $p_0 \in \beta \setminus \alpha$. 进而又有 $p > p_0$ 使得 $p \in \beta$. 此时, $\alpha \leqslant p_0^* < p^* < \beta$. □

进一步, 我们有

引理 2.3.2   设 $\alpha \in \mathbb{R}$, $r > 0$. 则存在 p 使得 $p^* < \alpha < (p+r)^*$. 进一步, 若 $\alpha > q^*$, 则可取到 $p \geqslant q$ 使得 $p^* < \alpha < (p+r)^*$.

证明   取 $p_0 \in \alpha$, 以及 $q \notin \alpha$, 记 $p_k = p_0 + \dfrac{kr}{2}$ $(k = 1, 2, \cdots)$. 由 Archimedes 性, 存在正整数 n 使得 $p_n > q$. 从而 $p_n \notin \alpha$. 设 m 为使得 $p_m \notin \alpha$ 成立的最小的整数. 取 $p = p_{m-1}$, 则有 $p^* < \alpha \leqslant \left(p + \dfrac{r}{2}\right)^* < (p+r)^*$. 进一步, 当 $\alpha > q^*$ 时, 若上面取到的 $p < q$, 则用 q 代替 p 即得结论.   □

5. **上确界存在定理**   对于 $E \subset \mathbb{R}$, 若 $\beta \in \mathbb{R}$ 满足

$$\alpha \leqslant \beta \, (\alpha \geqslant \beta), \qquad \forall \, \alpha \in E, \tag{2.3.2}$$

则称 β 为 E 的**上界** (**下界**), E 为**上有界集** (**下有界集**). 如果存在 $\gamma \in \mathbb{R}$ 满足

(1) γ 是 E 的上界 (下界);

(2) 若 σ 是 E 的上界 (下界), 则 $\gamma \leqslant \sigma$ $(\gamma \geqslant \sigma)$,

则称 γ 为 E 的**最小上界**或**上确界** (**最大下界**或**下确界**), 记作 $\sup E$ ($\inf E$). 若 $\gamma \in E$ 且 γ 是 E 的上界 (下界), 则称 γ 为 E 的**最大值** (**最小值**), 记作 $\max E \, (\min E)$. 易见 E 的上确界或最大值 (下确界或最小值) 存在的话, 是唯一的. 而 E 的最大值 (最小值) 就是属于 E 的上确界 (下确界). 为方便起见, 时常记 $\max\{\alpha, \beta\}$ 和 $\min\{\alpha, \beta\}$ 为 $\alpha \vee \beta$ 和 $\alpha \wedge \beta$.

我们有下面非常重要的**上确界存在定理**:

定理 2.3.3 $\mathbb{R}$ 中任何非空上有界集均有上确界.

证明   设 $E \subset \mathbb{R}$ 是一非空上有界集, 设 γ 为 E 的一个上界. 令 $\beta := \bigcup\limits_{\alpha \in E} \alpha$. 我们来证明 β 是一个分割.

(i) 首先, 由 E 非空得到 $\beta \neq \varnothing$. 进一步, 由于 $\gamma \neq \mathbb{Q}$, 因此存在 $p \notin \gamma$. 于是对任何 $q \in \alpha \in E$, 必有 $q < p$. 因此, $p \notin \beta$. 所以 $\beta \neq \mathbb{Q}$.

(ii) 若 $q \in \beta$, $p < q$, 则有 $\alpha \in E$ 使得 $q \in \alpha$, 从而由 α 是分割得到 $p \in \alpha \subseteq \beta$.

(iii) 若 $p \in \beta$, 则存在 $\alpha \in E$ 使得 $p \in \alpha$. 从而有 $q > p$ 使得 $q \in \alpha$. 进而 $q \in \beta$. 因此, β 中没有最大元.

这就证明了 β 是一个分割.

接下来, 易见 β 是 E 的一个上界. 而如果 σ 是 E 的另一个上界, 则 $\forall \alpha \in E$ 有 $\alpha \subseteq \sigma$, 从而 $\beta = \bigcup\limits_{\alpha \in E} \alpha \subseteq \sigma$. 这就是说 β 是 E 的上确界. □

6. 实数表示成有理分割集的上确界　利用有理分割的稠密性, 立即可得

$$\alpha = \sup\left\{p^* \big| p^* < \alpha\right\} = \sup\left\{p^* \big| p^* \leqslant \alpha\right\}. \tag{2.3.3}$$

如若不然, 则必有 $\beta \equiv \sup\left\{p^* \big| p^* < \alpha\right\} < \alpha$. 由有理分割的稠密性, 存在 q 使得 $\beta < q^* < \alpha$. 所以 $q^* \in \left\{p^* \big| p^* < \alpha\right\}$. 这又得到 $\beta \geqslant q^*$. 得到矛盾. 因此, (2.3.3) 式成立.

Ⅲ. 在 $\mathbb{R}$ 中定义加法

1. 加法的定义　定义 $\alpha + \beta := \sup E_{\alpha,\beta}$, 其中

$$E_{\alpha,\beta} := \left\{(p+q)^* \big| p^* \leqslant \alpha \text{ 且 } q^* \leqslant \beta\right\}. \tag{2.3.4}$$

由有理分割的稠密性, $E_{\alpha,\beta}$ 非空, 且有 p,q 使得 $p^* > \alpha$ 以及 $q^* > \beta$. 此时易证 $(p+q)^*$ 是 $E_{\alpha,\beta}$ 的上界. 因此, 由上确界存在定理, $\alpha + \beta$ 是合理定义的.

2. $\mathbb{Q}$ 与 $\mathbb{Q}^*$ 中加法的一致性　易见 $(p+q)^*$ 是 E_{p^*,q^*} 的最大值. 因此 $(p+q)^* = p^* + q^*$.

3. 加法交换律 (A2)　成立 $\alpha + \beta = \beta + \alpha$. 这是因为 $E_{\alpha,\beta} = E_{\beta,\alpha}$.

4. 加法零元 (A3)　成立 $\alpha + 0^* = \alpha$. 易见 $E_{\alpha,0^*} = \left\{p^* \big| p^* \leqslant \alpha\right\}$. 于是由 (2.3.3) 式即得 $\alpha + 0^* = \alpha$.

5. 加法的保序性 (AO)　若 $\alpha \leqslant \beta$, 则 $\alpha + \gamma \leqslant \beta + \gamma$. 这是因为此时有 $E_{\alpha,\gamma} \subseteq E_{\beta,\gamma}$.

推论 2.3.4　若对任何 $s > 0$, 成立 $\alpha \leqslant \beta + s^*$, 则 $\alpha \leqslant \beta$.

证明　若结论不真, 则 $\alpha > \beta$. 从而存在 p,q 使得 $\beta < q^* < p^* < \alpha$. 因此, $\beta + (p-q)^* \leqslant q^* + (p-q)^* = p^* < \alpha$. 得到矛盾. □

6. 加法结合律 (A1)　成立 $\alpha + (\beta + \gamma) = (\alpha + \beta) + \gamma$. 这是因为, 对任何 $s > 0$, 由引理 2.3.2, 有 p,q,r 使得

$$p^* < \alpha < (p+s)^*, \quad q^* < \beta < (q+s)^*, \quad r^* < \gamma < (r+s)^*. \tag{2.3.5}$$

于是

$$\alpha + (\beta + \gamma) \leqslant p^* + q^* + r^* + (3s)^* \leqslant \left((\alpha + \beta) + \gamma\right) + (3s)^*,$$

$$(\alpha + \beta) + \gamma \leqslant p^* + q^* + r^* + (3s)^* \leqslant \left(\alpha + (\beta + \gamma)\right) + (3s)^*.$$

由推论 2.3.4 以及反对称性得到 $\alpha + (\beta + \gamma) = (\alpha + \beta) + \gamma$.

7. Archimedes 性 (C1)　设 $\alpha > 0^*$, $\beta \in \mathbb{R}$. 有正整数 n 使得 $n\alpha > \beta$. 具体地, 可取 p,q 满足 $0^* < p^* < \alpha$ 及 $q^* > \beta$. 由 $\mathbb{Q}$ 中的 Archimedes 性, 存在正整数 n 使得 $np > q$. 从而 $n\alpha \geqslant np^* = (np)^* > q^* > \beta$.

8. **负元 (A4)**　对于 $\alpha \in \mathbb{R}$, 存在 α 的负元. 具体地, 令 $E := \{\gamma | \gamma + \alpha \leqslant 0^*\}$. 任取 $s > 0$, 有 p 使得 $p^* < \alpha < (p+s)^*$. 于是, $\alpha + (-p-s)^* \leqslant 0^*$. 因此 $(-p-s)^* \in E$. 而对任何 $\gamma \in E$, 我们有 $\gamma + p^* \leqslant \gamma + \alpha \leqslant 0^*$. 从而 $\gamma \leqslant (-p)^*$. 这样 $\beta := \sup E$ 是合理定义的, 且 $(-p-s)^* \leqslant \beta \leqslant (-p)^*$. 我们有

$$\alpha + \beta \leqslant (p+s)^* + (-p)^* = s^*,$$

$$0 = p^* + (-p-s)^* + s^* \leqslant \alpha + \beta + s^*.$$

由推论 2.3.4 以及反对称性得到 $\alpha + \beta = 0^*$.

IV. 在 $\mathbb{R}$ 中定义乘法

1. **乘法的定义**　对于 $\alpha, \beta > 0^*$, 定义 $\alpha\beta := \sup M_{\alpha,\beta}$, 其中

$$M_{\alpha,\beta} := \left\{ (pq)^* \big| 0^* < p^* \leqslant \alpha, \, 0^* < q^* \leqslant \beta \right\}. \tag{2.3.6}$$

易见 $M_{\alpha,\beta}$ 非空有上界. 从而 $\alpha\beta$ 是合理定义的.

对于其他情形, 补充定义

$$\alpha\beta := \begin{cases} 0^*, & \alpha = 0^* \text{ 或 } \beta = 0^*, \\ -\big((-\alpha)\beta\big), & \alpha < 0^*, \beta > 0^*, \\ -\big(\alpha(-\beta)\big), & \alpha > 0^*, \beta < 0^*, \\ (-\alpha)(-\beta), & \alpha < 0^*, \beta < 0^*. \end{cases} \tag{2.3.7}$$

2. **$\mathbb{Q}$ 与 $\mathbb{Q}^*$ 中乘法的一致性**　当 $p, q > 0$ 时, 易见 $(pq)^*$ 是 M_{p^*,q^*} 的最大值. 因此

$$(pq)^* = p^* q^*. \tag{2.3.8}$$

结合 (2.3.7) 式可见 (2.3.8) 式对任何有理数 p, q 成立.

3. **乘法交换律 (M2)**　成立 $\alpha\beta = \beta\alpha$. 若 $\alpha, \beta > 0^*$, 则 $M_{\alpha,\beta} = M_{\beta,\alpha}$, 从而结论成立. 一般情形的结果结合 (2.3.7) 式得到.

4. **乘法单位元 (M3)**　成立 $\alpha \cdot 1^* = \alpha$. 若 $\alpha > 0^*$, 易见 $M_{\alpha,1^*} = \{p^* | 0^* < p^* \leqslant \alpha\}$. 于是由 (2.3.3) 式可得 $\alpha \cdot 1^* = \alpha$. 一般情形的结果结合 (2.3.7) 式得到.

5. **乘法保序性 (MO)**　若 $\alpha, \beta \geqslant 0^*$, 则 $\alpha\beta \geqslant 0^*$. 这可由定义立即得到.

进一步, 若 $\alpha > 0^*$, $\beta \geqslant \gamma > 0^*$, 则 $M_{\alpha,\gamma} \subseteq M_{\alpha,\beta}$, 从而 $\alpha\beta \geqslant \alpha\gamma$.

6. **分配率 (AM)**　成立 $\alpha(\beta+\gamma) = \alpha\beta + \alpha\gamma$. 若记 $\delta = -(\beta+\gamma)$, 则 $\beta+\gamma+\delta = 0^*$. 由乘法定义, 即要证明

$$\alpha\beta + \alpha\gamma + \alpha\delta = 0^*. \tag{2.3.9}$$

若 $\alpha, \beta, \gamma, \delta$ 之一为 0^*, 则直接从乘法定义可见 (2.3.9) 式成立. 因此, 我们只需考虑 $\alpha, \beta, \gamma, \delta$ 全不为 0^* 的情形. 进一步, 只需考虑 $\alpha, \beta, \gamma > 0^*$ 的情形. 取 $u^* > \alpha, \beta, \gamma$.

则对任何 $0 < s < u$, 由引理 2.3.2, 有 $p, q, r \geqslant 0$ 满足 (2.3.5) 式. 易见

$$(p + s)(q + r + 2s) \leqslant p(q + r) + 6us.$$

上式结合保序性立即得到

$$\alpha(\beta + \gamma) \leqslant p^* q^* + p^* r^* + (6us)^* \leqslant \alpha\beta + \alpha\gamma + (6us)^*,$$

$$\alpha\beta + \alpha\gamma \leqslant p^*(q^* + r^*) + (6us)^* \leqslant \alpha(\beta + \gamma) + (6us)^*.$$

由推论 2.3.4 以及反对称性得到 $\alpha(\beta + \gamma) = \alpha\beta + \alpha\gamma$. 即 (2.3.9) 式成立.

7. **乘法结合律 (M1)** 成立乘法结合律 $\alpha(\beta\gamma) = (\alpha\beta)\gamma$. 为此, 只需对 $\alpha, \beta, \gamma > 0^*$ 的情形加以证明. 取 $u^* > \alpha, \beta, \gamma$. 对任何 $0 < s < u$, 有 $p, q, r \geqslant 0$ 满足 (2.3.5) 式. 此时

$$(p + s)(q + s)(r + s) \leqslant pqr + 7u^2 s.$$

上式结合保序性立即得到

$$\alpha(\beta\gamma) \leqslant (p^* q^*) r^* + (7u^2 s)^* \leqslant (\alpha\beta)\gamma + (7u^2 s)^*,$$

$$(\alpha\beta)\gamma \leqslant p^*(q^* r^*) + (7u^2 s)^* \leqslant \alpha(\beta\gamma) + (7u^2 s)^*.$$

由推论 2.3.4 以及反对称性得到 $\alpha(\beta\gamma) = (\alpha\beta)\gamma$.

8. **逆元 (M4)** 对于 $\alpha \neq 0^*$, 存在 α 的逆元. 首先, 设 $\alpha > 0^*$, 我们有 r 使得 $0^* < r^* < \alpha$. 考虑 $E := \{\gamma | 0^* < \gamma\alpha \leqslant 1^*\}$. 任取 $s > 0$. 由引理 2.3.2, 有 $p \geqslant r$ 使得 $p^* < \alpha < (p + s)^*$. 从而由乘法保序性可得 $0^* < \alpha\left(\dfrac{1}{p + s}\right)^* \leqslant 1^*$, 因此, $\left(\dfrac{1}{p + s}\right)^* \in E$.

另一方面, 对任何 $\gamma \in E$, 我们有 $\gamma p^* \leqslant \gamma\alpha \leqslant 1^*$. 因此, $\gamma \leqslant \left(\dfrac{1}{p}\right)^*$. 这样 $\beta := \sup E$ 存在且 $\left(\dfrac{1}{p + s}\right)^* \leqslant \beta \leqslant \left(\dfrac{1}{p}\right)^*$. 进而

$$\alpha\beta \leqslant (p + s)^*\left(\frac{1}{p}\right)^* \leqslant 1^* + \left(\frac{s}{r}\right)^*,$$

$$1^* = p^*\left(\frac{1}{p + s}\right)^* + \left(\frac{s}{p + s}\right)^* \leqslant \alpha\beta + \left(\frac{s}{r}\right)^*.$$

由推论 2.3.4 以及反对称性得到 $\alpha\beta = 1^*$.

若 $\alpha < 0^*$. 则 $-\dfrac{1}{(-\alpha)}$ 为 α 的逆元.

V. **完备性 (C2)** 设 $\widetilde{\mathbb{R}} \supseteq \mathbb{R}$ 且 $(\widetilde{\mathbb{R}}, +, \cdot, \leqslant)$ 满足 (F), (O) 以及 (C1). 我们要证 $\widetilde{\mathbb{R}} = \mathbb{R}$.

首先, 我们来说明 $\mathbb{R}$ 的零元 0^* 和单位元 1^* 就是 $\widetilde{\mathbb{R}}$ 的零元 $\widetilde{\theta}$ 和单位元 $\widetilde{I}$. 为此, 设 0^* 在 $\widetilde{\mathbb{R}}$ 中的负元为 $\widetilde{\gamma}$. 则

$$\widetilde{\theta} = 0^* + \widetilde{\gamma} = (0^* + 0^*) + \widetilde{\gamma} = 0^* + (0^* + \widetilde{\gamma}) = 0^* + \widetilde{\theta} = 0^*.$$

因此, 0^* 就是 $\widetilde{\mathbb{R}}$ 的零元. 特别地, 1^* 不是 $\widetilde{\mathbb{R}}$ 的零元, 从而它在 $\widetilde{\mathbb{R}}$ 中有逆元 $\tilde{\beta}$. 类似地, 我们有

$$\tilde{I} = \tilde{\beta} \cdot 1^* = \tilde{\beta} \cdot (1^* \cdot 1^*) = (\tilde{\beta} \cdot 1^*) \cdot 1^* = \tilde{I} \cdot 1^* = 1^*.$$

即 1^* 是 $\widetilde{\mathbb{R}}$ 的单位元.

任取 $\tilde{\sigma} \in \widetilde{\mathbb{R}}$. 由 (C1), 存在正整数 n 使得 $n^* > \tilde{\sigma}$ 以及 $n^* > -\tilde{\sigma}$. 因此, $\tilde{\sigma} > -n^*$.

现在令 $E := \{\alpha \in \mathbb{R} \mid \alpha \leqslant \tilde{\sigma}\}$. 则 E 是 $\mathbb{R}$ 中的非空上有界集. 因此, 它在 $\mathbb{R}$ 中有上确界 $\beta = \sup\limits_{\mathbb{R}} E$.

如果 $\tilde{\sigma} > \beta$, 则 $\tilde{\sigma} - \beta > 0^*$. 由 (C1), 存在正整数 m 使得 $m(\tilde{\sigma} - \beta) > 1^* = m \cdot \left(\dfrac{1}{m}\right)^*$. 于是, 由 (MO) 易得 $\tilde{\sigma} - \beta \geqslant \left(\dfrac{1}{m}\right)^*$. 即 $\tilde{\sigma} \geqslant \left(\dfrac{1}{m}\right)^* + \beta$. 所以 $\left(\dfrac{1}{m}\right)^* + \beta \in E$. 这与 β 为 E 在 $\mathbb{R}$ 中的上确界矛盾.

类似地, 如果 $\tilde{\sigma} < \beta$, 则 $\beta - \tilde{\sigma} > 0^*$. 由 (C1), 存在正整数 m 使得 $m(\beta - \tilde{\sigma}) > 1^*$. 这蕴涵了对任何 $\gamma \in E$, 成立 $\beta - \left(\dfrac{1}{m}\right)^* \geqslant \tilde{\sigma} \geqslant \gamma$. 同样与 β 的定义矛盾.

因此, $\tilde{\sigma} = \beta$. 这就证明了 $\widetilde{\mathbb{R}} = \mathbb{R}$, 即 (C2) 成立.

至此, 我们完成了实数系的构造. 接下来, **有理数**的称呼将用于称呼有理分割, 而将无理分割称为**无理数**.

等价于上确界存在定理, 我们有**下确界存在定理**:

定理 2.3.5 $\mathbb{R}$ 中任何非空下有界集均有下确界.

若非空集 E 无上界, 则记 $\sup E = +\infty$, 若 E 无下界, 则记 $\inf E = -\infty$. 易见, 对于非空集 E, F, 我们有

$$\inf E \leqslant \sup E, \tag{2.3.10}$$

以及

$$E \subseteq F \implies \inf F \leqslant \inf E, \quad \sup E \leqslant \sup F. \tag{2.3.11}$$

另一方面, 通常规定 $\sup \varnothing = -\infty$, $\inf \varnothing = +\infty$. 我们看到对于空集, (2.3.10) 式不成立.

构造实数系的其他典型方法

Weierstrass[1] 很早就认识到, 要使分析具备牢靠的基础, 必须建立严格的实数理论. 他于 1857 年开始讲授解析函数论等课程, 总要在第一阶段花很多时间阐明他关于实数的理论. 稍后, Méray[2], Cantor, Dedekind 以及 Heine[3] 分别于 1869, 1871, 1872, 1872 年各自独立地给出了无理数的定义, 建立了严格的实数理论.

历史上, Wallis[4] 于 1696 年将有理数与无限循环小数等同, 而 Stolz[5] 则于 1886 年提出将十进制无限非循环小数作为无理数的定义, 但未建立起一个满意的实数理论. 如今, 人们知道在小

---

[1] Weierstrass, Karl Theodor Wilhelm, 1815 年 10 月 31 日—1897 年 2 月 19 日, 德国数学家.

[2] Méray, Hugues Charles Robert, 1835 年 11 月 12 日—1911 年 2 月 2 日, 法国数学家.

[3] Heine, Heinrich Eduard, 1821 年 3 月 16 日—1881 年 10 月 21 日, 德国数学家.

[4] Wallis, John, 1616 年 11 月 23 日—1703 年 10 月 28 日, 英国数学家.

[5] Stolz, Otto, 1842 年 7 月 3 日—1905 年 11 月 23 日, 奥地利数学家.

数中先引入序, 在此基础上建立上确界定理, 再来定义加法和乘法, 同样不难用小数来构造实数. 只是这一构造过程不如人们所期望的那么简捷. 有兴趣的读者也可以对本节用 Dedekind 分割构造实数的过程略加改写, 就可以得到用小数构造实数的过程.

从有理数扩充到实数, 以 Weierstrass, Dedekind 和 Cantor 的工作最具代表性. 关于它们的简单介绍, 读者可以参见文献 [41, 43].

实数系的唯一性

人们用多种方法建立了实数系, 那么不同的方法会不会构造出本质上不同的实数系来呢? 很幸运, 回答是否定的. 事实上, 若用其他方法建立了一个实数系 $(\mathbb{R}^*, \oplus, \otimes, \preceq)$, 即它满足实数系公理 (F), (O) 和 (C), 则 $(\mathbb{R}^*, \oplus, \otimes, \preceq)$ 必然与之前构造的实数系 $(\mathbb{R}, +, \cdot, \leqslant)$ **序同构**. 即存在一个双射 $T : \mathbb{R} \to \mathbb{R}^*$ 使得

(1) $\forall x, y \in \mathbb{R}$, $T(x+y) = T(x) \oplus T(y)$ 成立;

(2) $\forall x, y \in \mathbb{R}$, $T(x \cdot y) = T(x) \otimes T(y)$ 成立;

(3) 若 $x \in \mathbb{R}$, $x \geqslant 0$, 则 $T(x) \geqslant \theta$, 这里 θ 表示 $\mathbb{R}^*$ 中的零元.

由上述性质, 可以看到 $\mathbb{R}$ 中元素之间的四则运算、序关系与对应的元素在 $\mathbb{R}^*$ 中的四则运算、序关系完全一样. 而实数的其他即将引入的运算都是在序和四则运算的基础上引入的. 所以可以把 $\mathbb{R}$ 和 $\mathbb{R}^*$ 看作是一样的. 这样的 T 称为 "**序同构**".

有兴趣的读者可参见文献 [41, 43].

2.4 实数系一些概念的回顾

基于已经建立的实数理论, 我们对实数的 p 进制表示、算术几何不等式、基本初等函数的定义等作一个回顾.

实数的十进制表示

对于实数 x, 称 $[x] := \max\{n \in \mathbb{Z} | n \leqslant x\}$ 为 x 的**整数部分**, 称 $\{x\} := x - [x]$ 为 x 的**小数部分**. 请读者说明它们定义的合理性.

接下来, 我们来引入十进制小数.

首先, 对于实数 $x \geqslant 0$, 令 $m := [x]$, 以及对于整数 $k \geqslant 1$, 称

$$a_k := [10^k x] - 10 \cdot [10^{k-1} x]$$

为 x 的**十进制小数**的第 k 位小数. 此时, a_k 取值于 $0, 1, 2, \cdots, 9$, 且成立

$$x = \sup_{k \geqslant 1} \left(m + \frac{a_1}{10} + \frac{a_2}{10^2} + \cdots + \frac{a_k}{10^k} \right). \tag{2.4.1}$$

我们记 $x = m.a_1 a_2 \cdots a_k \cdots$, 并称之为 x 的**十进制表示**. 而称 $-m.a_1 a_2 \cdots a_k \cdots$ 为 $-x$ 的十进制表示.

一般地, 若对某个 $k \geqslant 1$, 当 $j \geqslant k$ 时, 总有 $a_j = 0$, 则简记 $m.a_1 a_2 \cdots a_k \cdots$ 为 $m.a_1 a_2 \cdots a_{k-1}$. 相应实数称为有限小数.

若存在正整数 n, 以及某个 $k \geqslant 1$, 使得当 $j \geqslant k$ 时成立 $a_{j+n} = a_j$, 则记 $m.a_1 a_2 \cdots a_k \cdots = m.a_1 \cdots a_{k-1} \dot{a}_k a_{k+1} \cdots \dot{a}_{k+n-1}$ 并称 $a_k a_{k+1} \cdots a_{k+n-1}$ 为 (长为 n 的) **循环节**.

另一方面, 对于非负实数 m 以及取值于 $0, 1, 2, \cdots, 9$ 的 $a_1, a_2, \cdots$, $m.a_1 a_2 \cdots a_k \cdots$ 是否给出了一个实数? 按上确界存在定理, 不难看到, 可由 (2.4.1) 式给出一个实数. 问题是这一实数的小数表示是否就是 $m.a_1 a_2 \cdots a_k \cdots$?

容易证明, 当且仅当 9 不是 $m.a_1 a_2 \cdots a_k \cdots$ 的循环节时, 回答是肯定的.

但时常, 当 $m.a_1 a_2 \cdots a_k \cdots$ 以 9 为循环节时, 我们认为它就是按 (2.4.1) 式得到的实数. 这样, $0.\dot{9} = 1$. 而有限小数都会有两个不同的表示, 一个是有限小数的形式, 另一个是以 9 为循环节的形式. 这在讨论中需要引起注意.

实数的 p 进制表示

同样, 对于整数 $p \geqslant 2$, 可以定义实数的 p 进制表示.

考虑 $x \geqslant 0$. 若 $x \leqslant 1$, 令 $N \equiv N_x := 0$. 若 $x > 1$, 由二项展开式, 对于 $n = [x] + 1$, 可得 $p^n \geqslant (p-1+1)^n \geqslant n > x$. 因此, 注意到 $p^0 = 1 < x$, 此时可定义 $N \equiv N_x$ 为使得 $p^n \geqslant x$ 的最小整数 n. 即 N 满足 $p^{N-1} < x \leqslant p^N$. 对于整数 $k \leqslant N$, 定义[①]

$$a_k := [p^{-k} x] - p \cdot [p^{-k-1} x].$$

则

$$x = \sup_{-\infty < m \leqslant N} \sum_{k=m}^{N} a_k p^k = \sup_{m \geqslant 1} \left(\sum_{k=0}^{N} a_k p^k + \sum_{j=1}^{m} \frac{a_{-j}}{p^j} \right). \tag{2.4.2}$$

我们记 $x = a_N a_{N-1} \cdots a_0 . a_{-1} a_{-2} \cdots a_{-k} \cdots_p$, 并称之为 x 的 p **进制表示**. 而称 $x = -a_N a_{N-1} \cdots a_0 . a_{-1} a_{-2} \cdots a_{-k} \cdots_p$ 为 $-x$ 的 p 进制表示.

由于我们熟悉十进制表示. 当 $p > 10$ 时, 采用上述表述方法, 就需要引入新的字符表示 $10, 11, \cdots, p-1$. 自然很不方便. 今后, 我们可以把 (2.4.2) 式中的 x 表示成无穷级数

$$x = \sum_{k=-\infty}^{N} a_k p^k = \sum_{k=0}^{N} a_k p^k + \sum_{j=1}^{\infty} \frac{a_{-j}}{p^j}. \tag{2.4.3}$$

对于 p 进制数, 同样可以定义循环节. 时常, 若循环节为 $p-1$, 则按 (2.4.2) 式来定义该数.

不难看到, p 进制下的有限小数不见得是十进制下的有限小数. 反之亦然. 但 p 进制下的有限小数或无限循环小数一定也是十进制下的有限小数或无限小数, 反之亦然. 事实上, 对任何整数 $p \geqslant 2$, p 进制下的有限小数和无限循环小数的全体就是所有有理数.

---

① 上面定义实数的十进制表示, 也应该如此处理整数部分.

n 次方根

有了上确界存在定理, 我们可以定义 n 次方根.

定理 2.4.1　设 $a > 0$, 而 n 为正整数, 则方程 $x^n = a$ 有唯一的正解.

证明　由于 $t > s > 0$ 蕴涵 $t^n > s^n$, 因此, 方程 $x^n = a$ 的正解若存在, 必然唯一.

现考虑集合 $E_a := \{y \mid y > 0, y^n \leqslant a\}$.

取 $s = \dfrac{a}{1+a}$, 则 $0 < s < 1$, 从而 $s^n < s < a$, 即 $s \in E_a$, 因此 E_a 非空. 另一方面, $(1+a)^n \geqslant 1 + a > a$, 因此 $1 + a$ 是 E_a 的一个上界. 这样, $x := \sup E_a$ 存在且 $\dfrac{a}{1+a} \leqslant x \leqslant 1 + a$. 下证 $x^n = a$.

若 $x^n < a$, 取 $\varepsilon = \dfrac{a - x^n}{(2+a)^n}$, 则 $\varepsilon \in (0,1)$, 从而

$$(x + \varepsilon)^n = \sum_{k=0}^{n} C_n^k \varepsilon^k x^{n-k} \leqslant x^n + \varepsilon \sum_{k=1}^{n} C_n^k x^k < x^n + \varepsilon (2+a)^n = a.$$

所以 $x + \varepsilon \in E_a$, 与 x 为 E_a 的上确界矛盾.

若 $x^n > a$. 取 $\varepsilon = \dfrac{x^n - a}{(2+a)^n}$, 则 $0 < \varepsilon < 1$ 且 $x - \varepsilon > 0$. 进一步,

$$(x - \varepsilon)^n = \sum_{k=0}^{n} C_n^k (-\varepsilon)^k x^{n-k} \geqslant x^n - \varepsilon \sum_{k=1}^{n} C_n^k x^k > x^n - \varepsilon (2+a)^n = a.$$

因此, $x - \varepsilon$ 是 E_a 的一个上界, 与 x 为 E_a 的上确界矛盾.

这就证明了 $x^n = a$. 　　□

定义 2.4.1　设 $a \geqslant 0$, 对于正整数 $n \geqslant 2$, 称方程 $x^n = a$ 的唯一非负实根为 a 的 n **次方根**, 记作 $a^{\frac{1}{n}}$ 或 $\sqrt[n]{a}$. $\sqrt[2]{a}$ 简记为 $\sqrt{a}$.

实数指数幂

在 n 次方根的基础上, 对于正数 a 以及有理数 q, 我们可以定义 a^q 并建立相应的性质. 另外, 也可以对某些特殊的 q, 当 $a = 0$ 或 $a < 0$ 时, 定义 a^q.

进一步, 可以定义实数指数幂与对数并建立相关性质. 具体细节参见本节习题 9~15.

以上过程较为烦琐. 今后, 我们还将利用极限来定义实数指数幂与对数 (参见第五章第 5 节).

三角函数与反三角函数

我们称幂函数、指数函数、对数函数、三角函数与反三角函数为**基本初等函数**. 要从分析上严格地定义三角函数及反三角函数, 一般有三个途径: 利用定积分、利用微分方程以及利用极限或级数. 有兴趣的读者可参见文献 [43]. 在第五章第 5 节, 我们介绍如何用极限或级数来定义三角函数.

算术几何平均不等式

接下来, 建立如下的**算术几何平均不等式**.

命题 2.4.2 设 $n \geqslant 2$, $a_1, a_2, \cdots, a_n \geqslant 0$, 则

$$\sqrt[n]{\prod_{k=1}^{n} a_k} \leqslant \frac{1}{n} \sum_{k=1}^{n} a_k. \tag{2.4.4}$$

且等号成立当且仅当 $a_1 = a_2 = \cdots = a_n$.

不等式左端称为 $a_1, a_2, \cdots, a_n$ 的**几何平均**, 右端称为 $a_1, a_2, \cdots, a_n$ 的**算术平均**.

证明 我们分三步加以证明.

(i) $n = 2$ **的情形**. 设 $a_1, a_2 \geqslant 0$, 则

$$a_1 - 2\sqrt{a_1 a_2} + a_2 = (\sqrt{a_1} - \sqrt{a_2})^2 \geqslant 0.$$

从而 (2.4.4) 式成立, 且等号成立当且仅当 $a_1 = a_2$.

(ii) $n = 2^k$ $(k \geqslant 1)$ **的情形**. 设对某个 $k \geqslant 1$, 当 $n = 2^k$ 时命题 2.4.2 成立. 记 $m = 2^k$. 则对于 $a_1, a_2, \cdots, a_{2m} \geqslant 0$, 我们有

$$\sqrt[2m]{\prod_{j=1}^{2m} a_j} = \sqrt[m]{\prod_{j=1}^{m} \sqrt{a_j a_{m+j}}} \leqslant \frac{1}{m} \sum_{j=1}^{m} \sqrt{a_j a_{m+j}},$$

且等号成立当且仅当 $a_1 a_{m+1} = a_2 a_{m+2} = \cdots = a_m a_{2m}$. 由 (i),

$$\frac{1}{m} \sum_{j=1}^{m} \sqrt{a_j a_{m+j}} \leqslant \frac{1}{2m} \sum_{j=1}^{2m} a_j,$$

且等号成立当且仅当 $a_1 = a_{m+1}, a_2 = a_{m+2}, \cdots, a_m = a_{2m}$ 都成立. 总之,

$$\sqrt[2m]{\prod_{j=1}^{2m} a_j} \leqslant \frac{1}{2m} \sum_{j=1}^{2m} a_j,$$

且等号成立当且仅当 $a_1 = a_2 = \cdots = a_{2m}$. 即命题 2.4.2 当 $n = 2^{k+1}$ 时也成立. 结合 (i), 由数学归纳法得到对任何 $k \geqslant 1$, 命题 2.4.2 当 $n = 2^k$ 时成立.

(iii) $n \geqslant 2$ **的一般情形**. 一般地, 对于 $n \geqslant 2$, 有 $k \geqslant 1$ 使得 $2^k \leqslant n < 2^{k+1}$. 记 $m = 2^k$, 由 (ii), 不妨设 $m < n < 2m$. 对于 $a_1, a_2, \cdots, a_n \geqslant 0$, 令 $A = \frac{1}{n} \sum_{j=1}^{n} a_j$. 当 $A = 0$ 时, $a_1 = a_2 = \cdots = a_n = 0$, 命题自然成立. 下设 $A > 0$. 令 $a_{n+1} = a_{n+2} = \cdots = a_{2m} = A$, 我们有

$$\sqrt[n]{\prod_{j=1}^{n} a_j} = \frac{1}{A^{\frac{2m-n}{n}}} \left[\left(\prod_{j=1}^{2m} a_j \right)^{\frac{1}{2m}} \right]^{\frac{2m}{n}} \leqslant \frac{1}{A^{\frac{2m-n}{n}}} \left(\frac{1}{2m} \sum_{j=1}^{2m} a_j \right)^{\frac{2m}{n}} = A,$$

且等号成立当且仅当 $a_1 = a_2 = \cdots = a_n = A$. 这就证明了命题.   □

Young 不等式

我们来把算术几何平均不等式推广为 **Young**[①] **不等式**. 若 $1 \leqslant p, q \leqslant +\infty$ 满足 $\dfrac{1}{p} + \dfrac{1}{q} = 1$, 则称 p, q 为**对偶数**.

定理 2.4.3   设 $p, q \in (1, +\infty)$ 为对偶数. 则对任何 $a, b > 0$, 有[②]

$$ab \leqslant \frac{1}{p} a^p + \frac{1}{q} b^q. \tag{2.4.5}$$

证明   令 $A = \dfrac{a}{(ab)^{\frac{1}{p}}}$. 则 $\dfrac{b}{(ab)^{\frac{1}{q}}} = \dfrac{1}{A}$. 因此, (2.4.5) 式等价于

$$1 \leqslant \frac{1}{p} A^p + \frac{1}{q} \frac{1}{A^q}. \tag{2.4.6}$$

不妨设 $A \geqslant 1$. 任取 $m > p$. 令 $k = \left[\dfrac{m}{p}\right] + 1$. 则 $\dfrac{1}{p} \leqslant \dfrac{k}{m} \leqslant \dfrac{1}{p} + \dfrac{1}{m}, \dfrac{1}{q} \geqslant \dfrac{m-k}{m}$. 从而利用算术几何平均不等式, 可得

$$\frac{1}{m} A^p + \frac{1}{p} A^p + \frac{1}{q} \frac{1}{A^q} \geqslant \frac{k}{m} A^{\frac{m}{k}} + \frac{m-k}{m} \frac{1}{A^{\frac{m}{m-k}}}$$

$$\geqslant \left(\left(A^{\frac{m}{k}} \right)^k \left(\frac{1}{A^{\frac{m}{m-k}}} \right)^{m-k} \right)^{\frac{1}{m}} = 1.$$

由 $m > p$ 的任意性即得 (2.4.6) 式. 定理得证.   □

利用 Young 不等式易得如下定理.

定理 2.4.4   设 $x \geqslant 0$, 则

$$(1+x)^\alpha - 1 \leqslant \alpha x, \qquad\qquad \forall \alpha \in (0, 1], x \geqslant 0. \tag{2.4.7}$$

$$(1+x)^\alpha - 1 \geqslant \alpha x, \qquad\qquad \forall \alpha \geqslant 1, x \geqslant 0. \tag{2.4.8}$$

$$(1+x)^\alpha - 1 \geqslant \frac{\alpha x}{1+x}, \qquad\qquad \forall \alpha \geqslant 0, x \geqslant 0. \tag{2.4.9}$$

进一步, 以上三个不等式是等价的.

习　题　2

1. 证明: 对任何整数 $p \geqslant 2$, p 进制下的有限小数和无限循环小数的全体就是所有有理数.

---

① Young, William Henry, 1863 年 10 月 20 日—1942 年 7 月 7 日, 英国数学家. Young, Grace Chisholm, 1868 年 3 月 15 日—1944 年 3 月 29 日, 英国数学家. 两者为夫妻, 合作进行数学研究.

② 今后可以证明 (2.4.5) 式中, 等号成立当且仅当 $a = b^{q-1}$.

2. Rudin 在其《数学分析原理》$^{[52]}$ 一书中使用了变换 $q = p + \dfrac{2-p^2}{p+2} = \dfrac{2+2p}{p+2}$.
验证:

(1) 若 $p > 0$, 且 $p^2 < 2$, 则 $q > p$ 且 $q^2 < 2$;

(2) 若 $p > 0$, 且 $p^2 > 2$, 则 $0 < q < p$ 且 $q^2 > 2$.

3. 试求使变换 $q = p + \dfrac{2-p^2}{ap+b}$ 具有习题 2 中性质 (1)~(2) 的所有有理数对 (a, b).

4. 证明无理数在实数集中的稠密性: 对任何 $x \in \mathbb{R}$, 以及 $\varepsilon > 0$, 存在无理数 y 使得 $|y - x| < \varepsilon$.

5. 设 $a > 0$, 而 n 为正整数. 证明: $\min\{a, 1\} \leqslant a^{\frac{1}{n}} \leqslant \max\{a, 1\}$.

6. 设 $n \geqslant 2$, $\alpha_1, \alpha_2, \cdots, \alpha_n \geqslant 0$, 满足 $\alpha_1 + \alpha_2 + \cdots + \alpha_n = 1$. 证明: 对于 $x_1, x_2, \cdots, x_n > 0$, 有 $x_1^{\alpha_1} x_2^{\alpha_2} \cdots x_n^{\alpha_n} \leqslant \alpha_1 x_1 + \alpha_2 x_2 + \cdots + \alpha_n x_n$.

7. 证明定理 2.4.4.

8. 设 I 是一个非空指标集, 对 I 中每一个元 α, 都对应两个实数 x_α 以及 y_α. 我们习惯将 $\sup\{x_\alpha | \alpha \in I\}$ 和 $\inf\{x_\alpha | \alpha \in I\}$ 写成 $\sup\limits_{\alpha \in I} x_\alpha$ 和 $\inf\limits_{\alpha \in I} x_\alpha$. 证明: 在广义实数系中,

(1) $\inf\limits_{\alpha \in I}(-x_\alpha) = -\sup\limits_{\alpha \in I} x_\alpha$;

(2) 对以下所列的每一个不等式:

$$\inf_{\alpha \in I} x_\alpha + \inf_{\alpha \in I} y_\alpha \leqslant \inf_{\alpha \in I}(x_\alpha + y_\alpha) \leqslant \sup_{\alpha \in I} x_\alpha + \inf_{\alpha \in I} y_\alpha$$

$$\leqslant \sup_{\alpha \in I}(x_\alpha + y_\alpha) \leqslant \sup_{\alpha \in I} x_\alpha + \sup_{\alpha \in I} y_\alpha,$$

若其两端在广义实数系中都有意义, 则该不等式成立;

(3) 若 $x_\alpha > 0 \, (\forall \alpha \in I)$, 并在此种情形规定 $\dfrac{1}{0} = +\infty$, 我们有

$$\sup_{\alpha \in I} \frac{1}{x_\alpha} = \frac{1}{\inf\limits_{\alpha \in I} x_\alpha};$$

(4) 设 $x_\alpha > 0, y_\alpha > 0 \, (\forall \alpha \in I)$. 对以下所列的每一个不等式:

$$\inf_{\alpha \in I} x_\alpha \inf_{\alpha \in I} y_\alpha \leqslant \inf_{\alpha \in I}(x_\alpha y_\alpha) \leqslant \sup_{\alpha \in I} x_\alpha \inf_{\alpha \in I} y_\alpha,$$

$$\leqslant \sup_{\alpha \in I}(x_\alpha y_\alpha) \leqslant \sup_{\alpha \in I} x_\alpha \sup_{\alpha \in I} y_\alpha$$

若其两端在广义实数系中都有意义, 则该不等式成立.

9. 对于 $a > 0$ 以及有理数 $\dfrac{m}{n}$, 其中 m, n 为既约整数, $n > 0$. 当 $m \neq 1$ 时, 定义

$$a^{\frac{m}{n}} := \left(a^m\right)^{\frac{1}{n}}.$$

自然, 当 $m = 1$ 时, 上式也成立. 进一步, 当 $n = 2k+1$ 为奇数时, 定义

$$(-a)^{\frac{m}{2k+1}} := (-1)^m a^{\frac{m}{2k+1}}.$$

下设 $a, b > 0$, 且 p, q 为有理数, 证明:

(1) $(a^p)^q = a^{pq}$;

(2) $a^p a^q = a^{p+q}$;

(3) $a^p b^p = (ab)^p$;

(4) 若 $a > 1, p > 0$, 则 $a^p > 1$;

(5) 若 $a > 1$, 则 a^p 关于 $p \in \mathbb{Q}$ 严格单增;

(6) 设 $a > 1$, 对于任何 $b \in \mathbb{R}$, $\sup\{a^p | p < b\} = \inf\{a^p | p > b\}$ 成立.

10. 设 $a \geqslant 1$, 且 b 为无理数, 定义

$$a^b := \sup\{a^p | p \leqslant b\}.$$

证明: 当 b 为有理数时上式也成立.

进一步, 当 $0 < a < 1$ 时, 定义 $a^b = \left(a^{-1}\right)^{-b}$.

11. 设 $a, b > 0$, 且 $x, y \in \mathbb{R}$, 证明:

(1) $(a^x)^y = a^{xy}$;

(2) $a^x a^y = a^{x+y}$;

(3) $a^x b^x = (ab)^x$;

(4) 若 $a > 1, x > 0$, 则 $a^x > 1$;

(5) 若 $a > 1$, 则 a^x 关于 $x \in \mathbb{R}$ 严格单增;

(6) 若 $0 < a < 1$, 则 a^x 关于 $x \in \mathbb{R}$ 严格单减.

12. 设 $a > 0, a \neq 1, b > 0$, 证明有唯一的实数 x 满足 $a^x = b$. 该实数称为以 a 为底以 b 为真数的对数. 记作 $\log_a b$. 在底 a 明确的情况下, 可以简写为 $\log b$. $\log_{10} b$ 记作 $\lg b$, 称为常用对数, $\log_e b$ 记作 $\ln b$, 称为自然对数, 其中常数 e 在 3.3.2 小节定义.

13. 设 $a, b, x > 0$, $a \neq 1, b \neq 1$. 证明: $\log_a x = \dfrac{\log_b x}{\log_b a}$.

14. 证明: 当 $a > 1$ 时, $\log_a x$ 关于 $x > 0$ 严格单增; 当 $0 < a < 1$ 时, $\log_a x$ 关于 $x > 0$ 严格单减.

15. 设 $a, x, y > 0, a \neq 1$, 证明: $\log_a(xy) = \log_a x + \log_a y$.

第三章

序列极限

极限贯穿整个数学分析课程, 学习数学分析是一个从理解简单的极限到理解复杂的极限的不断深入的过程.

3.1   数列极限

所谓实数列, 是指一个从正整数集映到实数集的函数 $a : \mathbb{N}_+ \to \mathbb{R}$. 若记 $a(n)$ 为 a_n, 则我们用 $\{a_n\}$ 表示该数列, a_n 称为数列的一般项或通项. 通常, 我们也把数列 $\{a_n\}$ 写成

$$a_1, a_2, \cdots, a_n, a_{n+1}, \cdots. \tag{3.1.1}$$

必要时, 对于整数 m, 我们用 $\{a_n\}_m^\infty$ 表示数列

$$a_m, a_{m+1}, a_{m+2}, \cdots, a_n, a_{n+1}, \cdots. \tag{3.1.2}$$

我们定义数列极限如下:

定义 3.1.1   设有数列 $\{a_n\}$ 与给定常数 A, 如果对任意 $\varepsilon > 0$, 都存在 $N \geqslant 1$, 使得当 $n \geqslant N$ 时, 有

$$|a_n - A| < \varepsilon, \tag{3.1.3}$$

则称数列 $\{a_n\}$ **收敛于**[①] A 或**极限存在**, A 称为 $\{a_n\}$ 的**极限**, 记作[②]

$$\lim_{n \to +\infty} a_n = A \tag{3.1.4}$$

或

$$a_n \to A, \qquad 当 n \to +\infty 时. \tag{3.1.5}$$

当 $\{a_n\}$ 不收敛时, 我们就称它是**发散**的.

通俗地讲, $\{a_n\}$ 的极限为 A, 就是只要 n 足够大, a_n 与 A 要多接近就有多接近. 体现在直角坐标系中, 就是当 n 足够大时, (n, a_n) 都落在带形 $(-\infty, +\infty) \times (A - \varepsilon, A + \varepsilon)$ 上, 如图 3.1 所示. 也可以这样理解 $\{a_n\}$ 的极限为 A: 无论 $\varepsilon > 0$ 有多小, 数列 $\{a_n\}$ 中都只有有限项落在区间 $(A - \varepsilon, A + \varepsilon)$ 之外, 如图 3.2 所示.

对于数列 $\{a_n\}$, 可形成一个新的数列 $\left\{ \sum\limits_{k=1}^n a_k \right\}$, 我们用 $\sum\limits_{n=1}^\infty a_n$ 表示, 称为**无穷级数**或**级数**. 若 $\left\{ \sum\limits_{k=1}^n a_k \right\}$ 收敛到 A, 则称级数 $\sum\limits_{n=1}^\infty a_n$ 收敛到 A, 又称级数的和为 A. $\sum\limits_{k=1}^n a_k$ 称为级数的**部分和**. 易见, $\lim\limits_{n \to +\infty} a_n = 0$ 是级数 $\sum\limits_{n=1}^\infty a_n$ 收敛的必要条件.

---

① "收敛于 A" 也时常说成 "趋于 A".

② 鉴于数列极限中的 n 通常为自然数或正整数, $n \to +\infty$ 时常写为 $n \to \infty$.

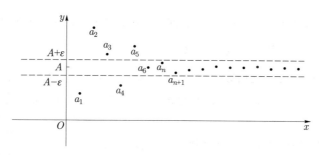

图 3.1

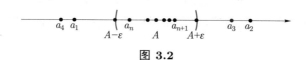

图 3.2

类似地, 由数列 $\{a_n\}$ 形成的另一个数列 $\left\{\prod\limits_{k=1}^{n} a_k\right\}$ 称为**无穷乘积**, 用 $\prod\limits_{n=1}^{\infty} a_n$ 表示. 若 $\left\{\prod\limits_{k=1}^{n} a_k\right\}$ 收敛到实数 $A \neq 0$, 则称无穷乘积 $\prod\limits_{n=1}^{\infty} a_n$ 收敛到 A, 又称作乘积为 A. $\prod\limits_{k=1}^{n} a_k$ 称为无穷乘积的**部分积**. 易见, $\lim\limits_{n\to+\infty} a_n = 1$ 是无穷乘积 $\prod\limits_{n=1}^{\infty} a_n$ 收敛的必要条件.

用定义说明极限存在关键是找到合适的 N. 满足要求的 N 并不唯一. 许多初学者习惯于寻找使不等式 (3.1.3) 成立的那个最小的 N. 但这是没有必要的. 正确的思路是用尽量简单的方法找一个正确的简单的 N.

例 3.1.1 证明 $\lim\limits_{n\to+\infty} \dfrac{n}{2n+1} = \dfrac{1}{2}$.

证明 $\forall \varepsilon > 0$, 要使得

$$\left| \frac{n}{2n+1} - \frac{1}{2} \right| < \varepsilon,$$

即

$$2(2n+1) > \frac{1}{\varepsilon},$$

只要

$$n \geqslant \left[\frac{1}{\varepsilon} \right].$$

取 $N = \left[\dfrac{1}{\varepsilon} \right]$, 则当 $n \geqslant N$ 时, 有

$$\left| \frac{n}{2n+1} - \frac{1}{2} \right| < \varepsilon.$$

于是, 根据极限的定义, 得到 $\lim\limits_{n\to+\infty} \dfrac{n}{2n+1} = \dfrac{1}{2}$. □

当 $\varepsilon > 1$ 时, 上面所取的 $N = 0$, 不符合极限定义中 $N \geqslant 1$ 的条件. 为此, 我们可以用取 $N = \left[\dfrac{1}{\varepsilon}\right] + 1$ 来代替原先的取法.

另一方面, 极限定义中之所以要求 $N \geqslant 1$, 是因为数列定义中的起始项对应于 $n = 1$. 但这不是本质的. 在 (3.1.2) 式中, 数列的起始项对应于整数 $n = m$, 此时极限定义中的 "$N \geqslant 1$" 自然应修改为 "$N \geqslant m$".

在例 3.1.1 中, 我们不妨认为数列的起始项对应于 $n = 0$ 的项 $\dfrac{0}{0+1} = 0$. 这样, 就不必刻意去要求 $N \geqslant 1$.

当情况更为复杂时, 较大的 ε 反而造成一些麻烦. 为此, 可限制 ε 取值于 $(0, \delta_0)$, 其中 δ_0 是一个预先给定的正数. 换言之, 极限定义中的 "$\forall \varepsilon > 0$", 可以替换为 "$\forall \varepsilon \in (0, 1)$" 或 "$\forall \varepsilon \in \left(0, \dfrac{1}{2}\right)$" 等.

例 3.1.2　设 $a > 1$, 证明 $\lim\limits_{n \to +\infty} \sqrt[n]{a} = 1$.

证明　$\forall \varepsilon > 0$, 要使得

$$\left| \sqrt[n]{a} - 1 \right| < \varepsilon,$$

即

$$a < (1 + \varepsilon)^n = 1 + n\varepsilon + \mathrm{C}_n^2 \varepsilon^2 + \cdots + \mathrm{C}_n^n \varepsilon^n,$$

只要

$$a < n\varepsilon.$$

取 $N = \left[\dfrac{a}{\varepsilon}\right] + 1$, 则当 $n \geqslant N$ 时, 有

$$\left| \sqrt[n]{a} - 1 \right| < \varepsilon.$$

于是, 根据极限的定义, 得到 $\lim\limits_{n \to +\infty} \sqrt[n]{a} = 1$. □

例 3.1.3　证明 $\lim\limits_{n \to +\infty} \sqrt[n]{n} = 1$.

证明　$\forall \varepsilon > 0$, 要使得

$$\left| \sqrt[n]{n} - 1 \right| < \varepsilon,$$

即

$$n < (1 + \varepsilon)^n = 1 + n\varepsilon + \mathrm{C}_n^2 \varepsilon^2 + \cdots + \mathrm{C}_n^n \varepsilon^n,$$

只要 $n \geqslant 2$, 且

$$n < \frac{n(n-1)}{2} \varepsilon^2. \tag{3.1.6}$$

这只要 $n \geqslant 2$, 且

$$n > \frac{2}{\varepsilon^2} + 1.$$

取 $N = \left[\dfrac{2}{\varepsilon^2}\right] + 2$, 则当 $n \geqslant N$ 时, 有

$$\left| \sqrt[n]{n} - 1 \right| < \varepsilon.$$

于是, 根据极限的定义, 得到 $\lim\limits_{n\to+\infty} \sqrt[n]{n} = 1$. $\qquad\square$

在上面的讨论中, 为了 $(1+\varepsilon)^n$ 的展开式出现 (3.1.6) 式中的 $\dfrac{n(n-1)}{2}\varepsilon^2$, 我们附加了 $n \geqslant 2$ 的要求. 事实上, 即使 $n < 2$, 认为 $(1+\varepsilon)^n$ 的展开式中含有 $\dfrac{n(n-1)}{2}\varepsilon^2$ 也并无不妥. 而在默认 $n \geqslant 0$ 时, $(1+\varepsilon)^n \geqslant \dfrac{n(n-1)}{2}\varepsilon^2$ 也总是成立. 因此, $n \geqslant 2$ 这个要求可以不用专门提.

例 3.1.4 设 $q \in (-1,1)$. 证明 $\lim\limits_{n\to+\infty} q^n = 0$.

证明 $\forall \varepsilon > 0$, 要使得

$$|q^n| < \varepsilon,$$

即

$$n \lg|q| < \lg\varepsilon,$$

亦即

$$n > \frac{\lg\varepsilon}{\lg|q|},$$

可取 $N = \left[\dfrac{\lg\varepsilon}{\lg|q|}\right] + 1$, 则当 $n \geqslant N$ 时, 有

$$|q^n| < \varepsilon.$$

于是, 根据极限的定义, 得到 $\lim\limits_{n\to+\infty} q^n = 0$. $\qquad\square$

例 3.1.5 证明 $\lim\limits_{n\to+\infty} \dfrac{10n^3 - 456n^2 + 123n - 89}{2n^3 - 99n^2 + 7n - 8} = 5$.

证明 任取 $\varepsilon \in (0,1)$, 要使得

$$\left|\frac{10n^3 - 456n^2 + 123n - 89}{2n^3 - 99n^2 + 7n - 8} - 5\right| < \varepsilon,$$

即

$$\left|\frac{39n^2 + 88n - 49}{2n^3 - 99n^2 + 7n - 8}\right| < \varepsilon,$$

只要 $n \geqslant 100$, 且

$$\frac{40n^2}{n^3} < \varepsilon.$$

取 $N = \left[\dfrac{100}{\varepsilon}\right]$, 则当 $n \geqslant N$ 时, 有

$$\left|\frac{10n^3 - 456n^2 + 123n - 89}{2n^3 - 99n^2 + 7n - 8} - 5\right| < \varepsilon.$$

于是, 根据极限的定义, 得到 $\lim\limits_{n\to+\infty} \dfrac{10n^3 - 456n^2 + 123n - 89}{2n^3 - 99n^2 + 7n - 8} = 5$. $\qquad\square$

注 3.1.1   在很多场合, 严格地按照极限定义的形式进行讨论会显得很不方便. 因此, 我们需要熟悉与定义 3.1.1 等价的陈述. 例如, $\lim\limits_{n\to+\infty} a_n = A$ 等价于:

$\forall \varepsilon \in (0,1)$, $\exists N \geqslant 10$, 使得当 $n \geqslant 100N$ 时, 有

$$|a_n - A| \leqslant 1000\varepsilon. \tag{3.1.7}$$

一般地, 对于固定的 $\varepsilon_0 > 0$, $N_0 \geqslant 1$, 以及 $M > 0$, $\lim\limits_{n\to+\infty} a_n = A$ 等价于:
$\forall \varepsilon \in (0, \varepsilon_0)$ (亦可改为 $(0, \varepsilon_0]$), $\exists N \geqslant N_0$ (亦可改为 $N > N_0$), 使得当 $n \geqslant N$ (亦可改为 $n > N$) 时, 有

$$|a_n - A| < M\varepsilon \qquad (\text{亦可改为} \quad |a_n - A| \leqslant M\varepsilon). \tag{3.1.8}$$

现在我们来考察收敛数列的基本性质. 首先, 我们来给出唯一性、有界性、保序性和保号性.

定理 3.1.1   设数列 $\{a_n\}$ 收敛到 A.

(1) (**保号性**) 若 $A > 0$, 则存在 $N \geqslant 1$, 使得当 $n \geqslant N$ 时, 有 $a_n > 0$.

一般地, 若 $A > B$, 则存在 $N \geqslant 1$, 使得当 $n \geqslant N$ 时, 有 $a_n > B$.

特别地, 若 $A > 0$, 则存在 $N \geqslant 1$, 使得当 $n \geqslant N$ 时, 有 $a_n > \dfrac{A}{2}$.

(2) (**保序性**) 若数列 $\{b_n\}$ 收敛到 B, 而从某一项开始, 有 $a_n \geqslant b_n$, 则 $A \geqslant B$.

(3) (**唯一性**) 若 $\{a_n\}$ 同时收敛到 B, 则 $A = B$.

(4) (**有界性**) $\{a_n\}$ 有界.

证明   (1) 只要证明 $A > B$ 时的一般结论.

取 $\varepsilon_0 = A - B$, 则 $\varepsilon_0 > 0$. 根据极限定义, 存在 $N \geqslant 1$, 使得当 $n \geqslant N$ 时, 有 $|a_n - A| < \varepsilon_0$. 此时, $a_n > A - \varepsilon_0 = B$.

(2) 若结论不真, 则 $A < B$. 易见 $\lim\limits_{n\to+\infty}(-a_n) = -A$. 由 (1) 以及

$$\lim_{n\to+\infty} b_n = B > \frac{A+B}{2}$$

可得, 存在 $N_1 \geqslant 1$ 使得当 $n \geqslant N_1$ 时, 有 $b_n > \dfrac{A+B}{2}$.

同样地, 由 (1) 以及

$$\lim_{n\to+\infty}(-a_n) = -A > -\frac{A+B}{2}$$

可得, 存在 $N_2 \geqslant 1$, 使得当 $n \geqslant N_2$ 时, 有 $-a_n > -\dfrac{A+B}{2}$.

取 $N = N_1 + N_2$, 则当 $n \geqslant N$ 时, 有

$$b_n - a_n > \frac{A+B}{2} - \frac{A+B}{2} = 0.$$

与假设矛盾. 因此 $A \geqslant B$.

(3) 取 $\{b_n\}$ 为 $\{a_n\}$, 由 (2), 立即得到 $A \geqslant B$ 与 $B \geqslant A$ 同时成立. 因此, $A = B$.

(4) 由极限定义, 存在 $N \geqslant 1$, 使得当 $n \geqslant N$ 时, 有 $|a_n - A| < \varepsilon_0 = 1$. 此时 $|a_n| < |A| + 1$. 取 $M = \sum_{k=1}^{n} |a_k| + |A| + 1$, 则对于任何 $n \geqslant 1$, 有 $|a_n| \leqslant M$. 即证 $\{a_n\}$ 有界. $\qquad\square$

这里需要注意 (4) 的结果还基于数列的每一项都是实数. 例如, 不能由 $\lim\limits_{n \to +\infty} \dfrac{n+1}{n-100} = 1$ 得出存在 $M > 0$ 使得对任何 $n \geqslant 1$ 有 $\left| \dfrac{n+1}{n-100} \right| \leqslant M$, 进而 $|n - 100| \geqslant \dfrac{n+1}{M}$.

在今后的讨论中, **夹逼准则**是一个简单而非常有用的定理.

定理 3.1.2 设数列 $\{x_n\}, \{y_n\}$ 和 $\{z_n\}$ 满足如下条件:

$$y_n \leqslant x_n \leqslant z_n, \qquad \forall n \geqslant 1.$$

若

$$\lim_{n \to +\infty} y_n = \lim_{n \to +\infty} z_n = A.$$

则

$$\lim_{n \to +\infty} x_n = A. \tag{3.1.9}$$

证明 $\forall \varepsilon > 0$, 由 $\lim\limits_{n \to +\infty} y_n = A$ 可得, 存在 $N \geqslant 1$, 使得当 $n \geqslant N$ 时, 有

$$A - \varepsilon < y_n < A + \varepsilon.$$

对于上述[①] ε, 由 $\lim\limits_{n \to +\infty} z_n = A$ 可得, 存在[②] $\widetilde{N} \geqslant 1$, 使得当 $n \geqslant \widetilde{N}$ 时, 有

$$A - \varepsilon < z_n < A + \varepsilon.$$

取 $M = \max\left\{N, \widetilde{N}\right\}$, 则当 $n \geqslant M$ 时, 有

$$A - \varepsilon < y_n \leqslant x_n \leqslant z_n < A + \varepsilon.$$

因此, 由极限定义可见 $\lim\limits_{n \to +\infty} x_n = A$. $\qquad\square$

注 3.1.2 如果像定理 3.1.1(2) 的证明中那样, 把在上面证明中的 $N, \widetilde{N}, M$ 依次用 N_1, N_2, N 代替, 则证明的可读性会更好. 如何选择符号, 是我们在叙述中需要留意的. 尤其遵循符号使用上一些通行的习惯是值得鼓励的.

① "$\forall \varepsilon > 0$" 在前面已经出现过, 意味着此时 ε 已经确定, 因此, 不能再使用 "$\forall \varepsilon > 0$".

② 同样地, "存在 $N \geqslant 1$" 在前面已经出现过, 意味着此时 N 也已经确定, 因此, 不能再使用 "存在 $N \geqslant 1$", 而应该另换一个字符表示另一个可能不同的值.

另一方面, 在有一定的熟练度以后, 可以跳过 N_1, N_2 而直接给出 N. 例如, 在定理 3.1.2 的证明中, 可以这样写: $\forall \varepsilon > 0$, 由 $\lim\limits_{n \to +\infty} y_n = \lim\limits_{n \to +\infty} z_n = A$, 可得存在 $N \geqslant 1$, 使得当 $n \geqslant N$ 时, 有

$$\left| y_n - A \right| < \varepsilon, \qquad \left| z_n - A \right| < \varepsilon.$$

在今后的证明中, 我们将逐步略过一些证明细节.

注 3.1.3   根据数列极限的定义, 数列极限是否存在以及值为多少, 与数列的前有限项无关. 因此, 我们在考虑数列极限的时候, 只需要关心 n 充分大时的项. 我们用记号 "$\gg$", 表示 "**大大大于**". 通常使用的是 "$n \gg 1$", 其含义是 n 充分大, 即对于某个给定的 (通常是在证明之初待定的) $N \geqslant 1$, 有 $n \geqslant N$.

类似地, 对于 "**大大小于**" 符号, "$0 < \varepsilon \ll 1$" 表示正数 ε 足够小, 即 "对于某个给定的 (通常是在证明之初待定的) $\delta > 0$, 有 $0 < \varepsilon < \delta$".

最后, 我们给出关于极限四则运算的性质.

定理 3.1.3   设 $\lim\limits_{n \to +\infty} a_n = A$, $\lim\limits_{n \to +\infty} b_n = B$.

(1) 设 $\alpha, \beta \in \mathbb{R}$ 为常数, 则

$$\lim\limits_{n \to +\infty} (\alpha a_n + \beta b_n) = \alpha A + \beta B;$$

(2) $\lim\limits_{n \to +\infty} (a_n b_n) = AB$;

(3) 若 $B \neq 0$, 则 $\lim\limits_{n \to +\infty} \dfrac{a_n}{b_n} = \dfrac{A}{B}$.

证明   (1) 对于任何 $\varepsilon > 0$, 由 $\lim\limits_{n \to +\infty} a_n = A$ 可得, 存在 $N_1 \geqslant 1$, 使得当 $n \geqslant N_1$ 时, 有[1]

$$|a_n - A| < \frac{\varepsilon}{1 + |\alpha| + |\beta|}. \tag{3.1.10}$$

另一方面, 由 $\lim\limits_{n \to +\infty} b_n = B$ 可得, 对上述 ε, 存在 $N_2 \geqslant 1$, 使得当 $n \geqslant N_2$ 时, 有

$$|b_n - B| < \frac{\varepsilon}{1 + |\alpha| + |\beta|}. \tag{3.1.11}$$

取 $N = N_1 + N_2$, 则当 $n \geqslant N$ 时, (3.1.10) 式与 (3.1.11) 式同时成立. 此时,

$$|\alpha a_n + \beta b_n - (\alpha A + \beta B)| \leqslant |\alpha| \, |a_n - A| + |\beta| \, |b_n - B| < \varepsilon. \tag{3.1.12}$$

因此, 由极限定义得到 $\lim\limits_{n \to +\infty} (\alpha a_n + \beta b_n) = \alpha A + \beta B$.

---

[1] 采用含有 1 的 $1 + |\alpha| + |\beta|$ 是考虑到 $\alpha = \beta = 0$ 这种特殊情形.

(2) 由收敛数列的有界性, 存在常数 $M > 0$ 使得对任何 $n \geqslant 1$, 都有 $|a_n| \leqslant M$. 于是, $\forall \varepsilon > 0$, 存在 $N \geqslant 1$, 使得当 $n \geqslant N$ 时, 有

$$|a_n - A| < \varepsilon, \quad |b_n - B| < \varepsilon. \tag{3.1.13}$$

从而

$$|a_n b_n - AB| = |a_n(b_n - B) + B(a_n - A)|$$

$$\leqslant |a_n| |b_n - B| + |B| |a_n - A|$$

$$\leqslant M\varepsilon + |B|\varepsilon = (M + |B|)\varepsilon. \tag{3.1.14}$$

因此, $\lim\limits_{n \to +\infty} (a_n b_n) = AB.$

(3) 由 (2), 只需对 $a_n \equiv 1$ 的情形加以证明. 由 (1), 不妨设 $B > 0$. 由定理 3.1.1, 有 $N \geqslant 1$ 使得当 $n \geqslant N$ 时, 有 $b_n \geqslant \dfrac{B}{2}$. 此时,

$$\left| \frac{1}{b_n} - \frac{1}{B} \right| = \frac{|b_n - B|}{b_n B} \leqslant \frac{2}{B^2} |b_n - B|. \tag{3.1.15}$$

因此, 由 (1) 和夹逼准则即得 $\lim\limits_{n \to +\infty} \dfrac{1}{b_n} = \dfrac{1}{B}$. $\qquad\qquad\square$

在定理 3.1.3 (3) 中, $\{b_n\}$ 不一定恒不为零. 但由保号性, 存在 m 使得当 $n \geqslant m$ 时, $b_n| > 0$. 因此, 定理中考虑的数列本质上是数列 $\left\{ \dfrac{a_n}{b_n} \right\}_m^\infty$.

而在 (3.1.14) 式中, 不等式的右端是 $(M + |B|)\varepsilon$ 而不是 ε, 其中 $M + |B|$ 是一个与 ε 无关的常数 (没有特别要求 $M + |B|$ 为正数). 相较于我们刻意使得 (3.1.12) 式的右端为 ε, 并在 (3.1.11) 式中, 为避免分母为零而采用 $1 + |\alpha| + |\beta|$ 代替 $|\alpha| + |\beta|$, 这无疑更为方便.

例 3.1.6 计算 $\lim\limits_{n \to +\infty} \dfrac{5n^3 - 65n^2 + 2n - 17}{3n^3 + 4n^2 + 4n - 3}$.

解 运用极限四则运算的性质, 我们有

$$\lim_{n \to +\infty} \frac{5n^3 - 65n^2 + 2n - 17}{3n^3 + 4n^2 + 4n - 3} = \lim_{n \to +\infty} \frac{5 - \dfrac{65}{n} + \dfrac{2}{n^2} - \dfrac{17}{n^3}}{3 + \dfrac{4}{n} + \dfrac{4}{n^2} - \dfrac{3}{n^3}}$$

$$= \frac{5 - \lim\limits_{n \to +\infty} \dfrac{65}{n} + \lim\limits_{n \to +\infty} \dfrac{2}{n^2} - \lim\limits_{n \to +\infty} \dfrac{17}{n^3}}{3 + \lim\limits_{n \to +\infty} \dfrac{4}{n} + \lim\limits_{n \to +\infty} \dfrac{4}{n^2} - \lim\limits_{n \to +\infty} \dfrac{3}{n^3}}$$

$$= \frac{5 - 65 \cdot 0 + 2 \cdot 0 - 17 \cdot 0}{3 + 4 \cdot 0 + 4 \cdot 0 - 3 \cdot 0} = \frac{5}{3}. \tag{3.1.16}$$

上面的计算过程以及书写方式太过详细, 对于书写和阅读都是一种负担. 一般说来, 对

于初学者, 如下写法就足够详细了:

$$\lim_{n\to+\infty} \frac{5n^3 - 65n^2 + 2n - 17}{3n^3 + 4n^2 + 4n - 3} = \lim_{n\to+\infty} \frac{5 - \dfrac{65}{n} + \dfrac{2}{n^2} - \dfrac{17}{n^3}}{3 + \dfrac{4}{n} + \dfrac{4}{n^2} - \dfrac{3}{n^3}} = \frac{5}{3}.$$

以后, 对于如此简单的极限, 可直接写出答案:

$$\lim_{n\to+\infty} \frac{5n^3 - 65n^2 + 2n - 17}{3n^3 + 4n^2 + 4n - 3} = \frac{5}{3}.$$

由定理 3.1.3(1) 的结论直接可得, 任何有限个数列 **"和的极限等于极限的和"**. 但这一结论不能推广到无限和. 尤其要注意不能推广到形式上有限个, 实质上为无限个数列的和.

例 3.1.7　计算 $\lim\limits_{n\to+\infty} \left(\dfrac{1}{n^2} + \dfrac{2}{n^2} + \cdots + \dfrac{n}{n^2} \right)$.

解　如果利用 "和的极限等于极限的和" 得到

$$\lim_{n\to+\infty} \left(\frac{1}{n^2} + \frac{2}{n^2} + \cdots + \frac{n}{n^2} \right)$$

$$= \lim_{n\to+\infty} \frac{1}{n^2} + \lim_{n\to+\infty} \frac{2}{n^2} + \cdots + \lim_{n\to+\infty} \frac{n}{n^2}$$

$$= 0 + 0 + \cdots + 0 = 0.$$

则论证过程以及结论都是错误的. 这是因为这里和式的项数 n 随着 n 的增大而增大, 并没有一个上限. 以下是正确的推导过程:

$$\lim_{n\to+\infty} \left(\frac{1}{n^2} + \frac{2}{n^2} + \cdots + \frac{n}{n^2} \right) = \lim_{n\to+\infty} \frac{1 + 2 + \cdots + n}{n^2}$$

$$= \lim_{n\to+\infty} \frac{n(n+1)}{2n^2} = \frac{1}{2}.$$

通常我们不能像例 3.1.7 那样得到和的表达式. 此时, 可通过适当的放大和缩小, 最后利用夹逼准则得到极限. 如何恰到好处地进行 "放缩"(估计), 是最能体现分析这门学科的基本技巧和思想的地方.

例 3.1.8　求 $\lim\limits_{n\to+\infty} \left(\dfrac{n}{n^2+1} + \dfrac{n-1}{n^2+2} + \cdots + \dfrac{1}{n^2+n} \right)$.

解　我们有

$$\frac{n + (n-1) + \cdots + 1}{n^2 + n} \leqslant \frac{n}{n^2+1} + \frac{n-1}{n^2+2} + \cdots + \frac{1}{n^2+n} \leqslant \frac{n + (n-1) + \cdots + 1}{n^2}.$$

同例 3.1.7, 可得

$$\lim_{n\to+\infty} \frac{n + (n-1) + \cdots + 1}{n^2 + n} = \lim_{n\to+\infty} \frac{n + (n-1) + \cdots + 1}{n^2} = \frac{1}{2}.$$

于是, 由夹逼准则, 得到

$$\lim_{n\to+\infty} \left(\frac{n}{n^2+1} + \frac{n-1}{n^2+2} + \cdots + \frac{1}{n^2+n} \right) = \frac{1}{2}.$$

习题 3.1

1. 用定义证明 $\lim\limits_{n\to+\infty}\dfrac{3n^3+4n^2-100}{2n^3-9n-11}=\dfrac{3}{2}$.

2. 用定义证明 $\lim\limits_{n\to+\infty}\lg\left(1+\dfrac{1}{n}\right)=0$.

3. 证明: $\lim\limits_{n\to+\infty}a_n=0$ 的充要条件是存在单调下降且无正下界的正数列 $\{\omega_n\}$ 使得 $\forall n\geqslant 1$ 有 $|a_n|\leqslant\omega_n$.

4. 计算极限 $\lim\limits_{n\to+\infty}\dfrac{2\sqrt[n]{n}+\sqrt[n]{100}}{3\sqrt[n]{n}-1}$.

5. 计算极限 $\lim\limits_{n\to+\infty}\left(\dfrac{3\lg^3 n+2\lg n+1}{2\lg^2 n+\lg n}-\dfrac{6\lg^3 n+5\lg^2 n+3\lg n+1}{4\lg^2 n-\lg n+2}\right)$.

6. 计算极限 $\lim\limits_{n\to+\infty}\left(\left(1+\dfrac{1}{n}\right)^n+\left(2+\dfrac{3}{n}\right)^n+\left(3+\dfrac{5}{n}\right)^n\right)^{\frac{1}{n}}$.

7. 设 $0\leqslant p\leqslant k-1$, 求: $\lim\limits_{n\to+\infty}\dfrac{C_{kn}^p+C_{kn}^{p+k}+\cdots+C_{kn}^{p+(n-1)k}}{2^{kn}}$.

3.2 无穷大量 无穷小量 Stolz 公式

易见 $\lim\limits_{n\to+\infty}a_n=A$ 等价于 $\lim\limits_{n\to+\infty}|a_n-A|=0$. 结合夹逼准则, 在证明 $\lim\limits_{n\to+\infty}a_n=A$ 时时常寻求如下不等式:

$$\left|a_n-b_n\right|\leqslant c_n,\qquad\forall n\gg 1,$$

其中 $\lim\limits_{n\to+\infty}b_n=A,\ \lim\limits_{n\to+\infty}c_n=0$. 因此, 极限为零的数列是需要特别关注的数列. 类似地, 也需要特别关注极限为无穷的数列. 具体地, 我们给出如下定义:

定义 3.2.1 考虑实数列 $\{a_n\}$.

(1) 若 $\lim\limits_{n\to+\infty}a_n=0$, 则称 $\{a_n\}$ 为**无穷小量**;

(2) 若对任何 $M>0$, 存在 $N\geqslant 1$, 使得当 $n\geqslant N$ 时有 $a_n>M$, 则称 $\{a_n\}$ **为正无穷大量**, 记作 $\lim\limits_{n\to+\infty}a_n=+\infty$, 或 $a_n\to+\infty\,(n\to+\infty)$, 或

$$a_n\to+\infty,\qquad\text{当 }n\to+\infty\text{时};$$

(3) 若 $\{-a_n\}$ 是正无穷大量, 则称 $\{a_n\}$ **为负无穷大量**, 记作 $\lim\limits_{n\to+\infty}a_n=-\infty$, 或 $a_n\to-\infty\,(n\to+\infty)$, 或

$$a_n\to-\infty,\qquad\text{当 }n\to+\infty\text{时};$$

(4) 若 $\{|a_n|\}$ 为正无穷大量, 则称 $\{a_n\}$ 为**无穷大量**, 记作 $\lim\limits_{n\to+\infty}a_n=\infty$, 或 $a_n\to\infty\,(n\to+\infty)$, 或

$$a_n\to\infty,\qquad\text{当 }n\to+\infty\text{时}.$$

当 $\lim\limits_{n\to+\infty} a_n = +\infty\,(-\infty$ 或 $\infty)$ 时, 可称 $\{a_n\}$ 的极限为 $+\infty\,(-\infty$ 或 $\infty)$. 此时, $\{a_n\}$ 是发散的, 仍然称 $\{a_n\}$ 的极限不存在. 但当 $\lim\limits_{n\to+\infty} a_n = +\infty$ 或 $-\infty$ 时, 可称 $\{a_n\}$ 在广义实数系中的极限存在或收敛.

在极限的讨论中, 引入如下记号可以带来很大的方便.

定义 3.2.2   考虑实数列 $\{a_n\}$ 和 $\{b_n\}$. 设有 $N \geqslant 1$ 使得当 $n \geqslant N$ 时 $b_n \neq 0$.

(1) 若 $\lim\limits_{n\to+\infty} \dfrac{a_n}{b_n} = 0$, 则记

$$a_n = o(b_n), \qquad 当 n \to +\infty 时.$$

此时, 若 $\{a_n\}$ 与 $\{b_n\}$ 均为无穷小量, 则称 $\{a_n\}$ 是 $\{b_n\}$ 的**高阶无穷小量**, 称 $\{b_n\}$ 是 $\{a_n\}$ 的**低阶无穷小量**; 若 $\{a_n\}$ 与 $\{b_n\}$ 均为无穷大量, 则称 $\{a_n\}$ 是 $\{b_n\}$ 的**低阶无穷大量**, 称 $\{b_n\}$ 是 $\{a_n\}$ 的**高阶无穷大量**.

(2) 若 $\left\{\dfrac{a_n}{b_n}\right\}_N^\infty$ 有界, 则记

$$a_n = O(b_n), \qquad 当 n \to +\infty 时.$$

(3) 若 $\lim\limits_{n\to+\infty} \dfrac{a_n}{b_n} = 1$, 则称 $\{a_n\}$ 与 $\{b_n\}$ **等价**, 记作

$$a_n \sim b_n, \qquad 当 n \to +\infty 时.$$

若 $\lim\limits_{n\to+\infty} \dfrac{a_n}{b_n}$ 存在且不等于零, 则称 $\{a_n\}$ 与 $\{b_n\}$ **同阶**.

等价和同阶主要用于 $\{a_n\}$ 与 $\{b_n\}$ 均为无穷大量或均为无穷小量的情形.

利用上述记号, 无穷小量可以记作 $o(1)$, 有界量可以记作 $O(1)$.

对于等价量, 利用极限的四则运算, 易见有以下结果.

定理 3.2.1   设 $\{a_n\}$, $\{b_n\}$ 与 $\{x_n\}$ 为实数列. 又 $\lim\limits_{n\to+\infty} \dfrac{a_n}{b_n} = 1$, ℓ 是有限数、 $+\infty$、 $-\infty$ 或 ∞.

(1) 若 $\lim\limits_{n\to+\infty} a_n x_n = \ell$, 则 $\lim\limits_{n\to+\infty} b_n x_n = \ell$;

(2) 若 $\lim\limits_{n\to+\infty} \dfrac{x_n}{a_n} = \ell$, 则 $\lim\limits_{n\to+\infty} \dfrac{x_n}{b_n} = \ell$.

证明   定理的证明是简单的. 具体地, 我们有

(1) $\lim\limits_{n\to+\infty} b_n x_n = \lim\limits_{n\to+\infty} (a_n x_n) \cdot \lim\limits_{n\to+\infty} \dfrac{b_n}{a_n} = \ell \cdot 1 = \ell.$

(2) $\lim\limits_{n\to+\infty} \dfrac{x_n}{b_n} = \lim\limits_{n\to+\infty} \dfrac{x_n}{a_n} \cdot \lim\limits_{n\to+\infty} \dfrac{a_n}{b_n} = \ell \cdot 1 = \ell.$ $\square$

我们给出上述证明过程, 主要是希望读者在具体使用这一定理时, 心里也有这样一个证明过程.

例 3.2.1   由于 $\lim\limits_{n\to+\infty} \dfrac{(n+1)^{-1}}{n^{-1}} = 1$, 因此

$$\lim\limits_{n\to+\infty} \dfrac{n^{-1} - (n+1)^{-1}}{n^{-2}} = \lim\limits_{n\to+\infty} \dfrac{n^{-1} - n^{-1}}{n^{-2}} = 0.$$

自然, 上述推导过程是错误的. 如果写成

$$\lim_{n\to+\infty}\frac{n^{-1}-(n+1)^{-1}}{n^{-2}}=\lim_{n\to+\infty}\frac{n^{-1}}{n^{-2}}-\lim_{n\to+\infty}\frac{(n+1)^{-1}}{n^{-2}}$$
$$=\lim_{n\to+\infty}\frac{n^{-1}}{n^{-2}}-\lim_{n\to+\infty}\frac{n^{-1}}{n^{-2}}=0,$$

同样也是错误的. 第一个等式后的两个极限不存在, 因此不能用四则运算中 "和的极限等于极限的和". 而最后一个等式的左边事实上是 $(+\infty)-(+\infty)$, 它是没有意义的, 自然这一步也是错的.

再者, 如果写

$$\lim_{n\to+\infty}\frac{n^{-1}+(n+1)^{-1}}{n^{-1}}=\lim_{n\to+\infty}\frac{n^{-1}+n^{-1}}{n^{-1}}=2,$$

虽然结论是正确的, 但过程的准确性就有疑问. 自然, 如下的过程是正确的:

$$\lim_{n\to+\infty}\frac{n^{-1}+(n+1)^{-1}}{n^{-1}}=\lim_{n\to+\infty}\frac{n^{-1}}{n^{-1}}+\lim_{n\to+\infty}\frac{(n+1)^{-1}}{n^{-1}}$$
$$=\lim_{n\to+\infty}\frac{n^{-1}}{n^{-1}}+\lim_{n\to+\infty}\frac{n^{-1}}{n^{-1}}=1+1=2.$$

这里我们刻意写了较完整的计算步骤. 事实上, 只要写出关键的第一步, 其后的两步可以省略.

另一方面, 我们有

定理 3.2.2 设实数列 $\{a_n\}$ 与 $\{b_n\}$ 分别为无穷小量与有界量, 则 $\{a_nb_n\}$ 为无穷小量.

例 3.2.2 由于 $\lim_{n\to+\infty}\frac{1}{n}=0$, $\{\sin n\}$ 有界, 因此, 由定理 3.2.2 可得 $\lim_{n\to+\infty}\frac{\sin n}{n}=0$. 但我们不能写

$$\lim_{n\to+\infty}\frac{\sin n}{n}=\lim_{n\to+\infty}\frac{1}{n}\cdot\lim_{n\to+\infty}\sin n=0\cdot\lim_{n\to+\infty}\sin n=0.$$

这是因为 (可以证明) $\lim_{n\to+\infty}\sin n$ 不存在.

在处理商的极限时, 时常需要面对分子、分母同时为无穷小量或无穷大量的情形, 我们称之为 $\frac{0}{0}$ 型或 $\frac{\infty}{\infty}$ 型的**不定式**. 对此, 一个有效的工具是以下的 Stolz-Cesàro[①] 定理[②].

定理 3.2.3 设 $\{x_n\}$ 和 $\{y_n\}$ 是两个实数列, 若

(1) $\{y_n\}$ 严格单调增加;

(2) $\lim_{n\to+\infty}y_n=+\infty$;

(3) $\lim_{n\to+\infty}\frac{x_{n+1}-x_n}{y_{n+1}-y_n}=\ell$, 其中 ℓ 可以是有限数、$+\infty$ 或 $-\infty$,

[①] Cesàro, Ernesto, 1859 年 3 月 12 日—1906 年 9 月 12 日, 意大利数学家.

[②] Stolz-Cesàro 定理习惯上称为 Stolz 定理, 也常称为 Stolz 公式.

则

$$\lim_{n\to+\infty} \frac{x_n}{y_n} = \ell. \tag{3.2.1}$$

证明　我们仅就 ℓ 为有限数的情形加以证明. 其余情形类似可证.

由 (2), 存在 $N_1 \geqslant 1$ 使得当 $n \geqslant N_1$ 时, 有 $y_n > 0$.

$\forall \varepsilon \in (0,1)$, 由 (3), 存在 $N_2 \geqslant N_1$ 使得当 $n \geqslant N_2$ 时, 有

$$\ell - \varepsilon < \frac{x_{n+1} - x_n}{y_{n+1} - y_n} < \ell + \varepsilon.$$

即

$$(\ell - \varepsilon)(y_{n+1} - y_n) < x_{n+1} - x_n < (\ell + \varepsilon)(y_{n+1} - y_n).$$

进而有

$$(\ell - \varepsilon) \sum_{k=N_2}^{n-1} \left(y_{k+1} - y_k \right) < \sum_{k=N_2}^{n-1} \left(x_{k+1} - x_k \right) < (\ell + \varepsilon) \sum_{k=N_2}^{n-1} \left(y_{k+1} - y_k \right), \qquad \forall\, n > N_2.$$

即

$$(\ell - \varepsilon)(y_n - y_{N_2}) < x_n - x_{N_2} < (\ell + \varepsilon)(y_n - y_{N_2}), \qquad \forall\, n > N_2.$$

整理得到

$$-\varepsilon - (\ell - \varepsilon)\frac{y_{N_2}}{y_n} + \frac{x_{N_2}}{y_n} < \frac{x_n}{y_n} - \ell < \varepsilon - (\ell + \varepsilon)\frac{y_{N_2}}{y_n} + \frac{x_{N_2}}{y_n}, \qquad \forall\, n > N_2. \tag{3.2.2}$$

再次由条件 (2), 可得存在 $N \geqslant N_2$ 使得当 $n \geqslant N$ 时, 有

$$\frac{\left(|\ell| + \varepsilon \right)|y_{N_2}| + |x_{N_2}|}{y_n} < \varepsilon.$$

结合 (3.2.2) 式得到

$$\left| \frac{x_n}{y_n} - \ell \right| < 2\varepsilon, \qquad \forall\, n \geqslant N.$$

从而由极限定义知 (3.2.1) 式成立. □

由于定理条件没有要求 $\{x_n\}$ 趋于无穷, 因此, 这一类型的 $\frac{x_n}{y_n}$ 称为 $\frac{*}{\infty}$ 型的不定式.

由 Stolz 定理, 可得如下推论.

推论 3.2.4　设有实数列 $\{x_n\}$.

(1) 若 $\lim\limits_{n\to+\infty} (x_{n+1} - x_n) = \ell$, 则 $\lim\limits_{n\to+\infty} \dfrac{x_n}{n} = \ell$, 其中 ℓ 可以是有限数、$+\infty$ 或 $-\infty$;

(2) 若 $\lim\limits_{n\to+\infty} x_n = \ell$, 则 $\lim\limits_{n\to+\infty} \dfrac{x_1 + x_2 + \cdots + x_n}{n} = \ell$, 其中 ℓ 可以是有限数、$+\infty$ 或 $-\infty$;

(3) 若 $\{x_n\}$ 为正数列, 且 $\lim\limits_{n\to+\infty} \dfrac{x_{n+1}}{x_n} = \ell$, 则 $\lim\limits_{n\to+\infty} \sqrt[n]{x_n} = \ell$, 其中 ℓ 可以是有限数 $+\infty$.

易见, (1) 和 (2) 本质上是一样的. 严格说来, 目前 (3) 还不能由 Stolz 定理直接得到. 它需要结合指数函数与对数函数的连续性得到. 但我们可以仿照定理 3.2.3 的证明直接证明 (3).

例 3.2.3 设 k 为自然数, 计算 $\lim\limits_{n\to+\infty}\dfrac{1^k+2^k+\cdots+n^k}{n^{k+1}}$.

解 由 Stolz 定理, 我们有

$$\lim_{n\to+\infty}\frac{1^k+2^k+\cdots+n^k}{n^{k+1}}=\lim_{n\to+\infty}\frac{(n+1)^k}{(n+1)^{k+1}-n^{k+1}}$$
$$=\lim_{n\to+\infty}\frac{n^k}{C_{k+1}^1 n^k+C_{k+1}^2 n^{k-1}+\cdots+C_{k+1}^k n+C_{k+1}^{k+1}}$$
$$=\frac{1}{k+1}.$$

结合定理 2.4.4 以及夹逼准则, 让我们有可能处理 k 不为整数时的极限. 我们把它留作习题.

例 3.2.4 设 k 为自然数, $\lim\limits_{n\to+\infty}a_n=a$. 证明:

$$\lim_{n\to+\infty}\frac{n^k a_1+(n-1)^k a_2+\cdots+a_n}{n^{k+1}}=\frac{a}{k+1}. \tag{3.2.3}$$

证明 本例是上例的推广. 由上例的结果, 若 $a_n\equiv a$, 则结论成立. 鉴此, 令 $\alpha_n=a_n-a$, 则问题化为在条件 $\lim\limits_{n\to+\infty}\alpha_n=0$ 下证明

$$\lim_{n\to+\infty}\frac{n^k\alpha_1+(n-1)^k\alpha_2+\cdots+\alpha_n}{n^{k+1}}=0. \tag{3.2.4}$$

这相当于说, 不妨设 $a=0$.

我们有

$$\left|\frac{n^k\alpha_1+(n-1)^k\alpha_2+\cdots+\alpha_n}{n^{k+1}}\right|\leqslant\frac{|\alpha_1|+|\alpha_2|+\cdots+|\alpha_n|}{n},\qquad n\geqslant 1.$$

于是结合 Stolz 公式与夹逼准则得到 (3.2.4) 式. 结论得证. □

易见在证明 (3.2.4) 式的过程中, 对于变量的缩放, 要比直接证明 (3.2.3) 式放得开手脚. 在下例中, 把问题化为证明某个数列的极限为零起到了重要作用.

例 3.2.5 设数列 $\{2x_{n+1}+x_n\}$ 收敛. 证明: $\{x_n\}$ 也收敛.

证明 不妨设 $\{2x_{n+1}+x_n\}$ 收敛到零. 此时 $\lim\limits_{n\to+\infty}(-1)^n(2x_{n+1}+x_n)=0$. 我们有

$$\lim_{n\to+\infty}(-1)^n x_n=\lim_{n\to+\infty}\frac{(-2)^n x_n}{2^n}$$
$$=\lim_{n\to+\infty}\frac{(-2)^{n+1}x_{n+1}-(-2)^n x_n}{2^{n+1}-2^n}$$

$$= \lim_{n \to +\infty} (-1)^{n+1}(2x_{n+1} + x_n) = 0.$$

因此, $\{x_n\}$ 收敛于零.   □

在上面的论证中, 如果不设 $\{2x_{n+1} + x_n\}$ 收敛到零, 则在 Stolz 公式的运用中就会遇到麻烦. 读者也可以利用反证法证明例 3.2.5 的结论.

对于分子、分母都是无穷小量的情形, 即 $\frac{0}{0}$ 型的不定式, 有如下类似的结果 (同样称之为 Stolz 定理):

定理 3.2.5　设有实数列 $\{x_n\}$ 和 $\{y_n\}$, 若

(1) $\{y_n\}$ 严格单调减少;

(2) $\lim\limits_{n \to +\infty} x_n = \lim\limits_{n \to +\infty} y_n = 0$;

(3) $\lim\limits_{n \to +\infty} \dfrac{x_n - x_{n+1}}{y_n - y_{n+1}} = \ell$, 其中 ℓ 可以是有限数、$+\infty$ 或 $-\infty$,

则

$$\lim_{n \to +\infty} \frac{x_n}{y_n} = \ell. \tag{3.2.5}$$

证明　定理的证明与定理 3.2.3 的证明是完全类似的. 这里我们对 $\ell = +\infty$ 的情形加以证明. 其余情形类似可证.

首先, 由 (1) 和 (2), 易见 $\{y_n\}$ 是正数列.

$\forall M > 0$, 由 (3), 存在 $N \geqslant 1$ 使得当 $n \geqslant N$ 时, 有

$$\frac{x_n - x_{n+1}}{y_n - y_{n+1}} > M.$$

即

$$x_n - x_{n+1} > M\left(y_n - y_{n+1}\right), \qquad n \geqslant N.$$

进而, 对任何 $m > n \geqslant N$, 有

$$x_n - x_{m+1} > M\left(y_n - y_{m+1}\right).$$

在上式中令 $m \to +\infty$ 得到

$$x_n \geqslant My_n, \qquad \forall n \geqslant N.$$

即

$$\frac{x_n}{y_n} \geqslant M, \qquad \forall n \geqslant N.$$

这就证明了 $\lim\limits_{n \to +\infty} \dfrac{x_n}{y_n} = +\infty$.   □

例 3.2.6　设 k 为正整数, 计算

$$\lim_{n \to +\infty} \frac{(n+1)^{-k-1} + (n+2)^{-k-1} + \cdots + (2n)^{-k-1}}{n^{-k}}.$$

解 要使用定理 3.2.5, 需要证明分子趋于零. 易见,

$$0 \leqslant (n+1)^{-k-1} + (n+2)^{-k-1} + \cdots + (2n)^{-k-1} \leqslant (n+1)^{-k}.$$

于是, 由夹逼准则得到

$$\lim_{n \to +\infty} \left((n+1)^{-k-1} + (n+2)^{-k-1} + \cdots + (2n)^{-k-1} \right) = 0.$$

这样, 由定理 3.2.5 得到

$$\begin{aligned} &\lim_{n \to +\infty} \frac{(n+1)^{-k-1} + (n+2)^{-k-1} + \cdots + (2n)^{-k-1}}{n^{-k}}. \\ &= \lim_{n \to +\infty} \frac{(n+1)^{-k-1} - (2n+1)^{-k-1} - (2n+2)^{-k-1}}{n^{-k} - (n+1)^{-k}} \\ &= \lim_{n \to +\infty} \left(1 - \left(2 - \frac{1}{n+1} \right)^{-k-1} - 2^{-k-1} \right) \lim_{n \to +\infty} \frac{1}{(n+1)\left(\left(1 + \frac{1}{n} \right)^k - 1 \right)} \\ &= \frac{1 - 2^{-k}}{k}. \end{aligned}$$

例 3.2.7 设 $\ell \in \mathbb{R}$, 数列 $\{2x_n - x_{n+1}\}$ 收敛于 ℓ, 且 $\lim\limits_{n \to +\infty} 2^{-n} x_n = 0$. 证明: $\{x_n\}$ 也收敛于 ℓ.

证明 由 Stolz 公式, 有

$$\begin{aligned} \lim_{n \to +\infty} x_n &= \lim_{n \to +\infty} \frac{2^{-n} x_n}{2^{-n}} \\ &= \lim_{n \to +\infty} \frac{2^{-n} x_n - 2^{-(n+1)} x_{n+1}}{2^{-n} - 2^{-(n+1)}} = \lim_{n \to +\infty} (2x_n - x_{n+1}) = \ell. \qquad \square \end{aligned}$$

习题 3.2

1. 计算 $\lim\limits_{n \to +\infty} \dfrac{n^{-1} - (n+1)^{-1}}{n^{-2}}$.

2. 证明: $\lim\limits_{n \to +\infty} \sin n$ 不存在.

3. $\{a_n\}$ 的极限为 L 当且仅当 $\{a_{2n}\}$ 与 $\{a_{2n+1}\}$ 的极限为 L, 其中 L 为有限数、$+\infty$、$-\infty$ 或 ∞.

4. 设 $\alpha > 0$, 计算 $\lim\limits_{n \to +\infty} \dfrac{1 + 2^\alpha + \cdots + n^\alpha}{n^{\alpha+1}}$.

5. 若 $\alpha \in (-1, 0)$, 则极限 $\lim\limits_{n \to +\infty} \dfrac{1 + 2^\alpha + \cdots + n^\alpha}{n^{\alpha+1}}$ 是否存在? 请说明理由. 若存在, 请进一步计算该极限.

6. 若 $\alpha < -1$, 则极限 $\lim\limits_{n \to +\infty} \dfrac{(n+1)^\alpha + (n+2)^\alpha + \cdots + (n+n)^\alpha}{n^{\alpha+1}}$ 是否存在? 请说明理由. 若存在, 请进一步计算该极限.

7. 证明定理 3.2.3 与定理 3.2.5 的未证部分.

8. 设 $x_1 = a$, $x_2 = b$, $x_{n+2} = \dfrac{1}{2}(x_n + x_{n+1})$ $(n = 1, 2, \cdots)$. 试证明 $\{x_n\}$ 收敛, 并求其极限.

(提示: 计算数列的通项公式, 或利用例 3.2.5.)

9. 设 $\{x_n\}$ 满足 $\lim\limits_{n \to +\infty} x_n \sum\limits_{k=1}^{n} x_k^2 = 1$. 证明: $\lim\limits_{n \to +\infty} \sqrt[3]{3n}\, x_n = 1$.

10. 设 a 和 d 是给定的正数. 对于 $n = 1, 2, 3, \cdots$, 由等差数列 a, $a + d$, $\cdots$, $a + (n-1)d$ 形成算术平均 A_n 和几何平均 G_n, 试求 $\lim\limits_{n \to +\infty} \dfrac{G_n}{A_n}$.

11. 令 $a_{n,k} = \dfrac{k}{n - k + 1}$ $(n \geqslant k \geqslant 1)$. 证明:

(1) 对于固定的 $k \geqslant 1$, $\{a_{n,k}\}$ 是无穷小量;

(2) $A_n := \prod\limits_{k=1}^{n} a_{n,k}$ 不是无穷小量.

12. 设 $E \subseteq \mathbb{R}$ 为非空集. 证明: 存在 E 中点列 $\{x_k\}$ 使得 $\lim\limits_{k \to +\infty} x_k = \sup E$, 这里 $\sup E$ 可以是 $+\infty$.

注: 对于 $f : D \to \mathbb{R}$, 满足 $\lim\limits_{k \to +\infty} f(x_k) = \sup\limits_{x \in D} f(x)$ $\left(\inf\limits_{x \in D} f(x)\right)$ 的 D 中的点列 $\{x_k\}$ 称为 f 在 D 上的**极大化序列** (极小化序列).

13. (**Toeplitz**[①] **定理**) 设有无穷三角矩阵 $(t_{nm})_{n \geqslant m}$:

$$
\begin{pmatrix}
t_{11} & & & \\
t_{21} & t_{22} & & \\
t_{31} & t_{32} & t_{33} & \\
\vdots & \vdots & \vdots & \ddots
\end{pmatrix}
$$

满足下列条件:

(i) 每一列元趋于零, 即 $\lim\limits_{n \to +\infty} t_{nm} = 0$;

(ii) 各行元素的绝对值之和有界, 即 $\forall n \in \mathbb{N}_+$,

$$|t_{n1}| + |t_{n2}| + \cdots + |t_{nn}| \leqslant K < +\infty.$$

记 $y_n = t_{n1} x_1 + t_{n2} x_2 + \cdots + t_{nn} x_n$. 证明:

(1) 若 $\lim\limits_{n \to +\infty} x_n = 0$, 则 $\lim\limits_{n \to +\infty} y_n = 0$.

(2) 记 $T_n = t_{n1} + t_{n2} + \cdots + t_{nn}$. 若 $\lim\limits_{n \to +\infty} T_n = 1$, 且 $\lim\limits_{n \to +\infty} x_n = a$ 有限, 则 $\lim\limits_{n \to +\infty} y_n = a$.

14. 试考察 Stolz 定理和 Toeplitz 定理的关系.

---

① Toeplitz, Otto, 1881 年 8 月 1 日—1940 年 2 月 15 日, 德国数学家.

3.3 实数系基本定理

本节介绍实数系 $\mathbb{R}$ 中的基本定理, 这些定理在分析中有着重要的地位, 其中很多基本定理可以推广到高维情形乃至更抽象的情形.

首先, 我们重述**确界存在定理**, 即定理 2.3.3 和定理 2.3.5 如下:

定理 3.3.1　　(1) $\mathbb{R}$ 中任何非空上有界集有上确界;

(2) $\mathbb{R}$ 中任何非空下有界集有下确界.

3.3.1 单调收敛定理

由确界存在定理, 立即导出如下的**单调收敛定理**.

定理 3.3.2　　$\mathbb{R}$ 中单调有界数列都有极限.

证明　设 $\{a_n\}$ 是 $\mathbb{R}$ 中的单调有界数列. 不妨设 $\{a_n\}$ 单调增加. 令 $A = \sup\limits_{n \geqslant 1} a_n$. 则 $\forall \varepsilon > 0$, 由上确界的定义, 存在 $N \geqslant 1$ 使得 $a_N > A - \varepsilon$. 于是由 $\{a_n\}$ 单增, 当 $n \geqslant N$ 时, 有 $A - \varepsilon < a_N \leqslant a_n \leqslant A$.

这样, 由极限定义得到 $\lim\limits_{n \to +\infty} a_n = A$, 即 $\{a_n\}$ 有极限. □

注意, 数列的极限为无穷不能够说成数列 "有极限".

另一方面, 若 $\{a_n\}$ 单调增加, 则总有 $\lim\limits_{n \to +\infty} a_n = \sup\limits_{n \geqslant 1} a_n$. 同样地, 若 $\{a_n\}$ 单调减少, 则有 $\lim\limits_{n \to +\infty} a_n = \inf\limits_{n \geqslant 1} a_n$. 无论哪种情形, 我们都可以说, $\lim\limits_{n \to +\infty} a_n$ 在广义实数系中存在.

例 3.3.1　设 $x_0 > 0$, $x_{n+1} = \sqrt{2 + x_n}$ $(n \geqslant 0)$. 证明 $\{x_n\}$ 收敛并求极限.

证明　易见 $\{x_n\}$ 是正数列. 进一步, 由递推公式,

$$x_{n+1} - x_n = \sqrt{2 + x_n} - x_n = \frac{(2 - x_n)(1 + x_n)}{\sqrt{2 + x_n} + x_n}, \qquad \forall n \geqslant 0. \qquad (3.3.1)$$

若 $x_0 \geqslant 2$, 则利用递推式归纳可得 $x_n \geqslant 2 \, (\forall n \geqslant 0)$. 进而, 利用 (3.3.1) 式归纳可得 $\{x_n\}$ 单调减少.

若 $0 < x_0 < 2$, 归纳可得 $x_n < 2 \, (\forall n \geqslant 0)$. 进而, 利用 (3.3.1) 式归纳可得 $\{x_n\}$ 单调增加.

总之, $\{x_n\}$ 单调有界, 因此有极限, 设极限为 L. 则 $L \geqslant 0$. 将递推式平方后, 两端求极限得到 $L^2 = 2 + L$. 结合 $L \geqslant 0$ 得到 $L = 2$. 即 $\lim\limits_{n \to +\infty} x_n = 2$. □

例 3.3.2　设 $x_0 > 0$, $x_{n+1} = 2 + \dfrac{1}{x_n}$ $(n \geqslant 0)$. 证明 $\{x_n\}$ 收敛并求极限.

证明 利用递推公式归纳可证

$$x_n > 2, \qquad \forall\, n \geqslant 1.$$

进而

$$2 < x_n < 2 + \frac{1}{2}, \qquad \forall\, n \geqslant 2.$$

进一步, 由递推公式可得,

$$\begin{aligned}
x_{n+2} - x_n &= \frac{1}{x_{n+1}} - \frac{1}{x_{n-1}} = -\frac{x_{n+1} - x_{n-1}}{x_{n+1} x_{n-1}} \\
&= \frac{x_n - x_{n-2}}{x_{n+1} x_{n-1} x_n x_{n-2}}, \qquad \forall\, n \geqslant 2.
\end{aligned} \tag{3.3.2}$$

这表明 $x_{n+2} - x_n$ 与 $x_n - x_{n-2}$ 同时为正、或同时为负、或同时为零. 由此可见 $\{x_{2n}\}$ 与 $\{x_{2n+1}\}$ 都是单调有界数列, 从而都收敛. 设它们的极限依次为 L 与 ℓ. 则 $L, \ell \in \left[2, \frac{5}{2}\right]$,

$$L = 2 + \frac{1}{\ell}, \quad \ell = 2 + \frac{1}{L}.$$

解得 $L = \ell = 1 + \sqrt{2}$. 即 $\{x_{2n}\}$ 与 $\{x_{2n+1}\}$ 均收敛到同一极限. 因此, $\{x_n\}$ 收敛, 且 $\lim\limits_{n \to +\infty} x_n = 1 + \sqrt{2}$. $\qquad\square$

例 3.3.3 设 $x_0 \in (0, 1)$, $x_{n+1} = x_n - x_n^3$ $(n \geqslant 0)$. 证明: $\lim\limits_{n \to +\infty} \sqrt{n}\, x_n = \dfrac{\sqrt{2}}{2}$.

证明 归纳可证 $\{x_n\}$ 为单调下降的正数列, 从而收敛. 设其极限为 L, 则 $L = L - L^3$. 从而 $L = 0$. 即 $\lim\limits_{n \to +\infty} x_n = 0$. 于是

$$\lim_{n \to +\infty} \frac{x_{n+1}}{x_n} = \lim_{n \to +\infty} \left(1 - x_n^2\right) = 1.$$

而由 Stolz 公式,

$$\begin{aligned}
\lim_{n \to +\infty} \frac{x_n^{-2}}{n} &= \lim_{n \to +\infty} \left(x_{n+1}^{-2} - x_n^{-2}\right) = \lim_{n \to +\infty} \frac{x_n^2 - x_{n+1}^2}{x_{n+1}^2 x_n^2} \\
&= \lim_{n \to +\infty} \frac{x_n^4 (2 - x_n^2)}{x_n^4 (1 - x_n^2)^2} = 2.
\end{aligned}$$

即 $\lim\limits_{n \to +\infty} n x_n^2 = \dfrac{1}{2}$. 最后, 由

$$\left| \sqrt{n}\, x_n - \frac{\sqrt{2}}{2} \right| = \left| \frac{n x_n^2 - \dfrac{1}{2}}{\sqrt{n}\, x_n + \dfrac{\sqrt{2}}{2}} \right| \leqslant \sqrt{2} \left| n x_n^2 - \frac{1}{2} \right|$$

与夹逼准则得到 $\lim\limits_{n \to +\infty} \sqrt{n}\, x_n = \dfrac{\sqrt{2}}{2}$. 今后, 利用 $\sqrt{x}$ 的连续性与 $\lim\limits_{n \to +\infty} n x_n^2 = \dfrac{1}{2}$ 以及 $\{x_n\}$ 为正数列, 可直接得到上述结论. $\qquad\square$

3.3.2 e 的定义

人们发现, 用形为 $\left(1+\dfrac{1}{10^n}\right)^{10^n}$ 或 $\left(1-\dfrac{1}{10^n}\right)^{10^n}$ 这样的数字作底数, 制作对数表就比较简单. 而 n 取得越大, 则对数表可达到的精度越大.

进一步, 人们发现数列 $\left\{\left(1+\dfrac{1}{n}\right)^n\right\}$ 有极限, Euler[1] 将该极限记为 e. 在现代数学中, e 和圆周率 π 时常出现在各种场合, 成为最重要的两个常数.

定理 3.3.3 数列 $\left\{\left(1+\dfrac{1}{n}\right)^n\right\}$ 严格单增且有界, 从而收敛.

证明 我们用两种方法给出证明.

证法 1 对任何 $n \geqslant 1$, 利用算术几何平均不等式,

$$\left(1+\frac{1}{n}\right)^n = \left(1+\frac{1}{n}\right)^n \cdot 1 < \left(\frac{n\left(1+\frac{1}{n}\right)+1}{n+1}\right)^{n+1} = \left(1+\frac{1}{n+1}\right)^{n+1}, \quad (3.3.3)$$

$$\left(1+\frac{1}{n}\right)^{n+1} = \frac{1}{\left(\frac{n}{n+1}\right)^{n+1} \cdot 1} > \frac{1}{\left(\frac{(n+1)\frac{n}{n+1}+1}{n+2}\right)^{n+2}} = \left(1+\frac{1}{n+1}\right)^{n+2}.$$

$$(3.3.4)$$

因此, $\left\{\left(1+\dfrac{1}{n}\right)^n\right\}$ 严格单增而 $\left\{\left(1+\dfrac{1}{n}\right)^{n+1}\right\}$ 严格单减.

从而

$$2 = (1+1)^1 \leqslant \left(1+\frac{1}{n}\right)^n < \left(1+\frac{1}{n}\right)^{n+1} \leqslant (1+1)^2 = 4.$$

于是, 又得到 $\left\{\left(1+\dfrac{1}{n}\right)^n\right\}$ 有界, 从而收敛.

证法 2 对任何 $n \geqslant 1$, 利用二项展开式, 我们有

$$\left(1+\frac{1}{n}\right)^n = 1 + 1 + \frac{1}{2!}\left(1-\frac{1}{n}\right) + \cdots + \frac{1}{n!}\prod_{k=1}^{n-1}\left(1-\frac{k}{n}\right). \quad (3.3.5)$$

直接与 $\left(1+\dfrac{1}{n+1}\right)^{n+1}$ 的展开式

$$1 + 1 + \frac{1}{2!}\left(1-\frac{1}{n+1}\right) + \cdots + \frac{1}{n!}\prod_{k=1}^{n-1}\left(1-\frac{k}{n+1}\right) + \frac{1}{(n+1)!}\prod_{k=1}^{n}\left(1-\frac{k}{n+1}\right)$$

---

[1] Euler, Leonhard, 1707 年 4 月 15 日—1783 年 9 月 18 日, 瑞士数学家、自然科学家.

比较, 即得 $\left\{\left(1+\dfrac{1}{n}\right)^n\right\}$ 严格单增. 另一方面, 由 (3.3.5) 式还可以得到

$$2 \leqslant \left(1+\frac{1}{n}\right)^n \leqslant \sum_{k=0}^{n} \frac{1}{k!} < 2 + \sum_{k=2}^{\infty} \frac{1}{2^{k-1}} = 3.$$

因此, $\left\{\left(1+\dfrac{1}{n}\right)^n\right\}$ 有界, 从而收敛. $\square$

利用定理 3.3.3 证明中得到的 $\left\{\left(1+\dfrac{1}{n}\right)^n\right\}$ 严格单增以及 $\left\{\left(1+\dfrac{1}{n}\right)^{n+1}\right\}$ 严格单减, 可得

$$\left(1+\frac{1}{n}\right)^n < e < \left(1+\frac{1}{n}\right)^{n+1}, \qquad \forall\, n \geqslant 1.$$

两端取对数得到

$$n\ln\left(1+\frac{1}{n}\right) < 1 < (n+1)\ln\left(1+\frac{1}{n}\right), \qquad \forall\, n \geqslant 1.$$

即

$$\frac{1}{n+1} < \ln\left(1+\frac{1}{n}\right) < \frac{1}{n}, \qquad \forall\, n \geqslant 1. \tag{3.3.6}$$

于是又有

$$\lim_{n\to+\infty} n\ln\left(1+\frac{1}{n}\right) = 1. \tag{3.3.7}$$

另一方面, 利用定理 3.3.3 证明中的 (3.3.5) 式, 对于固定的 $m \geqslant 2$, 当 $n \geqslant m$ 时, 有

$$1 + 1 + \frac{1}{2!}\left(1-\frac{1}{n}\right) + \cdots + \frac{1}{m!}\prod_{k=1}^{m-1}\left(1-\frac{k}{n}\right) \leqslant \left(1+\frac{1}{n}\right)^n \leqslant \sum_{k=0}^{\infty}\frac{1}{k!}.$$

在上式中令 $n \to +\infty$ 得到

$$\sum_{k=0}^{m}\frac{1}{k!} \leqslant e \leqslant \sum_{k=0}^{\infty}\frac{1}{k!}.$$

再在上式中令 $m \to +\infty$ 即得

$$e = \sum_{k=0}^{\infty}\frac{1}{k!}. \tag{3.3.8}$$

而利用 (3.3.8) 式, 可得对任何正整数 m, 有

$$0 < e - \sum_{k=0}^{m}\frac{1}{k!} < \frac{1}{(m+1)!}\sum_{k=m+1}^{\infty}\frac{1}{(m+1)^{k-m-1}} = \frac{1}{m \cdot m!}.$$

因此,

$$0 < m!\Big(e - \sum_{k=0}^{m} \frac{1}{k!}\Big) < \frac{1}{m}.$$

这表明对任何正整数 m, $m!e$ 的小数部分总不等于 0. 因此, e 是一个无理数.

下例中的常数 γ 称为 **Euler 常数**, $\gamma \approx 0.5772$, 但人们至今还不知道 γ 是否为无理数.

例 3.3.4 对于 $n \geqslant 1$, 考虑

$$a_n = 1 + \frac{1}{2} + \cdots + \frac{1}{n} - \ln n, \quad b_n = 1 + \frac{1}{2} + \cdots + \frac{1}{n} - \ln(n+1).$$

证明: $\{a_n\}$ 和 $\{b_n\}$ 均收敛, 且收敛到同一极限. 该极限称为 Euler 常数, 记为 γ.

证明 对于任何 $n \geqslant 1$, 由 (3.3.6) 式, 我们有

$$a_{n+1} - a_n = \frac{1}{n+1} - \ln(n+1) + \ln n = \frac{1}{n+1} - \ln\Big(1 + \frac{1}{n}\Big) < 0,$$

$$b_{n+1} - b_n = \frac{1}{n+1} - \ln(n+2) + \ln(n+1) = \frac{1}{n+1} - \ln\Big(1 + \frac{1}{n+1}\Big) > 0.$$

因此, $\{a_n\}$ 严格单减而 $\{b_n\}$ 严格单增. 另一方面, 注意到 $a_n > b_n \,(n \geqslant 1)$, 可得

$$b_1 \leqslant b_n < a_n \leqslant a_1, \qquad \forall\, n \geqslant 1.$$

即得 $\{a_n\}$ 与 $\{b_n\}$ 均单调有界, 从而有极限. 结合 $a_{n+1} = \frac{1}{n+1} + b_n \,(n \geqslant 1)$, 得到它们的极限相同. □

3.3.3 闭区间套定理

由单调收敛定理, 或直接利用确界存在定理, 容易得到如下的 **Cauchy[①]-Cantor 闭区间套定理**.

定理 3.3.4 设 $\{[a_n, b_n]\}$ 是一列闭区间, 满足

(1) 对任何 $n \geqslant 1$, $[a_{n+1}, b_{n+1}] \subseteq [a_n, b_n]$;

(2) $\lim\limits_{n \to +\infty} (b_n - a_n) = 0$,

则 $\{[a_n, b_n]\}$ 有唯一的公共点.

证明 没有特别说明时, 定理中的 a_n, b_n 是实数, 且 $a_n < b_n \,(n \geqslant 1)$. 因此, 由条件 (1), $\{a_n\}$ 单调增加, 且以 a_1 为下界, b_1 为上界. 因此 $\{a_n\}$ 是单调增加的有界数列. 设它的极限 ξ. 则由条件 (2),

$$\lim_{n \to +\infty} b_n = \lim_{n \to +\infty} a_n + \lim_{n \to +\infty} (b_n - a_n) = \xi.$$

---

① Cauchy, Augustin-Louis, 1789 年 8 月 21 日—1857 年 5 月 23 日, 法国数学家.

另一方面, 任取 $m \geqslant 1$, 当 $n \geqslant m$ 时,

$$a_m \leqslant a_n < b_n \leqslant b_m.$$

令 $n \to +\infty$ 得到

$$a_m \leqslant \xi \leqslant b_m.$$

即 ξ 是 $\{[a_n, b_n]\}$ 的公共点.

另一方面, 若 η 也是 $\{[a_n, b_n]\}$ 的公共点. 即对任何 $m \geqslant 1$,

$$a_m \leqslant \eta \leqslant b_m.$$

则由夹逼准则得到 $\eta = \xi$. 这表明 $\{[a_n, b_n]\}$ 只有唯一一个公共点 ξ.   □

注 3.3.1   定理 3.3.4 的结论相当于说, $\bigcap\limits_{n=1}^{\infty}[a_n, b_n] = \{\xi\}$. 若去掉定理的条件 (2), 则可证

$$\bigcap_{n=1}^{\infty}[a_n, b_n] = \left\{ x \,\Big|\, \lim_{n \to +\infty} a_n \leqslant x \leqslant \lim_{n \to +\infty} b_n \right\}.$$

特别地, $\bigcap\limits_{n=1}^{\infty}[a_n, b_n] \neq \varnothing$.

但有界闭区间改为无界闭区间后, 区间套的交集可能为空. 例如

$$\bigcap_{n=1}^{\infty}[n, +\infty) = \varnothing.$$

3.3.4 $\mathbb{R}$ 中的基本概念

为进一步的讨论, 我们引入 $\mathbb{R}$ 中的一些基本概念. 对于 $E \subseteq \mathbb{R}$, 用 $\mathscr{C}E$ 表示集合 $\mathbb{R} \setminus E$.

定义 3.3.1   设 $E \subseteq \mathbb{R}$.

(1) 若存在 $\delta > 0$ 使得 $(x_0 - \delta, x_0 + \delta) \subset E$, 则称 x_0 为 E 的**内点**. E 的内点全体称为 E 的**内部**, 记作 E°.

若 x_0 是集合 V 的内点, 则称 V 为 x_0 的**邻域**.

(2) 若 x_0 是 $\mathscr{C}E$ 的内点, 则称 x_0 为 E 的**外点**. 这等价于存在 $\delta > 0$ 使得 $(x_0 - \delta, x_0 + \delta) \cap E = \varnothing$. 外点全体称为**外部**.

(3) 若 x_0 既不是 E 的内点又不是 E 的外点, 则称 x_0 为 E 的**边界点**. 这等价于: $\forall \delta > 0$, $(x_0 - \delta, x_0 + \delta)$ 内既有 E 中的点, 又有不属于 E 的点. 边界点全体称为**边界**, 记作 ∂E.

根据定义, $\mathbb{R}$ 被分成两两不交的三部分: 内部、外部和边界.

另一方面, 我们定义

定义 3.3.2 设 $E \subseteq \mathbb{R}$.

(1) 若对任何 $\delta > 0$, $(x_0 - \delta, x_0 + \delta) \cap E$ 为无限集, 则称 x_0 为 E 的**聚点**, 又称为**极限点**. E 的极限点全体称为 E 的**导集**, 记作 E'.

(2) 若存在 $\delta > 0$ 使得 $(x_0 - \delta, x_0 + \delta) \cap E = \{x_0\}$, 则称 x_0 为 E 的**孤立点**.

定理 3.3.5 若对任何 $\delta > 0$, $(x_0 - \delta, x_0 + \delta)$ 内包含 E 中异于 x_0 的点, 则 x_0 为 E 的聚点.

证明 任取 $\delta > 0$. 由假设, 存在 $x_1 \in (x_0 - \delta, x_0 + \delta) \cap E$, 且 $x_1 \neq x_0$. 从而 $\delta_1 := |x_1 - x_0| > 0$.

于是, 又有 $x_2 \in (x_0 - \delta_1, x_0 + \delta_1) \cap E$, 满足 $x_2 \neq x_0$. 依次可以找到 E 中点列 $\{x_n\}$ 满足 $0 < |x_{n+1} - x_0| < |x_n - x_0| < \delta$. 所以 $(x_0 - \delta, x_0 + \delta)$ 内包含了 E 中无限多个点. 即 x_0 是 E 的聚点. $\square$

在以上定义的基础上, 我们可以给出 $\mathbb{R}$ 的另一种分类: $\mathbb{R}$ 按 E 的导集、孤立点全体以及外部, 分成两两不交的三部分.

接下来我们引入开集和闭集.

定义 3.3.3 若 E 中的点都是其内点, 即 $E = E^\circ$, 则称 E 为**开集**.

若 E 包含其所有聚点, 即 $E' \subseteq E$, 则称 E 为**闭集**.

根据定义, $\varnothing$ 与 $\mathbb{R}$ 既是开集又是闭集. 今后我们将证明这也是 $\mathbb{R}$ 中仅有的两个既是开集又是闭集的集合.

由定义易见集合的内部是开集. 自然, 它的外部也是开集.

以下定理所列条件是集合为闭集的充要条件, 均可作为闭集的等价定义. 也是判断集合是否为闭集的最常用条件.

定理 3.3.6 设 $E \subseteq \mathbb{R}$. 则 E 为闭集当且仅当以下任一条件成立:

(1) $\partial E \subseteq E$;

(2) $\mathscr{C} E$ 为开集;

(3) E 中任何收敛点列的极限均属于 E.

证明 由边界点与聚点的定义易见, 若 $x_0 \notin F$, 则 x_0 是 F 的边界点当且仅当它是 F 的聚点. 即

$$\mathscr{C} F \cap \partial F = \mathscr{C} F \cap F'. \tag{3.3.9}$$

(1) 由 (3.3.9) 式即得 E 为闭集, 即 $E' \subseteq E$ 当且仅当 $\partial E \subseteq E$.

(2) 由于 $\partial E = \partial(\mathscr{C} E)$, 由 (1), E 为闭集当且仅当 $\mathscr{C} E \cap \partial(\mathscr{C} E) = \varnothing$. 注意到总有 $(\mathscr{C} E)^\circ \subseteq \mathscr{C} E \subseteq (\mathscr{C} E)^\circ \cup \partial(\mathscr{C} E)$, 可见 E 为闭集等价于 $\mathscr{C} E = (\mathscr{C} E)^\circ$, 即 $\mathscr{C} E$ 为开集.

(3) 若 E 是闭集, 设 E 中点列 $\{x_k\}$ 收敛到 x_0, 则当集合 $F := \{x_k | k \geqslant 1\}$ 为有限集时, 必有 $x_0 \in F$, 从而 $x_0 \in E$; 当 F 为无限集时, 必有 $x_0 \in E'$, 从而也有 $x_0 \in E$.

另一方面, 若 E 中收敛点列 $\{x_k\}$ 的极限总是属于 E, 则对任何 $x_0 \in E'$ 以及 $k \geqslant 1$, 存在 $x_k \in \left(x_0 - \dfrac{1}{k}, x_0 + \dfrac{1}{k}\right) \cap E$. 由此 $\{x_k\}$ 是 E 中收敛到 x_0 的点列, 所以 $x_0 \in E$, 从而 E 为闭集. $\hfill\square$

对于开集, 有如下重要性质.

定理 3.3.7   (1) 任意个开集的并是开集;

(2) 任意有限个开集的交是开集.

证明   (1) 设 $\{V_\alpha | \alpha \in I\}$ 是开集族[1], 我们要证 $V := \bigcup\limits_{\alpha \in I} V_\alpha$ 是开集.

任取 $x \in V$, 我们有 $\alpha \in I$ 使得 $x \in V_\alpha$. 由于 V_α 为开集, 存在 $\delta > 0$ 使得 $(x - \delta, x + \delta) \subset V_\alpha \subseteq V$. 因此, V 为开集.

(2) 设 $m \geqslant 1$, $V_1, V_2, \cdots, V_m$ 为开集, 我们要证 $V := \bigcap\limits_{1 \leqslant k \leqslant m} V_k$ 是开集.

任取 $x \in V$, 则对于 $1 \leqslant k \leqslant m$, 都有 $x \in V_k$. 从而有 $\delta_k > 0$ 使得 $(x - \delta_k, x + \delta_k) \subset V_k$. 取 $\delta = \min\limits_{1 \leqslant k \leqslant m} \delta_k$, 则 $\delta > 0$, 且 $(x - \delta, x + \delta) \subset V$. 因此, V 为开集. $\hfill\square$

结合定理 3.3.6 (2) 和 De Morgan 定律可得如下定理.

定理 3.3.8   (1) 任意个闭集的交是闭集;

(2) 任意有限个闭集的并是闭集.

由定理 3.3.8 中的 (1) 以及 $\mathbb{R}$ 本身为闭集, 可见对于任何 $E \subseteq \mathbb{R}$, 集合 $\cap \{F | E \subseteq F \subseteq \mathbb{R}, F为闭集\}$ 是包含 E 的最小闭集. 我们定义如下.

定义 3.3.4   称包含 E 的最小闭集为 E 的**闭包**, 记作 $\overline{E}$.

不难证明

$$\overline{E} = E \cup E' = E \cup \partial E = \mathscr{C}\left(\mathscr{C} E\right)^\circ. \tag{3.3.10}$$

我们把证明留给读者.

最后, 我们引入稠密性的概念.

定义 3.3.5   (1) 若 $E \subseteq F \subseteq \overline{E}$, 则称 E 在 F 中**稠密**;

(2) 如果 E 的闭包没有内点, 则称 E 为**无处稠密集**, 又称**疏朗集**.

3.3.5 致密性定理与聚点原则

致密性定理是一个非常常用的定理, 而聚点原则与它之间的等价性非常直接.

定理 3.3.9 $\mathbb{R}$ 中任何有界无限集均有聚点.

证明   设 $E \subseteq \mathbb{R}$ 是有界无限集. 则有有界区间 $[a_1, b_1] \subseteq \mathbb{R}$ 使得 $E \subseteq [a_1, b_1]$.

---

[1] 不能按以下方式设: 设 $\{V_n | n \geqslant 1\}$ 为开集族.

由于 E 是无限集, 因此 $\left[a_1, \dfrac{a_1+b_1}{2}\right] \cap E$ 与 $\left[\dfrac{a_1+b_1}{2}, b_1\right] \cap E$ 至少有一个为无限集. 若 $\left[a_1, \dfrac{a_1+b_1}{2}\right] \cap E$ 为无限集, 则令 $[a_2, b_2]$ 为 $\left[a_1, \dfrac{a_1+b_1}{2}\right]$. 否则令 $[a_2, b_2]$ 为 $\left[\dfrac{a_1+b_1}{2}, b_1\right]$. 这样 $[a_2, b_2] \subseteq [a_1, b_1]$, $[a_2, b_2] \cap E$ 为无限集, 且 $b_2 - a_2 = \dfrac{b_1 - a_1}{2}$.

一般地, 若对于 $n \geqslant 2$, 已经取定 $[a_n, b_n]$ 使得 $[a_n, b_n] \cap E$ 为无限集. 则类似地可以取到 $[a_{n+1}, b_{n+1}] \subseteq [a_n, b_n]$, 使得 $[a_{n+1}, b_{n+1}] \cap E$ 为无限集, $b_{n+1} - a_{n+1} = \dfrac{b_n - a_n}{2}$.

这样, $\{[a_n, b_n]\}$ 是满足闭区间套定理所列条件的闭区间套, 从而有唯一的公共点 ξ.

任取 $\delta > 0$, 由 $\lim\limits_{n \to +\infty} a_n = \lim\limits_{n \to +\infty} b_n = \xi$, 存在 $N \geqslant 1$ 使得 $\xi - \delta < a_N < b_N < \xi + \delta$. 从而 $[a_N, b_N] \subset (\xi - \delta, \xi + \delta)$. 由于 $[a_N, b_N] \cap E$ 是无限集, 因此 $(\xi - \delta, \xi + \delta) \cap E$ 是无限集, 即 ξ 是 E 的聚点. $\qquad\square$

接下来, 我们介绍致密性定理. 首先, 引入子列概念. 对于点列 $\{a_n\}_{n=1}^{\infty}$, 任取严格单增的正整数列 $\{n_k\}$, 称 $\{a_{n_k}\}$ 为 $\{a_n\}$ 的 **子列**.

之前我们用到的 $\{a_{2n}\}$ 与 $\{a_{2n+1}\}$ 都是 $\{a_n\}$ 的子列. $\{a_n\}$ 本身也是它自己的子列.

容易看到, 若 $\{a_n\}$ 的极限为 L, 则它的任何子列的极限也为 L. 这样, 若数列有两个收敛到不同值的子列, 则该数列发散. 例如, 数列 $\{(-1)^n\}$ 的子列 $\{(-1)^{2n}\}$ 收敛到 1, 而另一个子列 $\{(-1)^{2n+1}\}$ 收敛到 -1, 因此 $\{(-1)^n\}$ 发散.

接下来的 Bolzano[①]-Weierstrass 定理 3.3.10, 常常被称为 **致密性定理**, 是我们今后最常用到的定理之一. 它与聚点原则非常类似.

定理 3.3.10　$\mathbb{R}$ 中任何有界数列都有收敛子列.

证明　设 $\{a_n\}$ 是 $\mathbb{R}$ 中有界数列. 考虑集合 $E := \{a_n | n \geqslant 1\}$, 则 E 是有界集.

若 E 是有限集, 则必有某个元 a 在 $\{a_n\}$ 中出现无限多次, 把相应的项取出来就形成 $\{a_n\}$ 的一个取常值 a 的子列, 自然, 该子列收敛到 a.

若 E 是无限集, 则 E 有聚点, 设为 ξ. 由聚点定义, 在 $(\xi - 1, \xi + 1)$ 内有 E 中无限多个点. 因此, 可以取到 $n_1 \geqslant 1$ 使得 $a_{n_1} \in (\xi - 1, \xi + 1)$. 进一步, 可取到 $n_2 > n_1$ 使得 $a_{n_2} \in \left(\xi - \dfrac{1}{2}, \xi + \dfrac{1}{2}\right)$. 依次可以取到严格单增的正整数列 $\{n_k\}$ 使得 $a_{n_{k+1}} \in \left(\xi - \dfrac{1}{k+1}, \xi + \dfrac{1}{k+1}\right)$. 易见, $\{a_{n_k}\}$ 是 $\{a_n\}$ 的收敛于 ξ 的一个子列. $\qquad\square$

例 3.3.5　设实数列 $\{x_n\}$ 满足等式

$$x_n^5 - 5x_n^4 + \frac{10n^2+1}{n^2}x_n^3 - \left(4 + 6\sqrt[n]{n}\right)x_n^2 + \left(6 - e^{\frac{1}{n}}\right)x_n - 1 = 0, \qquad \forall\, n \geqslant 1. \quad (3.3.11)$$

证明: $\{x_n\}$ 收敛.

---

① Bolzano, Bernhard Placidus Johann Nepomuk, 1781 年 10 月 5 日—1848 年 12 月 18 日, 波希米亚数学家、神学家、哲学家、逻辑学家.

证明   我们断言 $\lim\limits_{n\to+\infty} x_n = 1$. 否则, 由极限定义, 存在 $\varepsilon_0 > 0$, 使得对任何 $N \geqslant 1$, 都有 $n \geqslant N$ 满足 $|x_n - 1| \geqslant \varepsilon_0$. 特别地, 可取到 $\{x_n\}$ 的子列 $\{x_{k_n}\}$ 使得

$$|x_{k_n} - 1| \geqslant \varepsilon_0, \qquad \forall\, n \geqslant 1. \tag{3.3.12}$$

另一方面, 由 $2^n = (1+1)^n \geqslant n$ 可得 $n^{\frac{1}{n}} \leqslant 2\,(\forall\, n \geqslant 1)$. 于是当 $|x| > 39$ 时,

$$\left| x^5 - 5x^4 + \frac{10n^2+1}{n^2}x^3 - \left(4 + 6\sqrt[n]{n}\right)x^2 + \left(6 - \mathrm{e}^{\frac{1}{n}}\right)x - 1 \right|$$

$$\geqslant |x|^5 - 5|x|^4 - 11|x|^3 - 16|x|^2 - 6|x| - 1$$

$$\geqslant |x|^4\left(|x| - 5 - 11 - 16 - 6 - 1\right) = |x|^4\left(|x| - 39\right) > 0, \qquad \forall\, n \geqslant 1.$$

因此, $|x_n| \leqslant 39\,(\forall\, n \geqslant 1)$, 即 $\{x_n\}$ 是有界数列. 进而其子列 $\{x_{k_n}\}$ 也是有界数列.

由致密性定理, $\{x_{k_n}\}$ 有子列 $\{x_{m_n}\}$ 收敛, 设极限为 ξ. 由 (3.3.11) 式得到

$$\xi^5 - 5\xi^4 + 10\xi^3 - 10\xi^2 + 5\xi - 1 = 0.$$

解得 $\xi = 1$.

另一方面, 由 (3.3.12) 式可得 $|\xi - 1| \geqslant \varepsilon_0$. 得到矛盾.

因此, 必有 $\lim\limits_{n\to+\infty} x_n = 1$. $\hfill\square$

利用致密性定理, 容易将闭区间套定理 3.3.4 以及注 3.3.1 中的结论作如下推广. 对于非空集 E, 定义其**直径**为 $\operatorname{diam} E := \sup\limits_{x,y\in E} |x - y|$.

> **定理 3.3.11**   设 $\{E_n\}$ 为 $\mathbb{R}$ 中的有界非空闭集列, 满足 $E_{n+1} \subseteq E_n\,(n \geqslant 1)$. 则
>
> (1) $\bigcap\limits_{n=1}^{\infty} E_n \neq \varnothing$;
>
> (2) (**闭集套定理**) 进一步, 若 $\lim\limits_{n\to+\infty} \operatorname{diam} E_n = 0$, 则 $\bigcap\limits_{n=1}^{\infty} E_n$ 是单点集.

证明   由定理假设, 对每个 $n \geqslant 1$, 可取到 $x_n \in E_n$. 进一步, $\{x_n\}$ 有界, 从而有收敛子列 $\{x_{k_n}\}$, 设极限为 ξ.

对任何 $m \geqslant 1$, 当 $n \geqslant m$ 时有 $k_n \geqslant m$. 从而 $x_{k_n} \in E_{k_n} \subseteq E_m$. 由于 E_m 是闭集, 因此 $\xi \in E_m$. 这就是说 $\xi \in \bigcap\limits_{n=1}^{\infty} E_n$, 即 $\bigcap\limits_{n=1}^{\infty} E_n \neq \varnothing$.

进一步, 对于 $\eta \in \bigcap\limits_{n=1}^{\infty} E_n$, 有 $|\eta - \xi| \leqslant \operatorname{diam} E_n\,(\forall\, n \geqslant 1)$. 这样, 如果 $\lim\limits_{n\to+\infty} \operatorname{diam} E_n = 0$, 则可得 $|\eta - \xi| \leqslant 0$, 即 $\eta = \xi$. 这表明此时 $\bigcap\limits_{n=1}^{\infty} E_n$ 是单点集. $\hfill\square$

3.3.6 Cauchy 收敛准则

数列收敛的 Cauchy 收敛准则时常被看作数列收敛的等价定义, 其优点是不需要事先知道数列的极限. 首先, 定义基本列如下:

定义 3.3.6 称数列 $\{x_n\}$ 为**基本列**或 **Cauchy 列**, 是指 $\forall \varepsilon > 0$, 存在 $N \geqslant 1$, 使得当 $m, n \geqslant N$ 时, 有

$$|x_m - x_n| < \varepsilon. \tag{3.3.13}$$

从定义可见 $\{x_n\}$ 是 Cauchy 列当且仅当

$$\lim_{N \to +\infty} \sup_{m,n \geqslant N} |x_m - x_n| = 0. \tag{3.3.14}$$

也等价于

$$\lim_{n \to +\infty} \sup_{m \geqslant n} |x_m - x_n| = 0. \tag{3.3.15}$$

我们有如下的 **Cauchy 收敛准则**.

定理 3.3.12 数列收敛的充要条件是它是基本列.

证明 (必要性) 若 $\lim\limits_{n \to +\infty} a_n = A$, 则 $\forall \varepsilon > 0$, 存在 $N \geqslant 1$, 使得当 $n \geqslant N$ 时, 有

$$|a_n - A| < \frac{\varepsilon}{2}.$$

从而当 $n, m \geqslant N$ 时, 有

$$|a_n - a_m| \leqslant |a_n - A| + |a_m - A| < \varepsilon,$$

即 $\{a_n\}$ 是 Cauchy 列.

(充分性) 若 $\{a_n\}$ 是 Cauchy 列, 则有 $N_1 \geqslant 1$ 使得当 $n \geqslant 1$ 时, 有

$$|a_n - a_{N_1}| \leqslant 1.$$

因此, $\{a_n\}$ 是有界数列. 于是由致密性定理, $\{a_n\}$ 有子列 $\{a_{n_k}\}$ 收敛, 设极限为 ξ.

另一方面, $\forall \varepsilon > 0$, 再次利用 $\{a_n\}$ 是 Cauchy 列, 知存在 $N \geqslant 1$, 使得当 $n, m \geqslant N$ 时, 有

$$|a_n - a_m| < \varepsilon.$$

特别地, 注意到 $n_m \geqslant m \geqslant N$, 可得

$$|a_n - a_{n_m}| < \varepsilon.$$

上式中令 $m \to +\infty$ 即得

$$|a_n - \xi| \leqslant \varepsilon.$$

于是, 由极限定义得到 $\lim\limits_{n \to +\infty} a_n = \xi$. $\qquad\square$

例 3.3.6　设 $p > 1$, 证明: (1) $\displaystyle\sum_{n=1}^{\infty} \frac{1}{n^p}$ 收敛;　(2) $\displaystyle\sum_{n=1}^{\infty} \frac{\sin n}{n^p}$ 收敛.

证明　(1) 记 $\alpha = p - 1$. 由定理 2.4.4 的 (2.4.9) 式, 对任何 $n \geqslant 2$, 有

$$
\begin{aligned}
\frac{1}{n^\alpha} - \frac{1}{(n+1)^\alpha} &= \frac{1}{(n+1)^\alpha}\left(\left(1 + \frac{1}{n}\right)^\alpha - 1\right) \\
&> \frac{1}{(n+1)^\alpha} \frac{\dfrac{\alpha}{n}}{1 + \dfrac{1}{n}} = \frac{\alpha}{(n+1)^p}.
\end{aligned} \tag{3.3.16}
$$

于是,

$$
\sum_{k=2}^{n} \frac{1}{k^p} \leqslant \frac{1}{\alpha} \sum_{k=2}^{n}\left(\frac{1}{(k-1)^\alpha} - \frac{1}{k^\alpha}\right) \leqslant \frac{1}{\alpha}.
$$

因此, $\left\{\displaystyle\sum_{k=1}^{n} \frac{1}{k^p}\right\}$ 是单调增加的有界数列. 所以 $\displaystyle\sum_{n=1}^{\infty} \frac{1}{n^p}$ 收敛.

(2) $\forall \varepsilon > 0$, 由 (1) 及 Cauchy 收敛准则, 存在 $N \geqslant 1$ 使得当 $m > n \geqslant N$ 时, 有

$$
\sum_{k=n+1}^{m} \frac{1}{k^p} = \left|\sum_{k=1}^{m} \frac{1}{k^p} - \sum_{k=1}^{n} \frac{1}{k^p}\right| < \varepsilon.
$$

从而

$$
\left|\sum_{k=1}^{m} \frac{\sin k}{k^p} - \sum_{k=1}^{n} \frac{\sin k}{k^p}\right| = \left|\sum_{k=n+1}^{m} \frac{\sin k}{k^p}\right| \leqslant \sum_{k=n+1}^{m} \frac{1}{k^p} < \varepsilon.
$$

于是, 由 Cauchy 收敛准则得到 $\displaystyle\sum_{n=1}^{\infty} \frac{\sin n}{n^p}$ 收敛. □

例 3.3.7　证明: **调和级数** $\displaystyle\sum_{n=1}^{\infty} \frac{1}{n}$ 发散.

证明　**证法 1**　取 $\varepsilon_0 = \dfrac{1}{2}$, 则对任何 $N \geqslant 1$, 取 $m = 2n = 2N$, 我们有

$$
\left|\sum_{k=1}^{m} \frac{1}{k} - \sum_{k=1}^{n} \frac{1}{k}\right| = \sum_{k=n+1}^{m} \frac{1}{k} \geqslant \frac{m-n}{m} = \varepsilon_0.
$$

由 Cauchy 收敛准则, $\displaystyle\sum_{n=1}^{\infty} \frac{1}{n}$ 发散.

证法 2　由 (3.3.6) 式,

$$
\sum_{k=1}^{n} \frac{1}{k} \geqslant \sum_{k=1}^{n} \ln\left(1 + \frac{1}{k}\right) = \ln(n+1).
$$

因此, $\displaystyle\sum_{n=1}^{\infty} \frac{1}{n} = +\infty$, 从而级数发散. □

3.3.7 有限覆盖定理

最后一个基本定理是 Heine-Borel[①] **有限覆盖定理**, 该定理在后继的分析学科中非常重要. 在数学分析课程中, 时常可帮助我们在观察问题时看到问题的本质. 对于 $E \subseteq \mathbb{R}$, 称集族 $\mathscr{F}$ 是 E 的一个**开覆盖**, 是指 $\mathscr{F}$ 中的元均为 $\mathbb{R}$ 中的开集, 且 $E \subseteq \bigcup\limits_{V \in \mathscr{F}} V$.

定理 3.3.13 $\mathbb{R}$ 中有界闭集的任何开覆盖均有**有限子覆盖**.

证明 **证法 1** 我们用闭集套定理和反证法来证明. 由于 E 有界, 存在有界区间 $[a_1, b_1]$ 使得 $E \subseteq [a_1, b_1]$.

若定理结论不真, 则 $E = E \cap [a_1, b_1]$ 不能被 $\mathscr{F}$ 中有限个元素覆盖, 简称 $E \cap [a_1, b_1]$ 不能被有限覆盖. 将区间 $[a_1, b_1]$ 平分. 若 $\left[a_1, \dfrac{a_1 + b_1}{2}\right] \cap E$ 不能被有限覆盖, 令 $[a_2, b_2] = \left[a_1, \dfrac{a_1 + b_1}{2}\right]$. 否则, $\left[\dfrac{a_1 + b_1}{2}, b_1\right] \cap E$ 必然不能被有限覆盖, 此时, 令 $[a_2, b_2] = \left[\dfrac{a_1 + b_1}{2}, b_1\right]$.

以此类推, 可以找到一列闭区间 $\{[a_n, b_n]\}$ 满足如下性质: 对任何 $n \geqslant 1$, $[a_{n+1}, b_{n+1}] \subseteq [a_n, b_n]$, $b_n - a_n = \dfrac{b_1 - a_1}{2^{n-1}}$, 且 $[a_n, b_n] \cap E$ 不能被有限覆盖.

由闭集套定理, $\{[a_n, b_n] \cap E\}$ 有唯一的公共点 ξ.

由于 $\mathscr{F}$ 覆盖 E, 因此, 有 $V \in \mathscr{F}$ 使得 $\xi \in V$. 而由 V 为开集可得存在 $\delta > 0$, 使得 $(\xi - \delta, \xi + \delta) \subseteq V$.

另一方面, 存在 $m \geqslant 1$ 使得 $b_m - a_m < \delta$. 因此, $\xi - \delta \leqslant b_m - \delta < a_m$. 同理 $b_m < \xi + \delta$. 于是, $[a_m, b_m] \cap E \subseteq [a_m, b_m] \subset (\xi - \delta, \xi + \delta) \subseteq V$, 即 $[a_m, b_m] \cap E$ 可以被 $\mathscr{F}$ 中一个元素 V 覆盖. 得到矛盾.

因此, 一定可以找到 $\mathscr{F}$ 中有限个元覆盖 E.

证法 2 以下用致密性定理证明. 由定理条件可得, 对于任何 $x \in E$, 令

$$r(x) := \sup \left\{ r \in (0, 1) \, \big| \, \exists V \in \mathscr{F}, \text{使得} \, (x - r, x + r) \subseteq V \right\}.$$

则 $\forall x \in E$, 有 $r(x) > 0$. 任取 $x_1 \in E$, 有 $V_1 \in \mathscr{F}$ 使得 $\left(x_1 - \dfrac{r(x_1)}{2}, x_1 + \dfrac{r(x_1)}{2}\right) \subseteq V_1$.

现设对于某个 $n \geqslant 1$, 已经取到 $x_1, x_2, \cdots, x_n \in E$ 以及 $V_1, V_2, \cdots, V_n \in \mathscr{F}$. 若 $E \subset \bigcup\limits_{k=1}^{n} V_k$, 则定理得证. 否则, 可取到 $x_{n+1} \in E \setminus \bigcup\limits_{k=1}^{n} V_k$, 以及 $V_{n+1} \in \mathscr{F}$ 使得 $\left(x_{n+1} - \dfrac{r(x_{n+1})}{2}, x_{n+1} + \dfrac{r(x_{n+1})}{2}\right) \subset V_{n+1}$.

我们断言以上过程必在有限步内结束. 否则, 因 E 有界, E 中的数列 $\{x_n\}$ 有界. 从而它有子列 $\{x_{k_n}\}$ 收敛到某个 ξ.

---

① Borel, Félix Édouard Justin Émile, 1871 年 1 月 7 日—1956 年 2 月 3 日, 法国数学家、政治家.

由 $\{x_n\}$ 的构造方法, 对任何 $n \geqslant 1$, 有 $x_{k_{n+1}} \notin V_{k_n+1}$. 特别地, $r(x_{k_n}) \leqslant 2|x_{k_{n+1}} - x_{k_n}|$. 因此, $\lim\limits_{n \to +\infty} r(x_{k_n}) = 0$.

另一方面, 由于 E 为闭集, 因此 $\xi \in E$. 从而存在 $U \in \mathscr{F}$ 使得 $\left(\xi - \dfrac{r(\xi)}{2}, \xi + \dfrac{r(\xi)}{2} \right)$ $\subset U$. 对于充分大的 n, 有 $|x_{k_n} - \xi| < \dfrac{r(\xi)}{2}$, 进而由

$$\left(x_{k_n} - \left(\frac{r(\xi)}{2} - |x_{k_n} - \xi| \right), x_{k_n} + \left(\frac{r(\xi)}{2} - |x_{k_n} - \xi| \right) \right) \subset \left(\xi - \frac{r(\xi)}{2}, \xi + \frac{r(\xi)}{2} \right) \subset U,$$

可得 $r(x_{k_n}) \geqslant \dfrac{r(\xi)}{2} - |x_{k_n} - \xi|$. 这样, 又有 $\lim\limits_{n \to +\infty} r(x_{k_n}) \geqslant \dfrac{r(\xi)}{2} > 0$. 得到矛盾.

总之, E 可以被 $\mathscr{F}$ 的有限子集族覆盖. $\qquad\qquad\qquad\qquad\qquad\qquad\square$

由有限覆盖定理易得如下的 **Lebesgue 覆盖引理**. 我们称 $\delta > 0$ 为 E 的覆盖 $\mathscr{F}$ 的 **Lebesgue 数**, 是指它满足如下条件: 对 E 的任何直径小于 δ 的子集 A, 总有 $\mathscr{F}$ 中的元素 F 使得 $A \subseteq F$.

定理 3.3.14 设 $\mathscr{F}$ 是 $\mathbb{R}$ 中有界闭集 E 的开覆盖, 则 $\mathscr{F}$ 有 Lebesgue 数.

证明 考虑集族

$$\mathscr{F}_0 := \left\{ (x - r, x + r) \big| \exists V \in \mathscr{F}, \text{使得} (x - 2r, x + 2r) \subseteq V \right\},$$

则 $\mathscr{F}_0$ 是 E 的开覆盖. 从而由有限覆盖定理, 有 $(x_k - r_k, x_k + r_k) \in \mathscr{F}_0 \, (1 \leqslant k \leqslant n)$, 使得 $E \subset \bigcup\limits_{k=1}^{n} (x_k - r_k, x_k + r_k)$. 令 $\delta = \min\limits_{1 \leqslant k \leqslant n} r_k$. 则对于 E 的直径小于 δ 的非空子集 A, 任取一元素 $x_0 \in A$, 必有某个 k 满足 $1 \leqslant k \leqslant n$, 使得 $x_0 \in (x_k - r_k, x_k + r_k)$. 另一方面, 有 $V_k \in \mathscr{F}$ 使得 $(x_k - 2r_k, x_k + 2r_k) \subseteq V_k$. 从而

$$A \subseteq [x_0 - \delta, x_0 + \delta] \subseteq (x_k - r_k - \delta, x_k + r_k + \delta) \subseteq (x_k - 2r_k, x_k + 2r_k) \subseteq V_k.$$

即 δ 为 $\mathscr{F}$ 的一个 Lebesgue 数. $\qquad\qquad\qquad\qquad\qquad\qquad\square$

3.3.8 基本定理的新舞台

在 $\mathbb{R}$ 中, 各基本定理是等价的. 承认其中任一个定理, 可推出其他任一个定理. 读者可以尝试证明它们的等价性. 比如可以按下述次序证明这种等价性:

下确界存在定理 $\overset{\text{显然}}{\Longleftrightarrow}$ 上确界存在定理 $\overset{\text{已证}}{\Longrightarrow}$ 单调收敛定理 $\overset{\text{已证}}{\Longrightarrow}$ 闭区间套定理 $\overset{\text{已证}}{\Longrightarrow}$ 有限覆盖定理 $\Longrightarrow$ 聚点原则 $\overset{\text{已证}}{\Longrightarrow}$ 致密性定理 $\overset{\text{已证}}{\Longrightarrow}$ Cauchy 收敛准则 $\Longrightarrow$ 闭区间套定理 $\Longrightarrow$ 上确界存在定理.

除了确界存在定理与单调收敛定理, 余下五个基本定理都可以推广到 $\mathbb{R}^n$ 中. 进一步, 它们还可以推广到更一般的空间中去.

通常, 我们把具有一定结构的非空集合 X 称为**空间**. 各种各样的空间为基本定理提供了广阔的舞台.

1. 度量空间与完备性

若 $\rho : X \times X \to [0, +\infty)$ 满足如下条件:

(1) **非负性** $\rho(x, y) \geqslant 0$, 且等号成立当且仅当 $x = y$;

(2) **对称性** $\rho(x, y) = \rho(y, x)$;

(3) **三角不等式** $\rho(x, z) \leqslant \rho(x, y) + \rho(y, z)$,

则称 (X, ρ)(或 X) 为**度量空间**或**距离空间**, 称 $\rho(x, y)$ 为 x 与 y 间的距离.

在度量空间中, 可以引入收敛性. 称 X 中的点列 $\{x_n\}$ 收敛于 $\xi \in X$, 是指 $\lim\limits_{n \to +\infty} \rho(x_n, \xi) = 0$. 类似地, 可以在度量空间中引入 Cauchy 列. 称 X 中的 $\{x_n\}$ 为 Cauchy 列 (基本列), 是指 $\lim\limits_{N \to +\infty} \sup\limits_{m, n \geqslant N} \rho(x_m, x_n) = 0$.

称 (X, ρ) 是完备的度量空间, 是指 X 中的 Cauchy 列都收敛. 即若 $\{x_n\}$ 是 Cauchy 列, 则必有 $\xi \in X$ 使得 $\{x_n\}$ 收敛到 ξ.

易见, $\mathbb{R}$ 及其闭子集 (在通常的度量之下) 是完备度量空间.

2. 拓扑空间与紧性

如果 $\mathscr{T} \subseteq 2^X$ 满足如下条件:

(1) $\varnothing, X \in \mathscr{T}$;

(2) $\mathscr{T}$ 的任何子集的并集属于 $\mathscr{T}$, 即若 $\mathscr{F} \subseteq \mathscr{T}$, 则 $\bigcup\limits_{F \in \mathscr{F}} F \in \mathscr{T}$;

(3) $\mathscr{T}$ 的任何有限个元素的交集属于 $\mathscr{T}$, 即若 $V_1, V_2, \cdots, V_n \in \mathscr{T}$, 则 $\bigcap\limits_{k=1}^{n} V_k \in \mathscr{T}$,

则称 $(X, \mathscr{T})$ (简记为 X) 为一个**拓扑空间**, $\mathscr{T}$ 中的元素称为 X 的开集. 在拓扑空间中, 如果 $X \setminus F$ 是开集, 则称 F 为闭集. 同样, 对于任何 $E \subseteq X$, 可以定义它的闭包 $\overline{E}$.

若 X 的任何开覆盖都有有限子覆盖, 则称 X 为**紧空间**. 若 $A \subseteq X$ 的任何开覆盖都有有限子覆盖, 则称 A 为**紧集**, 又称**紧致集**. 若 $\overline{F} \subseteq E$ 且 $\overline{F}$ 为紧集, 则称 F **紧包含于** E, 记作 $F \subset\subset E$.

定理 3.3.15 E 是 $\mathbb{R}$ 中的紧集当且仅当 E 是有界闭集.

证明 有限覆盖定理表明, $\mathbb{R}$ 中有界闭集是紧集. 我们只要证明, 若 E 是紧集, 则它一定是有界闭集. 下设 E 为紧集.

为此, 注意到 $\{(-n, n)\}$ 是 E 的开覆盖. 因此, 它有有限子覆盖. 即有 $n_1, n_2, \cdots, n_m \in \mathbb{N}_+$ 使得 $E \subseteq \bigcup\limits_{k=1}^{m} (-n_k, n_k) = (-N, N)$, 其中 $N = \max\limits_{1 \leqslant k \leqslant m} n_k$. 因此, E 有界.

现设 $\xi \notin E$, 则 $\left\{ \left(-\infty, \xi - \dfrac{1}{n}\right) \bigcup \left(\xi + \dfrac{1}{n}, +\infty\right) \right\}$ 是 E 的开覆盖. 于是, 它有有限子覆盖, 即有 $n_1, n_2, \cdots, n_m \in \mathbb{N}_+$ 使得 $E \subseteq \bigcup\limits_{k=1}^{m} \left(\left(-\infty, \xi - \dfrac{1}{n_k}\right) \bigcup \left(\xi + \dfrac{1}{n_k}, +\infty\right) \right) = \mathbb{R} \setminus [\xi - \delta, \xi + \delta]$, 其中 $\delta = \min\limits_{1 \leqslant k \leqslant m} \dfrac{1}{n_k} > 0$. 因此, $\xi \notin E'$, 这就是说 E 是闭集. $\qquad\square$

3. 列紧性

在拓扑空间 X 中可以定义收敛性. 称 X 中的点列 $\{x_n\}$ 收敛于 $\xi \in X$, 是指对 ξ 的任何开集 V, 有 $N \geqslant 1$ 使得当 $n \geqslant N$ 时, 有 $x_n \in V$.

若 (X, ρ) 是度量空间, 定义相应的 $\mathscr{T}$ (称为由度量 ρ 诱导的拓扑) 如下: $V \in \mathscr{T}$ 当且仅当对任何 $x_0 \in V$, 存在 $\delta > 0$ 使得

$$\{x \in X \,|\, \rho(x, x_0) < \delta\} \subseteq V.$$

易见在距离空间中的收敛性与诱导的拓扑空间中的收敛性是一致的. 度量空间中收敛点列的极限是唯一的, 而在一般的拓扑空间中不一定.

若 X 中的点列均有收敛子列, 则称 X 为**列紧空间**. 若 X 的子集 A 中的点列, 均有收敛于 A 中点的子列, 则称 A 为**列紧集**.

在 $\mathbb{R}$ 中, 一个集合为紧集或列紧集, 均当且仅当它为有界闭集.

习题 3.3

1. 设 $E \subseteq \mathbb{R}$, 称某性质 P 在 E 上局部成立, 是指对任何 $x \in E$, 存在 x 的一个邻域 V, 使得 P 在 $E \cap V$ 上成立. 换言之, 对任何 $x \in E$, 存在 $\delta > 0$ 使得 P 在 $(x - \delta, x + \delta) \cap E$ 上成立.

(1) 设 $-\infty \leqslant a < b \leqslant +\infty$. 证明 f 在 (a, b) 内局部有界当且仅当对任何有界闭集 $E \subseteq (a, b)$, f 在 E 上有界.

(2) 设 $-\infty < a < b \leqslant +\infty$. 证明 f 在 $[a, b)$ 上局部有界当且仅当对任何 $c \in (a, b)$, f 在 $[a, c]$ 上有界.

2. 设 $E \subset \mathbb{R}$ 为非空的有界闭集. 证明: E 有最大、最小值, 即 $\sup E \in E$, $\inf E \in E$.

3. 设 E 为 $\mathbb{R}$ 中的无理点全体. 证明 $\overline{E} = \mathbb{R}$.

4. 设 $x_0 \in (0, 2)$, $x_{n+1} = x_n(2 - x_n)$ $(n \geqslant 0)$. 证明: $\lim\limits_{n \to +\infty} x_n = 1$.

由此, 对于 $c > 0$, 任取 $y_0 > 0$ 满足 $cy_0 < 1$. 令 $y_{n+1} = y_n(2 - cy_n)$ $(n \geqslant 0)$, 则 $\lim\limits_{n \to \infty} y_n = \dfrac{1}{c}$. 这一事实让我们有可能利用乘法来计算倒数的近似值.

5. 设 $a_0, b_0 > 0$, $a_{n+1} = \dfrac{a_n + b_n}{2}$, $b_{n+1} = \dfrac{2a_n b_n}{a_n + b_n}$. 证明: $\{a_n\}$ 和 $\{b_n\}$ 均收敛且极限相同.

6. 设 $c \geqslant -3$,

$$x_1 = \frac{c}{2}, \qquad x_{n+1} = \frac{c}{2} + \frac{x_n^2}{2}, \qquad n = 1, 2, 3, \cdots.$$

问 $\{x_n\}$ 何时收敛, 并求极限.

7. 梳理或证明以下结果, 并尝试对这些结论有一个直观的理解:

(1) 收敛数列的子列收敛到同一极限;

(2) 如果一个数列有两个子列收敛到不同极限, 则该数列发散;

(3) 如果有界数列的收敛子列均收敛到同一个极限, 则该数列收敛;

(4) 有界数列 $\{a_n\}$ 不收敛到 A 当且仅当存在一个收敛到 $B \neq A$ 的子列;

(5) $\bar{x}$ 为 E 的聚点当且仅当存在 E 中两两不同的点列 $\{x_n\}$ 使得 $x_n \to \bar{x}$;

(6) $\bar{x}$ 为 E 的聚点当且仅当存在 $\{x_n\} \subseteq E \setminus \{\bar{x}\}$ 使得 $x_n \to \bar{x}$.

8. 设 $E \subseteq \mathbb{R}$. 证明存在至多可列集 $F \subseteq E$ 使得 F 在 E 中稠密.

9. 证明: 闭区间 $[a,b]$ 不能表示为两个不相交的非空闭集的并.

10. 证明: $\mathbb{R}$ 中既开又闭的集只有空集和 $\mathbb{R}$.

11. 设 $\{a_{k_n}\}$ 与 $\{a_{m_n}\}$ 是 $\{a_n\}$ 的两个有相同极限的收敛子列, $\{k_n | n \geqslant 1\} \cup \{m_n | n \geqslant 1\} = \mathbb{N}_+$. 证明: $\{a_n\}$ 收敛.

12. 设 E 为 $\mathbb{R}$ 中闭集, 证明存在集合 F 使得 F 的导集为 E.

13. 下表穷举了集合的内部、导集、边界和闭包的内部、导集、边界和闭包. 请证明每一格中的结果, 对于非等式的情形, 举出等式成立以及不成立的例子. 进一步, 思考能否得出其他的关系式.

集合	内部	导集	边界	闭包
E°	$(E^\circ)^\circ = E^\circ$	$(E^\circ)' = \overline{E^\circ}$	$\partial(E^\circ) \subseteq \partial E \cap E'$	$\overline{E^\circ} \subseteq E'$
E'	$(E')^\circ = \overline{E}^\circ \supseteq E^\circ$	$(E')' \subseteq E'$	$\partial(E') \subseteq \partial E \cap E'$	$\overline{E'} = E'$
∂E	$(\partial E)^\circ = \left(\overline{E \cap \mathscr{C}E}\right)^\circ$	$(\partial E)' \subseteq \partial E \cap E'$	$\partial(\partial E) \subseteq \partial E$	$\overline{\partial E} = \partial E$
$\overline{E}$	$(\overline{E})^\circ \supseteq E^\circ$	$(\overline{E})' = E'$	$\partial(\overline{E}) \subseteq \partial E$	$\overline{(\overline{E})} = \overline{E}$

14. 试构造 $\mathbb{R}$ 中一列非空集 $\{E_k\}$ 使得 $E_{k+1} = E_k' \subset E_k \, (k \geqslant 1)$.

15. 设 $E \subseteq \mathbb{R}$, 用 $\mathcal{S}_E$ 表示 E 的孤立点全体, $\mathcal{O}_E$ 为 E 的外点全体[①]. 证明:

(1) 内点为不是边界点的聚点, 即 $E^\circ = E' \setminus \partial E$;

(2) 外点为既非聚点又非孤立点的点, 即 $\mathcal{O}_E = \mathscr{C}(E' \cup \mathcal{S}_E)$;

(3) 边界点为孤立点, 或不是内点的聚点, 即 $\partial E = \mathcal{S}_E \cup (E' \setminus E^\circ)$;

(4) 聚点为内点, 或不是孤立点的边界点, 即 $E' = E^\circ \cup (\partial E \setminus \mathcal{S}_E)$;

(5) 孤立点为不是聚点的边界点, 即 $\mathcal{S}_E = \partial E \setminus E'$.

16. 设 $x_0 \in (0,1)$, $x_{n+1} = x_n(1-x_n) \, (n \geqslant 0)$. 不使用 Stolz 公式, 按以下过程证明:

(1) $\lim\limits_{n \to +\infty} x_n = 0$;

(2) 对任何 $n \geqslant 1$, 成立 $(n+1)x_n < 1$;

(3) 从某一项开始, $\{nx_n\}$ 单调有界;

(4) $\lim\limits_{n \to +\infty} nx_n = 1$.

17. 在习题 6 中, 若 $c < -3$ 会如何?

18. 设 $[a,b]$ 上函数列 $\{f_n\}$ 一致有界, 即存在常数 $M > 0$, 使得

$$|f_n(x)| \leqslant M, \qquad \forall\, n \geqslant 1, x \in [a,b].$$

① 这两个不是通用记号.

证明存在子函数列 $\{f_{n_k}\}$ 使得在 $[a, b]$ 的所有有理点收敛.

19. 设整数 $m \geqslant 1$, 证明: $\lim\limits_{n \to +\infty} \sqrt{m + \sqrt{m+1+\sqrt{m+2+\cdots+\sqrt{m+n}}}}$ 存在, 并记该极限为 a_m. 进一步, 计算 $\lim\limits_{m \to +\infty} (a_m - \sqrt{m})$.

20. 证明: $\lim\limits_{n \to +\infty} \sqrt{1 + 2\sqrt{1 + 3\sqrt{1 + 4\sqrt{1+\cdots+n\sqrt{1+(n+1)}}}}} = 3.$

21. 推广习题 20.

22. 设 $x_0 \geqslant 0$, $x_{n+1} = \sqrt{2 + x_n} \, (n \geqslant 0)$. 问: $\lim\limits_{n \to +\infty} 4^n(2 - x_n)$ 是否存在? 该极限存在时, 能否得到极限的值?

23. 一般地, 对于所求过的极限可考虑进一步的结果, 例如, 若已经得到 $\lim\limits_{n \to +\infty} x_n = A$, 试试能否找到一个与初值 x_0 无关的无穷大量 $\{y_n\}$ 使得 $\lim\limits_{n \to +\infty} y_n(x_n - A)$ 为一个非零实数.

24. 固定 $r \in (0, 4)$. 任取 $x_0 \in (0, 1)$. 令 $x_{n+1} = rx_n(1 - x_n) \, (n \geqslant 0)$. 问: 当 r 取什么值时, 你可以证明对于任何 $x_0 \in (0, 1)$, 按上述方式定义的数列 $\{x_n\}$ 一定收敛.

试编写一计算机程序, 感受对于不同的 r, 当 n 足够大时 x_n 的收敛情况.

25. 设 $\{x_n\}$ 是在 $[0, 1]$ 中稠密的点列, 任取 $\alpha \in \left(0, \dfrac{1}{2}\right)$, $E := [0, 1] \setminus \bigcup\limits_{n=1}^{\infty} \left(x_n - \dfrac{\alpha}{2^n}, x_n + \dfrac{\alpha}{2^n}\right)$. 证明 E 为非空的疏朗集.

26. 考虑

$$X := \left\{ \{x_n\}_{n=1}^{\infty} \,\Big|\, \sum_{n=1}^{\infty} |x_n|^2 < +\infty \right\},$$

在其上定义

$$\| \{x_n\} \| := \left(\sum_{n=1}^{\infty} |x_n|^2 \right)^{\frac{1}{2}}, \qquad d(\{x_n\}, \{y_n\}) := \| \{x_n - y_n\} \|.$$

证明 d 是 X 上的距离. 并以此距离定义收敛性、开集、闭集等. 证明:

(1) 在 X 上, Cauchy 收敛准则成立.

(2) 在 X 上, 致密性定理不成立, 即有界点列不一定有收敛子列.

(3) 设 $\{\boldsymbol{x}_k\}$ 是 X 中点列, 它的每一个分量都有界, 即记 $\boldsymbol{x}_k = \{x_{k,n}\}_{n=1}^{\infty}$ 时, 对任何 $n \geqslant 1$, $\{x_{k,n}\}_{k=1}^{\infty}$ 是有界集. 证明: 存在 $\{\boldsymbol{x}_k\}$ 的子列使得其每一个分量都收敛.

(4) 在 X 上, 有限覆盖定理不成立.

(5) 在 X 上, 闭集套定理成立. 即如果 $\{E_n\}$ 是 X 中的一列单调下降且直径趋于零的闭集列, 则 $\bigcap\limits_{n=1}^{\infty} E_n$ 为单点集.

(6) X 中存在一列有界非空闭集 $E_1 \supseteq E_2 \supseteq E_3 \supseteq \cdots$ 使得 $\bigcap_{n=1}^{\infty} E_n$ 为空集.

27. (1) 在 $[-\infty, +\infty]$ 中[①], 若 $\lim\limits_{n\to+\infty} a_n = +\infty$ 或 $\lim\limits_{n\to+\infty} a_n = -\infty$, 我们就分别称 $\{a_n\}$ 收敛到 $+\infty$ 或 $-\infty$. 试重新考察习题 7.

(2) 对于 $E \subseteq [-\infty, +\infty]$, 若存在 $a \in \mathbb{R}$ 使得 $(a, +\infty) \subseteq E$ ($[-\infty, a) \subseteq E$), 则称 $+\infty$ ($-\infty$) 为 E 的内点. 若 $U \subseteq [-\infty, +\infty]$ 的所有点都是其内点, 则称 U 为 $[-\infty, +\infty]$ 的开集. 考虑在 $[-\infty, +\infty]$ 中, 哪些集合是紧集, 即 $[-\infty, +\infty]$ 中满足任何开覆盖都有有限子覆盖的集合.

28. 设 $E \subseteq \mathbb{R}$. 则 E 满足什么条件时, 成立: 对于 E 的任何闭覆盖, 均有有限子覆盖.

29. 设 U 为 $\mathbb{R}$ 中开集. 证明:

(1) 若 $x_0 \in U$, 则存在唯一的开区间 (α, β) ——这样的区间称为 U 的构成区间, 满足:

(i) $x_0 \in (\alpha, \beta) \subseteq U$; (ii) 若 $x_0 \in (a, b) \subseteq U$, 则 $(a, b) \subseteq (\alpha, \beta)$.

(2) U 可以表示为至多可列个两两不交的构成区间的并.

30. 闭区间 $[a, b]$ 不能表示为至少两个但至多可列个两两不交的非空闭集的并.

31. $\mathbb{R}$ 不能表示成一列无处稠密集的并.

32. 设 $\{V_k\}$ 是一列在 $\mathbb{R}$ 中稠密的开集, 证明: $\bigcap\limits_{k} V_k$ 在 $\mathbb{R}$ 中稠密.

33. 在度量空间的定义中, 由 (2)~(3) 可以得到

(3′) 对任何 $x, y, z \in X$, 成立 $\rho(x, z) \leqslant \rho(y, x) + \rho(y, z)$.

证明: (1)~(3) 与 (1), (3′) 等价.

3.4 上、下极限

在讨论问题之初不能确定某些极限是否存在, 时常带来很大的麻烦. 引入上、下极限在技术上可以减少这种麻烦. 而通过研究弱意义下的极限来研究极限, 则提供了一种重要的数学思想.

设 $\{a_n\}$ 是广义实数系中的点列, 考虑

$$A_n := \sup_{k \geqslant n} a_k, \qquad B_n := \inf_{k \geqslant n} a_k.$$

则 $\{A_n\}$ 单调减少, $\{B_n\}$ 单调增加. 因此, 它们在广义实数系中有极限. 我们给出如下

---

① 以下说法在 $\mathbb{R}$ 中不适用.

定义.

定义 3.4.1   对于广义实数系中的点列 $\{a_n\}$, 称

$$\varlimsup_{n\to+\infty} a_n := \lim_{n\to+\infty}\sup_{k\geqslant n} a_k \quad \text{和} \quad \varliminf_{n\to+\infty} a_n := \lim_{n\to+\infty}\inf_{k\geqslant n} a_k$$

为 $\{a_n\}$ 的 **上极限** 和 **下极限**.

由夹逼准则立即可得如下定理, 它使得通过上、下极限来研究极限成为可能.

定理 3.4.1   对于广义实数列 $\{a_n\}$, $\lim\limits_{n\to+\infty} a_n = \ell$ 当且仅当

$$\varlimsup_{n\to+\infty} a_n = \varliminf_{n\to+\infty} a_n = \ell, \tag{3.4.1}$$

其中 $\ell \in [-\infty, +\infty]$.

证明   (充分性) 若 (3.4.1) 式成立, 则由

$$\inf_{k\geqslant n} a_k \leqslant a_n \leqslant \sup_{k\geqslant n} a_k$$

和夹逼准则即得 $\lim\limits_{n\to+\infty} a_n = \ell$.

(必要性) 若 $\lim\limits_{n\to+\infty} a_n = \ell$, 则当 $\ell \in (-\infty, +\infty)$ 时, $\forall \varepsilon > 0$, 存在 $N > 0$ 使得

$$\ell - \varepsilon \leqslant a_n \leqslant \ell + \varepsilon, \qquad \forall n \geqslant N.$$

于是

$$\ell - \varepsilon \leqslant \inf_{k\geqslant n} a_k \leqslant a_n \leqslant \sup_{k\geqslant n} a_k \leqslant \ell + \varepsilon, \qquad \forall n \geqslant N.$$

这就表明 $\varliminf_{n\to+\infty} a_n = \varlimsup_{n\to+\infty} a_n = \ell$. 即 (3.4.1) 式成立.

当 $\ell = +\infty$ 或 $\ell = -\infty$ 时, 类似可证 (3.4.1) 式成立.   □

除了定理 3.4.1, 上、下极限具有如下自然的性质.

定理 3.4.2   对于广义实数列 $\{a_n\}$, 有

(1) $\varlimsup\limits_{n\to+\infty} a_n \geqslant \varliminf\limits_{n\to+\infty} a_n$;

(2) $\varlimsup\limits_{n\to+\infty} a_n = \inf_n \sup_{k\geqslant n} a_k, \quad \varliminf\limits_{n\to+\infty} a_n = \sup_n \inf_{k\geqslant n} a_k$;

(3) 设 $\{a_{n_k}\}$ 为 $\{a_n\}$ 的一个子列, 则

$$\varlimsup_{k\to+\infty} a_{n_k} \leqslant \varlimsup_{n\to+\infty} a_n, \qquad \varliminf_{k\to+\infty} a_{n_k} \geqslant \varliminf_{n\to+\infty} a_n;$$

(4) 存在 $\{a_n\}$ 的子列 $\{a_{n_k}\}$ 和子列 $\{a_{m_k}\}$ 使得[1]

$$\varlimsup_{n\to+\infty} a_n = \lim_{k\to+\infty} a_{n_k}, \qquad \varliminf_{n\to+\infty} a_n = \lim_{k\to+\infty} a_{m_k}.$$

---

[1] 本结果蕴涵致密性定理.

定理 3.4.3 对于广义实数列 $\{a_n\}$ 和 $\{b_n\}$, 有

(1) 若 $a_n \leqslant b_n$ $(n=1,2,\cdots)$, 则

$$\varliminf_{n\to+\infty} a_n \leqslant \varliminf_{n\to+\infty} b_n, \qquad \varlimsup_{n\to+\infty} a_n \leqslant \varlimsup_{n\to+\infty} b_n.$$

(2) $\varlimsup_{n\to+\infty}(-a_n) = -\varliminf_{n\to+\infty} a_n.$

(3) 以下每一个不等式, 只要其两端在广义实数系中都有意义, 就一定成立:

$$\varliminf_{n\to+\infty} a_n + \varliminf_{n\to+\infty} b_n \leqslant \varliminf_{n\to+\infty}(a_n+b_n)$$

$$\leqslant \varliminf_{n\to+\infty} a_n + \varlimsup_{n\to+\infty} b_n \leqslant \varlimsup_{n\to+\infty}(a_n+b_n)$$

$$\leqslant \varlimsup_{n\to+\infty} a_n + \varlimsup_{n\to+\infty} b_n.$$

(4) 若 $\lim_{n\to+\infty} a_n$ 存在, 则

$$\varliminf_{n\to+\infty}(a_n+b_n) = \lim_{n\to+\infty} a_n + \varliminf_{n\to+\infty} b_n,$$

$$\varlimsup_{n\to+\infty}(a_n+b_n) = \lim_{n\to+\infty} a_n + \varlimsup_{n\to+\infty} b_n.$$

(5) 若 $a_n>0$ $(n=1,2,\cdots)$, 规定 $\frac{1}{0}=+\infty$, 则我们有

$$\varlimsup_{n\to+\infty} \frac{1}{a_n} = \frac{1}{\varliminf_{n\to+\infty} a_n}.$$

(6) 设 $a_n>0, b_n>0$ $(n=1,2,\cdots)$, 则以下每一个不等式, 只要其两端在广义实数系中都有意义, 就一定成立:

$$\varliminf_{n\to+\infty} a_n \varliminf_{n\to+\infty} b_n \leqslant \varliminf_{n\to+\infty}(a_nb_n) \leqslant \varliminf_{n\to+\infty} a_n \varlimsup_{n\to+\infty} b_n$$

$$\leqslant \varlimsup_{n\to+\infty}(a_nb_n) \leqslant \varlimsup_{n\to+\infty} a_n \varlimsup_{n\to+\infty} b_n.$$

(7) 设 $a_n>0$ $(n=1,2,\cdots)$, 且 $\lim_{n\to+\infty} a_n=0$.

若 $\varliminf_{n\to+\infty} b_n$ 不为 $\pm\infty$, 则 $\varliminf_{n\to+\infty}(a_nb_n)=0$.

若 $\varlimsup_{n\to+\infty} b_n$ 不为 $\pm\infty$, 则 $\varlimsup_{n\to+\infty}(a_nb_n)=0$.

(8) 设 $\lim_{n\to+\infty} a_n=A\in(0,+\infty)$, 则

$$\varliminf_{n\to+\infty}(a_nb_n)=A\varliminf_{n\to+\infty} b_n, \qquad \varlimsup_{n\to+\infty}(a_nb_n)=A\varlimsup_{n\to+\infty} b_n.$$

利用上、下极限, Stolz 公式可作如下推广.

定理 3.4.4 设 $\{x_n\}$ 和 $\{y_n\}$ 是两个实数列, $\{y_n\}$ 严格单增, 且 $\lim\limits_{n\to+\infty} y_n = +\infty$. 则

$$\varliminf_{n\to+\infty} \frac{x_{n+1}-x_n}{y_{n+1}-y_n} \leqslant \varliminf_{n\to+\infty} \frac{x_n}{y_n} \leqslant \varlimsup_{n\to+\infty} \frac{x_n}{y_n} \leqslant \varlimsup_{n\to+\infty} \frac{x_{n+1}-x_n}{y_{n+1}-y_n}. \tag{3.4.2}$$

证明 对任何 $n > m \geqslant 1$, 我们有

$$\inf_{k\geqslant m} \frac{x_{k+1}-x_k}{y_{k+1}-y_k} \leqslant \frac{\displaystyle\sum_{j=m}^{n-1}(x_{j+1}-x_j)}{\displaystyle\sum_{j=m}^{n-1}(y_{j+1}-y_j)} \leqslant \sup_{k\geqslant m} \frac{x_{k+1}-x_k}{y_{k+1}-y_k}.$$

即

$$\inf_{k\geqslant m} \frac{x_{k+1}-x_k}{y_{k+1}-y_k} \leqslant \frac{x_n - x_m}{y_n - y_m} \leqslant \sup_{k\geqslant m} \frac{x_{k+1}-x_k}{y_{k+1}-y_k}. \tag{3.4.3}$$

在上式中固定 m, 令 $n \to +\infty$, 并注意到

$$\varliminf_{n\to+\infty} \frac{x_n - x_m}{y_n - y_m} = \varliminf_{n\to+\infty} \frac{x_n - x_m}{y_n} = \varliminf_{n\to+\infty} \frac{x_n}{y_n},$$

$$\varlimsup_{n\to+\infty} \frac{x_n - x_m}{y_n - y_m} = \varlimsup_{n\to+\infty} \frac{x_n - x_m}{y_n} = \varlimsup_{n\to+\infty} \frac{x_n}{y_n},$$

得到

$$\inf_{k\geqslant m} \frac{x_{k+1}-x_k}{y_{k+1}-y_k} \leqslant \varliminf_{n\to+\infty} \frac{x_n}{y_n} \leqslant \varlimsup_{n\to+\infty} \frac{x_n}{y_n} \leqslant \sup_{k\geqslant m} \frac{x_{k+1}-x_k}{y_{k+1}-y_k}.$$

再在上式中令 $m \to +\infty$ 得到

$$\varliminf_{n\to+\infty} \frac{x_{n+1}-x_n}{y_{n+1}-y_n} \leqslant \varliminf_{n\to+\infty} \frac{x_n}{y_n} \leqslant \varlimsup_{n\to+\infty} \frac{x_n}{y_n} \leqslant \varlimsup_{n\to+\infty} \frac{x_{n+1}-x_n}{y_{n+1}-y_n}.$$

从而定理成立. $\qquad\qquad\qquad\qquad\qquad\qquad\qquad\qquad\qquad\qquad\qquad\qquad$ □.

定理 3.4.5 设 $\lim\limits_{n\to+\infty} x_n = \lim\limits_{n\to+\infty} y_n = 0$, $\{y_n\}$ 严格单减. 则

$$\varliminf_{n\to+\infty} \frac{x_{n+1}-x_n}{y_{n+1}-y_n} \leqslant \varliminf_{n\to+\infty} \frac{x_n}{y_n} \leqslant \varlimsup_{n\to+\infty} \frac{x_n}{y_n} \leqslant \varlimsup_{n\to+\infty} \frac{x_{n+1}-x_n}{y_{n+1}-y_n}. \tag{3.4.4}$$

证明 对任何 $m > n \geqslant 1$, 同样有

$$\inf_{k\geqslant n} \frac{x_k - x_{k+1}}{y_k - y_{k+1}} \leqslant \frac{x_n - x_m}{y_n - y_m} \leqslant \sup_{k\geqslant n} \frac{x_k - x_{k+1}}{y_k - y_{k+1}}.$$

在上式中固定 n, 令 $m \to +\infty$ 得到

$$\inf_{k\geqslant n} \frac{x_k - x_{k+1}}{y_k - y_{k+1}} \leqslant \frac{x_n}{y_n} \leqslant \sup_{k\geqslant n} \frac{x_k - x_{k+1}}{y_k - y_{k+1}}.$$

再令 $n \to +\infty$ 即得

$$\varliminf_{n \to +\infty} \frac{x_n - x_{n+1}}{y_n - y_{n+1}} \leqslant \varliminf_{n \to +\infty} \frac{x_n}{y_n} \leqslant \varlimsup_{n \to +\infty} \frac{x_n}{y_n} \leqslant \varlimsup_{n \to +\infty} \frac{x_n - x_{n+1}}{y_n - y_{n+1}}.$$

因此定理成立. □.

例 3.4.1 设实数列 $\{a_n\}$ 满足 $a_n \neq -1$ 以及 $a_{n+1} = \dfrac{2}{a_n + 1}$ $(n \geqslant 1)$. 试讨论 $\{a_n\}$ 的收敛性及其极限.

解 本例可以仿例 3.3.2 分情形加以讨论, 但相关讨论较为烦琐. 而采用上、下极限则会简捷许多.

记 $f(x) = \dfrac{2}{x+1}$, $L = \varlimsup\limits_{n \to +\infty} a_n$, $\ell = \varliminf\limits_{n \to +\infty} a_n$.

由于 $a_n \neq -1$, 而 $f(-3) = -1$, 因此 $a_n \neq -3$. 另一方面, $f(x) > 0$ 的解集为 $(-1, +\infty)$, 而 $f(x) > -1$ 的解集, 亦即 $f(f(x)) > 0$ 的解集为 $(-\infty, -3) \cup (-1, +\infty)$.

情形 1 存在 $N \geqslant 1$ 使得 $a_N > -1$ 或者 $a_N < -3$.

此时, 可得当 $n \geqslant N + 2$ 时, 有 $a_n = f(f(a_{n-2})) > 0$. 进一步, 归纳可得

$$\frac{2}{3} \leqslant a_n \leqslant 2, \qquad \forall n \geqslant N + 4.$$

从而 $\dfrac{2}{3} \leqslant \ell \leqslant L \leqslant 2$. 对递推式两边分别求上极限和下极限得到

$$L = \frac{2}{\ell + 1}, \quad \ell = \frac{2}{L + 1}.$$

由此可得 $L = \ell = 1$. 从而 $\lim\limits_{n \to +\infty} a_n = 1$.

情形 2 对任何 $n \geqslant 1$ 成立 $-3 < a_n < -1$. 此时 $-3 \leqslant \ell \leqslant L \leqslant -1$. 对递推式两边分别求上极限和下极限得到

$$L = \frac{2}{\ell + 1}, \quad \ell = \frac{2}{L + 1}, \tag{3.4.5}$$

其中当 $L = -1$ 时, $\dfrac{2}{L+1}$ 理解为 $-\infty$, 当 $\ell = -1$ 时, $\dfrac{2}{\ell+1}$ 理解为 $-\infty$. 这事实上表明 $L < -1$. 这一点也可以从 $f(a_n) > -3$ 解得 $a_n < -\dfrac{5}{3}$ 或 $a_n > -1$ (舍去) 得到.

由 (3.4.5) 式和 $\ell \leqslant L \leqslant -1$ 解得 $L = \ell = -2$. 因此 $\lim\limits_{n \to +\infty} a_n = -2$.

总之, 无论哪种情形, 都可得 $\{a_n\}$ 收敛. 且极限为 1 或 -2.

例 3.4.2 设正数序列 $\{x_n\}$ 满足 $x_{m+n} \leqslant \dfrac{mx_m + nx_n}{m+n}$ $(\forall m, n \geqslant 1)$. 求证: $\lim\limits_{n \to +\infty} x_n$ 存在.

证明 归纳可证 $0 < x_n \leqslant x_1$ $(\forall n \geqslant 1)$. 一般地, 有

$$x_{mn} \leqslant x_n, \qquad \forall m, n \geqslant 1.$$

先固定 $n \geqslant 1$, 对于 $m \geqslant n$, 作带余除法, 得到 $m = k_m n + j_m$, 其中 k_m, j_m 为整数, $0 \leqslant j_m \leqslant n-1$. 则 $\lim\limits_{m \to +\infty} \dfrac{k_m n}{m} = 1$. 补充定义 $x_0 = 0$. 则

$$x_m \leqslant \frac{k_m n x_{k_m n} + j_m x_{j_m}}{m} \leqslant \frac{k_m n x_n + j_m x_1}{m}.$$

上式中令 $m \to +\infty$, 两端取上极限, 得到

$$\varlimsup_{m \to +\infty} x_m \leqslant x_n, \qquad \forall\, n \geqslant 1.$$

再令 $n \to +\infty$, 两端取下极限, 得到

$$\varlimsup_{m \to +\infty} x_m \leqslant \varliminf_{n \to +\infty} x_n.$$

从而

$$\varlimsup_{n \to +\infty} x_n = \varliminf_{n \to +\infty} x_n \leqslant x_1,$$

即 $\lim\limits_{n \to +\infty} x_n$ 存在. $\qquad\square$

例 3.4.3 设 $a_0, a_1 > 0$, $a_{n+2} = \dfrac{1}{a_n} + \dfrac{2}{a_{n+1}}$ $(n \geqslant 0)$. 证明: $\lim\limits_{n \to +\infty} a_n = \sqrt{3}$.

证明 令 $M = \max\left\{a_0, a_1, \dfrac{3}{a_0}, \dfrac{3}{a_1}\right\}$. 则归纳可证 $\dfrac{3}{M} \leqslant a_n \leqslant M$ $(n \geqslant 0)$. 于是 $\{a_n\}$ 的上、下极限 L, ℓ 满足 $\dfrac{3}{M} \leqslant \ell \leqslant L \leqslant M$. 在递推公式两端取下极限可得 $\ell \geqslant \dfrac{3}{L}$. 而两端取上极限可得 $L \leqslant \dfrac{3}{\ell}$. 两者结合得到 $L\ell = 3$.

由上极限的性质, 存在 $\{a_n\}$ 的子列 $\{a_{k_n+3}\}$ 使得 $\lim\limits_{k \to +\infty} a_{k_n+3} = L$. 进一步, 由致密性定理, $\{a_{k_n+2}\}$ 有子列收敛. 不失一般性, 不妨设 $\{a_{k_n+2}\}$ 本身收敛, 极限为 x. 类似地, 不妨设 $\{a_{k_n+1}\}$ 和 $\{a_{k_n}\}$ 也收敛[①], 极限依次为 y, z. 则 $\ell \leqslant x, y, z \leqslant L$. 由递推公式得

$$L = \frac{2}{x} + \frac{1}{y} \leqslant \frac{2}{\ell} + \frac{1}{\ell} = L.$$

因此, 必有 $x = y = \ell$. 类似地,

$$\ell = x = \frac{2}{y} + \frac{1}{z} \geqslant \frac{2}{L} + \frac{1}{L} = \ell.$$

所以 $y = z = L$. 特别地, 可得 $L = y = \ell$. 结合 $L\ell = 3$ 以及 $\ell \geqslant 0$ 得到 $L = \ell = \sqrt{3}$. 这就证明了 $\lim\limits_{n \to +\infty} a_n = \sqrt{3}$. $\qquad\square$

---

① 以上相当于证明或利用了 $\mathbb{R}^3$ 中有界列有收敛子列. 一般地, 对于任何正整数 m, $\mathbb{R}^m$ 中的有界列有收敛子列.

习题 3.4

1. 若 $x_n > 0$ $(n = 1, 2, \cdots)$, 且 $\varlimsup\limits_{n \to +\infty} x_n \cdot \varlimsup\limits_{n \to +\infty} \dfrac{1}{x_n} = 1$. 证明序列 $\{x_n\}$ 收敛.

2. 设 $\{x_n\}$ 满足 $0 \leqslant x_{m+n} \leqslant x_m \cdot x_n$ $(\forall m, n \geqslant 1)$. 证明: $\{\sqrt[n]{x_n}\}$ 收敛.

3. 举例说明, 在习题 2 中, $\{\sqrt[n]{x_n}\}$ 可以没有单调性.

4. 设 $\{a_n\}$ 满足 $a_m + a_n - 1 \leqslant a_{m+n} \leqslant a_m + a_n + 1 (\forall m, n \geqslant 1)$. 求证:

(1) $\lim\limits_{n \to +\infty} \dfrac{a_n}{n}$ 存在;

(2) 设 $\lim\limits_{n \to +\infty} \dfrac{a_n}{n} = q$, 则 $nq - 1 \leqslant a_n \leqslant nq + 1$ $(n \geqslant 1)$.

5. 设 $r \in (0, 1)$, $x_0 = 0$, $x_{n+1} = r(1 - x_n^2)$ $(n = 0, 1, 2, \cdots)$. 试研究 $\{x_n\}$ 的敛散性.

6. 设 $0 < q < 1$, $\{a_n\}$, $\{b_n\}$ 满足 $a_n = b_n - qa_{n+1}$ $(n = 1, 2, \cdots)$, 且 $\{a_n\}$, $\{b_n\}$ 有界. 求证: $\lim\limits_{n \to +\infty} b_n$ 存在的充要条件是 $\lim\limits_{n \to +\infty} a_n$ 存在.

7. 在习题 6 中当 $q \notin (0, 1)$ 时, 结论会怎样?

8. 设 $a_n \geqslant 0$ 满足 $a_{n+1} \leqslant a_n + \dfrac{1}{n^2}$. 证明: $\{a_n\}$ 收敛.

9. 利用上、下极限证明 $\mathbb{R}$ 中的 Cauchy 收敛准则.

10. 证明: 在例 3.4.1 中, 若 $\lim\limits_{n \to +\infty} a_n = -2$, 则 $a_1 = -2$.

11. 推广习题 2 和习题 4.

12. 设 $\{x_n\}$ 是正数列, 证明 $\varlimsup\limits_{n \to +\infty} n\left(\dfrac{1 + x_{n+1}}{x_n} - 1\right) \geqslant 1$.

13. 设 f 是 $\mathbb{R}$ 上周期为 1 的实函数, 满足: $\forall x, y \in \mathbb{R}$, $x \neq y$, 有 $|f(x) - f(y)| < |x - y|$. 任取 $x_0 \in \mathbb{R}$, 定义 $x_{n+1} = f(x_n)$ $(n \geqslant 0)$. 证明: $\{x_n\}$ 收敛, 且极限不依赖于 x_0 的选择.

第四章

函数极限

4.1   函数极限

首先, 引入函数极限的定义. 若 V 是 x_0 的一个邻域, 则称 $V \setminus \{x_0\}$ 为 x_0 的**去心邻域**.

定义 4.1.1   设函数 f 在 x_0 的一个去心邻域内有定义, A 为给定常数. 如果对任何 $\varepsilon > 0$, 存在 $\delta > 0$, 使得当 $0 < |x - x_0| < \delta$ 时, 有

$$|f(x) - A| < \varepsilon,$$

则称 $f(x)$ 当 x 趋于 x_0 时的极限为 A, 记作 $\lim\limits_{x \to x_0} f(x) = A$, 或 $f(x) \to A \, (x \to x_0)$, 或

$$f(x) \to A, \qquad x \to x_0.$$

例 4.1.1   从定义出发证明 $\lim\limits_{x \to 1} \dfrac{x^3 - 3x^2 + x + 1}{2x^2 - x - 1} = -\dfrac{2}{3}$.

证明   对于 $x \neq 1, -\dfrac{1}{2}$, 我们有

$$
\begin{aligned}
\left| \frac{x^3 - 3x^2 + x + 1}{2x^2 - x - 1} + \frac{2}{3} \right| &= \left| \frac{(x-1)(x^2 - 2x - 1)}{(x-1)(2x+1)} + \frac{2}{3} \right| \\
&= \left| \frac{x^2 - 2x - 1}{2x + 1} + \frac{2}{3} \right| = \left| \frac{3x^2 - 2x - 1}{3(2x+1)} \right| \\
&= \left| \frac{(x-1)(3x+1)}{3(2x+1)} \right|.
\end{aligned}
$$

于是, $\forall \varepsilon > 0$, 取 $\delta = \min\left\{1, \dfrac{\varepsilon}{3}\right\}$, 则 $\delta > 0$, 而当 $0 < |x - 1| < \delta$ 时, 有 $0 < x < 2$. 从而

$$\left| \frac{x^3 - 3x^2 + x + 1}{2x^2 - x - 1} + \frac{2}{3} \right| = \frac{3x+1}{3(2x+1)}|x - 1| < \frac{7}{3}|x - 1| < \varepsilon.$$

因此, 由极限定义, 得到 $\lim\limits_{x \to 1} \dfrac{x^3 - 3x^2 + x + 1}{2x^2 - x - 1} = -\dfrac{2}{3}$. □

例 4.1.2   利用极限定义证明: $\lim\limits_{x \to 0} \ln(1 + x) = 0$.

证明   对任何 $\varepsilon \in (0, 1)$, $|\ln(1 + x)| < \varepsilon$ 等价于 $\mathrm{e}^{-\varepsilon} - 1 < x < \mathrm{e}^{\varepsilon} - 1$. 取 $\delta = \min\left\{\mathrm{e}^{\varepsilon} - 1, 1 - \mathrm{e}^{-\varepsilon}\right\}$. 则 $\delta > 0$, 而当 $|x| < \delta$ 时, 就有 $|\ln(1 + x)| < \varepsilon$. 因此, $\lim\limits_{x \to 0} \ln(1 + x) = 0$. □

将函数极限与数列极限作对比, 可以帮助我们更好地掌握函数极限的性质.

首先, 类似于定理 3.1.1, 我们有

定理 4.1.1   设函数 f 在 x_0 的一个去心邻域内有定义, $\lim\limits_{x \to x_0} f(x) = A$.

(1) (**保号性**) 若 $A > 0$, 则存在 $\delta > 0$, 使得当 $0 < |x - x_0| < \delta$ 时, 有 $f(x) > 0$.

一般地, 若 $A > B$, 则存在 $\delta > 0$, 使得当 $0 < |x - x_0| < \delta$ 时, 有 $f(x) > B$.

特别地, 若 $A > 0$, 则存在 $\delta > 0$, 使得当 $0 < |x - x_0| < \delta$ 时, 有 $f(x) > \dfrac{A}{2}$.

(2) (**保序性**) 设函数 g 在 x_0 的一个去心邻域内有定义, 且存在 $\delta > 0$ 使得对任何满足 $0 < |x - x_0| < \delta$ 的 x, 有 $f(x) \geqslant g(x)$. 若 $\lim\limits_{x \to x_0} g(x) = B$, 则 $A \geqslant B$.

(3) (**唯一性**) 若 $\lim\limits_{x \to x_0} f(x) = B$, 则 $A = B$.

(4) (**局部有界性**) 存在 $\delta > 0$ 使得 f 在 $(x_0 - \delta, x_0) \cup (x_0, x_0 + \delta)$ 内有界.

定理的证明与定理 3.1.1 的证明完全类似, 我们把它留给读者. 在收敛数列有界性的证明中, 我们首先从 $\lim\limits_{n \to +\infty} a_n = A$ 得到存在 $N \geqslant 1$, 使得当 $n \geqslant N$ 时有 $|a_n - A| \leqslant 1$, 这同我们从 $\lim\limits_{x \to x_0} f(x) = A$ 得到存在 $\delta > 0$, 使得当 $0 < |x - x_0| < \delta$ 时有 $|f(x) - A| \leqslant 1$ 一样. 但区别之处在于 a_N 前面的项 $a_1, a_2, \cdots, a_{N-1}$ 是有限项, 从而必有界. 而 f 在 $(x_0 - \delta, x_0 + \delta)$ 之外有无限多项, 因此, 只能得到 f 在 x_0 附近的局部有界性, 而不能简单地得到 f 在定义域内的整体有界性.

而与数列极限存在与否以及极限值与数列的前几项无关一样, 函数极限 $\lim\limits_{x \to x_0} f(x)$ 存在与否以及极限值为多少也只与 f 在 $(x_0 - \delta, x_0) \cup (x_0, x_0 + \delta)$ 内的值有关.

同样地, 如同定理 3.1.3, 可建立函数极限的四则运算的性质. 我们把证明留给读者.

定理 4.1.2　设函数 f, g 在 x_0 的一个去心邻域内有定义, $\lim\limits_{x \to x_0} f(x) = A$, $\lim\limits_{x \to x_0} g(x) = B$.

(1) 设 α, β 为常数, 则

$$\lim_{x \to x_0} \big(\alpha f(x) + \beta g(x)\big) = \alpha A + \beta B;$$

(2) $\lim\limits_{x \to x_0} \big(f(x) g(x)\big) = AB$;

(3) 若 $B \neq 0$, 则 $\lim\limits_{x \to x_0} \dfrac{f(x)}{g(x)} = \dfrac{A}{B}$.

函数极限与数列极限有着紧密的联系. 利用如下的 **Heine 定理**, 可以通过研究数列极限来得到函数极限的性质.

定理 4.1.3　设函数 f 在 x_0 的一个去心邻域 V 内有定义. 则 $\lim\limits_{x \to x_0} f(x) = A$ 当且仅当对 V 中任何趋于 x_0 的点列[①] $\{x_n\}$, 有 $\lim\limits_{n \to +\infty} f(x_n) = A$.

证明　我们有 $\delta_0 > 0$ 使得 $(x_0 - \delta_0, x_0) \cup (x_0, x_0 + \delta_0) \subseteq V$.

(必要性) 设 $\lim\limits_{x \to x_0} f(x) = A$, 且 $\{x_n\}$ 是 V 中趋于 x_0 的一个点列. 则 $\forall \varepsilon > 0$, 存在 $\delta \in (0, \delta_0)$, 使得当 $0 < |x - x_0| < \delta$ 时, 有 $|f(x) - A| < \varepsilon$. 而对于上述 $\delta > 0$, 存在 $N \geqslant 1$, 使得当 $n \geqslant N$ 时, 有 $|x_n - x_0| < \delta$. 注意到 $x_n \neq x_0$, 可得此时有 $|f(x_n) - A| < \varepsilon$. 因此, $\lim\limits_{n \to +\infty} f(x_n) = A$.

(充分性) 若 $\lim\limits_{x \to x_0} f(x) \neq A$ (这里包括 $\lim\limits_{x \to x_0} f(x)$ 不存在的情形), 则存在 $\varepsilon_0 > 0$, 使得对任何 $\delta \in (0, \delta_0)$, 都有 $x \in (x_0 - \delta, x_0) \cup (x_0, x_0 + \delta)$ 使得 $|f(x) - A| \geqslant \varepsilon_0$. 特别地,

---

① 注意 V 不含 x_0, 若 V 是 x_0 的邻域而不是去心邻域, 则 $\{x_n\}$ 需要不取 x_0.

对任何 $n \geqslant 1$, 存在 $x_n \in \left(x_0 - \dfrac{1}{n}, x_0\right) \cup \left(x_0, x_0 + \dfrac{1}{n}\right)$ 满足 $|f(x_n) - A| \geqslant \varepsilon_0$. 这表明 $\{x_n\}$ 是 V 中趋于 x_0 的点列, 而 $\{f(x_n)\}$ 不收敛于 A. 得到矛盾.   □

注 4.1.1   若对 $(x_0 - \delta_0, x_0) \cup (x_0, x_0 + \delta_0)$ 中任意趋于 x_0 的点列 $\{x_n\}$, $\lim\limits_{n \to +\infty} f(x_n)$ 都存在, 则易见极限值必然与点列 $\{x_n\}$ 的选取无关, 从而得到 $\lim\limits_{x \to x_0} f(x)$ 存在.

换言之, Heine 定理可以描述为: $\lim\limits_{x \to x_0} f(x)$ 存在当且仅当对任何趋于 x_0 而不取 x_0 的点列 $\{x_n\}$, 极限 $\lim\limits_{n \to +\infty} f(x_n)$ 都存在.

类似于数列极限, 我们可以给出 $\lim\limits_{x \to x_0} f(x) = +\infty$, $\lim\limits_{x \to x_0} f(x) = -\infty$ 以及 $\lim\limits_{x \to x_0} f(x) = \infty$ 的定义.

这样, 在定理 4.1.3 中, 把 A 换成 $+\infty, -\infty$ 或 ∞ 时, 结论也成立.

如果在考察 $x \to x_0$ 时, 只需要考察 $x > x_0$ 的情况, 就需要引入单侧极限. 具体地, 设 $\delta_0 > 0$, f 在 $(x_0, x_0 + \delta_0)$ 内有定义, A 为给定实数, 则 f 在 x_0 处的**右 (侧) 极限** $\lim\limits_{x \to x_0^+} f(x) = A$ 定义为

$\forall \varepsilon > 0$, 存在 $\delta \in (0, \delta_0)$ 使得当 $0 < x - x_0 < \delta$ 时, 有 $|f(x) - A| < \varepsilon$.

时常记 $\lim\limits_{x \to x_0^+} f(x)$ 为 $f(x_0^+)$.

类似地定义 f 在 x_0 处的**左 (侧) 极限** $f(x_0^-) \equiv \lim\limits_{x \to x_0^-} f(x)$.

易见, $\lim\limits_{x \to x_0} f(x) = A$ 当且仅当 $\lim\limits_{x \to x_0^+} f(x) = \lim\limits_{x \to x_0^-} f(x) = A$.

我们也可以考虑自变量趋于无穷的函数极限, 请读者自行给出相关定义 (参见习题 4).

可以对一般集合上的函数引入极限.

定义 4.1.2   设 $E \subseteq \mathbb{R}$, $x_0 \in E'$, f 在 E 上有定义. 则 $\lim\limits_{\substack{x \to x_0 \\ x \in E}} f(x) = A$ 定义为

$\forall \varepsilon > 0$, 存在 $\delta > 0$, 使得当 $0 < |x - x_0| < \delta$, 且 $x \in E$ 时, 有 $|f(x) - A| < \varepsilon$.

这样, 当 f 在 x_0 的一个 (去心) 邻域 V 内有定义, 则 f 在点 x_0 处的右极限 $\lim\limits_{x \to x_0^+} f(x)$ 是 $\lim\limits_{\substack{x \to x_0 \\ x \in (x_0, +\infty) \cap V}} f(x)$. 而 f 在点 x_0 处的左极限 $\lim\limits_{x \to x_0^-} f(x)$ 是 $\lim\limits_{\substack{x \to x_0 \\ x \in (-\infty, x_0) \cap V}} f(x)$. 数列极限 $\lim\limits_{n \to +\infty} a_n$ 其实就是 $\lim\limits_{\substack{x \to +\infty \\ x \in \mathbb{N}_+}} a_x$.

对于一般集合 E 上的函数以及 $x_0 \in E'$, 对应于极限四则运算以及 Heine 定理, 只要把定理条件中 x_0 的去心邻域换成 E, 定理 4.1.2 和定理 4.1.3 仍成立.

对于函数极限, 同样可以引入上、下极限.

定义 4.1.3   设 f 在 x_0 的一个去心邻域 V 内有定义, 则 f 在点 x_0 处的上、下极限依次定义为

$$\varlimsup_{x \to x_0} f(x) := \lim_{\delta \to 0^+} \sup_{0 < |x-x_0| < \delta} f(x), \qquad \varliminf_{x \to x_0} f(x) := \lim_{\delta \to 0^+} \inf_{0 < |x-x_0| < \delta} f(x).$$

自然可以对单侧极限引入上、下极限. 请读者仿照数列上、下极限的性质, 建立函数上、下极限的性质.

另一方面, 对于函数, 类似地定义无穷小量、无穷大量, 并引入 $o, O, \sim$ 等记号, 在此不再赘述.

习题 4.1

1. 设 $a > 0$, 利用函数极限定义证明 $\lim\limits_{x \to a} \sqrt{x} = \sqrt{a}$.

2. 计算极限 $\lim\limits_{x \to 2} \left(\dfrac{7x^3 - 2x^2 - 17x - 19}{2x^3 + 3xx^2 - 11x - 6} - \dfrac{1}{2x^2 - 3x - 2} \right)$.

3. 设 ψ, φ 为定义在 $(0, +\infty)$ 上的周期函数, 满足 $\lim\limits_{x \to +\infty} \big(\psi(x) - \varphi(x) \big) = 0$. 证明: $\psi \equiv \varphi$.

4. 抽取下表中的几个极限类型, 写出相关的定义 (其中 a, A 为实数)、Cauchy 收敛准则和 Heine 定理.

自变量变化	极限值	自变量变化	极限值
$x \to a$	A	$x \to a^+$	A
$x \to a^-$	A	$x \to a$	$+\infty$
$x \to a^+$	$+\infty$	$x \to a^-$	$+\infty$
$x \to a$	$-\infty$	$x \to a^+$	$-\infty$
$x \to a^-$	$-\infty$	$x \to a$	∞
$x \to a^+$	∞	$x \to a^-$	∞
$x \to \infty$	A	$x \to +\infty$	A
$x \to -\infty$	A	$x \to \infty$	$+\infty$
$x \to +\infty$	$+\infty$	$x \to -\infty$	$+\infty$
$x \to \infty$	$-\infty$	$x \to +\infty$	$-\infty$
$x \to -\infty$	$-\infty$	$x \to \infty$	∞
$x \to +\infty$	∞	$x \to -\infty$	∞

5. 设 a_0, a_1, ℓ, α 为正数, $a_1 \neq a_0$, $a_{n+1} = \dfrac{(\ell + n^\alpha) a_n^2}{\ell a_n + n^\alpha a_{n-1}}$ $(n \geqslant 1)$. 证明:

(1) 若 $\alpha < 1$, 则 $\{a_n\}$ 有正的极限;

(2) 若 $\alpha = 1$, $\ell > 1$, 则 $\{a_n\}$ 有正的极限;

(3) 若 $\alpha > 1$, 则 $\{a_n\}$ 发散或极限为零;

(4) 若 $\alpha = \ell = 1$, 则 $\{a_n\}$ 发散或极限为零.

4.2 基本定理与函数极限

我们将之前与极限相关的基本定理与其他一些定理, 与函数极限作一个联结.

函数极限的 Cauchy 收敛准则可以表述如下.

定理 4.2.1　设函数 f 在 x_0 的一个去心邻域 V 内有定义. 则 $\lim\limits_{x \to x_0} f(x)$ 存在当且仅当: $\forall \varepsilon > 0$, 存在 $\delta > 0$, 使得当 $x, y \in (x_0 - \delta, x_0) \cup (x_0, x_0 + \delta)$ 时, 有 $|f(x) - f(y)| < \varepsilon$.

同数列极限一样, Cauchy 收敛准则相当于说 $\lim\limits_{x \to x_0} f(x)$ 存在当且仅当

$$\lim_{\delta \to 0^+} \sup_{\substack{|x - x_0| < \delta, |y - x_0| < \delta \\ x, y \in V}} |f(x) - f(y)| = 0. \tag{4.2.1}$$

证明　由极限定义容易得到必要性. 细节留给读者. 下证充分性.

设 (4.2.1) 式成立. 任取 V 中趋于 x_0 的点列 $\{x_n\}$. 则由 (4.2.1) 式, $\{f(x_n)\}$ 是 Cauchy 列, 从而它收敛. 由 Heine 定理 (以及注 4.1.1), $\lim\limits_{x \to x_0} f(x)$ 存在. □

对于函数极限, 同样有夹逼准则.

定理 4.2.2　设 $\delta > 0$, 在 $(x_0 - \delta, x_0) \cup (x_0, x_0 + \delta)$ 内有 $\psi \leqslant f \leqslant \psi$. 若 $\lim\limits_{x \to x_0} \psi(x) = \lim\limits_{x \to x_0} \varphi(x) = A$, 则 $\lim\limits_{x \to x_0} f(x) = A$.

对应于单调收敛定理, 结合数列极限的单调收敛定理与 Heine 定理, 可得

定理 4.2.3　设 f 在 $(x_0, x_0 + \delta)$ 内单调有界, 则 $\lim\limits_{x \to x_0^+} f(x)$ 存在.

这里要注意的是 f 在 $(x_0 - \delta, x_0) \cup (x_0, x_0 + \delta)$ 内单调有界只能推出 $\lim\limits_{x \to x_0^+} f(x)$ 和 $\lim\limits_{x \to x_0^-} f(x)$ 都存在, 但不能推出 $\lim\limits_{x \to x_0} f(x)$ 存在.

对应于致密性定理, 以下结果是平凡的.

定理 4.2.4　设 $\delta > 0$, f 在 $(x_0, x_0 + \delta)$ 内有界, 则存在 $(x_0, x_0 + \delta)$ 内趋于 x_0 的点列 $\{x_n\}$ 使得 $\{f(x_n)\}$ 收敛.

在致密性定理的运用方面, 如下结果体现了唯一性对于存在性的重要意义, 其思想广泛运用于数学的许多学科.

定理 4.2.5　设 $\delta > 0$, f 在 $(x_0, x_0 + \delta)$ 内有界, A 给定. 对于 $(x_0, x_0 + \delta)$ 内趋于 x_0 的点列 $\{x_n\}$, 只要 $\{f(x_n)\}$ 收敛, 就有 $\lim\limits_{n \to +\infty} f(x_n) = A$. 则 $\lim\limits_{x \to x_0^+} f(x) = A$.

证明　若 $\lim\limits_{x \to x_0^+} f(x) \neq A$ (这里包括 $\lim\limits_{x \to x_0^+} f(x)$ 不存在的情形), 则存在 $\varepsilon_0 > 0$, 使得对任何 $n \geqslant \frac{1}{\delta}$, 存在 $x_n \in \left(x_0, x_0 + \frac{1}{n}\right)$ 使得 $|f(x_n) - A| \geqslant \varepsilon_0$. 因 f 在 $(x_0, x_0 + \delta)$ 内有

界, 因此, $\{f(x_n)\}$ 有界, 从而有收敛子列. 不妨设 $\{f(x_n)\}$ 本身收敛. 注意到 $\{x_n\}$ 是各项异于 x_0 而收敛于 x_0 的点列, 根据定理假设, 有 $\lim\limits_{n \to +\infty} f(x_n) = A$. 这与 $|f(x_n) - A| \geqslant \varepsilon_0$ 矛盾. 因此, 必有 $\lim\limits_{x \to x_0^+} f(x) = A$. $\qquad\qquad\qquad\qquad\square$

事实上, 在例 3.3.5 中, 我们正是利用定理 4.2.5 的思想来解决问题的.

对应于 Stolz 公式, 我们给出如下结果.

定理 4.2.6 设 f, g 在 $(a, +\infty)$ 内局部有界, 且

(1) 对于任何 $x > a$, 有 $g(x+1) > g(x)$;

(2) $\lim\limits_{x \to +\infty} g(x) = +\infty$,

则

$$\varliminf_{x \to +\infty} \frac{f(x+1) - f(x)}{g(x+1) - g(x)} \leqslant \varliminf_{x \to +\infty} \frac{f(x)}{g(x)} \leqslant \varlimsup_{x \to +\infty} \frac{f(x)}{g(x)} \leqslant \varlimsup_{x \to +\infty} \frac{f(x+1) - f(x)}{g(x+1) - g(x)}. \quad (4.2.2)$$

我们把证明留给读者.

习题 4.2

1. 证明 $\lim\limits_{n \to +\infty} n \sum\limits_{k=1}^{n} \left| \sqrt{1 + \dfrac{2k}{n^3}} - 1 - \dfrac{k}{n^3} \right| = 0$ 并由此计算 $\lim\limits_{n \to +\infty} n \sum\limits_{k=1}^{n} \left(\sqrt{1 + \dfrac{2k}{n^3}} - 1 \right)$.

2. 设数列 $\{x_n\}, \{y_n\}$ 满足

$$\begin{cases} x_n^2 + y_n^2 + 2y_n = 1 + \ln \dfrac{n+1}{n}, \\ x_n + \left(1 + \dfrac{1}{3n}\right) y_n = \dfrac{1}{\sqrt[n]{n}}. \end{cases}$$

证明 $\{x_n\}, \{y_n\}$ 收敛并求极限.

3. 设 $\alpha \in \mathbb{R}$, 计算 $\lim\limits_{x \to 0} \dfrac{(1+x)^\alpha - 1}{x}$.

4. 仿照习题 1 编写一个习题.

5. 证明定理 4.2.6.

4.3 几个基础性的函数极限

本节中, 我们将给出数列极限中一些重要极限的相应结果, 并简单介绍极限 $\lim\limits_{x \to 0} \dfrac{\sin x}{x}$. 首先, 由例 3.1.2 导出相关的结果.

例 4.3.1 设 $a > 0$, 证明: $\lim\limits_{x \to 0} a^x = 1$, $\lim\limits_{x \to \infty} a^{\frac{1}{x}} = 1$.

证明   先设 $a \geqslant 1$, 则当 $x > 1$ 时,

$$1 \leqslant a^{\frac{1}{x}} \leqslant a^{\frac{1}{[x]}}.$$

于是, 由 $\lim\limits_{x \to +\infty} a^{\frac{1}{[x]}} = \lim\limits_{n \to +\infty} a^{\frac{1}{n}} = 1$ 以及夹逼准则, 得到 $\lim\limits_{x \to +\infty} a^{\frac{1}{x}} = 1$. 进一步,

$$\lim_{x \to -\infty} a^{\frac{1}{x}} = \lim_{x \to +\infty} \frac{1}{a^{\frac{1}{x}}} = 1.$$

因此, $\lim\limits_{x \to \infty} a^{\frac{1}{x}} = 1$.

当 $0 < a < 1$ 时,

$$\lim_{x \to \infty} a^{\frac{1}{x}} = \lim_{x \to \infty} \frac{1}{(1/a)^{\frac{1}{x}}} = 1.$$

这表明对任何 $a > 0$ 成立 $\lim\limits_{x \to \infty} a^{\frac{1}{x}} = 1$. 这等价于 $\lim\limits_{x \to 0} a^x = 1$.   □

接下来是例 3.1.3 对应的极限.

例 4.3.2   证明: $\lim\limits_{x \to +\infty} x^{\frac{1}{x}} = 1$, $\lim\limits_{x \to 0^+} x^x = 1$.

证明   对于 $x > 2$, 我们有 $1 \leqslant x^{\frac{1}{x}} \leqslant ([x]^2)^{\frac{1}{[x]}} = ([x])^{\frac{2}{[x]}}$. 由此结合 $\lim\limits_{n \to +\infty} n^{\frac{1}{n}} = 1$

即得 $\lim\limits_{x \to +\infty} x^{\frac{1}{x}} = 1$. 这又相当于 $\lim\limits_{x \to 0^+} \frac{1}{x^x} = 1$, 亦即 $\lim\limits_{x \to 0^+} x^x = 1$.   □

自然, 例 4.3.1 的结果可以由例 4.3.2 和夹逼准则得到. 类似地, 由例 3.1.4 可得

例 4.3.3   设 $0 < q < 1$, 则 $\lim\limits_{x \to +\infty} q^x = 0$.

我们把本例的证明留给读者.

在定理 3.3.3 中, 我们给出了重要极限 $e = \lim\limits_{n \to +\infty} \left(1 + \frac{1}{n}\right)^n$ 的存在性. 现在, 我们将它推广到连续变量情形.

例 4.3.4   证明:

$$\lim_{x \to \infty} \left(1 + \frac{1}{x}\right)^x = \lim_{x \to 0} (1 + x)^{\frac{1}{x}} = e. \tag{4.3.1}$$

证明   对于 $x > 1$, 我们有

$$\left(1 + \frac{1}{[x] + 1}\right)^{[x]} < \left(1 + \frac{1}{x}\right)^x < \left(1 + \frac{1}{[x]}\right)^{[x] + 1}.$$

由 e 的定义, 可得

$$\lim_{x \to +\infty} \left(1 + \frac{1}{[x] + 1}\right)^{[x]} = \lim_{x \to +\infty} \left(1 + \frac{1}{[x] + 1}\right)^{[x] + 1} = \lim_{n \to +\infty} \left(1 + \frac{1}{n + 1}\right)^{n + 1} = e$$

以及

$$\lim_{x \to +\infty} \left(1 + \frac{1}{[x]}\right)^{[x] + 1} = \lim_{x \to +\infty} \left(1 + \frac{1}{[x]}\right)^{[x]} = \lim_{n \to +\infty} \left(1 + \frac{1}{n}\right)^n = e.$$

从而由夹逼准则得到

$$\lim_{x \to +\infty} \left(1 + \frac{1}{x}\right)^x = \mathrm{e}. \tag{4.3.2}$$

进而

$$\lim_{x \to -\infty} \left(1 + \frac{1}{x}\right)^x = \lim_{x \to +\infty} \left(1 - \frac{1}{x}\right)^{-x} = \lim_{x \to +\infty} \left(1 + \frac{1}{x-1}\right)^x = \lim_{x \to +\infty} \left(1 + \frac{1}{x-1}\right)^{x-1} = \mathrm{e}.$$

上式结合 (4.3.2) 式即得

$$\lim_{x \to \infty} \left(1 + \frac{1}{x}\right)^x = \mathrm{e}.$$

等价地, 有

$$\lim_{x \to 0} (1 + x)^{\frac{1}{x}} = \mathrm{e}. \qquad \square$$

类似地, 利用 (3.3.7) 式或 (3.3.6) 式可得

$$\lim_{x \to 0} \frac{\ln(1+x)}{x} = 1. \tag{4.3.3}$$

而利用定理 2.4.4, 可以得到 $\forall \alpha \in (0, 1]$, 有

$$\frac{\alpha}{1+x} \leqslant \frac{(1+x)^\alpha - 1}{x} \leqslant \alpha, \qquad x > 0.$$

于是由夹逼准则得到

$$\lim_{x \to 0^+} \frac{(1+x)^\alpha - 1}{x} = \alpha.$$

容易把上述结果推广为 $\forall \alpha \in \mathbb{R}$, 有

$$\lim_{x \to 0} \frac{(1+x)^\alpha - 1}{x} = \alpha. \tag{4.3.4}$$

之后, 我们将利用连续性, 结合其他极限得到它们. 目前, 把它们的详细证明留给读者.

前面的例子中, 涉及的函数是幂函数、指数函数与对数函数. 要考察三角函数与反三角函数, 尤其是今后考察这些函数的导数时, 就自然地会涉及极限 $\lim\limits_{x \to 0} \dfrac{\sin x}{x}$.

在分析上要严格地定义三角函数, 通常有三种方式. 其一与弧度相关, 是利用单位圆周上圆弧的弧长来引入弧度, 这需要用到定积分; 其二是利用微分方程来定义; 其三则是利用极限或级数来定义 (有兴趣的读者可以参见文献 [43, 44]). 总的说来, 在介绍这些知识之前, 三角函数是没有严格定义过的, 其相关性质自然也还没有严格地建立起来.

由于三角函数和反三角函数可以在接下来的讨论中提供丰富的例子, 因此我们将在承认相关知识的情况下使用它们. 而在第五章第 5 节, 我们将介绍如何利用极限或级数来严格地定义三角函数.

在中学, $\sin x$ 中的 x 是弧度. 当单位圆周的一段弧的弧长为 x 时, 对应的圆心角的弧度就是 x. 曲线的弧长通过折线长度的极限来定义. 特别地, 单位圆周的长度是内

接多边形周长的极限. 换言之, 如图 4.1 所示, 记 P_0P_1 的弧长为 x, 直线段 P_0P_1 的长为 $|P_0P_1|$, 则弧长的定义相当于说, $\lim\limits_{x \to 0^+} \dfrac{|P_0P_1|}{x} = 1$. 注意到 $|P_0P_1| = 2\sin\dfrac{x}{2}$. 因此, $\lim\limits_{x \to 0^+} \dfrac{2\sin\frac{x}{2}}{x} = 1$. 即

$$\lim_{x \to 0^+} \frac{\sin x}{x} = 1. \tag{4.3.5}$$

也就是说, 在把 x 理解为弧度时, (4.3.5) 式本质上是一种定义. 由于 $\sin$ 是奇函数, 由 (4.3.5) 式又可得

$$\lim_{x \to 0} \frac{\sin x}{x} = 1. \tag{4.3.6}$$

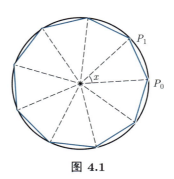

图 4.1

习题 4.3

1. 给出例 4.3.3 的证明.

2. 详细证明 (4.3.3) 式.

3. 设 $E \subseteq \mathbb{R}$, $f : E \to \mathbb{R}$, $x_0 \in E'$. 证明: $\lim\limits_{\substack{x \to x_0 \\ x \in E}} f(x)$ 存在当且仅当对 $E \setminus \{x_0\}$ 中任何趋于 x_0 的点列 $\{x_n\}$, 极限 $\lim\limits_{n \to +\infty} f(x_n)$ 存在.

4. 证明对于 $x \neq 0$, 有 $\prod\limits_{n=1}^{\infty} \cos\dfrac{x}{2^n} = \dfrac{\sin x}{x}$. 特别地, 有 **Viète** 公式: $\prod\limits_{n=2}^{\infty} \cos\dfrac{\pi}{2^n} = \dfrac{2}{\pi}$.

第五章

连续函数

人们研究的数学问题一般都是多种运算相互作用的情形, 连续函数体现了极限运算与取函数值这两种运算的可交换性. 连续性也体现了函数的取值所受到的一种制约.

5.1   连续函数

首先, 引入函数连续性的定义.

定义 5.1.1   设 $\delta > 0$, f 在 $(x_0 - \delta, x_0 + \delta)$ 内有定义. 若 $\lim\limits_{x \to x_0} f(x) = f(x_0)$, 则称 f 在点 x_0 处**连续**.

若区间 I 上的函数 f 在 I 上每一点处连续[①], 则称 f 在 I 上连续.

连续的本质就是求极限和求函数值可以交换次序. 具体地, f 在点 x_0 处连续即为

$$\lim_{x \to x_0} f(x) = f(\lim_{x \to x_0} x).$$

另一方面, 将条件分解可见 f 在点 x_0 处连续当且仅当

$$\lim_{x \to x_0^+} f(x) = f(x_0) = \lim_{x \to x_0^-} f(x). \tag{5.1.1}$$

这样, 考察 f 在点 x_0 处的左极限、右极限与函数值三者之间的关系, 就得到不连续点的分类.

定义 5.1.2   设 $\delta > 0$, f 的定义域包含 $(x_0 - \delta, x_0) \cup (x_0, x_0 + \delta)$. 若 f 在点 x_0 处不连续或无定义, 则称 x_0 为 f 的**不连续点**, 又称为**间断点**. 进一步,

(1) 若 $f(x_0^+), f(x_0^-)$ 均存在, 但不相等, 则称 x_0 为**第一类间断点**, 又称为**跳跃间断点**;

(2) 若 $f(x_0^+)$ 和 $f(x_0^-)$ 中至少一个不存在, 则称 x_0 为**第二类间断点**;

(3) 若 $f(x_0^+), f(x_0^-)$ 均存在且相等, 但不等于 $f(x_0)$ 或 $f(x_0)$ 不存在, 则称 x_0 为**第三类间断点**, 又称**可去间断点**.

对于第二类间断点, 若函数在点 x_0 附近有界, 则称 x_0 为**振荡间断点**; 若 $\lim\limits_{x \to x_0} f(x) = \infty$, 则称 x_0 为**无穷间断点**.

对应于函数的连续性, 结合定理 4.1.3, 有如下的 Heine 定理.

定理 5.1.1   设 f 在 (a, b) 内有定义, $x_0 \in (a, b)$. 则 f 在点 x_0 处连续当且仅当对 (a, b) 内任何趋于 x_0 的点列 $\{x_n\}$, 有 $\lim\limits_{n \to +\infty} f(x_n) = f(x_0)$.

如果 (5.1.1) 式中左边的等式或右边的等式成立, 则称 f 具有单侧的连续性. 具体地, 定义如下:

---

① 若 I 包含左端点 a, 则 f 在点 a 处右连续; 若 I 包含右端点 b, 则 f 在点 b 处左连续. 左、右连续的定义见定义 5.1.3.

定义 5.1.3 设 $\delta > 0$.

(1) 若 f 在 $[x_0, x_0 + \delta)$ 上有定义, 且 $\lim\limits_{x \to x_0^+} f(x) = f(x_0)$, 则称 f 在点 x_0 处**右连续**;

(2) 若 f 在 $(x_0 - \delta, x_0]$ 上有定义, 且 $\lim\limits_{x \to x_0^-} f(x) = f(x_0)$, 则称 f 在点 x_0 处**左连续**.

这样, f 在点 x_0 处连续, 当且仅当 f 在点 x_0 处既是左连续的, 又是右连续的.

而结合极限的定义, 可得 f 在点 x_0 处连续当且仅当 $\forall \varepsilon > 0$, 存在 $\delta > 0$, 使得当 $x \in (x_0 - \delta, x_0 + \delta)$ 时, 有 $|f(x) - f(x_0)| < \varepsilon$.

我们可以用此方法来定义一般集合 E 上函数的连续性.

定义 5.1.4 设 $E \subseteq \mathbb{R}$.

(1) 设 $x_0 \in E$, 若 $\forall \varepsilon > 0$, 存在 $\delta > 0$, 使得当 $x \in (x_0 - \delta, x_0 + \delta) \cap E$ 时, 有 $|f(x) - f(x_0)| < \varepsilon$, 则称 f 在点 x_0 处连续;

(2) 若 f 在 E 的任何点处都连续, 则称 f 在 E 上连续;

(3) 设 $x_0 \in \overline{E}$, 若 $x_0 \notin E$ 或 f 在点 x_0 处不是连续的, 则称 x_0 是 f 的不连续点, 又称间断点;

(4) 若 $F \subseteq E$, 而 $f|_F$ 在点 x_0 处连续, 则称 f 限制在 F 上在点 x_0 处连续.

在定义 5.1.4 中, f 在点 $x_0 \in E$ 处连续, 有两种情形. 其一是 x_0 是孤立点. 即定义 5.1.4 规定了函数在定义域的孤立点是连续的. 其二是 x_0 为 E 的聚点, 且 $\lim\limits_{\substack{x \to x_0 \\ x \in E}} f(x) = f(x_0)$.

f 在点 x_0 处右连续, 相当于 $f|_{[x_0, x_0 + \delta)}$ 在点 x_0 处连续.

引入定义 5.1.4 的好处是明显的. 例如按定义 5.1.4, 若 f 在闭区间 $[a, b]$ 上连续, 则在左端点 a 处恰好就是之前要求的右连续, 而在右端点 b 处就是左连续. 今后在 $\mathbb{R}^n$ 的子集上考虑函数的连续性时, 这一定义更能给我们的讨论带来方便.

一般情形下的 Heine 定理可以表述如下:

定理 5.1.2 设 f 是 E 上的函数, $x_0 \in E$. 则 f 在点 x_0 处连续当且仅当对 E 中任何趋于 x_0 的点列 $\{x_n\}$, 有 $\lim\limits_{n \to +\infty} f(x_n) = f(x_0)$.

定理 5.1.1 与定理 5.1.2 与函数极限的 Heine 定理稍有区别的地方是, 定理 5.1.1 与定理 5.1.2 中的点列 $\{x_n\}$ 可以取 x_0. 另一方面, 定理 5.1.2 也适用于 x_0 为 E 的孤立点的情形.

习题 5.1

1. 证明 Dirichlet 函数

$$D(x) := \begin{cases} 1, & x \in \mathbb{Q}, \\ 0, & x \notin \mathbb{Q} \end{cases}$$

在 $\mathbb{R}$ 上处处不连续.

2. 考虑 $[0, 1]$ 上的 Riemann[①] 函数

---

① Riemann, Georg Friedrich Bernhard, 1826 年 9 月 17 日—1866 年 7 月 20 日, 德国数学家.

$$R(x) := \begin{cases} 1, & x = 0, \\ \dfrac{1}{q}, & x = \dfrac{p}{q} \quad (\text{其中 } p, q \text{ 为既约整数}), \\ 0, & x \in \mathbb{Q}. \end{cases}$$

证明 R 在有理点不连续, 在无理点连续.

3. 设 $S_n = \dfrac{1}{n^2} \displaystyle\sum_{k=0}^{n} \ln \mathrm{C}_n^k$. 求 $\displaystyle\lim_{n \to +\infty} S_n$.

4. 设 $\displaystyle\lim_{x \to 0} f(x) = 0$, $\displaystyle\lim_{x \to 0} \dfrac{f(2x) - f(x)}{x} = 0$. 证明 $\displaystyle\lim_{x \to 0} \dfrac{f(x)}{x} = 0$.

5. 称 $\mathbb{R}$ 上函数 f 满足局部 Lipschitz[①] 条件, 是指对任何 $x \in \mathbb{R}$, 存在 $\delta > 0$ 以及 $M > 0$ 使得

$$|f(y) - f(z)| \leqslant M|y - z|, \qquad \forall y, z \in (x - \delta, x + \delta).$$

证明: f 在 $\mathbb{R}$ 上满足局部 Lipschitz 条件等价于对任何 $A > 0$, 存在 $M_A > 0$ 使得

$$|f(x) - f(y)| \leqslant M_A |x - y|, \qquad \forall x, y \in [-A, A].$$

6. 设 f 为 $\mathbb{R}$ 上函数. 对任何 $x \in \mathbb{R}$, 存在 $\delta > 0$ 以及 $M > 0$ 使得

$$|f(y) - f(x)| \leqslant M|y - x|, \qquad \forall y \in (x - \delta, x + \delta).$$

问: f 是否一定满足局部 Lipschitz 条件?

7. 设 f 是 $[a, b]$ 上的单调连续函数, $\{a_n\}$ 是 $[a, b]$ 中的点列. 证明:

(1) 若 f 单增, 则 $\displaystyle\varlimsup_{n \to +\infty} f(a_n) = f\left(\varlimsup_{n \to +\infty} a_n \right)$, $\displaystyle\varliminf_{n \to +\infty} f(a_n) = f\left(\varliminf_{n \to +\infty} a_n \right)$;

(2) 若 f 单减, 则 $\displaystyle\varlimsup_{n \to +\infty} f(a_n) = f\left(\varliminf_{n \to +\infty} a_n \right)$, $\displaystyle\varliminf_{n \to +\infty} f(a_n) = f\left(\varlimsup_{n \to +\infty} a_n \right)$.

8. 将习题 7 推广到广义实数系情形.

9. 证明区间 I 上的单调函数的间断点均为跳跃间断点, 且间断点全体至多可列.

10. 设 $\{x_k\}_{k=1}^{\infty}$ 为 $\mathbb{R}$ 中点列, 定义 $f(x) := \displaystyle\sum_{k=1}^{\infty} \dfrac{1}{2^k} \chi_{(x_k, +\infty)}(x)$. 证明: f 的间断点全体为 $\{x_k | k \geqslant 1\}$.

进一步, 若 $\{x_k\}$ 在 $\mathbb{R}$ 中稠密, 则 f 在 $\mathbb{R}$ 上严格单增.

11. 将区间 $(0, 1)$ 内的实数用十进制小数 $0.a_1 a_2 a_3 \cdots a_n \cdots$ 表示, 约定不将 9 作为循环节. 定义

$$f(0.a_1 a_2 a_3 \cdots a_n \cdots) := 0.a_1 0 a_2 0 a_3 0 \cdots a_n 0 \cdots,$$

试问 f 在 $(0, 1)$ 内的哪些点连续, 哪些点不连续?

---

① Lipschitz, Rudolf Otto Sigismund, 1832 年 5 月 14 日—1903 年 10 月 7 日, 德国数学家.

12. 设正数列 $\{a_n\}$ 满足 $\varliminf\limits_{n\to+\infty} a_n = 1$, $\varlimsup\limits_{n\to+\infty} a_n = 2$ 及 $\lim\limits_{n\to+\infty} \sqrt[n]{\prod\limits_{k=1}^{n} a_k} = 1$. 证明: $\lim\limits_{n\to+\infty} \dfrac{1}{n} \sum\limits_{k=1}^{n} a_k = 1$.

13. 证明: $\mathbb{R}$ 上实连续函数全体的势为 $\aleph$.

14. 设 f 在 $(0, +\infty)$ 上连续, 且对于任何 $a \in (0, +\infty)$, $\lim\limits_{n\to+\infty} f(na) = 0$. 证明: $\lim\limits_{x\to+\infty} f(x) = 0$.

5.2 基本初等函数的连续性

这一节要讨论的是初等函数在其定义域内的连续性. 关于初等函数, 这里不给出严格定义. 简单地讲, 初等函数是基本初等函数经过有限次的四则运算和复合运算得到的函数. 更确切一点, 在这种运算中需要把所谓代数函数包含进去. 函数 f 称为代数函数, 是指满足一个代数方程的解析函数①, 具体地, 就是存在多项式 $a_n(\cdot), a_{n-1}(\cdot), \cdots, a_0(\cdot)$, 使得 f 满足不可约方程

$$a_n(x)f^n(x) + a_{n-1}(x)f^{n-1}(x) + \cdots + a_1(x)f(x) + a_0(x) = 0,$$

其中 $n \geqslant 1$, $a_n(\cdot) \not\equiv 0$.

初等函数的连续性可由基本初等函数的连续性以及复合函数、反函数的连续性得到. 因此, 接下来主要建立基本初等函数的连续性以及有关复合函数连续性和反函数连续性的定理.

5.2.1 连续函数和、差、积、商的连续性

首先, 由极限的四则运算, 立即可得连续函数和、差、积、商的连续性.

定理 5.2.1 设 $\delta > 0$, 函数 f 和 g 在 $(x_0 - \delta, x_0 + \delta)$ 内有定义, 且 f, g 在点 x_0 处连续.

(1) 设 α, β 为常数, 则 $\alpha f + \beta g$ 在点 x_0 处连续;

(2) fg 在点 x_0 处连续;

(3) 若 $g(x_0) \neq 0$, 则 $\dfrac{f}{g}$ 在点 x_0 处连续.

自然, 把定理中的连续改为左连续或右连续, 或在定义 5.1.4 意义下考虑连续性, 定理也成立.

---

① 这里的解析性可允许有个别例外点.

5.2.2　复合函数的连续性

由于连续的本质是取极限和取函数值可以交换次序, 因此, 连续函数与连续函数复合得到的是连续函数. 具体地, 有如下定理.

定理 5.2.2　设 g 在区间 (a,b) 内有定义, 在点 $x_0 \in (a,b)$ 处连续. 又设 $g(a,b) \subseteq (c,d)$, f 在 (c,d) 内有定义, 在点 $y_0 = g(x_0)$ 处连续. 则 $f \circ g$ 在点 x_0 处连续.

证明　由定理条件, $f \circ g$ 在 (a,b) 内有定义.

任取 (a,b) 内趋于 x_0 的点列 $\{x_n\}$, 由 g 的连续性以及 Heine 定理 5.1.1, 得到 $\lim\limits_{n \to +\infty} g(x_n) = g(x_0)$. 于是, 由 f 在点 $y_0 = g(x_0)$ 处的连续性, 并再次利用 Heine 定理 5.1.1, 得到 $\lim\limits_{n \to +\infty} f(g(x_n)) = f(g(x_0))$. 这就是说 $f \circ g$ 在点 x_0 处连续. □

注 5.2.1　本质上, 定理 5.2.2 就是如下的关系式成立:

$$\lim_{x \to x_0} f(g(x)) = f(\lim_{x \to x_0} g(x)) = f(g(\lim_{x \to x_0} x)) = f(g(x_0)). \tag{5.2.1}$$

(5.2.1) 式自然是正确的, 也比较显然. 其推导过程可以视为使用了 Heine 定理 5.1.1 的一种推广:

设 f 在 (c,d) 内有定义, $y_0 \in (c,d)$, 则 $\lim\limits_{y \to y_0} f(y) = f(y_0)$ 当且仅当对任何取值于 (c,d) 并满足 $\lim\limits_{x \to x_0} g(x) = y_0$ 的函数 g, 有 $\lim\limits_{y \to y_0} f(g(x)) = f(y_0)$.

但初次使用就利用 (5.2.1) 式, 略微显得有点跳跃. 定理 5.2.2 的证明可以认为是 (5.2.1) 式的一个证明.

这里也可以看到, 极限运算中运用变量代换可以视为复合函数连续性的一个应用.

类似地, 可以给出复合函数左连续或右连续对应的相关定理.

在定理 5.2.2 中, $g(a,b) \subseteq (c,d)$, f 在 (c,d) 内有定义. 这样点 x_0 是复合函数 $f \circ g$ 定义域的内点. 但时常两个函数的复合不是严格意义上定义域和值域匹配的复合, 例如基本初等函数复合过程中, 自然定义域就会产生变化. 一方面, 自然定义域有时候会出现左端点或右端点, 甚至出现孤立点. 这会给论证过程中的讨论带来一些麻烦. 利用定义 5.1.4 所定义的一般集合上函数的连续性, 则可以把各种情形都归并到一起.

定理 5.2.3　设 g 是 E 上的函数, 在点 $x_0 \in E$ 处连续. 又设 $y_0 = g(x_0) \in F$, 而 f 是 F 上的函数, 在点 y_0 处连续. 则 $f \circ g : E \cap g^{-1}(F) \to \mathbb{R}$ 在点 x_0 处连续, 这里 $g^{-1}(F) = \{x | g(x) \in F\}$.

5.2.3　反函数的连续性

现在, 我们来给出反函数的连续性.

定理 5.2.4　设 f 是 $[a,b]$ 上严格单调的连续函数, 则 f 的反函数 $f^{-1} : f[a,b] \to \mathbb{R}$ 连续.

证明　由于 f 严格单调, 因此它是单射, 从而反函数 f^{-1} 存在. 不妨设 f 严格单增. 任取 $y_0 \in f(a,b)$, 记 $x_0 = f^{-1}(y_0)$, 则 $x_0 \in (a,b)$.

对任何 $0 < \varepsilon < \min\{x_0 - a, b - x_0\}$, 令 $\delta := \min\{y_0 - f(x_0 - \varepsilon), f(x_0 + \varepsilon) - y_0\}$. 则当 $|y - y_0| < \delta$ 时,
$$f(x_0 - \varepsilon) < y < f(x_0 + \varepsilon).$$
从而
$$f^{-1}(y_0) - \varepsilon = x_0 - \varepsilon < f^{-1}(y) < x_0 + \varepsilon = f^{-1}(y_0) + \varepsilon.$$
即 f^{-1} 在点 $y_0 \in f(a,b)$ 处连续. 同理可证 f^{-1} 在点 $f(a)$ 与 $f(b)$ 处连续. $\quad\square$

细看定理 5.2.4 的证明, 可以发现没有用到 f 的连续性. 这里的问题在于我们没有说明满足 $|y - y_0| < \delta$ 的 y 都在 f^{-1} 的定义域内, 即在 f 的值域内. 而要说明这一点, 需要下一节的介值定理 (参见定理 5.3.1). 另一方面, 如果按照一般集合上函数的连续性定义, 我们不要求 f^{-1} 的定义域为区间, 那么上述证明过程中, 追加 $y \in f[a,b]$ 后就是正确的. 更确切地, 我们有如下结果.

定理 5.2.5　设 f 是 $[a,b]$ 上严格单调的函数, 则 f 的反函数 $f^{-1} : f[a,b] \to \mathbb{R}$ 连续.

易见 f^{-1} 是 $f[a,b]$ 上严格单调的函数, 但它的反函数即 f 不一定连续. 在此可以看到, 在保证 f^{-1} 连续这个问题上, f 的定义域为区间起到了重要的作用.

5.2.4　基本初等函数的连续性

有了前面各小节的理论基础, 我们来逐一讨论基本初等函数在其定义域内的连续性. 具体地, 我们要考察如下函数的连续性:
$$x^a, a^x, \log_a x, \sin x, \cos x, \tan x, \cot x, \sec x, \csc x, \arcsin x, \arccos x, \arctan x.$$

1. 幂函数在其定义域内连续

根据 $a \neq 0$ 的不同情况, 幂函数 x^a 的定义域有四种情况: $(0, +\infty), [0, +\infty), \mathbb{R} \setminus \{0\}, \mathbb{R}$. 现设 x^a 在点 x_0 处有定义.

(1) $x_0 > 0$. 无论哪种情形, x^a 在 $(0, +\infty)$ 内有定义. 对于, $x^a = e^{a \ln x}$, 因此, x^a 在 $(0, +\infty)$ 内的连续性可由指数函数和对数函数的连续性得到.

自然, 也可以直接通过以下不等式得到连续性: 记 $n = [|a|] + 1$, 则
$$|x^a - x_0^a| = x_0^a \left|\left(\frac{x}{x_0}\right)^a - 1\right| \leqslant x_0^a \left(\left|\left(\frac{x}{x_0}\right)^n - 1\right| + \left|\left(\frac{x}{x_0}\right)^{-n} - 1\right|\right), \quad \forall x > 0.$$
另外, 也可以利用更精细的 (4.3.4) 式得到结论.

(2) $x_0 < 0$. 若 x^a 在 $x_0 < 0$ 有定义, 则必在 $(-\infty, 0)$ 内有定义, 且此时
$$x^a = (-1)^a (-x)^a, \quad \forall x < 0.$$

这样, 此种情形下, x^a 在 $(-\infty, 0)$ 内的连续性可由 (1) 的结论得到.

(3) $x_0 = 0$. x^a 在 $x_0 = 0$ 有定义当且仅当 $a > 0$. 此时, 直接从极限定义可得 $\lim\limits_{x \to 0^+} x^a = 0$. 即此时 x^a 在 0 点处右连续.

若进一步, x^a 在整个 $\mathbb{R}$ 上有定义, 则利用 $|x^a| = |x|^a$, 可得此时有 $\lim\limits_{x \to 0} x^a = 0$. 即此时 x^a 在 0 点处连续.

总之, 幂函数在定义域内连续. 其中, 当 0 是 x^a 定义域的左端点时, x^a 在 0 点处右连续.

2. 指数函数在其定义域内连续

具体地, 对于 $a > 0,\ a \neq 1$, a^x 在 $\mathbb{R}$ 内连续.

注意到 $a^x = a^{x_0} a^{x - x_0}$, 我们只要证明 a^x 在 0 点处的连续性. 而在例 4.3.1 中, 我们已经证明了 $\lim\limits_{x \to 0} a^x = 1$. 因此, 指数函数在其定义域内连续.

3. 对数函数在其定义域内连续

具体地, 对于 $a > 0,\ a \neq 1$, $\log_a x$ 在 $(0, +\infty)$ 内连续.

利用定理 5.2.4, 对数函数作为指数函数的反函数, 它在其定义域内连续.

自然也可以从定义出发直接证明.

4. 三角函数在其定义域内连续

(1) $\sin x$ 在 $\mathbb{R}$ 上连续.

首先, 由 $\lim\limits_{x \to 0} \dfrac{\sin x}{x} = 1$ (参见 (4.3.6) 式) 可得 $\lim\limits_{x \to 0} \sin x = 0$, 即 $\sin x$ 在 0 点处连续. 任取 $x_0 \in \mathbb{R}$, 我们有

$$\left| \sin x - \sin x_0 \right| = \left| 2 \cos \frac{x + x_0}{2} \sin \frac{x - x_0}{2} \right| \leqslant 2 \left| \sin \frac{x - x_0}{2} \right|. \tag{5.2.2}$$

结合 $\sin x$ 在 0 点处的连续性以及夹逼准则可得 $\lim\limits_{x \to x_0} \sin x = \sin x_0$. 即 $\sin x$ 在 $\mathbb{R}$ 上连续.

(2) 由 $\cos x = \sin \left(x + \dfrac{\pi}{2} \right)$ 即得 $\cos x$ 在 $\mathbb{R}$ 上连续.

(3) 由连续函数四则运算的性质得到 $\tan x, \cot x, \sec x, \csc x$ 等函数在各自的定义域内连续.

5. 反三角函数在其定义域内连续

利用定理 5.2.4, 如下反三角函数均为连续函数:

$$\arcsin x : [-1, 1] \to \left[-\frac{\pi}{2}, \frac{\pi}{2} \right],$$

$$\arccos x : [-1, 1] \to [0, \pi],$$

$$\arctan x : (-\infty, +\infty) \to \left(-\frac{\pi}{2}, \frac{\pi}{2} \right).$$

5.2.5　几个常用的重要极限

利用本节的定理, 尤其是复合函数的连续性, 可以大大丰富我们之前得到的极限关系式. 这里我们再次提请读者注意, 通过变量代换计算极限, 相当于利用复合函数的连续性来计算极限.

以下利用已知极限来推导出一些新的常用的重要极限.

1. $\lim\limits_{x \to 0}(1 + x)^{\frac{1}{x}} = \mathrm{e}$ **的推论**

(1) 两边取对数, 得到我们在 (4.3.3) 式中得到的

$$\lim_{x \to 0} \frac{\ln(1 + x)}{x} = 1. \tag{5.2.3}$$

(2) 在 (5.2.3) 式中用 $\mathrm{e}^x - 1$ 代替 x, 得到

$$\lim_{x \to 0} \frac{\mathrm{e}^x - 1}{x} = 1. \tag{5.2.4}$$

(3) 对于任何 $\alpha \in \mathbb{R}$, 下式给出了 (4.3.4) 式的又一推导过程:

$$\lim_{x \to 0} \frac{(1 + x)^\alpha - 1}{x} = \lim_{x \to 0} \frac{\mathrm{e}^{\alpha \ln(1+x)} - 1}{\ln(1 + x)} \lim_{x \to 0} \frac{\ln(1 + x)}{x} = \alpha. \tag{5.2.5}$$

2. $\lim\limits_{x \to 0} \dfrac{\sin x}{x} = 1$ **的推论**

(1) 结合 $\cos x$ 在 0 点处的连续性, 得到

$$\lim_{x \to 0} \frac{\tan x}{x} = 1. \tag{5.2.6}$$

(2) 在 $\lim\limits_{x \to 0} \dfrac{\sin x}{x} = 1$ 中以 $\arcsin x$ 代替 x 得到

$$\lim_{x \to 0} \frac{\arcsin x}{x} = 1. \tag{5.2.7}$$

(3) 在 (5.2.6) 式中以 $\arctan x$ 代替 x 得到

$$\lim_{x \to 0} \frac{\arctan x}{x} = 1. \tag{5.2.8}$$

3. $\lim\limits_{x \to +\infty} x^{\frac{1}{x}} = 1$ **的推论**

(1) 两端取对数得到

$$\lim_{x \to +\infty} \frac{\ln x}{x} = 0. \tag{5.2.9}$$

对于任何 $\alpha > 0$, 在 (5.2.9) 式中以 x^α 代替 x 得到

$$\lim_{x \to +\infty} \frac{\ln x}{x^\alpha} = 0. \tag{5.2.10}$$

由 (5.2.10) 式又得到对任何 $\alpha \in \mathbb{R}$ 以及 $\beta > 0$, 有

$$\lim_{x \to +\infty} \frac{(\ln x)^{\alpha}}{x^{\beta}} = 0. \tag{5.2.11}$$

(2) 在 (5.2.11) 式中用 $\frac{1}{x}$ 代替 x 得到对任何 $\alpha \in \mathbb{R}$ 以及 $\beta > 0$, 有

$$\lim_{x \to 0^+} x^{\beta} |\ln x|^{\alpha} = 0. \tag{5.2.12}$$

(3) 对于 $\alpha \in \mathbb{R}$ 以及 $\beta > 0$, 在 (5.2.11) 式中以 e^x 代替 x 得到

$$\lim_{x \to +\infty} \frac{x^{\alpha}}{\mathrm{e}^{\beta x}} = 0. \tag{5.2.13}$$

4. e^x 的无穷级数表示

类似于 (3.3.8) 式, 可以得到 e^x 的级数表示. 利用 (5.2.3) 式可得

$$\lim_{n \to +\infty} \left(1 + \frac{x}{n}\right)^n = \lim_{n \to +\infty} \mathrm{e}^{n \ln(1 + \frac{x}{n})} = \mathrm{e}^x. \tag{5.2.14}$$

另一方面, 对任何 $n \geqslant 1$, 我们有

$$\left(1 + \frac{x}{n}\right)^n = 1 + x + \frac{x^2}{2!}\left(1 - \frac{1}{n}\right) + \cdots + \frac{x^n}{n!} \prod_{k=1}^{n-1}\left(1 - \frac{k}{n}\right). \tag{5.2.15}$$

由单调收敛定理易得级数 $\displaystyle\sum_{n=0}^{\infty} \frac{|x|^n}{n!}$ 收敛. 而由 Cauchy 收敛准则得到 $\displaystyle\sum_{n=0}^{\infty} \frac{x^n}{n!}$ 也收敛. 于是, 固定 $m \geqslant 2$, 当 $n \geqslant m$ 时, 有

$$\left|\left(1 + \frac{x}{n}\right)^n - \left(1 + x + \frac{x^2}{2!}\left(1 - \frac{1}{n}\right) + \cdots + \frac{x^m}{m!} \prod_{k=1}^{m-1}\left(1 - \frac{k}{n}\right)\right)\right| \leqslant \sum_{k=m+1}^{\infty} \frac{|x|^k}{k!}. \tag{5.2.16}$$

上式中令 $n \to +\infty$ 可得

$$\left|\mathrm{e}^x - \sum_{k=0}^{m} \frac{x^k}{k!}\right| \leqslant \sum_{k=m+1}^{\infty} \frac{|x|^k}{k!}. \tag{5.2.17}$$

再令 $m \to +\infty$ 即得

$$\mathrm{e}^x = \sum_{n=0}^{\infty} \frac{x^n}{n!}, \qquad \forall\, x \in \mathbb{R}. \tag{5.2.18}$$

习题 5.2

1. 求 $\displaystyle\lim_{n \to +\infty} \left(\frac{n!}{n^n}\right)^{\frac{1}{n}}$.

2. 设 $a > 0, b > 0$, 求证: $\displaystyle\lim_{n \to +\infty} \left(\frac{\sqrt[n]{a} + \sqrt[n]{b}}{2}\right)^n = \sqrt{ab}$.

3. 计算 $\lim\limits_{x\to 0}\dfrac{e^x-1-x}{x^2}$.

4. 计算 $\lim\limits_{x\to 0}\dfrac{\ln(1+x)-x}{x^2}$.

5. 设 $\alpha\in\mathbb{R}$, 计算 $\lim\limits_{x\to 0}\dfrac{(1+x)^\alpha-1-\alpha x}{x^2}$.

5.3 连续函数的基本性质

这一节介绍连续函数的基本性质, 包括介值性、最值性以及一致连续性等.

5.3.1 介值定理

首先, 引入如下的**介值定理**, 它常用于证明代数方程解的存在性.

定理 5.3.1 设 f 在 $[a,b]$ 上连续, $f(a)<\eta<f(b)$, 则存在 $\xi\in(a,b)$ 使得 $f(\xi)=\eta$.

证明 记 $E:=\{x\in[a,b]\,|\,f(x)\leqslant\eta\}$. 则 $a\in E$. 因此, E 非空有界, 从而 $\xi:=\sup E$ 存在且 $a\leqslant\xi\leqslant b$.

由上确界的定义, 无论 ξ 是否属于 E, 都可以找到 E 中点列 $\{x_n\}$ 使得 $\lim\limits_{n\to+\infty}x_n=\xi$. 于是由 f 的连续性, $f(\xi)=\lim\limits_{n\to+\infty}f(x_n)\leqslant\eta$. 特别地, $\xi<b$.

于是, 对任何 $x\in(\xi,b]$, 有 $f(x)>\eta$. 从而又有 $f(\xi)=\lim\limits_{x\to\xi^+}f(x)\geqslant\eta$.

总之, 得到 $f(\xi)=\eta$. □

一般地, 对于区间 I, 我们称函数 $f:I\to\mathbb{R}$ 具有介值性, 是指对任何 $a,b\in I$, $a<b$, f 在 $[a,b]$ 上 (而不仅仅是在 I 上) 可取到任何介于 $f(a)$ 与 $f(b)$ 之间的值. 这等价于对 I 的任何子区间 J, 它的像 $f(J)$ 也是区间或单点集.

例 5.3.1 设 $P(x)=x^5+a_4x^4+a_3x^3+a_2x^2+a_1x+a_0$, 其中 $a_0,a_1,\cdots,a_4\in\mathbb{R}$. 证明: P 有实零点.

证明 显然 P 是 $\mathbb{R}$ 上的连续函数. 记 $M=\sum\limits_{k=0}^{4}|a_k|+1$. 则

$$P(M)\geqslant M^5-\sum_{k=0}^{4}|a_k|M^k\geqslant M^5-M^4\sum_{k=0}^{4}|a_k|>0,$$

$$P(-M)\leqslant -M^5+\sum_{k=0}^{4}|a_k|M^k\leqslant -M^5+M^4\sum_{k=0}^{4}|a_k|<0.$$

由介值定理即得 P 有零点 $\xi\in(-M,M)$. □

例 5.3.2   证明: $\cos x = x$ 有实零点.

证明   记 $f(x) = \cos x - x$. 则 f 是 $\mathbb{R}$ 上的连续函数. 我们有

$$f(0) = 1 - 0 > 0, \quad f(1) = \cos 1 - 1 < 0.$$

由介值定理即得 f 有零点 $\xi \in (0, 1)$.   □

5.3.2   最值性与有界性

如下最值定理表明有界闭区间上连续函数具有最值, 进而是有界的.

定理 5.3.2   设 f 是有界闭区间 $[a, b]$ 上的连续函数. 则 f 在 $[a, b]$ 上有最大最小值, 即有 $\xi, \eta \in [a, b]$ 使得

$$f(\xi) = \sup_{x \in [a,b]} f(x), \quad f(\eta) = \inf_{x \in [a,b]} f(x).$$

进而 f 在 $[a, b]$ 上有界.

证明   记 $M = \sup\limits_{x \in [a,b]} f(x)$ (这里的 M 有可能为 $+\infty$). 而接下来的讨论要证明 M 是有限的、可达的.

由上确界的定义, 有 $[a, b]$ 中点列 $\{x_n\}$ 使得 $\lim\limits_{n \to +\infty} f(x_n) = M$. 这样的点列 $\{x_n\}$ 称为 f 在 $[a, b]$ 上的极大化序列. 由致密性定理, $\{x_n\}$ 有收敛子列. 不妨设 $\{x_n\}$ 本身收敛, 其极限为 ξ. 则 $\xi \in [a, b]$,

$$f(\xi) = \lim_{n \to +\infty} f(x_n) = M.$$

这表明 M 为 f 的最大值, ξ 为最大值点[①]. 同理, f 有最小值. 进而 f 有界.   □

把最值定理与介值定理结合, 可见 $[a, b]$ 上的连续函数 f 把 $[a, b]$ 映成区间 $[m, M]$ 或单点集 $\{M\} = \{m\}$, 其中 M, m 为 f 在 $[a, b]$ 上的最大值和最小值.

仿定理 5.3.2 的证明, 自然可得如下结论: 设 f 是区间 I 上的连续函数, $E \subseteq I$ 是有界闭集, 则 $f(E)$ 是有界闭集.

5.3.3   一致连续性

首先, 我们引入如下概念.

定义 5.3.1   设 f 是区间 I 上的函数. 若 $\lim\limits_{r \to 0^+} \sup\limits_{\substack{x,y \in I \\ |x-y| \leqslant r}} |f(x) - f(y)| = 0$, 则称 f 在 I 上**一致连续**.

---

① 称函数取得最大 (小) 值的点为其最大 (小) 值点.

易见, f 在 I 上一致连续等价于: $\forall \varepsilon > 0$, 存在 $\delta > 0$, 使得对任何满足 $|x - y| < \delta$ 的 $x, y \in I$, 有 $|f(x) - f(y)| < \varepsilon$.

若对于 $r \geqslant 0$, 令

$$\omega(r) \equiv \omega(r; f) := \sup_{\substack{x, y \in I \\ |x - y| \leqslant r}} |f(x) - f(y)|. \tag{5.3.1}$$

则 f 在 I 上一致连续当且仅当 $\lim\limits_{r \to 0^+} \omega(r) = \omega(0) = 0$.

当 f 在 I 上一致连续时, 我们称由 (5.3.1) 式定义的 ω 为 f 在 I 上的 **连续模**.

若 f 在区间 I 上一致连续, 则其连续模 ω 是 $[0, +\infty)$ 上一个单调增加的连续函数, 满足 $\omega(0) = 0$ 以及

$$\omega(r + s) \leqslant \omega(r) + \omega(s), \qquad \forall r, s \geqslant 0.$$

一般地, 我们把满足 $\omega(0^+) = \omega(0) = 0$ 的单调增加函数 $\omega : [0, +\infty) \to [0, +\infty]$ 称为一个连续模.

易见, 一致连续蕴涵连续, 而反之不然.

例 5.3.3 在 $(0, +\infty)$ 上考虑函数 $f(x) := \dfrac{1}{x}$. 则 f 在 $(0, +\infty)$ 上连续. 但对于 $r > 0$,

$$\sup_{\substack{x, y > 0 \\ |x - y| \leqslant r}} |f(x) - f(y)| \geqslant \sup_{0 < x < r} |f(2x) - f(x)| = \sup_{0 < x < r} \frac{1}{2x} = +\infty.$$

因此, f 在 $(0, +\infty)$ 上非一致连续.

一致连续性是有界闭集上连续函数的重要性质.

定理 5.3.3 　有界闭区间上的连续函数必一致连续.

证明 　我们用两种方法证明.

证法 1 　任取 $\varepsilon > 0$, 由 f 的连续性, 对任何 $x \in [a, b]$ 有 $\delta_x > 0$ 使得当 $|y - x| < \delta_x$ 且 $y \in [a, b]$ 时, 有 $|f(y) - f(x)| < \varepsilon$.

显然, $[a, b] \subset \bigcup\limits_{x \in [a, b]} \left(x - \dfrac{\delta_x}{2}, x + \dfrac{\delta_x}{2} \right)$. 由有限覆盖定理, 存在 $x_1, x_2, \cdots, x_n \in [a, b]$ 使得 $[a, b] \subset \bigcup\limits_{k=1}^{n} \left(x_k - \dfrac{\delta_{x_k}}{2}, x_k + \dfrac{\delta_{x_k}}{2} \right)$.

取 $\delta = \dfrac{1}{2} \min\limits_{1 \leqslant k \leqslant n} \delta_{x_k}$. 则 $\delta > 0$. 对于满足 $|x - y| < \delta$ 的 $x, y \in [a, b]$, 首先有 $1 \leqslant k \leqslant n$ 使得 $x \in \left(x_k - \dfrac{\delta_{x_k}}{2}, x_k + \dfrac{\delta_{x_k}}{2} \right)$. 进而又有 $x, y \in \left(x_k - \delta_{x_k}, x_k + \delta_{x_k} \right)$. 从而

$$|f(x) - f(y)| \leqslant |f(x) - f(x_k)| + |f(y) - f(x_k)| < 2\varepsilon.$$

于是, 由定义得到 f 在 $[a, b]$ 上一致连续.

证法 2   若结论不真, 则存在 $\varepsilon_0 > 0$ 使得 (注意下式左端单增)

$$\sup_{\substack{x,y\in[a,b]\\|x-y|\leqslant r}} |f(x)-f(y)| > \varepsilon_0, \qquad \forall\, r > 0.$$

特别地, 对于任何 $n \geqslant 1$, 有 $x_n, y_n \in [a,b]$ 使得 $|x_n-y_n| \leqslant \dfrac{1}{n}$ 且 $|f(x_n)-f(y_n)| > \varepsilon_0$.

由致密性定理, $\{x_n\}$ 有子列收敛. 不妨设 $\{x_n\}$ 本身收敛到 ξ. 则必有 $\xi \in [a,b]$. 进一步, $\{y_n\}$ 必也收敛到 ξ. 于是, 由 f 在 ξ 的连续性,

$$\varepsilon_0 \leqslant \lim_{n\to+\infty} |f(x_n)-f(y_n)| = |f(\xi)-f(\xi)| = 0.$$

得到矛盾. 定理得证. $\qquad\square$

例 5.3.4   设 f 在 $[a,+\infty)$ 上连续, $\lim\limits_{x\to+\infty} f(x) = A$. 证明: f 在 $[a,+\infty)$ 上一致连续.

证明   任取 $X > a$. 则对任意 $r \in (0,1)$,

$$\sup_{\substack{x,y\geqslant a\\|x-y|<r}} |f(x)-f(y)| \leqslant \sup_{\substack{x,y\in[a,X+1]\\|x-y|<r}} |f(x)-f(y)| + 2\sup_{x\geqslant X} |f(x)-A|.$$

由定理 5.3.3,

$$\varlimsup_{r\to0^+} \sup_{\substack{x,y\geqslant a\\|x-y|<r}} |f(x)-f(y)| \leqslant 2\sup_{x\geqslant X} |f(x)-A|, \qquad \forall\, X > a.$$

由题设条件, 上式中令 $X \to +\infty$ 即得

$$\lim_{r\to0^+} \sup_{\substack{x,y\geqslant a\\|x-y|<r}} |f(x)-f(y)| = 0.$$

即 f 在 $[a,+\infty)$ 上一致连续. $\qquad\square$

例 5.3.5   设 f 在 $[a,+\infty)$ 上一致连续, $\lim\limits_{n\to+\infty} f(\sqrt{n}) = A$. 证明: $\lim\limits_{x\to+\infty} f(x) = A$.

证明   设 ω 为 f 在 $[a,+\infty)$ 上的连续模. 对于 $x > |a|+1$, 记 $n_x = [x^2]$. 则

$$|x-\sqrt{n_x}| \leqslant x - \sqrt{x^2-1} = \frac{1}{x+\sqrt{x^2-1}} < \frac{1}{x}.$$

从而

$$|f(x)-A| \leqslant |f(x)-f(\sqrt{n_x})| + |f(\sqrt{n_x})-A|$$
$$\leqslant \omega(|x-\sqrt{n_x}|) + |f(\sqrt{n_x})-A|$$
$$\leqslant \omega\left(\frac{1}{x}\right) + |f(\sqrt{n_x})-A|.$$

由题设条件和夹逼准则立即得到 $\lim\limits_{x\to+\infty} f(x) = A$. $\qquad\square$

5.3.4 摄动法

利用函数的连续性, 可以把非退化、非奇异情形下的一些结果推广到退化或奇异情形. 典型的是线性代数问题中, 可利用摄动法简化一些退化矩阵或矩阵特征值有重根情形的问题的处理.

例 5.3.6 设 A, B 均为 n 阶方阵, 且 $A+B$ 非奇异, 证明: $A(A+B)^{-1}B = B(A+B)^{-1}A$.

证明 若 A, B 可逆, 则

$$A(A+B)^{-1}B = \left(B^{-1}(A+B)A^{-1}\right)^{-1} = \left(A^{-1}+B^{-1}\right)^{-1} = B(A+B)^{-1}A.$$

一般地, 由于 $A, B, A+B$ 的特征值的个数有限, 因此有 $\delta > 0$ 使得当 $0 < s < \delta$ 时, s 不是 A, B 的特征值, $2s$ 不是 $A+B$ 的特征值. 从而 $A_s := A - sI$, $B_s := B - sI$ 和 $A_s + B_s$ 可逆. 此时,

$$A_s(A_s + B_s)^{-1}B_s = B_s(A_s + B_s)^{-1}A_s.$$

上式中令 $s \to 0^+$ 即得 $A(A+B)^{-1}B = B(A+B)^{-1}A$. $\qquad\square$

习题 5.3

1. 设 f 为有界区间 (a,b) 内的连续函数, $f(a^+), f(b^-)$ 都存在且 $f(a^+) < 0, f(b^-) > 0$. 证明: 存在 $\xi \in (a,b)$ 使得 $f(\xi) = 0$.

2. 设 f 在 $(0, +\infty)$ 内连续, 且满足 $f(x^2) = f(x)$ $(\forall\, x > 0)$. 证明: f 在 $(0, +\infty)$ 内为常数.

3. 设 f 为区间 $(a, +\infty)$ 上的连续函数, $f(a^+)$ 存在且为负数, $f(+\infty) = +\infty$. 证明: 存在 $\xi \in (a, +\infty)$ 使得 $f(\xi) = 0$.

4. 设 f 是 $\mathbb{R}$ 上的连续周期函数. 若 f 不为常数, 证明它一定有最小正周期.

5. 试用闭区间套定理证明介值定理.

6. 设 f 在有界区间 (a,b) 内连续. 证明: f 在 (a,b) 内一致连续当且仅当 $f(a^+)$ 和 $f(b^-)$ 都存在.

7. 设 f 在 $[0, +\infty)$ 上连续, $\lim\limits_{n \to +\infty} f(\sqrt{n}\ln n) = 0$. 证明: $\lim\limits_{x \to +\infty} f(x)$ 存在的充要条件是 f 在 $[0, +\infty)$ 上一致连续.

8. 证明: $f(x) = \sin^2 x + \sin x^2$ 不是周期函数.

9. 设 f 在 $\mathbb{R}$ 上一致连续. 证明: 存在常数 a, b 使得对任何 $x \in \mathbb{R}$, 有 $|f(x)| \leqslant a + b|x|$.

10. 设 $a > 0, a^2 + 4b < 0$. 求证: 不存在 $\mathbb{R}$ 上具有介值性的函数 f 满足 $f(f(x)) = af(x) + bx$.

11. 设 $\mathbb{R}$ 上连续函数列 $\{f_n\}$ 对于每一个 $x \in \mathbb{R}$ 都是有界的 (称为 "逐点有界"). 证明: 存在区间 (a,b) 使得 $\{f_n\}$ 在 (a,b) 内一致有界. 即存在与 n 无关的常数 $M > 0$ 使得

$$|f_n(x)| \leqslant M, \qquad \forall\, n \geqslant 1, x \in (a,b).$$

12. 设函数 f 在区间 $(x_0, +\infty)$ 上连续并有界. 证明: 对任何实数 T, 存在趋于 $+\infty$ 的序列 $\{x_n\}$ 使得

$$\lim_{n \to +\infty} (f(x_n + T) - f(x_n)) = 0.$$

13. 设 f 是区间 (a, b) 内的函数, 若 $\forall n \in \mathbb{N}_+$, $\dfrac{|f+n| - |f-n|}{2}$ 连续, 证明 f 连续.

14. 设 f 在 $\mathbb{R}$ 上连续, 且对任何 $x, y \in \mathbb{R}$ 均有 $f(x+y) = f(x) + f(y)$. 证明: f 必为齐次线性函数.

15. 在习题 14 中, f 的连续性可以用 f 在 0 点的连续性来代替. 进一步证明: f 的连续性用局部有界性代替时, 结论仍然成立.

16. $\mathbb{R}$ 上的函数 f 满足 $f(x+y) = f(x)f(y)$, 设 f 局部有界.

(1) 证明: 存在常数 A, 使得

$$f(x) = A^x, \quad \forall x \in \mathbb{R};$$

(2) 若 f 是复值函数, 情况又如何?

17. 设 f, g 在闭区间 $[a, b]$ 上连续, 且存在 $x_n \in [a, b]$, 使得

$$f(x_n) = g(x_{n+1}), \quad \forall n = 1, 2, \cdots.$$

证明: 存在 $\xi \in [a, b]$ 使得, $f(\xi) = g(\xi)$.

18. 证明不存在 $\mathbb{R}$ 上的连续函数 f 使得对任何 $\alpha \in \mathbb{R}$, 方程 $f(x) = \alpha$ 恰好有两个根.

19. 设 n 为正整数, f 在 $[0, n]$ 上连续, 且 $f(0) = f(n)$. 证明存在 n 组不同的 $\{x, y\}$ 使得 $f(x) = f(y)$ 且 $x - y$ 为非零整数.

20. 设定义在区间 $[a, b]$ 内的函数 f 具有介值性. 证明 f 在 $[a, b]$ 上连续当且仅当对任何有理数 q, $\{x \in [a, b] | f(x) = q\}$ 是闭集.

21. 设 $f(x), g(x)$ 和 $xf(x)$ 均在 $\mathbb{R}$ 上一致连续. 证明 $f(x)g(x)$ 在 $\mathbb{R}$ 上一致连续.

22. 设 f 在 $[a, b]$ 上连续, 但不为常数. 求证: $\exists \xi \in (a, b)$ 使 f 在点 ξ 不取极值. 即对任何 $\delta > 0$, 都有 $x \in (\xi - \delta, \xi)$ 以及 $y \in (\xi, \xi + \delta)$ 使得 $(f(x) - f(\xi))(f(y) - f(\xi)) < 0$.

23. 设 A, B 均为 n 阶方阵, 证明 $\det \begin{pmatrix} A & B \\ B & A \end{pmatrix} = \det(A+B)\det(A-B)$.

5.4　Lipschitz 连续、Hölder 连续和单调函数

在今后的研究中有几类连续函数将受到特别的关注. 首先, 我们引入如下概念.

定义 5.4.1　设 f 是区间 I 上的函数, 若存在常数 M 使得

$$|f(x) - f(y)| \leqslant M|x - y|, \qquad \forall x, y \in I, \tag{5.4.1}$$

则称 f 在 I 上满足 **Lipschitz 条件**, 或称 f 在 I 上 **Lipschitz 连续**. (5.4.1) 式中的常数 M 称为 **Lipschitz 常数**.

若存在 $\alpha \in (0,1)$ 以及常数 M 使得

$$|f(x) - f(y)| \leqslant M|x - y|^{\alpha}, \qquad \forall x, y \in I, \tag{5.4.2}$$

则称 f 在 I 上满足 **Hölder**[①] **条件**, 或称 f 在 I 上 **Hölder 连续**, (5.4.2) 式也常称为 Lip–α 条件.

易见 Lipschitz 连续或 Hölder 连续蕴涵一致连续. 在有界区间 Lipschitz 连续蕴涵 Hölder 连续.

例 5.4.1　设 f 为区间 (a,b) 内的函数, 且有 $\alpha > 1$ 以及常数 $M > 0$ 使得

$$|f(x) - f(y)| \leqslant M|x - y|^{\alpha}, \qquad \forall x, y \in (a,b).$$

证明: f 在 (a,b) 内恒为常数.

证明　任取 $x, y \in (a,b)$. 由题设条件, 对于 $n \geqslant 2$, 有

$$|f(y) - f(x)| \leqslant \sum_{k=1}^{n} \left| f\left(x + \frac{k(y-x)}{n}\right) - f\left(x + \frac{(k-1)(y-x)}{n}\right) \right|$$

$$\leqslant M \sum_{k=1}^{n} \frac{|y-x|^{\alpha}}{n^{\alpha}} = \frac{M|y-x|^{\alpha}}{n^{\alpha-1}}.$$

令 $n \to +\infty$ 即得 $f(y) = f(x)$, 即 f 在 (a,b) 内恒为常数.　$\square$

当 Lipschitz 常数小于 1 时, 我们有如下的结果.

例 5.4.2　设 $f : \mathbb{R} \to \mathbb{R}$ 满足

$$|f(x) - f(y)| \leqslant k|x - y|, \qquad \forall x, y \in \mathbb{R}, \tag{5.4.3}$$

其中常数 $0 < k < 1$. 证明: f 有唯一的不动点, 即方程 $f(x) = x$ 有唯一解.

进一步, 设 ξ 为该不动点, 则对任何 $x_0 \in \mathbb{R}$, $\{f_n(x_0)\}$ 收敛到 ξ, 其中 $f_n = \overbrace{f \circ f \circ \cdots \circ f}^{n \uparrow}$.

证明　由题设条件, f 连续. 进一步, 有

$$|f_2(x_0) - f_1(x_0)| = |f(f(x_0)) - f(x_0)| \leqslant k|f(x_0) - x_0|,$$

$$|f_3(x_0) - f_2(x_0)| = |f(f_2(x_0)) - f(f_1(x_0))| \leqslant k|f_2(x_0) - f_1(x_0)| \leqslant k^2|f(x_0) - x_0|,$$

$$\cdots,$$

---

① Hölder, Otto Ludwig, 1859 年 12 月 22 日—1937 年 8 月 29 日, 德国数学家.

$$|f_{n+1}(x_0) - f_n(x_0)| \leqslant k^n |f(x_0) - x_0|,$$

$$\cdots .$$

从而, 对于任何 $m > n \geqslant 1$, 有

$$|f_m(x_0) - f_n(x_0)| \leqslant \sum_{j=n}^{m-1} k^j |f(x_0) - x_0| \leqslant \frac{k^n}{1-k} |f(x_0) - x_0|.$$

因此, $\{f_n(x_0)\}$ 是 Cauchy 列, 从而有极限, 设其极限为 ξ. 则对 $f_{n+1}(x_0) = f(f_n(x_0))$ 取极限得到 $f(\xi) = \xi$. 这样就证明了 $\{f_n(x_0)\}$ 收敛到 f 的不动点.

另一方面, 若 η 也是 f 的不动点, 则

$$|\eta - \xi| = |f(\eta) - f(\xi)| \leqslant k|\eta - \xi|.$$

于是由 $0 < k < 1$ 得到 $\eta = \xi$, 即 f 的不动点唯一. □

上例是**压缩映射原理**的特例. 压缩映射原理在一般的完备度量空间中成立, 其证明与例题中的证明大同小异. 易见, 在例 5.4.2 中把 $f : \mathbb{R} \to \mathbb{R}$ 改成 $f : I \to I$, 其中 I 为 (有界或无界的) 闭区间, 而其他条件不变, 则结论依然成立.

若 $f : [a,b] \to [a,b]$ 是连续函数, 则由介值定理可得 f 有不动点.

在今后的讨论中, 单调函数经常起着重要的作用. 以下是单调函数一个有趣的性质.

定理 5.4.1   设 f 是 (a,b) 内的单调函数. 则 f 的不连续点至多可列.

证明   不妨设 f 单增. 由单调收敛定理, 对任何 $x \in (a,b)$, $f(x^+)$ 与 $f(x^-)$ 都存在, 且 $f(x^-) \leqslant f(x^+)$. 考虑集合 $E := \{x \in (a,b) \big| f(x^-) < f(x^+)\}$. 则 E 为 f 的不连续点全体. 而对于 $x \in E$ 均可以取到有理数 $q_x \in (f(x^-), f(x^+))$. 注意到对于不同的 $x, y \in E$, $y > x$, 有 $q_y > f(y^-) \geqslant f(x^+) > q_x$, 因此 $x \mapsto q_x$ 是 E 到有理数集的一个单射. 这表明 E 至多可列, 即 f 的不连续点全体至多可列. □

下例表明单调函数的不连续点可以是任意可列集.

例 5.4.3   设有点列 $\{x_n\}_{n=1}^\infty$. 证明: 存在 $\mathbb{R}$ 的单增函数 f, 其不连续点全体恰好为 $\{x_n | n \geqslant 1\}$.

证明   不妨设 x_n 两两不同. 记

$$h(\cdot) = \chi_{(0,+\infty)}(\cdot), \qquad i(\cdot) = \chi_{\{0\}}(\cdot).$$

定义

$$f(x) = \sum_{x_n < x} \frac{1}{2^n} = \sum_{n=1}^\infty \frac{1}{2^n} h(x - x_n), \qquad x \in \mathbb{R}.$$

则对任何 $x \in \mathbb{R}$, 级数 $\sum_{n=1}^\infty \frac{1}{2^n} h(x - x_n)$ 的部分和单调有界, 从而级数收敛. 即 $f(x)$ 是合理定义的.

易见 f 是单调增加的函数.

另一方面, 固定 $x_0 \in \mathbb{R}$, 对任何 $m \geqslant 2$, 取 $\delta = \min\{|x_n - x_0| \mid 1 \leqslant n \leqslant m, x_n \neq x_0\}$. 则 $\delta > 0$, 且当 $x_0 < x < x_0 + \delta$ 时,

$$\sum_{n=1}^{m} \frac{1}{2^n} h(x - x_n) = \sum_{n=1}^{m} \frac{1}{2^n}\big(h(x_0 - x_n) + i(x_0 - x_n)\big).$$

因此,

$$0 \leqslant f(x) - \sum_{n=1}^{\infty} \frac{1}{2^n}\big(h(x_0 - x_n) + i(x_0 - x_n)\big) \leqslant \sum_{n=m+1}^{\infty} \frac{1}{2^n}.$$

由此即得

$$\lim_{x \to x_0^+} f(x) = \sum_{n=1}^{\infty} \frac{1}{2^n}\big(h(x_0 - x_n) + i(x_0 - x_n)\big).$$

即 f 在点 x_0 处右连续当且仅当 $x_0 \notin \{x_n \mid n \geqslant 1\}$.

同理可证

$$\lim_{x \to x_0^-} f(x) = \sum_{n=1}^{\infty} \frac{1}{2^n} h(x_0 - x_n) = f(x_0).$$

即 f 在点 x_0 处左连续.

总之, f 的不连续点全体是集合 $\{x_n \mid n \geqslant 1\}$. □

在上例中, f 是左连续的. 如果取 $\{x_n\}$ 为 $\mathbb{R}$ 的稠密子列, 比如所有有理数的一个排列, 则 f 的不连续点全体是 $\mathbb{R}$ 的稠密子集. 而且此时 f 是严格单增的.

例 5.4.4 设区间 I 上函数 f 具有介值性, 且是两个单调函数之和. 证明: f 在 I 上连续.

证明 只要证明对任何有界闭区间 $[a, b] \subseteq I$, f 在 $[a, b]$ 上连续. 由于 f 为两个单调函数之和, 因此对任何 $x_0 \in [a, b)$, f 在点 x_0 处的右极限 $f(x_0^+)$ 存在.

若 $\varepsilon_0 = |f(x_0^+) - f(x_0)| > 0$, 则不妨设 $\varepsilon_0 = f(x_0^+) - f(x_0) > 0$. 此时, 存在 $\delta \in (0, b - x_0)$ 使得当 $0 < x - x_0 < \delta$ 时有 $f(x) > f(x_0^+) - \frac{\varepsilon_0}{2} > f(x_0) + \frac{\varepsilon_0}{2}$. 从而 f 在 $[x_0, x_0 + \delta)$ 上取到 $f(x_0)$ 以及大于 $f(x_0) + \frac{\varepsilon_0}{2}$ 的某个值, 但取不到介于这两者之间的值 $f(x_0) + \frac{\varepsilon_0}{2}$. 与题设的介值性矛盾. 因此 $\varepsilon_0 = 0$. 即 f 在点 x_0 处右连续.

由 $x_0 \in [a, b)$ 的任意性, f 在 $[a, b)$ 上右连续. 同理, f 在 $(a, b]$ 上左连续.

总之, f 在 I 上连续. □

习题 5.4

1. 考虑
$$f(x) := \begin{cases} x\sin\dfrac{1}{x^2}, & x \in (0,1], \\ 0, & x = 0. \end{cases}$$

试证明 f 在 $[0,1]$ 上连续并考察 f 在 $[0,1]$ 上是否满足 Hölder 条件.

2. 考虑
$$f(x) := \begin{cases} x\sin \mathrm{e}^{\frac{1}{x}}, & x \in (0,1], \\ 0, & x = 0. \end{cases}$$

试证明 f 在 $[0,1]$ 上连续并考察 f 在 $[0,1]$ 上是否满足 Hölder 条件.

3. 试构造 $\mathbb{R}$ 上的函数 f 使得 $|f(x) - f(y)| < |x - y|$ 对任何 $x \neq y$ 成立, 但 f 没有不动点.

4. 设 f 为 $\mathbb{R}$ 上的有界函数, 且对任何 $x \neq y$ 有 $|f(x) - f(y)| < |x - y|$. 任取 $x_0 \in \mathbb{R}$, 并设 $x_{n+1} = f(x_n)\,(n \geqslant 0)$. 证明: $\{x_n\}$ 收敛.

5. 设 f 是 $\mathbb{R}$ 上周期为 1 的函数, 满足 $|f(x) - f(y)| \leqslant |x - y|$ $(x, y \in \mathbb{R})$. 考察函数 $g(x) = x + f(x)$. 任取 $x_0 \in \mathbb{R}$, 令 $x_{n+1} = g(x_n)\,(n \geqslant 0)$. 证明: $\lim\limits_{n \to +\infty} \dfrac{x_n}{n}$ 存在且不依赖于 x_0 的选择.

5.5 指数函数、对数函数和三角函数的定义

利用上确界存在定理, 我们在第二章定义了正数 a 的 n 次方根 $a^{\frac{1}{n}}$, 并由此出发定义了实指数幂 a^b 以及对数 $\log_a b$. 这一定义过程比较自然, 但较为烦琐. 以下我们展示如何通过极限或级数直接定义 e^x, 然后再来定义其他相关函数的过程. 另一方面, 我们也将用极限或级数来定义三角函数, 这一过程比较简捷, 但相对说来, 缺乏直观.

关于通过积分定义对数函数 $\ln x$, 然后再定义指数函数的过程, 可参见文献 [42] 第四章第 2 节或文献 [44] 第八章附录. 关于利用微分方程定义三角函数, 可参见文献 [43] 第四章第 4 节. 关于利用积分定义三角函数, 可参见文献 [44] 第八章附录.

在接下来的讨论中, 我们将利用极限或级数一并定义指数函数与三角函数. 自然, 如下的讨论中, 之前已经得到的指数函数和对数函数的性质以及我们承认的三角函数的性质都将从零开始加以建立.

5.5.1 复指数函数

为减少重复讨论, 我们直接引入复指数函数.

定义 5.5.1　对于 $z \in \mathbb{C}$, 定义

$$\exp(z) := \lim_{n \to +\infty} \left(1 + \frac{z}{n}\right)^n. \tag{5.5.1}$$

我们有

定理 5.5.1　对任何 $z \in \mathbb{C}$, $\exp(z)$ 是合理定义的, 且

$$\exp(z) = \sum_{n=0}^{\infty} \frac{z^n}{n!}. \tag{5.5.2}$$

证明　证明完全类似于 (5.2.18) 式的证明.

由单调收敛定理得级数 $\sum\limits_{n=0}^{\infty} \frac{|z|^n}{n!}$ 收敛. 而由 Cauchy 收敛准则得到 $\sum\limits_{n=0}^{\infty} \frac{z^n}{n!}$ 也收敛. 于是, 固定 $m \geqslant 2$, 当 $n \geqslant m$ 时, 利用二项展开式, 有

$$\left|\left(1 + \frac{z}{n}\right)^n - \sum_{k=0}^{\infty} \frac{z^k}{k!}\right|$$

$$\leqslant \left|\sum_{k=0}^{m} \frac{z^k}{k!} - \left(1 + z + \frac{z^2}{2!}\left(1 - \frac{1}{n}\right) + \cdots + \frac{z^m}{m!}\prod_{k=1}^{m-1}\left(1 - \frac{k}{n}\right)\right)\right| + 2\sum_{k=m+1}^{\infty} \frac{|z|^k}{k!}.$$

上式中令 $n \to +\infty$ 可得

$$\overline{\lim_{n \to +\infty}} \left|\left(1 + \frac{z}{n}\right)^n - \sum_{k=0}^{\infty} \frac{z^k}{k!}\right| \leqslant 2\sum_{k=m+1}^{\infty} \frac{|z|^k}{k!}.$$

再令 $m \to +\infty$ 即得 $\lim\limits_{n \to +\infty} \left(1 + \frac{z}{n}\right)^n$ 存在且 (5.5.2) 式成立.　□

我们有如下重要的结果.

定理 5.5.2　设 $z, w \in \mathbb{C}$, $n \in \mathbb{Z}$, 则

(1) $\exp(z + w) = \exp(z)\exp(w)$;

(2) $\left(\exp(z)\right)^n = \exp(nz)$.

证明　(1) **证法 1**　任取整数 $k \geqslant 2|z + w|$, 我们有

$$\left(1 + \frac{z}{k}\right)^k\left(1 + \frac{w}{k}\right)^k = \left(1 + \frac{z+w}{k} + \frac{zw}{k^2}\right)^k = \left(1 + \frac{z+w}{k}\right)^k\left(1 + \frac{\frac{zw}{k^2}}{1 + \frac{z+w}{k}}\right)^k. \tag{5.5.3}$$

而由二项展开式,

$$\left|\left(1 + \frac{\frac{zw}{k^2}}{1 + \frac{z+w}{k}}\right)^k - 1\right| \leqslant \sum_{j=1}^{k} \frac{1}{j!}\left|\frac{\frac{zw}{k^2}}{1 + \frac{z+w}{k}}\right|^j \leqslant \frac{1}{k}\sum_{j=1}^{k} \frac{(2|zw|)^j}{j!} \leqslant \frac{1}{k}\exp(2|zw|). \tag{5.5.4}$$

结合 (5.5.3) 式和 (5.5.4) 式得 $\exp(z + w) = \exp(z)\exp(w)$.

证法 2　任取整数 $N \geqslant 2$, 由二项展开式, 我们有

$$\left|\sum_{m=0}^{N} \frac{(z+w)^m}{m!} - \sum_{k=0}^{N} \frac{z^k}{k!}\sum_{j=0}^{N} \frac{w^j}{j!}\right| = \left|\sum_{m=0}^{N} \sum_{\substack{0 \leqslant k, j \leqslant N \\ k+j=m}} \frac{z^k w^j}{k! \cdot j!} - \sum_{m=0}^{2N} \sum_{\substack{0 \leqslant k, j \leqslant N \\ k+j=m}} \frac{z^k w^j}{k! \cdot j!}\right|$$

$$= \Bigg| \sum_{m=N+1}^{2N} \sum_{\substack{0 \leqslant k,j \leqslant N \\ k+j=m}} \frac{z^k w^j}{k! \cdot j!} \Bigg|$$

$$\leqslant \sum_{m=N+1}^{2N} \sum_{\substack{0 \leqslant k,j \leqslant N \\ k+j=m}} \frac{|z|^k |w|^j}{k! \cdot j!} \leqslant \sum_{m=N+1}^{\infty} \frac{(|z|+|w|)^m}{m!}.$$

令 $m \to +\infty$ 即得 $\exp(z+w) = \exp(z)\exp(w)$.

(2) 由 (1) 立即可得对任何整数 $n \geqslant 1$, $\big(\exp(z)\big)^n = \exp(nz)$ 成立. 另一方面, 由 (1), $\exp(z)\exp(-z) = \exp(0) = 1$. 因此, $\exp(z) \neq 0$, $\big(\exp(z)\big)^{-1} = \exp(-z)$. 由此可得对任何整数 $n \leqslant 0$, $\big(\exp(z)\big)^n = \exp(nz)$ 也成立.   □

鉴于以上定理, 以下记 $\exp(z)$ 为 e^z, 其中 $e = \exp(1)$.

5.5.2　自然指数函数与自然对数函数

定理 5.5.3　函数 e^x 在 $\mathbb{R}$ 上恒正、连续、严格单增, 且值域为 $(0, +\infty)$.

证明　易见 e^x 在 $[0, +\infty)$ 上恒正, 且严格单增. 结合 $e^{-x} = (e^x)^{-1}$ 即得 e^x 在 $\mathbb{R}$ 上恒正, 且严格单增.

利用 (5.5.2) 式, 易得当 $|x| \leqslant 1$ 时,

$$\big| e^x - 1 \big| \leqslant \sum_{n=1}^{\infty} \frac{|x|^n}{n!} \leqslant |x| \sum_{n=1}^{\infty} \frac{1}{n!} = (e-1)|x|.$$

从而 $\lim\limits_{x \to 0} e^x = 1$, 即 e^x 在 $x = 0$ 连续. 结合 $e^x = e^{x_0} e^{x-x_0}$ 得到 e^x 在 $\mathbb{R}$ 上连续.

另一方面, 易见 $\lim\limits_{x \to +\infty} e^x = +\infty$. 结合 $e^{-x} = (e^x)^{-1}$ 得到 $\lim\limits_{x \to -\infty} e^x = 0$. 于是, 由介值定理, 知 e^x 的值域为 $(0, +\infty)$.   □

定义 5.5.2　称 $\mathbb{R}$ 上的函数 e^x 为**自然指数函数**, 称 e^x 的反函数为**自然对数函数**, 记作 $\ln(x)$ (常简记为 $\ln x$), 即 $\ln x$ 满足 $e^{\ln x} = x$.

由定理 5.5.2 和 5.5.3 可得

定理 5.5.4　函数 $\ln x$ 的自然定义域为 $(0, +\infty)$, 值域为 $\mathbb{R}$, 它在 $(0, +\infty)$ 上连续、严格单增, 且对任何 $x, y > 0$ 以及 $n \in \mathbb{Z}$, 有

(1) $\ln 1 = 0$;

(2) $\ln(xy) = \ln x + \ln y$;

(3) $\ln x^n = n \ln x$.

5.5.3　一般的指数函数与对数函数

定义 5.5.3　对于 $a > 0$ 以及 $b, c \in \mathbb{R}$, 定义 $a^b := e^{b \ln a}$.

进一步, 若 $a \neq 1$, 定义 a^x 的反函数为 $\log_a x$, 即 $a^{\log_a x} = x$.

易见当 $a = e$ 时, a^b 与 e^b 是一致的, 而 $\log_e x = \ln x$. 进一步, 有 $(a^b)^c = a^{bc}$, $a^b a^c = a^{b+c}$. 特别地, 可得 $(e^x)^y = e^{xy}$, $(a^{\frac{1}{n}})^n = a$ 等.

而对于 $a > 0, a \neq 1$, 有 $\log_a x = \dfrac{\ln x}{\ln a}$.

当 $x > 0$ 时, 可以补充定义 $0^x = 0$. 而当 x 是分母为奇数的有理数 $\dfrac{m}{2n+1}$ 时, 可以补充定义 $(-a)^{\frac{m}{2n+1}} = (-1)^m a^{\frac{m}{2n+1}}$.

5.5.4 三角函数

我们只给出正弦函数和余弦函数的定义并建立相关性质. 其余函数的性质易由正弦函数和余弦函数的性质导出.

定义 5.5.4 定义正弦函数 $\sin$ 和余弦函数 $\cos$ 如下:

$$\sin x = \operatorname{Im} e^{\mathrm{i}x} = \sum_{n=0}^{\infty} \frac{(-1)^n}{(2n+1)!} x^{2n+1}, \qquad x \in \mathbb{R}, \tag{5.5.5}$$

$$\cos x = \operatorname{Re} e^{\mathrm{i}x} = \sum_{n=0}^{\infty} \frac{(-1)^n}{(2n)!} x^{2n}, \qquad x \in \mathbb{R}. \tag{5.5.6}$$

显然, $\sin$ 是奇函数, $\cos$ 是偶函数. 自然, Euler 公式

$$e^{\mathrm{i}x} = \cos x + \mathrm{i} \sin x, \qquad x \in \mathbb{R} \tag{5.5.7}$$

成立. 进一步, 我们有如下结果.

定理 5.5.5 (1) **Pythagoras 恒等式**

$$\sin^2 x + \cos^2 x = 1, \qquad \forall x \in \mathbb{R} \tag{5.5.8}$$

成立;

(2) $$\lim_{x \to 0} \frac{\sin x}{x} = 1; \tag{5.5.9}$$

(3) $\sin, \cos$ 是 $\mathbb{R}$ 上的连续函数;

(4) $\sin$ 有最小正零点, 设为 π[①], $\sin$ 在 $(0, \pi)$ 内恒正;

(5) 2π 是 $\sin$ 以及 $\cos$ 的最小正周期, $\sin\dfrac{\pi}{2} = 1$, $\cos \pi = -1$.

证明 (1) 我们有

$$\sin^2 x + \cos^2 x = |\cos x + \mathrm{i}\sin x|^2 = |e^{\mathrm{i}x}|^2 = e^{\mathrm{i}x}\overline{e^{\mathrm{i}x}} = e^{\mathrm{i}x}e^{-\mathrm{i}x} = e^0 = 1.$$

即 (5.5.8) 式成立.

(2) 对于 $0 < |x| \leqslant 1$, 我们有

$$\left|\frac{\sin x}{x} - 1\right| = \left|\sum_{n=1}^{\infty} \frac{(-1)^n}{(2n+1)!} x^{2n}\right| \leqslant x^2 \sum_{n=1}^{\infty} \frac{1}{(2n+1)!}.$$

于是由夹逼准则即得 (5.5.9) 式.

(3) 对任何 $x, y \in \mathbb{R}$, 若 $|x - y| \leqslant 1$, 则

---

① 注意, 到这一步, π 还没有与圆周率相关联.

$$| \sin x - \sin y |^2 + | \cos x - \cos y |^2 = | \cos x - \cos y + \mathrm{i}(\sin x - \sin y) |^2$$
$$= | \mathrm{e}^{\mathrm{i}x} - \mathrm{e}^{\mathrm{i}y} |^2 = \left| \mathrm{e}^{\mathrm{i}y} \left(\mathrm{e}^{\mathrm{i}(x-y)} - 1 \right) \right|^2$$
$$= \left| \mathrm{e}^{\mathrm{i}y} \right|^2 \cdot \left| \mathrm{e}^{\mathrm{i}(x-y)} - 1 \right|^2 = \left| \sum_{n=1}^{\infty} \frac{\mathrm{i}^n (x-y)^n}{n!} \right|^2$$
$$\leqslant \left(\sum_{n=1}^{\infty} \frac{|x-y|^n}{n!} \right)^2 \leqslant \left(\sum_{n=1}^{\infty} \frac{1}{n!} \right)^2 |x-y|^2.$$

于是由夹逼准则即得 $\sin, \cos$ 在 $\mathbb{R}$ 上连续.

(4) 我们有 $\cos 0 = 1$,

$$\cos 2 = \sum_{n=0}^{\infty} \frac{(-1)^n 2^{2n}}{(2n)!}$$
$$= 1 - \frac{2^2}{2!} + \frac{2^4}{4!} - \sum_{k=1}^{\infty} \left(\frac{2^{4k+2}}{(4k+2)!} - \frac{2^{4k+4}}{(4k+4)!} \right)$$
$$= -\frac{1}{3} - \sum_{k=1}^{\infty} \frac{2^{4k+2}}{(4k+2)!} \left(1 - \frac{4}{(4k+4)(4k+3)} \right) < 0.$$

由介值定理, 有 $\beta > 0$ 使得 $\cos \beta = 0$. 此时, 由 (5.5.8) 式, $\sin \beta = \pm 1$. 即 $\mathrm{e}^{\beta \mathrm{i}} = \pm \mathrm{i}$. 从而 $\mathrm{e}^{4\beta \mathrm{i}} = (\pm \mathrm{i})^4 = 1$. 因此 $\sin 4\beta = 0$. 即 4β 是 $\sin$ 的正零点. 而由 (2), 存在 $\delta > 0$ 使得 $\forall x \in (0, \delta)$, 有 $\sin x > 0$. 因此, $\sin$ 有最小正零点. 结合介值定理可得对于这个最小正零点 π, $\sin$ 在 $(0, \pi)$ 内恒正.

(5) 由 (5.5.8) 式, $\cos \pi = \pm 1$. 我们断言, $\cos \pi = -1$. 否则, $\mathrm{e}^{\mathrm{i}\pi} = 1$. 从而 $\left(\mathrm{e}^{\mathrm{i}\frac{\pi}{2}} \right)^2 = 1$. 于是 $\mathrm{e}^{\mathrm{i}\frac{\pi}{2}} = \pm 1$. 由此即得 $\sin \frac{\pi}{2} = 0$. 这与 π 为 $\sin$ 的最小正零点矛盾.

因此, $\mathrm{e}^{\mathrm{i}\pi} = -1$, 进而 $\mathrm{e}^{2\pi \mathrm{i}} = 1$. 即得 2π 是 $\sin, \cos$ 的正周期.

由 $\sin$ 在 $(0, \pi)$ 内恒正知 $\sin$ 有最小正周期, 且最小正周期只能是 π 或 2π. 又由于 $\sin$ 是奇函数, $\sin$ 在 $(-\pi, 0)$ 内为负. 因此, $\sin$ 的最小正周期必然是 2π. 同理, 由 $\cos 0 = 1$ 以及 $\cos \pi = -1$ 可见, $\cos$ 的最小正周期也是 2π.

另一方面, 由 $\left(\mathrm{e}^{\mathrm{i}\frac{\pi}{2}} \right)^2 = \mathrm{e}^{\mathrm{i}\pi} = -1$ 可得 $\mathrm{e}^{\mathrm{i}\frac{\pi}{2}} = \pm \mathrm{i}$. 因此, $\sin \frac{\pi}{2} = \pm 1$. 结合 $\sin$ 在 $(0, \pi)$ 内恒正得到 $\sin \frac{\pi}{2} = 1$. $\qquad \square$

正弦函数和余弦函数的很多常用性质可以由 $\mathrm{e}^{\mathrm{i}(x+y)} = \mathrm{e}^{\mathrm{i}x} \mathrm{e}^{\mathrm{i}y}$ 得到.

首先, 由该式立即可得正弦函数和余弦函数的和角公式[①]、倍角公式、积化和差公式与和差化积公式等.

具体地, 将 $\mathrm{e}^{\mathrm{i}(x \pm y)} = \mathrm{e}^{\mathrm{i}x} \mathrm{e}^{\pm \mathrm{i}y}$ 两边展开并比较实部和虚部得到和角公式:

$$\begin{cases} \cos(x+y) = \cos x \cos y - \sin x \sin y, \\ \sin(x+y) = \sin x \cos y + \cos x \sin y, \\ \cos(x-y) = \cos x \cos y + \sin x \sin y, \\ \sin(x-y) = \sin x \cos y - \cos x \sin y. \end{cases} \qquad (5.5.10)$$

---

① 按目前的定义, $\sin x, \cos x$ 中的自变量与角度没有关系. 这里只是采用习惯的称呼.

在 (5.5.10) 式的第一、第二式中令 $y = x$, 亦即利用 $\mathrm{e}^{2\mathrm{i}x} = (\mathrm{e}^{\mathrm{i}x})^2$ 得到倍角公式

$$\begin{cases} \cos 2x = \cos^2 x - \sin^2 x, \\ \sin 2x = 2\sin x \cos x. \end{cases} \tag{5.5.11}$$

一般地, 可以利用 $\mathrm{e}^{\mathrm{i}nx} = (\mathrm{e}^{\mathrm{i}x})^n$ 将 $\cos nx$ 和 $\sin nx$ 展开成 $\cos x, \sin x$ 的多项式.

取 $\varepsilon_1, \varepsilon_2$ 为 1 或 -1, 由

$$(\mathrm{e}^{\mathrm{i}x} + \varepsilon_1 \mathrm{e}^{-\mathrm{i}x})(\mathrm{e}^{\mathrm{i}y} + \varepsilon_2 \mathrm{e}^{-\mathrm{i}y}) = \mathrm{e}^{\mathrm{i}(x+y)} + \varepsilon_1 \mathrm{e}^{-\mathrm{i}(x-y)} + \varepsilon_2 \mathrm{e}^{\mathrm{i}(x-y)} + \varepsilon_1 \varepsilon_2 \mathrm{e}^{-\mathrm{i}(x+y)}$$

可得积化和差公式

$$\begin{cases} 2\cos x \cos y = \cos(x+y) + \cos(x-y), \\ -2\sin x \sin y = \cos(x+y) - \cos(x-y), \\ 2\sin x \cos y = \sin(x+y) + \sin(x-y), \\ 2\cos x \sin y = \sin(x+y) - \sin(x-y). \end{cases} \tag{5.5.12}$$

在 (5.5.12) 式中用 $\dfrac{x+y}{2}, \dfrac{x-y}{2}$ 代替 x, y 即得和差化积公式

$$\begin{cases} \cos x + \cos y = 2\cos \dfrac{x+y}{2} \cos \dfrac{x-y}{2}, \\ \cos x - \cos y = -2\sin \dfrac{x+y}{2} \sin \dfrac{x-y}{2}, \\ \sin x + \sin y = 2\sin \dfrac{x+y}{2} \cos \dfrac{x-y}{2}, \\ \sin x - \sin y = 2\cos \dfrac{x+y}{2} \sin \dfrac{x-y}{2}. \end{cases} \tag{5.5.13}$$

再者, 利用 $\mathrm{e}^{\mathrm{i}(\frac{\pi}{2}-x)} = \mathrm{e}^{\mathrm{i}\frac{\pi}{2}} \mathrm{e}^{-\mathrm{i}x} = \mathrm{i}\mathrm{e}^{-\mathrm{i}x}$ 可得余角公式

$$\begin{cases} \sin\left(\dfrac{\pi}{2} - x\right) = \cos x, \\ \cos\left(\dfrac{\pi}{2} - x\right) = \sin x, \end{cases} \qquad \forall\, x \in \mathbb{R}. \tag{5.5.14}$$

利用 $\mathrm{e}^{\mathrm{i}(\pi-x)} = \mathrm{e}^{\mathrm{i}\pi} \mathrm{e}^{-\mathrm{i}x} = -\mathrm{e}^{-\mathrm{i}x}$ 可得补角公式

$$\begin{cases} \sin\left(\pi - x\right) = \sin x, \\ \cos\left(\pi - x\right) = -\cos x, \end{cases} \qquad \forall\, x \in \mathbb{R}. \tag{5.5.15}$$

由余角公式可得 $\cos$ 在 $\left(0, \dfrac{\pi}{2}\right)$ 内为正. 这样, 对于 $0 \leqslant x < y \leqslant \dfrac{\pi}{2}$, 由和差化积公式,

$$\sin y - \sin x = 2\cos \frac{x+y}{2} \sin \frac{y-x}{2} > 0.$$

因此, $\sin$ 在 $\left[0, \frac{\pi}{2}\right]$ 上严格单增. 结合 $\sin$ 为奇函数可得 $\sin$ 在 $\left[-\frac{\pi}{2}, \frac{\pi}{2}\right]$ 上严格单增. 利用 $\sin(x + \pi) = -\sin x$ 可得 $\sin$ 在 $\left[\frac{\pi}{2}, \frac{3\pi}{2}\right]$ 上严格单减.

进一步, 易得 $\cos x = \sin\left(x + \frac{\pi}{2}\right)$, 进而 $\cos$ 在 $[0, \pi]$ 上严格单减, 在 $[\pi, 2\pi]$ 上严格单增. 利用上述性质, 容易得到 $\sin, \cos$ 在一些特殊点的值. 例如

$$\sin \frac{\pi}{4} = \cos \frac{\pi}{4} = \sqrt{\frac{2 \sin \frac{\pi}{4} \cos \frac{\pi}{4}}{2}} = \sqrt{\frac{\sin \frac{\pi}{2}}{2}} = \frac{\sqrt{2}}{2}.$$

由

$$\cos \frac{\pi}{6} = \sin\left(\frac{\pi}{2} - \frac{\pi}{6}\right) = \sin \frac{2\pi}{6} = 2 \sin \frac{\pi}{6} \cos \frac{\pi}{6}$$

得到 $\cos \frac{\pi}{3} = \sin \frac{\pi}{6} = \frac{1}{2}$. 进而

$$\sin \frac{\pi}{3} = \cos \frac{\pi}{6} = \sqrt{1 - \sin^2 \frac{\pi}{6}} = \frac{\sqrt{3}}{2}.$$

5.5.5 圆周率

现在考虑平面 $\mathbb{R}^2$ 中的单位圆周 $x^2 + y^2 = 1$. 则利用正弦函数和余弦函数, 它可以用参数表示为

$$\begin{cases} x = \cos t, \\ y = \sin t, \end{cases} \qquad t \in [0, 2\pi].$$

任取 $n \geqslant 3$, 将参数的取值区间作 n 等分, 得到圆周的内接 n 边形 (图 5.1), 其周长为

$$L_n = \sum_{k=1}^{n} \left| e^{i \frac{2k\pi}{n}} - e^{i \frac{2(k-1)\pi}{n}} \right| = \sum_{k=1}^{n} \left| e^{i \frac{2(k-1)\pi}{n}} \right| \cdot \left| e^{i \frac{2\pi}{n}} - 1 \right|$$

$$= n \sqrt{\left(\cos \frac{2\pi}{n} - 1\right)^2 + \sin^2 \frac{2\pi}{n}} = n \sqrt{2 - 2 \cos \frac{2\pi}{n}}$$

$$= 2n \sin \frac{\pi}{n}.$$

由 (5.5.9) 式可得

$$\lim_{n \to +\infty} L_n = 2\pi.$$

从推导过程可以看出, 上面的内接 n 边形是内接正 n 边形. 进一步可以证明, 对任何 $\varepsilon > 0$, 存在 $\delta > 0$, 使得对任何 $0 = \theta_0 < \theta_1 < \theta_2 < \cdots < \theta_m = 2\pi$, 只要 $\max_{1 \leqslant k \leqslant m} (\theta_k - \theta_{k-1}) < \delta$, 就有

$$\left| \sum_{k=1}^{m} \left| e^{i\theta_k} - e^{i\theta_{k-1}} \right| - 2\pi \right| < \varepsilon.$$

这相当于说单位圆周的周长是 2π.

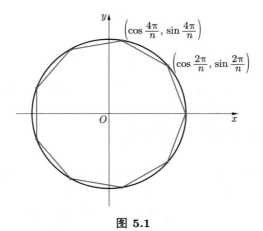

图 5.1

另一方面, 由 $\cos 2 < 0$ 可得 $\dfrac{\pi}{2} < 2$, 即 $\pi < 4$. 则当 $x \in \left(0, \dfrac{\pi}{2}\right)$ 时,

$$\sin x - x = \sum_{n=1}^{\infty} \frac{(-1)^n x^{2n+1}}{(2n+1)!} = -\sum_{n=0}^{\infty} \left(\frac{1}{(4n+3)!} - \frac{x^2}{(4n+5)!}\right) x^{4n+3}$$

$$= -\sum_{n=0}^{\infty} \left(1 - \frac{x^2}{(4n+4)(4n+5)}\right) \frac{x^{4n+3}}{(4n+3)!} < 0,$$

$$\sin x + x - 4\sin\frac{x}{2} = \sum_{n=1}^{\infty} \frac{(-1)^n x^{2n+1}}{(2n+1)!} - 4\sum_{n=1}^{\infty} \frac{(-1)^n x^{2n+1}}{2^{2n+1}(2n+1)!}$$

$$= -\sum_{n=0}^{\infty} \left(\left(1 - \frac{1}{2^{4n+1}}\right) - \left(1 - \frac{1}{2^{4n+3}}\right) \frac{x^2}{(4n+4)(4n+5)}\right) \frac{x^{4n+3}}{(4n+3)!}$$

$$< -\sum_{n=0}^{\infty} \left(\frac{1}{2} - 1 \cdot \frac{1}{5}\right) \frac{x^{4n+3}}{(4n+3)!} < 0.$$

这就得到了

$$\sin x < x < 4\sin\frac{x}{2} - \sin x, \qquad \forall x \in \left(0, \frac{\pi}{2}\right). \tag{5.5.16}$$

自然, 今后引入导数以后, 上式的证明将更容易.

对于正整数 $n \geqslant 1$, 取 $x = \dfrac{\pi}{3 \cdot 2^n}$, 即得

$$3 \cdot 2^n \sin\frac{\pi}{3 \cdot 2^n} < \pi < 3 \cdot 2^{n+2} \sin\frac{\pi}{3 \cdot 2^{n+1}} - 3 \cdot 2^n \sin\frac{\pi}{3 \cdot 2^n}. \tag{5.5.17}$$

这本质上就是刘徽[①]在其割圆术中所采用的不等式. 由 $\sin\dfrac{\pi}{6} = \dfrac{1}{2}$, 并反复利用

$$\sin^2\frac{t}{2} = \frac{1 - \sqrt{1 - \sin^2 t}}{2}, \qquad \forall t \in \left(0, \frac{\pi}{2}\right)$$

可以计算[②] $\sin\dfrac{\pi}{3 \cdot 2^n}$ 并得到 π 的近似值. 取 $n = 6$, 刘徽得到了 $\pi \approx 192\sin\dfrac{\pi}{192} \approx 3.14$, 并指出

[①] 刘徽, 三国时期魏国人, 约 225 年—约 295 年, 中国古代数学家.

[②] 正如刘徽在《九章算术注》中所作的那样, 对于 $1 < k < n$, 只需要计算 $\sin^2\dfrac{\pi}{3 \cdot 2^k}$ 而不需要计算 $\sin\dfrac{\pi}{3 \cdot 2^k}$.

若取 $n = 10$ 得到[①] $\pi \approx 3072 \sin \dfrac{\pi}{3072} \approx 3.1416$. 在 (5.5.16) 式中取 $n = 12$, 就得到祖冲之[②]、祖暅[③]父子得到的

$$3.1415926 < \pi < 3.1415927.$$

自然, 在刘徽和祖冲之的时代没有三角函数. 这里只是借用现代数学的语言来解释相关工作.

5.5.6 夹角 正弦定理 余弦定理

考虑平面 $\mathbb{R}^2$ 中的单位圆周 $x^2 + y^2 = 1$ 上两点 $A(\cos\theta, \sin\theta)$ 和 $B(\cos\varphi, \sin\varphi)$(图 5.2). 则有整数 k 以及 $\alpha \in (-\pi, \pi]$ 使得 $\varphi - \theta = 2k\pi + \alpha$. 我们称 $\beta = |\alpha|$ 为 $\angle AOB$ 的**弧度**, 或称 $\overrightarrow{OA}$ 和 $\overrightarrow{OB}$ 的**夹角**为 β. 易见在这一定义下, 夹角在旋转变换下不变. 进一步, 可见 β 由 $\cos\beta$ 唯一确定:

$$\cos\beta = \cos\alpha = \cos(\varphi - \theta) = \cos\varphi\cos\theta + \sin\varphi\sin\theta = \overrightarrow{OA} \cdot \overrightarrow{OB}.$$

在射线 OA 以及射线 OB 上各任取一点 P, Q (P, Q 不为 O). 则

$$\cos\beta = \frac{\overrightarrow{OP} \cdot \overrightarrow{OQ}}{|OP| \cdot |OQ|},$$

这里 $|OP|$, $|OQ|$ 表示线段 OP, OQ 的长度. 由此, 对于 $\mathbb{R}^2$ 中三个不同的点 $P_k(x_k, y_k)$ ($k = 0, 1, 2$), 可一般地定义 $\overrightarrow{P_0P_1}$ 与 $\overrightarrow{P_0P_2}$ 的夹角为

$$\arccos \frac{\overrightarrow{P_0P_1} \cdot \overrightarrow{P_0P_2}}{|P_0P_1| \cdot |P_0P_2|} = \frac{(x_1 - x_0)(x_2 - x_0) + (y_1 - y_0)(y_2 - y_0)}{\sqrt{(x_1 - x_0)^2 + (y_1 - y_0)^2}\sqrt{(x_2 - x_0)^2 + (y_2 - y_0)^2}}, \tag{5.5.18}$$

其中 $\arccos$ 是 $\cos$ 在 $[0, \pi]$ 上的反函数. 根据上面的讨论可见, 这里定义的夹角在旋转变换与平移变换下不变.

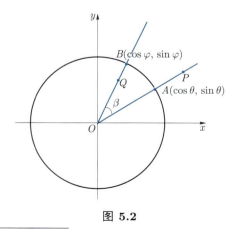

图 5.2

---

① 刘徽还给出了另一种方法得到 $\pi \approx 3.1416$, 该法利用 $n \leqslant 6$ 的数据来估算圆周率. 该法究竟是什么样的方法, 今人难以确定.

② 祖冲之, 字文远, 429 年—500 年, 南北朝时期数学家、天文学家.

③ 祖暅, 一作祖暅之, 字景烁, 5—6 世纪, 南北朝时期数学家、天文学家.

更一般地, 在 $\mathbb{R}^n\,(n \geqslant 2)$ 中, 可以同样地定义两个向量的夹角. 同样可以证明, 该夹角在旋转变换与平移变换下不变.

定义 5.5.5　设 $n \geqslant 2$, $P_k(x_{1,k}, x_{2,k}, \cdots, x_{n,k})\,(k = 0, 1, 2)$ 为 $\mathbb{R}^n$ 中三个不同的点. 则 P_0P_1 与 P_0P_2 的夹角定义为

$$\arccos \frac{\overrightarrow{P_0P_1} \cdot \overrightarrow{P_0P_2}}{|P_0P_1| \cdot |P_0P_2|} = \arccos \frac{\sum\limits_{j=1}^{n} (x_{j,1} - x_{j,0})(x_{j,2} - x_{j,0})}{\sqrt{\sum\limits_{j=1}^{n} (x_{j,1} - x_{j,0})^2} \sqrt{\sum\limits_{j=1}^{n} (x_{j,2} - x_{j,0})^2}}. \tag{5.5.19}$$

现在考虑 $\mathbb{R}^n$ 中的 $\triangle ABC$ (图 5.3), 依次用 A, B, C 表示顶点 A, B, C 对应的三个内角, 用 a, b, c 依次表示顶点 A, B, C 所对的边的边长. 由定义,

$$2 \cos C = \frac{2\overrightarrow{CA} \cdot \overrightarrow{CB}}{|CA| \cdot |CB|} = \frac{\overrightarrow{CB} \cdot \overrightarrow{CB} + \overrightarrow{CA} \cdot \overrightarrow{CA} - (\overrightarrow{CA} - \overrightarrow{CB}) \cdot (\overrightarrow{CA} - \overrightarrow{CB})}{|CA| \cdot |CB|} = \frac{a^2 + b^2 - c^2}{ab}.$$

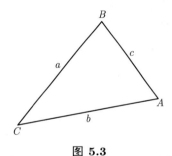

图 5.3

这就是余弦定理. 特别地, 当且仅当 $C = \dfrac{\pi}{2}$ 时有勾股定理

$$c^2 = a^2 + b^2.$$

我们有

$$\begin{aligned}
\frac{\sin C}{c} &= \frac{1}{c}\sqrt{1 - \cos^2 C} = \frac{1}{2abc}\sqrt{4a^2b^2 - (a^2 + b^2 - c^2)^2} \\
&= \frac{1}{2abc}\sqrt{(a + b + c)(a + b - c)(b + c - a)(c + a - b)}.
\end{aligned}$$

由此可见 $\dfrac{\sin C}{c} = \dfrac{\sin B}{b} = \dfrac{\sin A}{a}$. 这就是正弦定理.

最后, 我们来证明三角形的内角和为 π, 即 $A + B + C = \pi$. 由

$$\begin{aligned}
\sin(A + B) &= \sin A \cos B + \cos A \sin B = (a \cos B + b \cos A)\frac{\sin C}{c} \\
&= \left(\frac{a^2 + c^2 - b^2}{2c} + \frac{b^2 + c^2 - a^2}{2c}\right)\frac{\sin C}{c} = \sin C > 0, \tag{5.5.20}
\end{aligned}$$

以及 $0 < A + B < 2\pi$ 可见 $0 < A + B < \pi$.

若 $A + B + C \neq \pi$, 则由 (5.5.20) 式必有 $A + B = C$. 同理可证 $B = A + C$. 这与 $A > 0$ 矛盾. 因此, 必有 $A + B + C = \pi$.

于是, 当 $C = \dfrac{\pi}{2}$ 时, $A + B = \dfrac{\pi}{2}$. 从而

$$\sin A = \cos B = \frac{a^2 + c^2 - b^2}{2ac} = \frac{2a^2}{2ac} = \frac{a}{c}.$$

习题 5.5

1. 对于 $x_0 \in \mathbb{R}$, 计算 $\lim\limits_{x \to x_0} \dfrac{\sin x - \sin x_0}{x - x_0}$.

2. 对于 $x_0 \in \mathbb{R}$, 计算 $\lim\limits_{x \to x_0} \dfrac{\cos x - \cos x_0}{x - x_0}$.

3. 对于 $x_0 \in \mathbb{R}$, 计算 $\lim\limits_{x \to x_0} \dfrac{\tan x - \tan x_0}{x - x_0}$.

4. 对于 $x_0 \in \mathbb{R}$, 计算 $\lim\limits_{x \to x_0} \dfrac{\arctan x - \arctan x_0}{x - x_0}$.

5. 计算 $\lim\limits_{x \to 0} \dfrac{\sin x - x + \dfrac{x^3}{6}}{x^5}$.

6. 计算 $\lim\limits_{x \to 0} \dfrac{\arcsin x - x - \dfrac{x^3}{6}}{x^5}$.

7. 计算 $\lim\limits_{x \to 0} \dfrac{\tan x - x}{x^3}$.

8. 计算 $\lim\limits_{x \to 0} \dfrac{\arctan x - x + \dfrac{x^3}{3}}{x^5}$.

第六章

导数与微分

数学分析的核心内容主要包括微分和积分两部分, 也就是所谓的微积分. 如果我们把微分和积分分别看成是 "微观" 和 "宏观", 再把前面引入的 "连续" 当作 "中观" 的话, 那么数学分析可以理解为是一门介绍 "微观""中观" 和 "宏观" 方法的学科. 或者通俗地说, 数学分析是用此 "三观" 来观察和研究函数的学科.

本章我们将着重从 "微观" 的角度来研究函数, 即所谓的一元函数微分学的内容.

微分的思想萌芽可以追溯到古希腊时期, 当时是在解决具体问题时, 以朴素的、零散的碎片方式表现出来的. 而更接近现代观点的微分学, 比较认可的说法是在 16 世纪前后逐渐形成和发展的. 代表人物和所讨论的问题有 Kepler[1] 研究的行星运行、Descartes 讨论的曲线的切线、Fermat[2] 考虑的函数的极值和曲线的切线、Barrow[3] 通过微分三角形探讨的切线方程等. 这些前期的酝酿, 为后来的代表人物 Newton 和 Leibniz 系统地创立微积分提供了充足的素材和准备. 我们现在介绍的内容, 是经过了 19 世纪的长足发展, 在理论上给予严谨化和进一步的提升、推广和应用后的体系.

顺便提到一点的是, 积分思想的诞生要早于, 至少不迟于, 微分的诞生. 因此, 从历史发展的顺序来说, 微分与积分观念形成的先后与通常教科书中的陈述顺序刚好相反. 本书也将采取先讨论微分再讲述积分的顺序. 这一点其实也不奇怪, 正如大多数分析教材也都是站在 19 世纪数学严谨化之后的角度来讲授的, 而不是完全按时间顺序介绍前人的思想、方法和结论, 然后再逐一打补丁填补不严谨之处.

6.1   导数的引入与定义

引入导数这一微分学的核心概念的方式通常有如下两种, 一种是从曾经产生过重大历史影响的两个经典问题入手, 即当初 Newton 和 Leibniz 分别讨论的质点运动的瞬时速度和曲线的切线问题的模型, 然后进行数学抽象和提升; 另一种是跳过对具体问题的介绍, 直接从逻辑上给出严格的数学定义. 这两种方式各有利弊, 完全视读者的知识背景和储备.

对于初学者来说, 也许第一种引入方式较为自然, 也能产生一定的质感, 学习和关注的重点在于如何从介绍朴素的案例的过程中捕捉到数学的本质, 再对其提炼和提升. 第二种引入方法其优点在于简明精练, 主题鲜明.

我们下面采用第一种模式来引入导数. 我们这样做还有一个原因, 就是这两个经典模型的背后代表着学习这门课时两种不同的角度, 一种是分析味道浓郁, 一种几何直观

---

[1] Kepler, Johannes, 1571 年 12 月 27 日—1630 年 11 月 15 日, 德国天文学家、物理学家、数学家.

[2] Fermat, Pierre de, 1601 年 8 月 17 日—1665 年 1 月 12 日, 法国数学家.

[3] Barrow, Isaac, 1630 年 10 月 —1677 年 5 月 4 日, 英国数学家.

凸显. 它们均为数学分析中极其重要的理念和方法, 在后面的章节中也能隐约体会到它们在处理问题时带来的不同影响.

我们来讨论下面两个经典模型, 它们正是当年 Newton 和 Leibniz 分别创建微积分时研究的问题. 起源于对质点瞬时速度和曲线切线及其斜率的讨论,

(1) 质点运动学问题: 求质点变速直线运动的瞬时速度.

(2) 几何图形中的切线问题: 求曲线上一点处的切线斜率.

1. 质点运动学问题, 非匀速直线运动的瞬时速度

在经典的匀速直线运动框架下, 质点的速度定义为质点在单位时间内移动的改变. 顾名思义, 它应为常值才和匀速直线运动吻合, 既不依时间单位长短 Δt 的改变而改变, 也不依测量时刻 t 的不同而不同. 但事实上, 严格意义下的匀速直线运动仅仅是一种理想状态. 稍微一般的情况应该是非匀速直线运动, 以及更一般的曲线变速运动. 在此, 我们仅重点考虑前者, 即质点的非匀速直线运动.

所谓的非匀速直线运动, 是指在给定的时间段 (比如单位时间) 内, 质点运动的位移会有所不同. 这种采用给定时间段去除运动位移改变的计算方法, 是与前面匀速直线运动速度的计算方法兼容的. 这样得到的比值, 称为质点在这段时间的**平均速度**.

Newton 关于质点运动的**瞬时速度**, 是在上述平均速度的基础上引入的. 换句话说, 我们将上述时间段的长度取得越来越小, 如果平均速度有极限的话, 就定义为指定质点的**瞬时速度**. 我们给出如下严格的描述.

设质点在直线 (取为 x 轴) 上运动, 在时刻 t_0, 质点的位置为 $x(t_0)$, 那么从时刻 t_0 到时刻 $t_0 + \tau$, 质点的位移变化为

$$\Delta x = x(t_0 + \tau) - x(t_0).$$

这里我们允许 $\tau < 0$, 此时可以理解为经过时间段 $-\tau$ 后, 质点从位置 $x(t_0 + \tau)$ 到达位置 $x(t_0)$. 质点在 τ 时间段内的平均速度为

$$\bar{v} := \frac{\Delta x}{\tau} = \frac{x(t_0 + \tau) - x(t_0)}{\tau}.$$

对于固定的非常小的 τ, 可以将它看成是在 t_0 时刻质点速度的一个近似值. 因此, 如果极限

$$\lim_{\tau \to 0} \frac{\Delta x}{\tau} = \lim_{\tau \to 0} \frac{x(t_0 + \tau) - x(t_0)}{\tau}$$

存在且有限时, 我们称此极限值为质点在时刻 t_0 的瞬时速度.

2. 曲线切线问题

我们在中学讨论圆的切线时, 曾经把和圆只有一个公共交点的直线称为圆的切线. 对于圆来说, 这种定义切线的方式倒也无妨, 因为这的确是圆的切线所具有的特征, 但

这一特征显然不宜当作一般曲线切线的定义. 比如对于抛物线而言, 任何一条平行于抛物线对称轴的直线与抛物线都只有一个交点, 而这些直线显然不能称为抛物线的切线. 由此看出, 对于一般曲线, 我们尚未严谨引入过 "切线" 的概念. 下面我们简要介绍一下 Leibniz 研究曲线切线时所采用的基本思想和方法. 为简单计, 我们假设所讨论的曲线是由显式函数给出的, 即曲线是由形如 $y = f(x)$ 的函数给出的图像.

在曲线 $y = f(x)$ 上, 任取一点 $P_0(x_0, y_0)$, $y_0 = f(x_0)$, 在点 P_0 附近再在曲线上取一点 $P = (x, y)$. 连接两点 P 与 P_0 作曲线的一条 "割线", 则此割线的斜率为

$$\tan \alpha = \frac{QP}{P_0 Q},$$

其中 Q 为坐标是 (x, y_0) 的点 (见图 6.1).

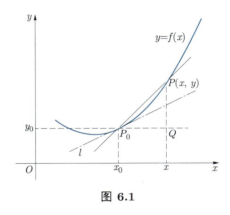

图 6.1

容易看出, 当点 P 沿着曲线向点 P_0 移动时,

$$\tan \alpha = \frac{f(x) - f(x_0)}{x - x_0}.$$

割线 $P_0 P$ 以及夹角 α 都随着 P 变化而变化. 如果当 $x \to x_0$ 时, $\tan \alpha$ 存在有限的极限 k, 即

$$\lim_{x \to x_0} \frac{f(x) - f(x_0)}{x - x_0} = k,$$

那么我们很自然地可以把经过点 P_0 斜率为 k 的直线定义为曲线 $y = f(x)$ 在点 P_0 处的切线 ℓ. 显然, 如此定义的切线 ℓ 有解析表达式

$$y = y_0 + k(x - x_0).$$

上述两个经典数学模型, 表现形式相去甚远, 但其背后的共同点都是讨论函数的改变量与自变量改变量的比率, 我们将其进行数学上的提炼、抽象和统一处理, 即可引入**导数**的定义.

定义 6.1.1 (导数) 设函数 $y = f(x)$ 在点 x_0 附近有定义, 如果极限

$$\lim_{x \to x_0} \frac{f(x) - f(x_0)}{x - x_0} \tag{6.1.1}$$

存在且有限, 则称 $f(x)$ 在点 x_0 处**可导**, 并称其极限值为 $f(x)$ 在点 x_0 处的**导数**, 记为 $f'(x_0)$ 或 $y'(x_0)$.

关于导数符号的几句话: 数学符号的引入通常有其历史背景或文化背景, 或有其内含抑或个人偏好. 导数的记号也不例外. 比如, 上面表示导数的符号 $'$ 是 Lagrange[①] 创建的, 最显著的特点是简捷明了, $f'(x_0)$ 蕴涵着是由函数 $f(x)$ 而非另外的函数 $g(x)$ 诱导出来的**数**. 除了 Lagrange 的符号外, 常见的表示导数的符号还有下面 Leibniz 给出的形式:

$$\frac{\mathrm{d}y}{\mathrm{d}x}\Big|_{x=x_0}, \qquad \frac{\mathrm{d}f}{\mathrm{d}x}(x_0), \qquad \frac{\mathrm{d}f}{\mathrm{d}x}\Big|_{x=x_0}.$$

Leibniz 引入的符号初看起来略显啰唆, 当然它传递的信息更多. 当我们讨论的场景稍微复杂时, 比如有多个函数代数运算时, Leibniz 的符号能更清晰地反映出变量间的依赖关系. 不仅如此, 我们还看到这些符号特有的 "分数" 形式, 它更像是两个量的比值. 事实上, 的确如此, 我们对导数的定义稍作形式上的处理, 很快将会看到为什么导数又叫差商的极限了. 在引入微分的概念之后, 这些形式符号被赋予了更深刻的内涵: 导数 $\frac{\mathrm{d}y}{\mathrm{d}x}$ 中的分子和分母可以被看成独立的运算符号, 即微分 $\mathrm{d}y$ 和 $\mathrm{d}x$ 之商了.

除了讨论函数 $f(x)$ 某点 x_0 的可导性外, 我们还经常讨论它在一个集合上的可导性. 对于一个给定的点集 $E \subseteq \mathbb{R}$, 如果 $f(x)$ 在 E 中的每个点都可导, 则称 $f(x)$ 在集合 E 上可导. 当我们的关注点落在函数在集合 E 上的可导性而不是指定点 x_0 的可导性时, 我们常常把 x_0 中的下标去掉, 代之以更灵活和方便的符号 $f'(x)$, 并称之为函数 $f(x)$ 的**导函数**.

点集 $E \subseteq \mathbb{R}$ 最常见的形式为区间, 包括开区间 (a, b) 和闭区间 $E = [a, b]$ 以及各种组合, 此时我们也说 $f(x)$ 在区间上可导.

我们对定义 6.1.1 中的导数作一些形式上的处理: 对于固定点 x_0 以及附近的点 x, 我们更习惯于将 x 与 x_0 的差用 Δx 表示, 类似地, 用 $\Delta f(x)$ 或者 Δy 表示相应的函数值的差 $f(x) - f(x_0)$, 即

$$\Delta x = x - x_0, \qquad \Delta y = f(x) - f(x_0).$$

于是 $x = x_0 + \Delta x$, $f(x) = f(x_0) + \Delta y$, 而 $x \to x_0$ 则等价于 $\Delta x \to 0$. 表达式 (6.1.1) 就变成了

$$f'(x_0) = \lim_{\Delta x \to 0} \frac{\Delta y}{\Delta x}. \tag{6.1.2}$$

[①] Lagrange, Joseph-Louis, 1736 年 1 月 25 日 — 1813 年 4 月 10 日, 意大利裔法国数学家.

注 6.1.1   可以看出, 一个函数在给定点的导数本质上是由此函数在该点诱导出的差商的极限来定义的. 因此, 我们这里再次看到了极限的工具地位, 故可以用极限的 ε–δ 语言来描述函数的可导性: 如果存在实数 $A \in \mathbb{R}$, 使得 $\forall \varepsilon > 0$, 都存在 $\delta > 0$, 当 $0 < |x - x_0| < \delta$ 时, 成立

$$\left| \frac{f(x) - f(x_0)}{x - x_0} - A \right| < \varepsilon, \tag{6.1.3}$$

则称 $f(x)$ 在点 x_0 处可导, 且导数值定义为 A.

这样, 函数在某点的可导性问题就等价于上述极限的存在性问题, 而计算导数则变成了寻求 A 的问题.

例 6.1.1   试求 $\mathbb{R}$ 上的常值函数 $f(x) \equiv c$ 的导数.

解 $\forall x_0 \in \mathbb{R}$, 由于

$$\lim_{x \to x_0} \frac{f(x) - f(x_0)}{x - x_0} = \lim_{x \to x_0} \frac{c - c}{x - x_0} \equiv 0, \tag{6.1.4}$$

所以

$$c' = 0. \tag{6.1.5}$$

这一结论显然符合我们当初引入导数时的预期: 一个取值不变的函数其变化率应该恒为零. 后面我们还能证明, 如果一个函数, 其变化率处处为零, 那么它就是个常值函数.

例 6.1.2   设 $n > 0$ 为正整数, 试求 $f(x) = x^n$ 在点 x_0 处的导数.

解 $\forall x_0 \in \mathbb{R}$, 我们有

$$\frac{\Delta y}{\Delta x} = \frac{x^n - x_0^n}{x - x_0}$$

$$= x^{n-1} + x^{n-2}x_0 + \cdots + x_0^{n-1}.$$

因此

$$f'(x_0) = \lim_{x \to x_0} \frac{\Delta y}{\Delta x} = nx_0^{n-1}. \tag{6.1.6}$$

由于 x_0 的一般性, 在不强调 x_0 时, 我们也常常把上式写成

$$(x^n)' = nx^{n-1}. \tag{6.1.7}$$

完全类似地不难得到, 对于负整数 n, 当 $x > 0$ 时, 也有

$$(x^n)' = nx^{n-1}. \tag{6.1.8}$$

如果把例 6.1.1 中的常值函数看成是例 6.1.2 中 $n = 0$ 的情况, 并将 (6.1.7) 式右端理解成 0 的话, 那么我们可以把关系式 (6.1.5), (6.1.7), (6.1.8) 合并为统一的表达式.

$$(x^n)' = nx^{n-1}.$$

这里我们默认当 $n < 0$ 时, 仅讨论当 $x > 0$ 时函数的情况.

例 6.1.3　设 $f(x) = |x|$. 证明 $f(x)$ 在 $x_0 = 0$ 处不可导.

证明　注意到当 $x > 0$ 时, 有

$$\lim_{x \to 0^+} \frac{f(x) - f(0)}{x - 0} = \lim_{x \to 0^+} \frac{x}{x} = 1$$

而当 $x < 0$ 时, 有

$$\lim_{x \to 0^-} \frac{f(x) - f(0)}{x - 0} = \lim_{x \to 0^-} \frac{-x}{x} = -1,$$

所以极限 $\lim_{x \to 0} \dfrac{f(x) - f(0)}{x - 0}$ 不存在, 因此函数 $f(x)$ 在 $x_0 = 0$ 处不可导.　$\square$

完全类似地可以证明如下稍微一般的结论:

例 6.1.4　设 $k_1 \neq k_2$, 则 "折线" 函数

$$f(x) = \begin{cases} k_1(x - x_0), & x \leqslant x_0, \\ k_2(x - x_0), & x \geqslant x_0 \end{cases}$$

在折点 $x = x_0$ 处是不可导的.

这一结论符合我们对上述函数在点 x_0 处没切线的直觉: 函数在点 x_0 处因为 "急转弯" 而产生一个 "尖点", 哪怕它在 "尖点处" 连续, 也不意味着可导. 需要注意的是, 这仅仅是几何直觉而非逻辑证明. 另一方面, 下面的例子告诉我们, 一个看似很糟糕的函数, 仅在一个点连续, 在此点它竟然是可导的 (换个角度说, 一个函数即使在一点可导, 也不能保证存在一个哪怕是充分小的邻域, 使得函数在此邻域内连续).

例 6.1.5　试讨论函数

$$f_1(x) = \begin{cases} x, & x \in \mathbb{Q}, \\ -x, & x \notin \mathbb{Q}, \end{cases} \qquad f_2(x) = \begin{cases} x^2, & x \in \mathbb{Q}, \\ -x^2, & x \notin \mathbb{Q} \end{cases} \tag{6.1.9}$$

在 $x = 0$ 处的可导性, 如果可导, 求其导数.

解　根据导数的定义, 考虑 $f_1(x)$ 在 0 点处差商的极限

$$\lim_{x \to 0} \frac{f_1(x) - f_1(0)}{x - 0} = \begin{cases} 1, & x \in \mathbb{Q}, \\ -1, & x \notin \mathbb{Q}, \end{cases}$$

所以极限 $\lim_{x \to 0} \dfrac{f_1(x) - f_1(0)}{x - 0}$ 不存在. 即 $f_1(x)$ 在 $x = 0$ 处不可导.

另一方面, 根据定义直接计算可得

$$\lim_{x \to 0} \frac{f_2(x) - f_2(0)}{x - 0} = 0.$$

所以 $f_2(x)$ 在 $x = 0$ 处可导, 且 $f_2'(0) = 0$. 即由函数给出的 "曲线" 在原点处有切线.

这里曲线二字上的引号是在暗示这些函数的图形实在不像通俗意义下的曲线, 因为看起来它的连续性实在太糟糕了. 然而即使如此, $f_2(x)$ 在 $x=0$ 处竟然有 "切线". 与之对应的是 $f_1(x)$, 它的定义方式看起来和 $f_2(x)$ "同宗同族", 但是它在 $x=0$ 处却无法定义出切线. 完全类似地不难证明下面的函数在 $x=0$ 处都是可导的. 因此, 我们建议读者从 Leibniz 当初引入切线的原始思想和做法出发, 充分体会这些函数可导与不可导的本质, 这对我们理解导数和构造更多的例子或反例颇有益处, 对导数的推广也很有启发.

对于 $k_1, k_2 \in \mathbb{R}$, 函数

$$g_1(x) = \begin{cases} k_1 x^2, & x \in \mathbb{Q}, \\ k_2 x^2, & x \notin \mathbb{Q}, \end{cases} \qquad g_2(x) = \begin{cases} k_1 x^2, & x \leqslant 0, \\ k_2 x^2, & x \geqslant 0 \end{cases} \tag{6.1.10}$$

在 $x=0$ 处都是可导的.

我们给出个稍微一般些的例子.

例 6.1.6   考察逐段二次函数

$$G(x) = \begin{cases} \dfrac{1}{2} x^2, & x \leqslant 0, \\ x^2, & x \in (0,1), \\ -\dfrac{1}{2} x^2 + 3x - \dfrac{3}{2}, & x \geqslant 1 \end{cases} \tag{6.1.11}$$

的导函数的存在性.

解   根据导数的定义, 通过直接计算可以得到函数 $G(x)$ 的导函数 (见图 6.2)

$$g(x) = G'(x) = \begin{cases} x, & x \leqslant 0, \\ 2x, & x \in (0,1), \\ -x+3, & x \geqslant 1, \end{cases} \tag{6.1.12}$$

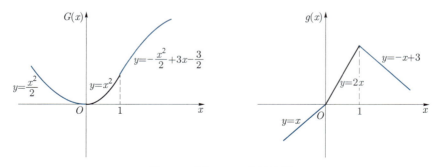

图 6.2   例 6.1.6 中的函数

可以看出, $G(x)$ 在视觉上给出的曲线还算得上是一条光滑曲线, 其导函数 $g(x)$ 所表示的曲线已经是条 "折线" 了. 如果反过来看这个问题的话, 可以概括为: 一条由逐段线性函数给出的折线, 可以由一条逐段为二次函数的导函数生成. 我们特别指出, $G(x)$ 与

$g(x)$ 之间的关系在后续章节中将多次应用: 比如函数逼近、连续函数原函数的存在性, 等等. 鉴于此, 我们不厌其烦地再把此例一般化如下, 证明方法完全等同于上例, 不再赘述.

例 6.1.7   设 $G(x)$ 是在 $[a,b]$ 上由逐段抛物线给出的函数, 如果在两段抛物线的衔接处是可导的, 那么 $g(x) = G'(x)$ 是 $[a,b]$ 上的逐段线性函数. 即设 $a = x_0 < x_1 < x_2 < \cdots < x_n < x_{n+1} = b$,

$$G(x) = \begin{cases} A_0 + a_0(x - x_0) + \dfrac{1}{2}b_0(x - x_0)^2, & x \in [x_0, x_1), \\ A_1 + a_1(x - x_1) + \dfrac{1}{2}b_1(x - x_1)^2, & x \in [x_1, x_2), \\ \cdots, & \\ A_n + a_n(x - x_n) + \dfrac{1}{2}b_n(x - x_n)^2, & x \in [x_n, x_{n+1}], \end{cases}$$

其中 $A_0 = G(a)$,

$$\begin{aligned} a_k &= a_{k-1} + b_{k-1}(x_k - x_{k-1}), \quad k = 1, 2, \cdots, n, \\ A_k &= A_{k-1} + a_{k-1}(x_k - x_{k-1}) + \frac{1}{2}b_{k-1}(x_k - x_{k-1})^2, \quad k = 1, 2, \cdots, n. \end{aligned} \tag{6.1.13}$$

则 $G'(x)$ 是 $[a,b]$ 上的连续的逐段线性函数:

$$g(x) = G'(x) = \begin{cases} a_0 + b_0(x - x_0), & x \in [a, x_1), \\ a_1 + b_1(x - x_1), & x \in [x_1, x_2), \\ \cdots, & \\ a_n + b_n(x - x_n), & x \in [x_n, b], \end{cases}$$

上面我们提到过圆的切线可描述为一条与圆周有且仅有一个交点的直线, 下面的例子告诉我们, 一条曲线在某点处的切线与曲线本身可能有非常复杂的交点.

例 6.1.8   试计算函数

$$f(x) = \begin{cases} x^2 \sin \dfrac{1}{x}, & x \neq 0, \\ 0, & x = 0 \end{cases} \tag{6.1.14}$$

在 $x = 0$ 处的导数.

解   由定义直接计算可得 $f'(0) = 0$. 因此函数对应的曲线在 $(0,0)$ 处的切线与 x 轴重合. 注意该切线在 $x = 0$ 的任意小邻域内都与曲线有无穷多个交点, 这在直观上与初等数学中圆的切线与圆周有且仅有一个交点有很大区别.

我们以可导与连续之间的关系这一极其基本的性质结束本节.

定理 6.1.1   若 $f(x)$ 在点 x_0 处可导, 则必有 $f(x)$ 在点 x_0 处连续, 从而在点 x_0 附近有界, 即存在 $\delta_0 > 0$, 使得 $f(x)$ 在 $(x_0 - \delta_0, x_0 + \delta_0)$ 内有界.

证明 设 $f(x)$ 在点 x_0 处可导, 则

$$\lim_{x \to x_0} f(x) - f(x_0) = \lim_{x \to x_0} \frac{f(x) - f(x_0)}{x - x_0}(x - x_0) = f'(x_0) \cdot 0 = 0.$$

即 $f(x)$ 在点 x_0 处连续. □

关于函数的连续与可导之间的关系, 在微积分发展历史上, 经历了较为漫长的时间才得以厘清. 人们很早就认识到可导蕴涵着连续, 也知道有 $y = |x|$ 这样的连续函数, "偶尔" 会有一些不可导的点. 直到 19 世纪上半叶, 人们曾一度认为连续函数可导的点应该占主流, 包括 Cauchy, Gauss[1] 这些大数学家都持有这种观点, 因为很难想象一个有 "很多" 不可导点的连续函数会是什么样. Picard[2] 曾这样评论道: 如果 Newton 和 Leibniz 知道了连续函数不一定可导, 微分学将无以产生. 这个错觉或误解被德国数学家 Weierstrass 在 1872 年所打破, 他构造性地证明了震惊数学界的结论: 存在处处连续处处不可导的函数. 目前我们暂时了解可导与连续的逻辑关系, 在后面章节再系统讨论这方面的内容.

习题 6.1

1. 变速直线运动可以看作是匀速直线运动的一般化, 进而我们引入了质点作变速直线运动的瞬时速度. 思考一下, 我们为何不直接引入更一般情况的变速曲线运动的瞬时速度?

2. 考虑如下意义下的 "尺规作图": 假设给出了一个没有刻度的直角坐标系, 给出了坐标系下函数的图像, 并被告知是 $y = f(x)$ 的图像. 试用尺规作出曲线上的点 $P_0(x_0, f(x_0))$ 处的切线, 其中 $f(x)$ 分别为

(1) $f(x) = x^k$, 其中 k 是整数, 特别地 $k = -1$;

(2) 尺规作出椭圆 $\dfrac{x^2}{a^2} + \dfrac{y^2}{b^2} = 1$ 上一点处的切线;

(3) $f(x) = \sin x$;

(4) $f(x) = \tan x$;

(5) $f(x) = e^x$;

(6) $f(x) = \ln x$.

3. 设 $f(x)$ 在点 x_0 处可导, 求极限

$$\lim_{h \to 0} \frac{f(x_0 + h) - f(x_0 - h)}{h}.$$

---

① Gauss, Johann Carl Friedrich, 1777 年 4 月 30 日 —1855 年 2 月 23 日, 德国数学家、物理学家、天文学家、几何学家、大地测量学家.

② Picard, Charles Emile, 1856 年 7 月 24 日 —1941 年 12 月 11 日, 法国数学家.

4. 设 $f(x)$ 在 $x = 0$ 处连续, 且

$$\lim_{x \to 0} \frac{f(2x) - f(x)}{x} = k.$$

证明: $f'(0) = k$.

5. 证明: 可导偶函数的导数为奇函数, 可导奇函数的导数为偶函数, 可导周期函数的导数仍为周期函数.

6. 如果曲线 $\Gamma : y = F(x)$ 在 $x = x_0$ 处有斜率为 k 的切线 ℓ, 那么将 Γ 沿着 x 轴平移 c 得到曲线 $\Gamma_c : y = F(x + c)$. 证明: Γ_c 在 $x = x_0 + c$ 处也有斜率为 k 的切线 ℓ_c, 并写出 ℓ_c 的方程.

7. 设 $g(0) = g'(0) = 0$,

$$f(x) = \begin{cases} g(x) \sin \dfrac{1}{x}, & x \neq 0, \\ 0, & x = 0. \end{cases}$$

求 $f'(0)$.

8. 设 f 是定义在 $\mathbb{R}$ 上的函数, 且对任何 $x_1, x_2 \in \mathbb{R}$, 都有

$$f(x_1 + x_2) = f(x_1) \cdot f(x_2).$$

若 $f'(0) = 1$, 证明对任何 $x \in \mathbb{R}$, 都有

$$f'(x) = f(x).$$

6.2 单侧导数 Dini 导数 更多的导数

本节我们讨论一下导数的推广. 这些概念的推广大多数都是极其自然的, 是基于在引入经典导数时对涉及的最基本要素的本质挖掘.

6.2.1 单侧导数

类似于单侧极限, 我们也可以讨论函数在一点处的单侧导数.

定义 6.2.1(左侧可导) 设函数 $y = f(x)$ 在 $(x_0 - \delta, x_0]$ $(\delta > 0)$ 上有定义, 如果单侧极限

$$\lim_{\Delta x \to 0^-} \frac{f(x_0 + \Delta x) - f(x_0)}{\Delta x} \tag{6.2.1}$$

存在且有限, 则称 $f(x)$ 在点 x_0 处**左侧可导**, 或简称**左可导**, 并称其极限值为 $f(x)$ 在点 x_0 处的**左导数**, 记为 $f'_-(x_0)$ 或 $y'_-(x_0)$, 即

$$f'_-(x_0) = \lim_{\Delta x \to 0^-} \frac{f(x_0 + \Delta x) - f(x_0)}{\Delta x}. \qquad (6.2.2)$$

类似地我们可以定义函数 $f(x)$ 在点 x_0 处的右侧可导以及右导数, 即

定义 6.2.2 (右侧可导)   设函数 $y = f(x)$ 在 $[x_0, x_0 + \delta]\ (\delta > 0)$ 上有定义, 如果单侧极限

$$\lim_{\Delta x \to 0^+} \frac{f(x_0 + \Delta x) - f(x_0)}{\Delta x} \qquad (6.2.3)$$

存在且有限, 则称 $f(x)$ 在点 x_0 处**右侧可导**, 或简称**右可导**, 并称其极限值为 $f(x)$ 在点 x_0 处的**右导数**, 记为 $f'_+(x_0)$ 或 $y'_+(x_0)$, 即

$$f'_+(x_0) = \lim_{\Delta x \to 0^+} \frac{f(x_0 + \Delta x) - f(x_0)}{\Delta x}. \qquad (6.2.4)$$

左导数、右导数统称为**单侧导数**.

有了单侧导数的概念后, 当我们说函数 $f(x)$ 在闭区间 $[a, b]$ 上可导时, 则是指函数

(1) 在区间内部的点处均可导;

(2) 在区间端点 a 和 b 处分别右可导和左可导.

由上面两点结合下面的例子, 我们有如下观察和结论:

(1) 如果 f 在区间 $[a, b]$ 上可导, 那么 f 在 $[a, b]$ 的任何子区间上也可导;

(2) 即使 f 在区间 $[a, b]$ 和 $[b, c]$ 上均可导, f 在 $[a, c]$ 上也不一定可导.

例 6.2.1   考虑例 6.1.3 中的函数 $f(x) = |x|$. 我们知它在 0 点处不可导. 但可以看出在 $x = 0$ 处, 函数是左可导和右可导的, 且 $f(x)$ 在 0 点的左、右导数分别为

$$f'_-(0) = -1, \qquad f'_+(0) = 1.$$

回顾和对比极限 (6.1.2) 存在的充要条件是两个单侧极限 (6.2.1) 和 (6.2.3) 存在且相等. 对于单侧导数, 我们有以下类似的结论:

定理 6.2.1   设函数 $f(x)$ 在点 x_0 附近有定义. 则 $f(x)$ 在该点可导的充要条件是其两个单侧导数都存在且相等, 即

$$f'_-(x_0) = f'_+(x_0).$$

此时有

$$f'(x_0) = f'_-(x_0) = f'_+(x_0).$$

单侧导数作为导数的一种推广, 在讨论函数在某点处的单侧性质时非常有用.

例 6.2.2 设

$$f(x) = \begin{cases} x \sin \dfrac{1}{x}, & x < 0, \\ x, & x \geqslant 0. \end{cases}$$

试讨论 $f(x)$ 在 0 点处的单侧导数.

解 当 $x \to 0^+$ 时, 有

$$\lim_{x \to 0^+} \frac{f(x) - f(0)}{x} = 1.$$

因此 $f'_+(0) = 1$.

当 $x \to 0^-$ 时, 有

$$\lim_{x \to 0^-} \frac{f(x) - f(0)}{x} = \lim_{x \to 0^-} \sin \frac{1}{x}.$$

极限不存在, 因此 $f(x)$ 在 0 点左导数不存在.

注意到经典导数的本质是通过考虑函数变化率 $\dfrac{\Delta y}{\Delta x}$ 的极限来研究函数, 自然我们也可以重新审视函数变化率的其他引入方式, 比如上面讨论的单侧导数就是只关注一点处函数左侧或右侧的变化率的极限. 类似地, 我们也可只关注函数变化率的上下极限、左右极限, 或者它们的组合, 从而可以引入各种各样特定的导数. 下面的 Dini[①] 导数就是其中的一种.

6.2.2 Dini 导数

Dini 导数的定义如下:

定义 6.2.3 设 $f(x)$ 在点 x_0 附近有定义, 令

$$
\begin{aligned}
D^+ f(x_0) &= \varlimsup_{\Delta x \to x_0^+} \frac{f(x) - f(x_0)}{x - x_0}, & D_+ f(x_0) &= \varliminf_{\Delta x \to x_0^+} \frac{f(x) - f(x_0)}{x - x_0}, \\
D^- f(x_0) &= \varlimsup_{\Delta x \to x_0^-} \frac{f(x) - f(x_0)}{x - x_0}, & D_- f(x_0) &= \varliminf_{\Delta x \to x_0^-} \frac{f(x) - f(x_0)}{x - x_0},
\end{aligned}
\tag{6.2.5}
$$

分别称它们为 $f(x)$ 在点 x_0 处的**右上导数、右下导数、左上导数、左下导数**, 统称为 **Dini 导数**.

从上下极限的性质可以得到下面的关系式:

$$
\begin{aligned}
D^+ f(x_0) &\geqslant D_+ f(x_0), & D^- f(x_0) &\geqslant D_- f(x_0), \\
D^+(-f(x_0)) &= -D_+ f(x_0), & D^-(-f(x_0)) &= -D_- f(x_0).
\end{aligned}
\tag{6.2.6}
$$

关于 Dini 导数, 下面与定理 6.2.1平行的结论成立, 证略.

定理 6.2.2 设函数 $f(x)$ 在点 x_0 的某邻域内有定义, 下列结论成立:

(1) $f(x)$ 在点 x_0 处右可导当且仅当 $D^+ f(x_0) = D_+ f(x_0)$ 且均为有限值;

---

① Dini, Ulisse, 1845 年 11 月 14 日 — 1918 年 10 月 28 日, 意大利数学家.

(2) $f(x)$ 在点 x_0 处左可导当且仅当 $D^-f(x_0) = D_-f(x_0)$ 且均为有限值;

(3) $f(x)$ 在点 x_0 处可导当且仅当四个 Dini 导数都存在且均为同一个有限值.

例 6.2.3　试求函数

$$f(x) = \begin{cases} x, & x \in \mathbb{Q}, \\ -x, & x \notin \mathbb{Q} \end{cases} \tag{6.2.7}$$

在 $x = 0$ 处的 Dini 导数.

解　根据定义直接计算可得

$$D^+f(0) = 1, \quad D_+f(0) = -1, \quad D^-f(0) = 1, \quad D_-f(0) = -1.$$

例 6.2.4　试求函数

$$f(x) = \begin{cases} x\sin^2\dfrac{1}{x}, & x > 0, \\ 0, & x = 0, \\ 2x\cos^2\dfrac{1}{x}, & x < 0 \end{cases} \tag{6.2.8}$$

在 $x = 0$ 处的 Dini 导数.

解　考虑区间 $I_n = \left[\dfrac{1}{(2n+2)\pi}, \dfrac{1}{2n\pi}\right]$, 当 $x \in I_n$ 时, 由于 $\sin\dfrac{1}{x}$ 和 $\cos\dfrac{1}{x}$ 可以取遍 $[-1,1]$ 中的所有值, 所以有

$$D_+f(0) = 0, \quad D^+f(0) = 1, \quad D_-f(0) = 0, \quad D^-f(0) = 2.$$

作为练习读者也可以把 $D^+f(x_0)$ 和 $D^-f(x_0)$ 组合起来得到上导数 $\overline{D}f(x_0)$, 把 $D_+f(x_0)$ 和 $D_-f(x_0)$ 组合起来得到下导数 $\underline{D}f(x_0)$. 可以证明, 满足 Lipschitz 连续的函数其上下导数分别满足 $\overline{D}f(x) \leqslant L, \underline{D}f(x) \geqslant -L$, 其中 L 是关系式 $|f(x_1) - f(x_2)| \leqslant L|x_1 - x_2|$ 中的 Lipschitz 常数. 不难证明, 函数 $f(x)$ 在点 x_0 处可导的充要条件是相应点处的上、下导数相等且为有限值.

6.2.3　对称导数　Schwarz 型导数

我们再次回到当初 Leibniz 考虑曲线的切线问题. 给定曲线

$$C := \{(x,y) : y = f(x), x \in I\},$$

曲线上的点 $P_0(x_0, f(x_0)) \in C$ 处的切线定义如下: 任找 C 上的一点 $P(x,y)$, 考虑由 P_0 和 P 决定的割线 L_{P_0P} 以及它的斜率 k_{P_0P}, 如果当 $x \to x_0$ 时, k_{P_0P} 存在有限的极限 $k \in \mathbb{R}$, 我们就称曲线 C 在 P_0 点切线存在, 它是一条过 P_0 点, 斜率为 k 的直线 ℓ. 显然 ℓ 的方程可以由解析式

$$\ell: \qquad y = k(x - x_0) + f(x_0)$$

表出. 所以切线 ℓ 也可以看成是割线 L_{P_0P} 当 P 趋于 P_0 时的极限状态.

我们现在考察引入切线的其他可能. 在上述假设下, 为了讨论点 P_0 的切线, 在 C 上任找两个异于 P_0 的点 $P_1(x_1, f(x_1))$ 和 $P_2(x_2, f(x_2))$, 考虑由 P_1 和 P_2 决定的割线 $L_{P_1P_2}$ 及其斜率 $k_{P_1P_2}$. 如果当 $x_{1,2} \to x_0$ 时, $k_{P_1P_2}$ 存在有限的极限 $\tilde{k} \in \mathbb{R}$, 那么对应的割线 $L_{P_1P_2}$ 的极限位置是否可以定义为 P_0 点的切线? 这种定义出来的 "切线" 和经典的切线有何关系? 换句话说, $\tilde{k}$ 和 k 可否相等?

可以看出, 无论是逻辑上还是直观上我们都有理由来这样定义, 因此我们首先把这个想法抽象出来, 给出数学上的统一处理, 然后我们再讨论它们之间的关系.

有两种比较自然的选取割线 P_1P_2 的方法 (见图 6.3): 一种是 P_1 和 P_2 从 P_0 的异侧趋于 P_0, 另一种是 P_1 和 P_2 从 P_0 的同侧趋于 P_0. 经典的切线恰好是 P_1 或 P_2 之一固定为 P_0 的特殊情况.

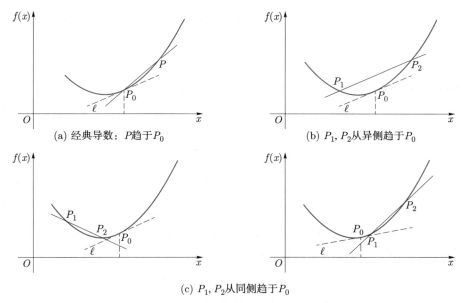

(a) 经典导数: P趋于P_0

(b) P_1, P_2从异侧趋于P_0

(c) P_1, P_2从同侧趋于P_0

图 6.3　经典导数与推广

定义 6.2.4　设 $\delta > 0$, $f(x)$ 在点 x_0 的某邻域 $(x_0 - \delta, x_0 + \delta)$ 内有定义.

(1) 对任意的 $x_1, x_2 \in (x_0 - \delta, x_0 + \delta)$, $(x_1 - x_0)(x_2 - x_0) < 0$, 如果极限

$$\lim_{\substack{x_1 \to x_0 \\ x_2 \to x_0}} \frac{f(x_2) - f(x_1)}{x_2 - x_1} \tag{6.2.9}$$

存在且有限, 则称 $f(x)$ 在点 x_0 处 **Schwarz[①] 型弱可导**, 简称 S-**型弱可导**, 并称其极限值为 $f(x)$ 在点 x_0 处的S-**弱导数**, 记为 $f_w^{[1]}(x_0)$;

---

① Schwarz, Karl Hermann Amandus, 1843 年 1 月 25 日—1921 年 11 月 30 日, 德国数学家.

(2) 对任意的 $x_1, x_2 \in (x_0 - \delta, x_0 + \delta)$, $(x_1 - x_0)(x_2 - x_0) > 0$, 如果极限

$$\lim_{\substack{x_1 \to x_0 \\ x_2 \to x_0}} \frac{f(x_2) - f(x_1)}{x_2 - x_1} \tag{6.2.10}$$

存在且有限, 则称 $f(x)$ 在点 x_0 处 **Schwarz 型强可导**, 简称*S*-**型强可导**, 并称其极限值为 $f(x)$ 在点 x_0 处的*S*-**强导数**, 记为 $f_s^{[1]}(x_0)$.

注意, 上述定义中的 *S*-型强、弱可导是非标准用语, 从后面的逻辑关系中, 可以看出, 这些称呼仅仅提供了一种逻辑上的形象理解.

定义中的 *S*-型弱导数的一种特殊情况就是所谓的 **Schwarz 对称导数**, 其定义如下.

定义 6.2.5   设 $\delta > 0$, $f(x)$ 在点 x_0 的某邻域 $(x_0 - \delta, x_0 + \delta)$ 内有定义, 如果极限

$$\lim_{\Delta x \to 0} \frac{f(x_0 + \Delta x) - f(x_0 - \Delta x)}{2\Delta x} \tag{6.2.11}$$

存在且有限, 则称 $f(x)$ 在点 x_0 处 **Schwarz 对称可导**, 简称*S*-**可导**或**对称可导**, 并将其极限值记为 $f^{[1]}(x_0)$.

易证下面的结论:

例 6.2.5   函数 $f(x) = |x|$ 在 $x = 0$ 处 Schwarz 对称可导, 且导数为 $f^{[1]}(x_0) \equiv 0$.

> **注 6.2.1**   从上面这个例子可以看出, 一个函数在点 x_0 处 *S*-可导, 它甚至可以是不连续的, 因为我们可以任意改变 $f(x)$ 在 0 点的值而不影响其对称导数值. 因此, 在讨论 *S*-型导数时, 常常加上函数在该点连续的条件.

上面我们仅从切线的几何直观和概念的推广角度引入了 *S*-型导数, 由于形式上涉及一些二元函数极限的内容, 在此我们不打算作进一步的铺开讨论. 下面给出一个相关结论, 有兴趣的读者可以完善证明并作进一步的思考和讨论.

定理 6.2.3   设函数 $f(x)$ 在点 x_0 附近有定义, 在点 x_0 处连续, 则下面结论成立:

(1) 如果 $f(x)$ 在点 x_0 处 *S*-型强可导, 则 $f(x)$ 在点 x_0 处可导.

(2) $f(x)$ 在点 x_0 处可导当且仅当 $f(x)$ 在点 x_0 处 *S*-型弱可导. 特别地, $f(x)$ 在点 x_0 处可导蕴涵 $f(x)$ 在点 x_0 处对称可导.

(3) 当 $f(x)$ 在点 x_0 处 *S*-型强可导时, 三种导数值相等.

下面的例子说明, 上述结论反向一般来说均不成立.

例 6.2.6   (1) 考虑函数 $f(x) = |x|$, 则 f 在 $x = 0$ 处对称可导, 但并不可导.

(2) 设

$$f(x) = \begin{cases} x^2 \sin \dfrac{1}{x}, & x \neq 0, \\ 0, & x = 0. \end{cases}$$

则 $f(x)$ 在 $x = 0$ 处可导, $f'(0) = 0$, 但并不 *S*-型强可导. 事实上, 取 $x_n = \dfrac{2}{(2n+1)\pi}$, 则极限

$$\lim_{n \to +\infty} \frac{f(x_{n+1}) - f(x_n)}{x_{n+1} - x_n}$$

不存在.

除了上面的左右导数、上下导数、强弱导数外, 还可以视具体情况而引入更有针对性的导数. 注意, 这些新概念的引入并不是纯无聊的推广, 而是建立在处理具体问题时, 角度不同但理念相通的基础上的, 都是用微观的思想去看待问题的.

习题 6.2

1. 判断下列函数在给定点是否存在单侧导数, 并计算:

(1) $f(x) = \sqrt[3]{x}$ 在 $x = 0$ 处的右导数;

(2) $f(x) = |x - 2|^3$ 在 $x = 2$ 处的左导数;

(3) $f(x) = \begin{cases} x^2, & x \geqslant 1, \\ 3 - \dfrac{1}{x}, & x < 1 \end{cases}$ 在 $x = 1$ 处的左导数和右导数;

(4) $f(x) = \begin{cases} \sqrt{x+1}, & x \geqslant 0, \\ x^2 - 1, & x < 0 \end{cases}$ 在 $x = 0$ 处的左导数和右导数.

2. 确定常数 a, b 的值, 使得函数

$$f(x) = \begin{cases} x^2, & x \geqslant 1, \\ ax + b, & x < 1 \end{cases}$$

在 $x = 1$ 处可导.

3. 设 $f(x)$ 在 $x = 0$ 处连续. 证明: 当且仅当极限 $\displaystyle\lim_{x \to 0} \frac{f(x) - f(x - x^3)}{x^3}$ 存在时, 极限 $\displaystyle\lim_{x \to 0} \frac{f(x) - f(0)}{x}$ 存在.

4. 计算下列函数在 $x = 0$ 处的 Dini 导数:

(1) $f(x) = x^2 \sin \dfrac{1}{x}$; (2) $f(x) = |x|^{3/2}$; (3) $f(x) = e^{-|x|^2}$.

5. 判断下列函数在给定点是否存在 Dini 导数, 并计算:

(1) $f(x) = \begin{cases} x^3, & x \geqslant 0, \\ -x^3, & x < 0 \end{cases}$ 在 $x = 0$ 处;

(2) $f(x) = \sin x \cos x$ 在 $x = \pi$ 处;

(3) $f(x) = x^2 \ln|x|$ 在 $x = 0$ 处.

6. 判断下列函数在给定点是否存在对称导数, 并计算:

(1) $f(x) = \begin{cases} x^3, & x \geqslant 0, \\ -x^3, & x < 0 \end{cases}$ 在 $x = 0$ 处;

(2) $f(x) = \sin(x^2)$ 在 $x = \pi$ 处;

(3) $f(x) = \ln|x^2 - 1|$ 在 $x = 1$ 处;

(4) $f(x) = x^2 \mathrm{e}^{-|x|}$.

7. 判断下列函数在给定点是否存在 Schwarz 型导数, 并计算:

(1) $f(x) = \begin{cases} x^3, & x \geqslant 0, \\ -x^3, & x < 0 \end{cases}$ 在 $x = 0$ 处;

(2) $f(x) = \cos x^2$ 在 $x = \dfrac{\pi}{2}$ 处;

(3) $f(x) = \mathrm{e}^{-|x|^3}$ 在 $x = 0$ 处;

(4) $f(x) = \arctan x^3$ 在 $x = 0$ 处.

8. 证明: 若 $f(x), g(x)$ 在点 x_0 处 Schwarz 型导数存在, 则 $f(x) \pm g(x)$ 在点 x_0 处 Schwarz 型导数也存在, 且有

$$(f \pm g)^{[1]}(x_0) = f^{[1]}(x_0) \pm g^{[1]}(x_0).$$

9. 证明: 若 $f(x), g(x)$ 在点 x_0 处连续, 且 Schwarz 型导数存在, 则 $f(x)g(x)$ 和 $\dfrac{f(x)}{g(x)}$ $(g(x_0) \neq 0)$ 在点 x_0 处 Schwarz 型导数也存在, 且有

$$(f(x)g(x))^{[1]}\big|_{x=x_0} = f^{[1]}(x_0)g(x_0) + f(x_0)g^{[1]}(x_0),$$
$$\Big(\frac{f(x)}{g(x)}\Big)^{[1]}\Big|_{x=x_0} = \frac{f^{[1]}(x_0)g(x_0) - f(x_0)g^{[1]}(x_0)}{g^2(x_0)}.$$

6.3　导数的计算　求导法则

上节我们给出了导数的定义和几种推广, 并且从定义出发讨论了一些简单函数的求导. 对于比较复杂的函数, 如果每次都从定义出发求其导数, 可能是比较烦琐甚至是棘手的. 因此我们有必要试图建立一些求导的基本法则, 利用这些法则可以将所求函数的导数转化为已知函数或已知函数导数之间的代数运算.

6.3.1　一些基本初等函数的导数

我们首先给出以下几类最基本初等函数的导数, 至于为何选取这几类函数作为出发点是基于以下原因: 首先通过这些函数导数的计算, 进一步熟悉用定义求导数的基本方法. 然后介绍几种常见的求导法则, 应用这些法则我们即可展示如何用这些最基本的初等函数来求得更多复杂函数的导数.

例 6.3.1 求下列函数的导数:

$$y = x^\mu (x > 0), \qquad y = \sin x, \qquad y = \cos x, \qquad y = e^x. \tag{6.3.1}$$

解 由导数的定义知, 计算一个函数的导数本质上就是计算一个相应的差商的极限, 而这些极限的计算, 要么前面已经提及, 要么计算可以直接给出, 下面我们直接给出结果, 推导细节不再一一赘述.

(1) 考虑 $y = x^\mu (x > 0)$ 的导数

$$(x^\mu)' = \lim_{\Delta x \to 0} \frac{(x + \Delta x)^\mu - x^\mu}{\Delta x} = \mu x^{\mu-1}. \tag{6.3.2}$$

特例: 取 $\mu = \frac{1}{2}$, 有 $(\sqrt{x})' = \frac{1}{2\sqrt{x}}$.

(2) 考虑 $y = \sin x$ 的导数

$$(\sin x)' = \lim_{\Delta x \to 0} \frac{\sin(x + \Delta x) - \sin x}{\Delta x} = \cos x.$$

(3) 完全类似地, 我们可以得到 $y = \cos x$ 的导数.

$$(\cos x)' = -\sin x. \tag{6.3.3}$$

(4) 类似地, 有 $y = e^x$ 的导数

$$(e^x)' = \lim_{\Delta x \to 0} \frac{e^{x + \Delta x} - e^x}{\Delta x} = e^x.$$

6.3.2 求导法则 更多函数的导数

当若干个函数通过某些代数运算得到形式更一般的函数时, 对这些函数的求导通常可以利用导数的代数运算法则来计算. 这些代数运算法则主要包含: 两个函数在四则运算和复合运算下的求导法则, 反函数的求导法则, 以及隐函数、参数方程、极坐标等形式下的求导法则.

1. 函数的四则运算求导法则

定理 6.3.1 设函数 $f(x), g(x)$ 在点 x_0 处可导, $\alpha, \beta \in \mathbb{R}$, 则函数 $\alpha f(x) + \beta g(x)$ 以及 $f(x)g(x)$ 和 $\frac{f(x)}{g(x)}$ $(g(x) \neq 0)$ 均在点 x_0 处可导, 且在点 x_0 处成立如下关系:

(1) $(\alpha f(x) + \beta g(x))' = \alpha f'(x) + \beta g'(x)$;

(2) $(f(x)g(x))' = f'(x)g(x) + f(x)g'(x)$;

(3) $\left(\dfrac{f(x)}{g(x)}\right)' = \dfrac{f'(x)g(x) - f(x)g'(x)}{g^2(x)}$.

证明 (1) 从导数的定义和极限的线性性立得. 注意, 如果取 $\alpha = 1, \beta = \pm 1$, 我们就得到了两个函数和与差的导数.

(2) 考虑 $f(x)g(x)$ 差商的极限, 由

$$f(x)g(x) - f(x_0)g(x_0) = (f(x) - f(x_0))g(x) + f(x_0)(g(x) - g(x_0))$$

知

$$
\begin{aligned}
(fg)'\big|_{x_0} &= \lim_{x \to x_0} \frac{f(x)g(x) - f(x_0)g(x_0)}{x - x_0} \\
&= \lim_{x \to x_0} \frac{f(x) - f(x_0)}{x - x_0} g(x) + \lim_{x \to x_0} f(x_0) \frac{g(x) - g(x_0)}{x - x_0} \\
&= f'(x_0)g(x_0) + f(x_0)g'(x_0).
\end{aligned}
$$

这里根据定理 6.1.1, 我们用到了 $f(x)$ 和 $g(x)$ 在点 x_0 处的连续性.

(3) 注意到关系式

$$\frac{1}{x - x_0}\left(\frac{f(x)}{g(x)} - \frac{f(x_0)}{g(x_0)}\right) = \frac{1}{g(x)g(x_0)}\left(\frac{f(x) - f(x_0)}{x - x_0}g(x_0) - f(x_0)\frac{g(x) - g(x_0)}{x - x_0}\right),$$

根据假设 $f(x), g(x)$ 在点 x_0 处可导, 故 $g(x)$ 在点 x_0 处连续, 在上式中令 $x \to x_0$, 可得结论. $\qquad\square$

用代数的语言来解释定理第一条的话, 则是说在 x_0 可导的所有函数的全体形成一个线性空间.

显然, 如果多次使用四则运算, 可以求得任意有限个函数加、减、乘、除后得到的函数的导数. 只不过对于除法而言, 一般并没有特别简捷的表述. 具体来说, 对于加减和乘法, 有下面的结论:

推论 6.3.2 设函数 $f_k(x)$ 在点 x_0 处可导, $\alpha_k \in \mathbb{R}$ $(k = 1, 2, \cdots, n)$, 则 $\sum_{k=1}^{n} \alpha_k f_k(x)$ 和 $f_1(x)f_2(x)\cdots f_n(x)$ 均在点 x_0 处可导, 且在点 x_0 处成立如下关系:

(1) $\left(\sum_{k=1}^{n} \alpha_k f_k(x)\right)' = \sum_{k=1}^{n} \alpha_k f_k'(x);$

(2) $(f_1(x)f_2(x)\cdots f_n(x))' = \sum_{k=1}^{n} f_1(x)\cdots f_{k-1}(x)f_k'(x)f_{k+1}(x)\cdots f_n(x).$

例如当 $n = 3$ 时, 有

$$(f_1(x)f_2(x)f_3(x))' = f_1'(x)f_2(x)f_3(x) + f_1(x)f_2'(x)f_3(x) + f_1(x)f_2(x)f_3'(x).$$

在理解推论 6.3.2时, 如果联想到能否把有限个函数之和的求导运算推广到无穷多个函数之和, 即是否成立

$$\left(\sum_{k=1}^{\infty} f_k(x)\right)' = \sum_{k=1}^{\infty} f_k'(x),$$

那么这触及数学分析中一个极好的问题. 对此问题, 我们将在函数项级数章节给出系统的分析和讨论.

下面我们利用求导的四则运算法则来计算一些常见函数的导数.

例 6.3.2 求下列函数的导数:

$$\tan x, \qquad \cot x.$$

解 代之以从定义出发计算它们的导数, 我们可以利用两个函数除法的求导法则来求之.

$$(\tan x)' = \left(\frac{\sin x}{\cos x}\right)' = \frac{(\sin x)' \cos x - \sin x (\cos x)'}{\cos^2 x}$$
$$= \frac{1}{\cos^2 x} = \sec^2 x = 1 + \tan^2 x.$$

同理, 有

$$(\cot x)' = -\frac{1}{\sin^2 x} = -\csc^2 x = -(1 + \cot^2 x).$$

注意到我们这里刻意给出了 $\tan x$ 和 $\cot x$ 导数的多种表述形式, 这在后面计算不定积分时常常带来一定的方便. 具体来说, 比如形如 $(\tan x)' = 1 + \tan^2 x$ 的表达式通常蕴涵着看待导数的一个新的角度, 即 $\tan x$ 所在的函数类关于求导封闭, 即 y' 仍然可以用以 y 为变量的某函数表出. 从这个角度来说, $\tan x$ 就属于满足关系式 $y' = 1 + y^2$ 的函数类. 前面讨论过的例子 $y = \mathrm{e}^x$ 就应该属于由关系式 $y' = y$ 确定的函数类中. 这为我们对函数分类提供了一个新的角度.

例 6.3.3 求下列函数的导数:

$$\mathrm{e}^{-x}, \qquad \cosh x = \frac{\mathrm{e}^x + \mathrm{e}^{-x}}{2}, \qquad \sinh x = \frac{\mathrm{e}^x - \mathrm{e}^{-x}}{2},$$

其中 $\cosh x$ 和 $\sinh x$ 分别称为双曲余弦和双曲正弦.

解 我们有

$$(\mathrm{e}^{-x})' = \left(\frac{1}{\mathrm{e}^x}\right)' = -\frac{\mathrm{e}^x}{(\mathrm{e}^x)^2} = -\mathrm{e}^{-x}.$$

另外两个函数的导数可由 e^x 和 e^{-x} 的线性叠加直接求得

$$(\cosh x)' = \sinh x, \qquad (\sinh x)' = \cosh x.$$

下面的例子是为了熟悉函数乘积的求导法则, 题目稍微涉及一点点复数的内容, 对于不熟悉这部分内容的读者, 可以把所有的计算理解为形式计算, 并不影响对求导法则的理解.

例 6.3.4 设 $x_1, x_2, \cdots, x_n$ 是方程 $x^n - 1 = 0$ 的 n 个 n 次单位根. 计算

$$\prod_{i<j}(x_i - x_j)^2.$$

解 注意到

$$x^n - 1 = (x - x_1)(x - x_2) \cdots (x - x_n), \tag{6.3.4}$$

故有

$$x_1 x_2 \cdots x_n = (-1)^{n-1}.$$

在关系式 (6.3.4) 两端关于 x 求导, 利用求导的四则运算法则, 可得

$$n x^{n-1} = \sum_i (x - x_1) \cdots (x - x_{i-1})(x - x_{i+1}) \cdots (x - x_n).$$

在此等式中, 分别取 $x = x_1, x_2, \cdots, x_n$, 然后将所得到的 n 个关系式相乘, 可得

$$n^n (x_1 x_2 \cdots x_n)^{n-1} = (-1)^{n(n-1)/2} \prod_{i<j} (x_i - x_j)^2.$$

结合等式 $x_1 x_2 \cdots x_n = (-1)^{n-1}$, 从而有

$$\prod_{i<j} (x_i - x_j)^2 = (-1)^{(n-1)(n-2)/2} n^n.$$

2. 复合函数求导的 "链式法则"

对于复合函数求导, 成立下面所谓的**链式法则**:

定理 6.3.3 设函数 $\varphi(t)$ 在 $t = t_0$ 处可导, 函数 $f(x)$ 在 $x_0 = \varphi(t_0)$ 处可导, 则复合函数 $f \circ \varphi$ 在 t_0 处可导, 且成立关系式

$$(f \circ \varphi)'(t_0) = f'(x_0) \varphi'(t_0). \tag{6.3.5}$$

证明 我们先来分析一下复合函数 $f \circ \varphi$ 的差商

$$\frac{f \circ \varphi(t_0 + \Delta t) - f \circ \varphi(t_0)}{\Delta t}.$$

如果 $\varphi(t_0 + \Delta t) - \varphi(t_0) \neq 0$, 则可将上式改写为

$$\frac{f \circ \varphi(t_0 + \Delta t) - f \circ \varphi(t_0)}{\Delta t} = \frac{f \circ \varphi(t_0 + \Delta t) - f \circ \varphi(t_0)}{\varphi(t_0 + \Delta t) - \varphi(t_0)} \cdot \frac{\varphi(t_0 + \Delta t) - \varphi(t_0)}{\Delta t}. \tag{6.3.6}$$

等式两边取 $\Delta t \to 0$ 的极限, 即完成了定理的证明. 事实上, 这是因为左边的极限就是 $(f \circ \varphi)'(t_0)$ 的定义, 而右边的两个因子, 其极限刚好分别为 $f'(x_0)$ 和 $\varphi'(t_0)$.

因此剩下的问题则是考虑 $\varphi(t_0 + \Delta t) - \varphi(t_0) = 0$ 的情况, 而这的确可以发生, 即使在 t_0 的任意小邻域内也难以避免. 比如取 φ 为例 6.1.8 中的函数. 则在 0 点的任意小邻域内, 只要 n 足够大, 都有形如 $\dfrac{1}{n\pi}$ 的点, 使得 $\varphi\left(\dfrac{1}{n\pi}\right) - \varphi(0) = 0$.

为了克服这个问题, 注意到当 $\varphi(t_0 + \Delta t) - \varphi(t_0) = 0$ 时, (6.3.6) 式的左边显然也为 0, 再看其右边, 第二个因子由于分子为 0 故整个因子也为 0, 所以右边的问题出在第一个因子的分母上. 鉴于此, 我们对右边第一个因子处理如下:

引入函数

$$\psi(x) = \begin{cases} \dfrac{f(x) - f(\varphi(t_0))}{x - \varphi(t_0)}, & x \neq \varphi(t_0), \\ f'(\varphi(t_0)), & x = \varphi(t_0). \end{cases} \tag{6.3.7}$$

根据 $\psi(x)$ 的定义, 注意到 $x_0 = \varphi(t_0)$, 显然该函数在点 x_0 处连续, 即

$$\lim_{x \to x_0} \psi(x) = f'(x_0) = \psi(x_0).$$

通过引入上述函数 $\psi(x)$, 无论 $\varphi(t_0 + \Delta t) - \varphi(t_0)$ 是否为 0, (6.3.6) 式总可以写为

$$\frac{f \circ \varphi(t_0 + \Delta t) - f \circ \varphi(t_0)}{\Delta t} = \psi(\varphi(t)) \cdot \frac{\varphi(t_0 + \Delta t) - \varphi(t_0)}{\Delta t}.$$

上式两边令 $t \to t_0$, 即得等式 (6.3.5). □

复合函数的求导法则常常被称为 "链式法则", 但从表达式 (6.3.5) 中也许并没有体会到它的形象之处. 事实上, 当我们求任意有限多个函数的复合时, 下面推论给出的求导公式就像链条似的, 一环套一环, 非常形象. 另外, 在多元函数求导运算时, 我们也有相应的链式法则, 那里我们越发能体会到这一称呼的直观性.

作为练习, 读者可以证明下面的结论:

推论 6.3.4 设有 n 个函数 $\varphi_k(t_k)$ $(k = 1, 2, \cdots, n)$ 满足: $\varphi_1(t_1)$ 在 $t_1 = t_{1,0}$ 处可导, $\varphi_k(t_k)$ 在 $t_{k,0} = \varphi_{k-1}(t_{k-1,0})$ $(k = 2, 3, \cdots, n)$ 处可导. 则复合函数 $f = \varphi_n \circ \varphi_{n-1} \circ \cdots \circ \varphi_1$ 在 $t_{1,0}$ 处可导, 且

$$f'(t_{1,0}) = (\varphi_n \circ \varphi_{n-1} \circ \cdots \circ \varphi_1)'|_{t_{1,0}} = \varphi_n'(t_{n,0}) \varphi_{n-1}'(t_{n-1,0}) \cdots \varphi_1'(t_{1,0}).$$

如果采用 Leibniz 引入的导数符号的话, 上述求导法则可以更形象地写成

$$\frac{\mathrm{d}f}{\mathrm{d}t_1}\bigg|_{t_1 = t_{1,0}} = \frac{\mathrm{d}\varphi_n}{\mathrm{d}\varphi_{n-1}} \cdot \frac{\mathrm{d}\varphi_{n-1}}{\mathrm{d}\varphi_{n-2}} \cdots \frac{\mathrm{d}\varphi_2}{\mathrm{d}\varphi_1} \cdot \frac{\mathrm{d}\varphi_1}{\mathrm{d}t_1}\bigg|_{t_1 = t_{1,0}}$$

对于等式右边的表达式, 也许对分子分母产生跃跃欲试 "约分" 的想法了. 这的确是 Leibniz 符号的好处之一, 我们在后面讨论函数微分时还将返回这个话题, 并且把这种想法合理化、严谨化.

在实际情况中, 复合函数链式法则可能是所有求导问题中应用频率最高的法则之一. 利用这个法则, 可以极大简便复杂函数的求导. 在具体计算时, 只要分清把哪些变量打包成中间变量, 则不必每次都引入新的中间变量符号了. 在情况复杂时, 可能要层层打包, 操作时把这些包像剥洋葱似的层层解开. 熟练掌握这一方法可以极大缩短计算过程提高求导速度.

例 6.3.5   求下列函数的导数:

$$a^x(a > 0), \qquad \sin^2 x, \qquad \tan(2x + 1), \qquad \mathrm{e}^{-x^2}, \qquad \ln(x + \sqrt{1 + x^2}).$$

解   直接应用复合函数求导的链式法则, 可得

$$(a^x)' = (\mathrm{e}^{x \ln a})' = (\mathrm{e}^{x \ln a}) \cdot (x \ln a)' = a^x \ln a.$$

$$(\sin^2 x)' = 2 \sin x \cdot (\sin x)' = \sin 2x.$$

$$(\tan(2x + 1))' = \frac{1}{\cos^2(2x + 1)} \cdot (2x + 1)' = \frac{2}{\cos^2(2x + 1)}.$$

$$(\mathrm{e}^{-x^2})' = \mathrm{e}^{-x^2} \cdot (-x^2)' = -2x\mathrm{e}^{-x^2}.$$

$$\begin{aligned}
\left(\ln(x + \sqrt{1 + x^2})\right)' &= \frac{1}{x + \sqrt{1 + x^2}} \cdot (x + \sqrt{1 + x^2})' \\
&= \frac{1}{x + \sqrt{1 + x^2}} \cdot \left(1 + \frac{x}{\sqrt{1 + x^2}}\right) \\
&= \frac{1}{\sqrt{1 + x^2}}.
\end{aligned}$$

3. 反函数的求导法则

定理 6.3.5   设函数 $y = f(x)$ 在包含点 x_0 的开区间 I 上严格单调并且连续. 如果 $f(x)$ 在点 x_0 处可导, 且导数 $f'(x_0) \neq 0$, 那么它的反函数 $x = f^{-1}(y)$ 在点 $y_0 = f(x_0)$ 处可导, 并且有

$$(f^{-1})'(y_0) = \frac{1}{f'(x_0)}.$$

证明   由条件假设知函数 $x = f^{-1}(y)$ 也严格单调并且连续. 于是, 条件 "$y \neq y_0$ 且 $y \to y_0$" 等价于条件 "$x \neq x_0$ 且 $x \to x_0$", 因此下式成立:

$$\lim_{y \to y_0} \frac{f^{-1}(y) - f^{-1}(y_0)}{y - y_0} = \lim_{x \to x_0} \frac{x - x_0}{f(x) - f(x_0)} = \lim_{x \to x_0} \frac{1}{\dfrac{f(x) - f(x_0)}{x - x_0}} = \frac{1}{f'(x_0)}. \qquad \square$$

注 6.3.1   对比一下连续函数章节的内容, 由定理 5.2.4 我们知道: 严格单调的连续函数存在反函数, 且反函数也连续. 现在定理 6.3.5 告诉我们, 一个严格单调的连续函数, 如果它可导, 并且如果它的导数非零, 那么其反函数存在、连续, 并且也可导. 进一步不难证明, 如果原来的函数导函数连续, 那么其反函数的导函数也连续.

我们特意指出这两种情况 (可以形象地描述为一种是 C^0 情况, 一种是 C^1 情况), 目的是提醒读者关注以下几点: 一是对高阶导数存在时的相应结论的成立性; 一是在后面多元函数章节, 一些结构上非常相似的结论的成立性.

需要注意的是, 定理中的条件 $f'(x_0) \neq 0$ 不可缺少, 即使 $y = f(x)$ 在包含点 x_0 的开区间 I 上严格单调、连续、可导也不够. 函数 $y = x^3$ 在 0 点就是一个反例: 其反函数在 0 点附近存在、连续, 但反函数在此点不可导.

显然, 如果上面的条件不但在点 x_0 成立, 而且在区间 (a, b) 内都成立的话, 结论自然对整个区间上的每一个点都成立. 即

推论 6.3.6   如果函数 $y = f(x)$ 在区间 (a, b) 内严格单调、可导且有非零的导数, 那么它的反函数 $x = f^{-1}(y)$ 将在区间 (α, β) 内可导, 其中

$$\alpha = \min\left\{x(a^+), x(b^-)\right\}, \qquad \beta = \max\left\{x(a^+), x(b^-)\right\}.$$

且有

$$\frac{\mathrm{d}f^{-1}(y)}{\mathrm{d}y} = \frac{1}{f'(x)}.$$

反函数的导数有明确的几何意义. 由于在同一个坐标系里 $y = f(x)$ 和 $x = f^{-1}(y)$ 对应同一条曲线 C, 因此在给定点其切线对应同一条直线 ℓ, 而导数描述的是切线的斜率, 后者是因变量与自变量的比值. 因此当考虑反函数的导数时, 无非就是在计算斜率时把自变量和因变量的角色交换了一下, 而这刚好产生倒数关系. 换句话说, 假设曲线 C 在点 (x_0, y_0) 处的切线 ℓ 与 x 轴正向和 y 轴正向的夹角分别为 α 和 β 的话, 显然有 $\alpha + \beta = \dfrac{\pi}{2}$ (见图 6.4). 因此有

$$\tan\alpha = \frac{1}{\tan\beta}, \qquad \text{即} \quad f'(x_0) = \frac{1}{(f^{-1})'(y_0)}.$$

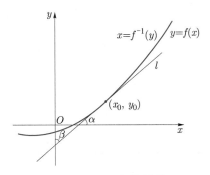

图 6.4   反函数的导数

例 6.3.6   计算下列函数的导数:

$$\ln x, \qquad \arcsin x, \qquad \arccos x, \qquad \arctan x, \qquad \mathrm{arccot}\, x.$$

解   我们知道 $f(x) = \mathrm{e}^x$ 与 $g(y) = \ln y$ 互为反函数, 因此从 $f'(x) = \mathrm{e}^x$, 由反函数求导法则, 可得

$$g'(y) = \frac{1}{f'(g(y))} = \frac{1}{e^{\ln y}} = \frac{1}{y}.$$

把 x, y 的符号对换一下, 写成更熟悉的表述, 即得

$$(\ln x)' = \frac{1}{x}.$$

道理同上, 注意到 $f(x) = \arcsin x$ 和 $g(y) = \sin y$ 互为反函数, 因此有

$$f'(x) = \frac{1}{g'(f(x))} = \frac{1}{\cos(\arcsin x)} = \frac{1}{\sqrt{1-x^2}}.$$

即

$$(\arcsin x)' = \frac{1}{\sqrt{1-x^2}}$$

同理有如下结论:

$$(\arccos x)' = -\frac{1}{\sqrt{1-x^2}}.$$

$$(\arctan x)' = \frac{1}{1+x^2}.$$

$$(\operatorname{arccot} x)' = -\frac{1}{1+x^2}.$$

行文至此, 我们觉得很有必要把前面讨论过的基本初等函数导数给出个列表. 这些函数的导数在数学各个分支中高频出现, 其地位和作用类似于小学里的九九乘法表, 因此有必要熟练记住它们, 这是数学分析课程中为数不多的既要理解、又要熟记的内容.

初等函数导数表

f	f'	f	f'	f	f'
c	0	x^μ	$\mu x^{\mu-1}$	e^x	e^x
a^x	$a^x \ln a$	$\ln x$	$\dfrac{1}{x}$	$\log_a x$	$\dfrac{1}{x \ln a}$
$\sin x$	$\cos x$	$\cos x$	$-\sin x$	$\tan x$	$\dfrac{1}{\cos^2 x}$
$\cot x$	$-\dfrac{1}{\sin^2 x}$	$\arcsin x$	$\dfrac{1}{\sqrt{1-x^2}}$	$\arccos x$	$-\dfrac{1}{\sqrt{1-x^2}}$
$\arctan x$	$\dfrac{1}{1+x^2}$	$\operatorname{arccot} x$	$-\dfrac{1}{1+x^2}$		

4. 隐函数的求导

隐函数这个概念是相对显函数而言的. 所谓的显函数, 通常是指因变量 y 可以用自变量 x 的形如 $y = f(x)$ 的表达式给出, 其中 f 是 x, y 间的对应关系. 因此, 顾名思义, 隐函数就是指变量 x, y 之间虽然也存在某种函数关系, 但这个对应关系只能通过形如 $F(x, y) = 0$ 的方程给出, 而不能或不便用显式表出. 比如平面上单位圆周上的点 (x, y) 满足 $x^2 + y^2 = 1$, 比如 $\sin x + \sin xy = \ln y$, 等等.

这里自然涉及一个基本问题: 既然 x, y 只是通过方程 $F(x, y) = 0$ 给出, 同时又由于我们不能用显式表述出 $y = f(x)$ 的形式, 那么如何得知这个约束条件蕴涵着函数关系? 目前, 我们从理论上还不能给这个问题一个满意回答, 需要把这个基本问题推迟到多元微积分章节去讨论, 在那里我们将给出确定函数关系的条件, 以及函数关系成立的范围.

在本节, 我们的重点是假定通过其他方式已经得知隐式 $F(x, y) = 0$ 确定了一个函数关系 $y = f(x)$ $(x \in I)$, 并且还知道这个函数在点 x_0 处可导, 我们仅仅试图求出这个函数的导数.

这是一个听起来有点天方夜谭的问题: 我们甚至连函数关系都不能显式确定, 又如何谈起计算它的导数. 为此, 我们先考虑一道 "假的隐函数" 题目, 就是说本来可以把 y 用显式表示, 但我们先 "掩耳盗铃" 一番. 这样做的目的是希望从中获取一些感觉, 为后期的一般性讨论提供一些素材.

考虑隐函数 $x^2 + y^2 = 1$, 其中 $x \in (-1, 1), y > 0$. 由于限定了 $y > 0$, 那么可知这个约束关系的确给出了一个函数关系 $y = f(x)$. 我们欲求 $y = f(x)$ 在点 x_0 的导数 $f'(x_0)$. 为此, 记 $y_0 = f(x_0)$, 即使不知道 $f(x)$ 的表达式, y_0 的信息可以从 $F(x_0, y_0) = 0$ 中提取. 比如, 我们知道 $\left(\dfrac{3}{5}, \dfrac{4}{5} \right)$ 满足隐函数关系, 并不需要知道 $f(x)$ 的表达式.

一方面, 我们将 $y = f(x)$ 代入到 $x^2 + f^2(x) = 1$, 两端对其求导, 得

$$2x + 2f(x)f'(x) = 0.$$

故

$$f'(x_0) = -\frac{x_0}{f(x_0)} = -\frac{x_0}{y_0}.$$

我们强调的是: 在这样一个求导过程中, 并没有用到 f 的具体表示, 却最终得到了一个并没有写出来的函数的导数值. 比如, 在点 $\left(\dfrac{3}{5}, \dfrac{4}{5} \right)$ 处, 我们就有 $y'\left(\dfrac{3}{5} \right) = -\dfrac{3}{4}$.

现在我们作一个验算: 从原来的 "假隐函数" 中, 解得 $y = f(x) = \sqrt{1 - x^2}$, 因此

$$y' = -\frac{x}{\sqrt{1 - x^2}} = -\frac{x}{y}.$$

的确与我们不具体给出 $f(x)$ 的计算结果吻合.

采用上面的思路, 我们再考虑一个由隐函数确定的关系式的求导问题, 此时 y 的确不易用 x 的初等函数表示.

例 6.3.7 考虑 Kepler 方程

$$y - x - \varepsilon \sin y = 0, \qquad 0 < \varepsilon < 1.$$

我们用到后面章节的一个断言: 该方程可以确定一个函数关系 $y = y(x)$, 而且 $y(x)$ 可导. 我们的问题是: 试求出 $y'(x)$.

解   由假设知

$$y(x) - x - \varepsilon \sin y(x) = 0,$$

两端对 x 求导, 得

$$y'(x) - 1 - \varepsilon y'(x) \cos y(x) = 0,$$

因此有

$$y'(x) = \frac{1}{1 - \varepsilon \cos y(x)}.$$

比如在 $x_0 = 0$ 处, 该隐函数所对应的 $y_0 = 0$, 因此 0 点处的导数为 $y'(0) = \dfrac{1}{1 - \varepsilon}$.

5. 更多的求导法则

利用上面介绍的复合函数和反函数求导法则, 我们给出这些法则的几个具体应用, 主要包括所谓的对数求导法则、参数方程求导法则以及极坐标形式下的求导法则.

(1) 对数求导法则

对数求导法作为求导的一种具体手法, 主要针对某些特定形式的函数求导. 比如形如 $u(x)^{v(x)}$ 的函数、若干因子相乘或相除的函数或含指数或幂次的函数, 当然还有这些函数的复合或组合. 这一手法最基本的出发点是利用了对数函数的性质: 将乘、除转化为加、减, 幂函数、指数函数转化为乘法, 而后者的计算量通常要小很多. 当然, 也不排除这些函数与前面的隐函数求导等结合起来, 甚至有可能多次取对数.

我们仅举几个例子领略一下这一方法.

例 6.3.8   求下列函数的导数:

$$f(x) = x^x \ (x > 0), \qquad g(x) = (\ln x)^{\ln x} \ (x > 1).$$

解   两端取对数得

$$\ln f(x) = x \ln x,$$

两端再关于 x 求导, 得

$$\frac{f'(x)}{f(x)} = 1 + \ln x,$$

从而

$$(x^x)' = x^x(1 + \ln x).$$

在等式 $g(x) = (\ln x)^{\ln x}$ 两端取对数, 有

$$\ln g(x) = (\ln x) \cdot \ln(\ln x),$$

两端求导得

$$\frac{g'(x)}{g(x)} = \frac{1}{x} \cdot \ln(\ln x) + \ln x \cdot \frac{1}{\ln x} \cdot \frac{1}{x} = \frac{1}{x} \left(1 + \ln(\ln x)\right),$$

所以有

$$g'(x) = \frac{1}{x}(\ln x)^{\ln x}\left(1 + \ln(\ln x)\right).$$

作为练习, 读者可以通过计算下面函数的导数体会对数求导法的使用场合.

例 6.3.9 求函数

$$y = \frac{(x+a_1)^{\alpha_1}(x+a_2)^{\alpha_2}\cdots(x+a_n)^{\alpha_n}}{(x^2+b_1x+c_1)^{\beta_1}(x^2+b_2x+c_2)^{\beta_2}\cdots(x^2+b_mx+c_m)^{\beta_m}}$$

的导数.

下面的问题是隐函数与对数求导相结合的例子.

例 6.3.10 假设函数 $y = f(x)$ 是由隐函数

$$x^y - y^x + 1 = 0$$

确定的一个可导函数. 试求 $f'(2)$.

解 方程两端对 x 求导, 得

$$(e^{y\ln x})' - (e^{x\ln y})' = 0,$$

$$x^y\left(y'\ln x + \frac{y}{x}\right) - y^x\left(\ln y + \frac{x}{y}y'\right) = 0,$$

故

$$y' = \frac{y^x\ln y - x^{y-1}y}{x^y\ln x - y^{x-1}x}.$$

由于隐函数能够确定一个函数关系 $y = f(x)$, 而当 $x = 2$ 时, 显然 $y = 3$ 满足隐式关系, 因此只能有唯一的 $y = 3$. 所以我们有

$$f'(2) = \frac{9\ln 3 - 12}{8\ln 2 - 6}.$$

(2) 参数方程求导法则

我们知道在一定条件下, 参数方程

$$\begin{cases} x = x(t), \\ y = y(t), \end{cases} \quad t \in (\alpha, \beta),$$

可以通过参数 t 来确定 x, y 之间的函数关系 $y = f(x)$. 下面我们对参数方程求导问题作一简要讨论.

首先, 在前面讨论反函数导数时曾经讨论过, 如果 $x(t), y(t)$ 在 $t \in (\alpha, \beta)$ 内严格单调、可导, 且 $\frac{d}{dt}x(t) \neq 0$, 则 $x = x(t)$ 在区间 $x \in (a, b)$ 内存在反函数 $t = t(x)$, 其中

$$a = \min\left\{x(\alpha^+), x(\beta^-)\right\}, \qquad b = \max\left\{x(\alpha^+), x(\beta^-)\right\}.$$

将 $t = t(x)$ 代入 $y = y(t)$ 可得函数

$$y = y(t) = y(t(x)), \quad x \in (a, b).$$

由复合函数求导法则, 我们有

$$\frac{\mathrm{d}y}{\mathrm{d}x} = \frac{\mathrm{d}y}{\mathrm{d}t} \cdot \frac{\mathrm{d}t}{\mathrm{d}x} = \frac{y'(t)}{x'(t)}.$$

例 6.3.11   求由参数方程 $x = t, y = t^2$ 所确定的函数在 $t = 1$ 处的导数 $\dfrac{\mathrm{d}y}{\mathrm{d}x}$.

解   考虑到 $x'(t) = 1 \neq 0$, $y'(t) = 2t$, 所以该参数方程确定 x, y 之间的一个函数 $y = y(t(x))$, 且

$$\frac{\mathrm{d}y}{\mathrm{d}x}\bigg|_{t=1} = \frac{y'(t)}{x'(t)}\bigg|_{t=1} = 2.$$

当然, 本例中的参数方程非常简单, 故直接得到函数的显式表示 $y = x^2$ 并作验证.

例 6.3.12   求由参数方程 $x = \sin t, y = \mathrm{e}^t$ 所确定的函数在 $t = 0$ 处的导数 $\dfrac{\mathrm{d}y}{\mathrm{d}x}$.

解   考虑到在 $t = 0$ 附近, $x'(t) = \cos t \neq 0$, $y'(0) = 1$, 所以该参数方程确定 x, y 之间的一个函数 $y = y(t(x))$, 且

$$\frac{\mathrm{d}y}{\mathrm{d}x}\bigg|_{t=0} = \frac{y'(t)}{x'(t)}\bigg|_{t=0} = 1.$$

(3) 极坐标形式下求导法则

考虑一类特殊的参数方程的求导问题: 设 $r = r(\theta)$, $\theta \in (\alpha, \beta)$ 是一给定的函数, 由此函数可以诱导出参数方程

$$\begin{cases} x = r(\theta)\cos\theta, \\ y = r(\theta)\sin\theta, \end{cases} \quad \theta \in (\alpha, \beta).$$

假设 $r(\theta)$ 作为 θ 的函数其导数 $r'(\theta)$ 存在, 在 θ_0 附近

$$x'(\theta_0) = r'(\theta_0)\cos\theta_0 - r(\theta_0)\sin\theta_0 \neq 0.$$

由前面的讨论, 知此时有反函数关系 $\theta = \theta(x)$, 代入 $y = y(\theta) = y(\theta(x))$, 可以进一步计算 y 关于 x 的导数了.

$$\frac{\mathrm{d}y}{\mathrm{d}x} = \frac{r'(\theta)\sin\theta + r(\theta)\cos\theta}{r'(\theta)\cos\theta - r(\theta)\sin\theta},$$

这就是极坐标形式下函数的求导公式. 我们对等式作一些形式处理:

$$\frac{\mathrm{d}y}{\mathrm{d}x} = \frac{\tan\theta + \dfrac{r(\theta)}{r'(\theta)}}{1 - \tan\theta\dfrac{r(\theta)}{r'(\theta)}}.$$

注意到导数的几何意义 (见图 6.5) $\dfrac{\mathrm{d}y}{\mathrm{d}x}$ 是切线与 x 轴正向的夹角 α 的正切, 即

$$\frac{\mathrm{d}y}{\mathrm{d}x} = \tan\alpha = \frac{\tan\theta + \dfrac{r(\theta)}{r'(\theta)}}{1 - \tan\theta\dfrac{r(\theta)}{r'(\theta)}}.$$

因此, 由此可解出

$$\frac{r(\theta)}{r'(\theta)} = \frac{\tan\alpha - \tan\theta}{1 + \tan\alpha\tan\theta} = \tan(\alpha - \theta).$$

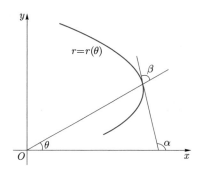

图 6.5 极坐标的导数

例 6.3.13 考虑 Archimedes 螺线在极坐标下的表示

$$r = \frac{1}{2\pi}\theta.$$

容易求得 $\dfrac{\mathrm{d}r}{\mathrm{d}\theta} = \dfrac{1}{2\pi}$ 是个常数. 考虑到极坐标的内涵, 这说明在极坐标下 r 关于 θ 的导数为常数的几何意义就是, 每当 θ 改变 $\Delta\theta$ 时, r 的改变量都是 $k\Delta\theta$. 特别地, 每当 θ 逆时针旋转一周增加 2π 时, r 便增加 1. 这深刻刻画了 Archimedes 螺线的特点.

如果用直角坐标

$$\sqrt{x^2 + y^2} = k\mathrm{e}^{\arctan\frac{y}{x}}$$

表述 Archimedes 螺线的话, 形式上要复杂得多. 而此时 y 关于 x 的导数为

$$\frac{\mathrm{d}y}{\mathrm{d}x} = \frac{x + y}{x - y}.$$

例 6.3.14 考虑双纽线 $r^2 = a^2\cos 2\theta \left(0 < \theta < \dfrac{\pi}{4}\right)$. 证明: 双纽线的向径与切线的夹角与极角两倍的差是常数.

证明 设向径与切线的夹角为 β. 则

$$\tan\beta = \frac{r(\theta)}{r'(\theta)} = \frac{r^2(\theta)}{r(\theta)r'(\theta)} = -\frac{\cos 2\theta}{\sin 2\theta} = \tan\left(2\theta + \frac{\pi}{2}\right).$$

注意到 $0 < \theta < \dfrac{\pi}{4}$, 故有 $\beta - 2\theta = \dfrac{\pi}{2}$. □

习题 6.3

1. 求下列函数的导数:

(1) $f(x) = (x+1)(x+2)^2(x+3)^3$;

(2) $f(x) = (1 + nx^m)(1 + mx^n)$;

(3) $f(x) = (ax^m + b)^n(cx^n + d)^m$.

2. 求下列函数的导数:

(1) $f(x) = \sqrt{\sin^2 x}$;

(2) $f(x) = \dfrac{x}{(1-x)^2(1+x)}$;

(3) $f(x) = \dfrac{x^p(1-x)^q}{1+x}$;

(4) $f(x) = \dfrac{x\sin x + \cos x}{x\sin x - \cos x}$.

3. 求下列函数的导数:

(1) $f(x) = \dfrac{x}{\sqrt{a^2 + x^2}}$;

(2) $f(x) = \arcsin(\cos^2 x)$;

(3) $f(x) = \arcsin x\sqrt{1-x^2}$;

(4) $f(x) = \sqrt{x + \sqrt{x + \sqrt{x}}}$;

(5) $f(x) = \mathrm{e}^{ax}\sin bx$.

4. 求下列函数的导数:

(1) $f(x) = (x\sin x)^x$;

(2) $f(x) = x\sqrt{\dfrac{1-x}{1+x}}$;

(3) $f(x) = (x)^{a^x}$;

(4) $f(x) = a^{x^n}$;

(5) $f(x) = (\cos x)^{\sin x} + (\sin x)^{\cos x}$;

(6) $f(x) = (x + \sqrt{1+x^2})^n$.

5. 设

$$f(x) = \cos\left(2\arctan\left(\sin\left(\operatorname{arccot}\sqrt{\dfrac{1-x}{x}}\right)\right)\right),$$

证明下面四个关系式中有一个成立:

(1) $(1-x)^2 f'(x) - 2(f(x))^2 = 0$;

(2) $(1-x)^2 f'(x) + 2(f(x))^2 = 0$;

(3) $(1+x)^2 f'(x) - 2(f(x))^2 = 0$;

(4) $(1+x)^2 f'(x) + 2(f(x))^2 = 0$.

6. 设

$$y = \frac{1}{4\sqrt{2}}\ln\frac{x^2 + \sqrt{2}x + 1}{x^2 - \sqrt{2}x + 1} - \frac{1}{2\sqrt{2}}\arctan\frac{\sqrt{2}x}{x^2 - 1},$$

求 $y'(x)$.

7. 求下列由参数方程所确定的函数的导数 $\dfrac{\mathrm{d}y}{\mathrm{d}x}$:

(1) $\begin{cases} x = \cos^4 t, \\ y = \sin^4 t \end{cases}$ 在 $t = \dfrac{\pi}{3}$ 处;

(2) 设 $\begin{cases} x = a(t - \sin t), \\ y = a(1 - \cos t), \end{cases}$ 求 $\left.\dfrac{\mathrm{d}y}{\mathrm{d}x}\right|_{t=\frac{\pi}{2}},\ \left.\dfrac{\mathrm{d}y}{\mathrm{d}x}\right|_{t=\pi}.$

8. 设 $f(x)$ 可导, 求 y':

(1) $y = f(x \sin x)$;

(2) $y = f(\mathrm{e}^x)\mathrm{e}^{f(x)}$;

(3) $y = f(\cos x)\sin x$;

(4) $y = f(f(f(x)))$;

(5) $y = f(\tan x)$;

(6) $y = [f(\ln x)]^n$.

9. 设 $u(x), v(x)$ 可导, 求 y':

(1) $y = \sqrt{u^2(x) + v^2(x)}$;

(2) $y = \sqrt[v]{u}$;

(3) $y = \arctan \dfrac{u(x)}{v(x)}$;

(4) $y = \dfrac{u}{v^2}$;

(5) $y = \dfrac{1}{\sqrt{u^2 + v^2}}$;

(6) $y = u^{\mathrm{e}^v}$.

10. 设 $a_{ij}(x)$ 均为可导函数, 试求行列式 $\det(a_{ij}(x))_{n\times n}$ 的导数.

11. 将区间 $(0,1)$ 内的实数 x 用十进制无限小数表示为 $x = 0.x_1 x_2 x_3 \cdots$, $x_i \in \{0, 1, \cdots, 9\}$. 比如 $x = 0.5$, 则记为 $x = 0.4999\cdots$. 定义 $f(x) = 0.x_1 0 x_2 0 0 x_3 \cdots$, 试讨论 $f(x)$ 是否有可导的点.

12. 前面曾经引入过 $[0,1]$ 上的 Riemann 函数 (参见习题 5.1 中的题目 2):

$$R(x) := \begin{cases} 1, & x = 0, \\ \dfrac{1}{q}, & x = \dfrac{p}{q}, \quad \text{其中 } p, q \text{ 为既约整数}, \\ 0, & x \text{ 为无理数}. \end{cases} \tag{6.3.8}$$

证明 Riemann 函数 $R(x)$ 虽然在无理点连续, 但处处不可导.

13. 设 $R(x)$ 是由 (6.3.8) 式定义的 Riemann 函数. 记 $R_2(x) = R^2(x)$, $R_3(x) = R^3(x)$. 证明:

(1) $R_2(x)$ 在 $[0,1]$ 上仍然处处不可导;

*(2) $R_3(x)$ 在 $[0,1]$ 上存在可导的点.

14. 设 $x_1, x_2 \cdots, x_n$ 是 n 个两两互异的实数, $y(x) = (x - x_1)(x - x_2)\cdots(x - x_n)$, 计算并化简

$$\sum_{k=1}^{n} \frac{1}{y'(x_k)}.$$

进一步, 当 $x_1, x_2, \cdots, x_n$ 有相等的情况时, 有可能 $y'(x_k) = 0$, 试给出一个与上面求和式类似的求和表达式.

15. 设 $x_1, x_2, \cdots, x_n$ 是 n 个两两互异的实数, 考虑 Vandermonde 行列式

$$y(x) = \begin{vmatrix} 1 & 1 & \cdots & 1 & 1 \\ x_1 & x_2 & \cdots & x_n & x \\ x_1^2 & x_2^2 & \cdots & x_n^2 & x^2 \\ \vdots & \vdots & & \vdots & \vdots \\ x_1^n & x_2^n & \cdots & x_n^n & x^n \end{vmatrix}.$$

试计算

$$\sum_{k=1}^{n} \frac{1}{y'(x_k)}.$$

16. 证明: 椭圆 $x^2 + 2y^2 = C^2$ 与抛物线 $y = px^2$ 在任一交点处的切线都相互垂直.

17. 证明: 对任意的实数 a, b, $0 < |a| < 1$, $|b| > 1$, 椭圆 $\dfrac{x^2}{a^2} + \dfrac{y^2}{1-a^2} = 1$ 与双曲线 $\dfrac{x^2}{b^2} + \dfrac{y^2}{1-b^2} = 1$ 在交点处的切线相互垂直.

18. 证明: 对于任意实数 c_1, c_2, 曲线 $xy = c_1$ 与 $x^2 - y^2 + 2xy = c_2$ 在交点处两曲线切线的夹角是定值 $\dfrac{\pi}{4}$.

19. 设 $f(x_0) = g(x_0)$, $f(x), g(x)$ 在点 x_0 处均可导, 且有相同的导数 k, 证明对于满足条件

$$\min\{f(x), g(x)\} \leqslant h(x) \leqslant \max\{f(x), g(x)\}$$

的任一函数 $h(x)$ 在 x_0 处也是可导的, 且导数值等于 k. 试给出其几何直观理解.

20. 设 $f(x)$ 在 $x = 0$ 处可导. 问极限 $\lim\limits_{x \to 0} \dfrac{f(x) - f(x - x^3)}{x^3}$ 是否一定存在?

21. 设 $f(x)$ 在 $x = 0$ 处连续. 问两极限 $\lim\limits_{x \to 0} \dfrac{f(x) - f(0)}{x}$ 和 $\lim\limits_{x \to 0} \dfrac{f(x^3) - f(x^3 - x^5)}{x^5}$ 之间的存在性有没有逻辑关系?

22. 证明在 $\mathbb{R}$ 上不存在可微函数 f 满足

$$f \circ f(x) = -x^3 + x^2 + 1.$$

23. 证明在 $\mathbb{R}$ 上不存在可微函数 f 满足

$$f \circ f(x) = x^2 - 3x + 3.$$

6.4 函数的微分

6.4.1 微分的定义 可导与可微的关系

前面我们引入了函数的导数这一基本概念. 函数 $f(x)$ 在点 x_0 处可导是指当自变量作微小改变 $\Delta x = x - x_0$ 时, 函数值的改变量 $\Delta y = f(x) - f(x_0)$ 与自变量改变量 Δx 差商 $\Delta y/\Delta x$ 的极限存在且有限. 因此函数可导是指这一差商的极限有一个明确趋势.

微分是与导数紧密相关的另一个概念, 在上述符号和语境下, 微分更侧重于考察当 x 改变 Δx 时引起的 y 的改变量 Δy 的大小, 以及特别关注 Δy 的大小是否与 Δx 的大小大致稳定在一个比例关系上. 具体来说就是, 对于不同的 Δx, Δy 自然可以不同, 但是当 Δx 比较小时, Δy 能否总能 "粗线条" 近似等于 $A\Delta x$, 其中 A 是常数, "粗线条" 是指两者的误差 $\Delta y - A\Delta x$ 相对于基本无穷小量 Δx 而言, 是可以 "忽略不计" 的高阶无穷小量. 若如此, 则称 $y = f(x)$ 在 x_0 处可微. 我们给出如下严格的定义:

定义 6.4.1 设 $y = f(x)$ 在点 x_0 附近有定义, 如果存在常数 A, 使得

$$\Delta y = f(x_0 + \Delta x) - f(x_0) = A\Delta x + o(\Delta x) \qquad (\Delta x \to 0),$$

则称 $f(x)$ 在点 x_0 处可微. $A\Delta x$ 构成了 Δy 主要部分, 简称 Δy 的**主部**, 常称之为 y 的**微分**, 记为 $\mathrm{d}y$ 或 $\mathrm{d}f(x_0)$. 即当函数 $y = f(x)$ 在点 x_0 处可微时, 有 $\mathrm{d}y = A\Delta x$.

注 **6.4.1** (1) 定义中所说的 A 是常数, 是指它相对于 Δx 而言是常数, 不依赖于 Δx 的改变而改变. 显然, A 的值是依赖于 x_0 点的, 即 $A = A(x_0)$, 当不刻意强调 x_0 时, 常写为 $A = A(x)$.

(2) 考虑到取特殊函数 $y = f(x) = x$ 时, 显然有 $\Delta y = \Delta x$, 所以又有 $\mathrm{d}x = \Delta x$. 因此在微分记号中, 常约定把 Δx 记成 $\mathrm{d}x$, 而把一个可微函数的微分记为 $\mathrm{d}y = A\,\mathrm{d}x$.

我们通过下面具体例子来体会一下微分的几何直观.

例 6.4.1 考虑边长为 x_0 的正方形的面积 $S = x_0^2$, 当边长 x_0 作一微小改变 Δx 时, 则正方形的面积改变量为

$$\Delta S = (x_0 + \Delta x)^2 - x_0^2 = 2x_0\Delta x + (\Delta x)^2. \tag{6.4.1}$$

从解析式(6.4.1)可以看出, ΔS 包含两部分, $2x_0\Delta x$ 和 $(\Delta x)^2$. 当 $\Delta x \to 0$ 时, ΔS 的主部 $\mathrm{d}S = 2x_0\Delta x$, 而误差 $\Delta S - \mathrm{d}S$ 为 $(\Delta x)^2$, 是 Δx 的高阶无穷小量. 根据定义, 这说明正方形的面积 $S = x^2$ 是边长 x 的可微函数, 且 $\mathrm{d}S = 2x\,\mathrm{d}x$.

解析式 (6.4.1) 有明确的几何直观, 从图 6.6 中可以看出 ΔS 两部分的几何意义: $2x_0\Delta x$ 对应的是两个长为 x_0, 宽为 Δx 的浅蓝色长方形的面积, $(\Delta x)^2$ 对应的是一个边

长为 Δx 的深蓝色正方形的面积, 它是自变量的改变量 Δx 的高阶无穷小量.

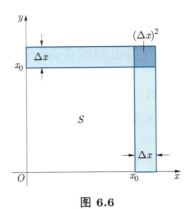

图 6.6

关于可微与可导之间的关系, 成立下面的重要定理:

定理 6.4.1   函数 $y = f(x)$ 在点 x_0 处可微的充要条件是它在该点处可导.

证明   (必要性) 若 $f(x)$ 在 x_0 处可微, 即存在常数 A 使得

$$\Delta y = f(x_0 + \Delta x) - f(x_0) = A\Delta x + o(\Delta x) \qquad (\Delta x \to 0) \tag{6.4.2}$$

成立. 从而

$$\frac{\Delta y}{\Delta x} = A + o(1) \qquad (\Delta x \to 0),$$

即

$$\lim_{\Delta x \to 0} f'(x_0) = \lim_{\Delta x \to 0} \frac{\Delta y}{\Delta x} = A.$$

这表明 $f(x)$ 不但在点 x_0 处可导, 而且其导数值为 $f'(x_0) = A$.

(充分性) 如果 $f(x)$ 在 x_0 处可导, 即

$$\lim_{\Delta x \to 0} \frac{f(x_0 + \Delta x) - f(x_0)}{\Delta x} = f'(x_0).$$

用无穷小等价的语言表示, 有

$$\frac{f(x_0 + \Delta x) - f(x_0)}{\Delta x} = f'(x_0) + o(1) \qquad (\Delta x \to 0),$$

从而有关系式 (6.4.2) 成立, 其中 $A = f'(x_0)$, 即

$$\Delta y = f(x_0 + \Delta x) - f(x_0) = f'(x_0)\Delta x + o(\Delta x) \qquad (\Delta x \to 0).$$

从而

$$\mathrm{d}y = f'(x)\,\mathrm{d}x. \tag{6.4.3}$$

$\square$

类似于导数值刻画的是切线的斜率, 微分也有相应的几何意义: 给定函数 $y = f(x)$ 以及它对应的曲线 C, 设曲线 C 在 $P_0(x_0, f(x_0))$ 处存在切线 ℓ, $P(x_0 + \Delta x, f(x_0 + \Delta x))$ 是曲线 C 上 P_0 附近的另一点, 点 $Q(x_0 + \Delta x, f(x_0))$ 和点 $T(x_0 + \Delta x, f(x_0) + f'(x_0)\Delta x)$ 如图 6.7 所示. 则

$$QT = \mathrm{d}y = f'(x_0))\Delta x, \qquad TP = \Delta y - \mathrm{d}y = o(\Delta x) \quad (\Delta x \to 0).$$

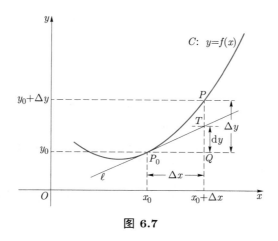

图 6.7

所以我们看到如下事实:

(1) $\mathrm{d}x = \Delta x = P_0 Q$ 是**自变量的增量**;

(2) $\Delta y = QP$ 是**函数的增量**;

(3) $\mathrm{d}y = f'(x_0)\,\mathrm{d}x = QT$ 几何上是**切线的增量**, 代数上是函数增量的线性主部, 即**微分**;

(4) $\Delta y - \mathrm{d}y = o(\Delta x) = TP$ 是**函数增量与其切线增量的差**.

我们知道, Leibniz 引入的导数符号 $\dfrac{\mathrm{d}y}{\mathrm{d}x}$ 是一个整体记号, 引入微分概念后, 我们可以给导数符号赋予新的内涵: 即可以把它看成分子 $\mathrm{d}y$ 与分母 $\mathrm{d}x$ 的商从而可以单独参与运算, 类似于 $\dfrac{3}{5}$ 中的 3 和 5. 这一形式上的解脱为我们提供了极大的方便:

$$\frac{\mathrm{d}y}{\mathrm{d}x} = A \qquad \Longleftrightarrow \qquad \mathrm{d}y = A\,\mathrm{d}x.$$

当然, 如果从形式上来理解微分仅仅是把导数两端乘 $\mathrm{d}x$ 得来就过于表象化了. 在后期众多的课程中, 我们将渐渐意识到微分适用的场景将远远超过导数, 具有更强大的威力和更广泛的应用.

微分强调的是在某点附近, 函数的改变量能否剥离出自变量改变量的一个线性主部, 而导数强调的是两个改变量的比值. 可微和可导似乎是看待同一事情 Δy 的两个不同角度, 差别不大. 对于一元函数而言的确如此, 即可微等价于可导. 这一等价性对于多元函

数而言不再成立, 导数这个概念在一般的情况下不再出现: 当自变量是向量而不再是数域里的元素时, 导数定义中的自变量改变量作为除数已不再有意义, 但它的线性主部仍然具有明确的意义. 因此, 可微这个概念适用的范围更广, 它也将逐渐取代可导这个概念, 在后续课程中展现出微分巨大的威力.

根据可导与可微的关系以及等式 (6.4.2), 对于给定的函数 $f(x)$, 如果已知 $f(x_0)$ 和 $f'(x_0)$ 的值, 那么利用

$$\Delta y = f(x_0 + \Delta x) - f(x_0) \approx \mathrm{d}y = f'(x_0)\Delta x$$

可知

$$f(x_0 + \Delta x) \approx f(x_0) + f'(x_0)\Delta x.$$

这给我们提供了计算 $f(x)$ 在点 x_0 附近近似估计的一种方法.

例 6.4.2   试求 $\sqrt{101}$ 和 $\sqrt[4]{15}$ 的近似值.

解   注意到所求值 $\sqrt{101} = \sqrt{100 + 1} = 10\sqrt{1 + 0.01}$. 我们首先考察函数 $\sqrt{1 + x}$ 在 $x = 0$ 附近的估算.

由于 $(\sqrt{1 + x})' = \dfrac{1}{2\sqrt{1 + x}}$, $(\sqrt{1 + x})'|_{x=0} = \dfrac{1}{2}$. 所以当 Δx 非常小时, 有

$$\sqrt{1 + \Delta x} = 1 + \frac{1}{2}\Delta x + o(\Delta x) \qquad (\Delta x \to 0).$$

或者说当 Δx 很小时,

$$\sqrt{1 + \Delta x} \approx 1 + \frac{1}{2}\Delta x.$$

取 $\Delta x = 0.01$ 时, 可视为 Δx 比较小, 故有

$$\sqrt{101} = 10\sqrt{1 + 0.01} \approx 10 \times (1 + 0.005) = 10.05.$$

对于 $\sqrt[4]{15}$ 的计算, 我们有如下类似讨论: 注意到所求值 $\sqrt[4]{15} = \sqrt[4]{16 - 1} = 2\sqrt[4]{1 - \dfrac{1}{16}}$. 我们首先考察函数 $\sqrt[4]{1 + x}$ 在 $x = 0$ 附近的估算.

由于 $(\sqrt[4]{1 + x})' = \dfrac{1}{4\sqrt[4]{(1 + x)^3}}$, $(\sqrt[4]{1 + x})'|_{x=0} = \dfrac{1}{4}$. 所以当 Δx 非常小时, 有

$$\sqrt[4]{1 + \Delta x} \approx 1 + \frac{1}{4}\Delta x.$$

取 $\Delta x = \dfrac{-1}{16}$ 时, 可视为 Δx 比较小, 故有

$$\sqrt[4]{15} = 2\sqrt[4]{1 - \frac{1}{16}} \approx 2 \times \left(1 - \frac{1}{64}\right) \approx 1.96875$$

(对比精确值 $1.96798967\cdots$).

当然在精度要求比较高时, 上述估计还是比较粗略的. 而且上述讨论中, 我们也没有给出 Δx 大小的一个标准, 即何时可以把它当作比较小, 何时又不可. 这些误差估计方面的问题在后面进一步的讨论中会逐渐得到解决. 但是, 在很多情况下通过微分给出的粗略预估还是很有益处的. 比如, 考虑下面的例子, 请先给出题目的一个朴素的、直觉上的猜测 (甚至非常粗略的感觉: 是较大的值还是较小的数), 再通过具体计算对比一下两个答案的吻合度.

例 6.4.3 将地球看成是一个半径为 $r = 6.4 \times 10^6$ m 的理想球体.

(1) 在赤道上方围绕赤道拉一圈离地面高度为 1 m 的电线, 问电线的总长度比赤道的周长长多少米?

(2) 用一个厚度为 1 cm 的地毯把地球铺满了, 问地毯外层的表面积比地球的表面积大多少?

(3) 用一个厚度为 1 mm 的薄膜把地球包起来, 问薄膜的总体积大约是多少? 换句话说, 问当地球的半径增加了 1 mm 时, 地球体积增加多少?

解 (1) 地球赤道的周长可以通过 $L = 2\pi r$ 来计算, 因此可以把电线离地面的高度当成是地球半径的改变量 $\Delta r = 1$ m. 相对于 r 来说, 我们认为 Δr 是一个非常小的量. 故电线的长度与赤道的长度的差的主部为

$$dL = 2\pi \, dr \approx 6.28 \, (\mathrm{m}).$$

考虑到地球之大, 这个差别是微不足道的.

(2) 地球的表面积 $S = 4\pi r^2$ 是 r 的一个可微函数, $\Delta r = 1$ cm $= 0.01$ m, 因此所求改变量可以估计如下:

$$dS = 8\pi r \, dr = 8 \times 6.4 \times 10^6 \times 0.01\pi \approx 1.6 \times 10^6 \, (\mathrm{m}^2).$$

这大致是说: 在现有的基础上, 如果地球半径增加 1 cm, 则表面积大概相当于增加了 224 个标准足球场[①].

(3) 地球的体积 $V = \frac{4}{3}\pi r^3$ 是 r 的一个可微函数, $\Delta r = 1$ mm $=0.001$ m, 因此所求误差量可以估计如下:

$$dV = 4\pi r^2 \, dr = 4 \times 6.4^2 \times 10^{12} \times 0.001\pi \approx 5.15 \times 10^{11} \, (\mathrm{m}^3).$$

这大致是说: 在现有的基础上, 如果地球半径增加 1 mm, 则地球的体积大概相当于增加了 10^{10} (一百亿) 个容积为 50 m^3 个集装箱. 相对于 1 mm 而言, 这是一个相当可观的数字.

我们换个角度再来讨论例 6.4.3 中更一般的场景.

---

① 世界杯决赛足球场尺寸为 105 m $\times$ 68 m $= 7140$ m^2.

例 6.4.4　若已知 n 维空间中的半径为 r 的球体体积 V_n 为

$$V_n(r) = B_n r^n,$$

其中 B_n 是一个仅仅与 n 有关的常数. 我们来考察当 r 有微小改变时, 体积 $V_n(r)$ 的改变.

解　(i) 我们先看一下当 $n = 2$ 时的数学模型. 把比萨饼看成一个理想的半径为 1 的圆盘, 则面积为 $V_2(r) = \pi r^2|_{r=1} = \pi$. 假设比萨饼卷边宽度为 α, 那么卷边占整个比萨的分量为 (假设卷边与内部有相同密度)

$$\frac{V_2(r) - V_2(r - \alpha)}{V_2(r)} = 2\alpha - \alpha^2.$$

如果取 $\alpha = 10\%$, 则比萨饼边占整个比萨饼大约为 20% (与精确值之间的误差为 1%).

(ii) 再看一下当 $n = 3$ 时的情景, 此时等同于上例中的 (3). 我们换个更通俗一些的场景: 把一个西瓜看成一个单位半径的理想球体, 假设西瓜皮的厚度占总厚度的 α, 那么西瓜皮占据整个西瓜的分量为 (假设西瓜皮与西瓜瓤有相同的密度)

$$3\alpha - 3\alpha^2 + \alpha^3.$$

其主部为 3α.

仍取 $\alpha = 10\%$, 可知西瓜皮占整个西瓜的分量大概为 30%, 误差不超过 3%. 可以看到, 西瓜皮所占分量还是很大的.

(iii) 对于一般的 n, 考虑 n 维空间中的单位球体, 当去掉一个厚度为 α 的球皮时, 缩小的部分占原来整个球体体积的比例为 $\dfrac{\Delta V_n}{V_n}$. 容易算出, 当 α 很小时, 此比例的主部为 $n\alpha$.

基于此, 一个朴素的结论呼之欲出:

思考并证明　对任意给定的 $0 < \delta_0 \ll 1$, 考虑 n 维空间中的一个球皮厚度为 δ_0、质量密度为 1 的单位球体, 则成立: $\forall \varepsilon > 0$, 只要空间维数 n 足够大, 则球皮质量占整个球体质量 $V_n(1)$ 的比可以大于 $1 - \varepsilon$. 即在高维空间中, 球体质量几乎全部集中在球皮上.

有兴趣的读者可以作进一步的思考, 类似的表述还有: 高维球面的质量几乎全部集中在任意一条赤道附近 (注: n 维空间中的半径为 r 的球体的表面积 $S_n(r) = nB_n r^{n-1}$).

6.4.2　微分法则

我们简要介绍一下微分法则. 所谓的微分法则是指计算微分时可以遵循的方法和规则. 因为从逻辑上我们已经知道函数的可微等价于可导, 我们还知道在函数可微时 $\mathrm{d}y = A\,\mathrm{d}x$ 中的系数 A 就是 $f'(x)$, 所以前面讨论的几类初等函数的微分可以直接写出来, 在此不再一一列举. 下面先给出常见的微分的四则运算法则.

定理 6.4.2　设 $f(x), g(x)$ 在点 x 处可微, 则有

(1) $\mathrm{d}(f \pm g) = \mathrm{d}f \pm \mathrm{d}g$;

(2) $\mathrm{d}(fg) = g\,\mathrm{d}f + f\,\mathrm{d}g$;

(3) $\mathrm{d}\left(\dfrac{f}{g}\right) = \dfrac{g\,\mathrm{d}f - f\,\mathrm{d}g}{g^2}$, 其中 $g \neq 0$.

例 6.4.5　计算　$y = \arctan x + \dfrac{1}{2} \ln \dfrac{1+x}{1-x}$　的微分.

解　由

$$y' = \frac{1}{1+x^2} + \frac{1}{2}\left(\frac{1}{1+x} + \frac{1}{1-x}\right) = \frac{1}{1+x^2} + \frac{1}{1-x^2} = \frac{2}{1-x^4}$$

可得

$$\mathrm{d}y = \frac{2}{1-x^4}\,\mathrm{d}x.$$

6.4.3　一阶微分的形式不变性

复合函数的求导运算成立特色鲜明的链式法则, 即如果函数 $y = f(u), u = g(x)$ 均在相应的点处可导, 则 $y = f(g(x))$ 也可导, 且

$$\frac{\mathrm{d}y}{\mathrm{d}x} = (f(g(x)))' = f'(g(x))g'(x).$$

所以, 一方面由定理 6.4.1 及等式 (6.4.3), 知

$$\mathrm{d}y = (f(g(x)))'\,\mathrm{d}x = f'(g(x))g'(x)\,\mathrm{d}x.$$

另一方面, 两个可导函数 $y = f(u)$ 和 $u = g(x)$ 的微分分别为

$$\mathrm{d}y = f'(u)\,\mathrm{d}u, \qquad \mathrm{d}u = g'(x)\,\mathrm{d}x.$$

所以有

$$\mathrm{d}y = f'(u)\,\mathrm{d}u = f'(u)g'(x)\,\mathrm{d}x.$$

这说明当把 u 作为自变量时, 函数 $y = f(u)$ 的微分为 $\mathrm{d}y = f'(u)\,\mathrm{d}u$; 而当把 u 当成中间变量时, 函数 $y = f(g(x))$ 的微分 $\mathrm{d}y = f'(g(x))g'(x)\,\mathrm{d}x$ 仍然满足 $\mathrm{d}y = f'(g(x))\,\mathrm{d}u = f'(u)\,\mathrm{d}u$. 这就是所谓的 (一阶) 微分形式的不变性. 用 Leibniz 表示导数的记号有

$$\mathrm{d}y = \frac{\mathrm{d}f(u)}{\mathrm{d}u}\,\mathrm{d}u = \frac{\mathrm{d}f(g(x))}{\mathrm{d}x}\,\mathrm{d}x.$$

下面我们通过一些例子来体会一下一阶微分的形式不变性的灵活应用.

例 6.4.6　设

$$y = \frac{x-a}{1-ax} \quad (|a| < 1).$$

证明: 当 $|x| < 1$ 时,

$$\frac{\mathrm{d}y}{1-y^2} = \frac{\mathrm{d}x}{1-x^2}.$$

证明　一方面直接计算 y 的微分, 有

$$\mathrm{d}y = \frac{1-a^2}{(1-ax)^2}\,\mathrm{d}x.$$

另一方面

$$1 - y^2 = 1 - \left(\frac{x-a}{1-ax}\right)^2 = \frac{(1-a^2)(1-x^2)}{(1-ax)^2},$$

所以有

$$(1-y^2)\,\mathrm{d}x = \frac{(1-a^2)(1-x^2)}{(1-ax)^2}\,\mathrm{d}x = (1-x^2)\,\mathrm{d}y.$$

即

$$\frac{\mathrm{d}y}{1-y^2} = \frac{\mathrm{d}x}{1-x^2}. \qquad \square$$

这是一个形式上关于 x 和 y 很对称的微分关系, 在双曲几何等领域有重要作用.

例 6.4.7 设 $x \geqslant 0, y \geqslant 0,$

$$x^2 = 4y^2 + 4y^4.$$

证明:

$$\frac{\mathrm{d}x}{\sqrt{1+x^2}} = \frac{2\,\mathrm{d}y}{\sqrt{1+y^2}}.$$

证明 由给定的关系式知

$$x = 2y\sqrt{1+y^2}, \qquad \sqrt{1+x^2} = 1 + 2y^2.$$

另一方面, 对关系式两边微分, 有

$$x\,\mathrm{d}x = 4(y+2y^3)\,\mathrm{d}y = 4y(1+2y^2)\,\mathrm{d}y,$$

故有

$$2y\sqrt{1+y^2}\,\mathrm{d}x = 4y(1+2y^2)\,\mathrm{d}y = 4y\sqrt{1+x^2}\,\mathrm{d}y.$$

即

$$\frac{\mathrm{d}x}{\sqrt{1+x^2}} = \frac{2\,\mathrm{d}y}{\sqrt{1+y^2}}. \qquad \square$$

习题 6.4

1. 设 $x^y = y^x\ (x>0,\ y>0)$. 证明: $y(x\ln y - y)\,\mathrm{d}x = x(y\ln x - x)\,\mathrm{d}y$.

2. 证明: 如果 $y = \dfrac{x-a}{1+ax}$, 则 $\dfrac{\mathrm{d}x}{1+x^2} = \dfrac{\mathrm{d}y}{1+y^2}$.

3. 设 $xy = -1$. 证明: $\dfrac{\mathrm{d}y}{\sqrt{1+y^4}} = \dfrac{\mathrm{d}x}{\sqrt{1+x^4}}$.

4. 证明四次代数曲线 $x^2 + y^2 + x^2y^2 = 1$ 满足微分方程 $\dfrac{\mathrm{d}y}{\sqrt{1-y^4}} = \dfrac{\pm \mathrm{d}x}{\sqrt{1-x^4}}$.

5. 证明四次代数曲线 $x^2 + y^2 + c^2x^2y^2 = c^2 + 2xy\sqrt{1-c^4}$ (其中 c 是常数) 满足微分方程 $\dfrac{\mathrm{d}y}{\sqrt{1-y^4}} = \dfrac{\mathrm{d}x}{\sqrt{1-x^4}}$.

6. 证明五次代数曲线 $(y^4 - 2y^2 - 1)x + y^4 + 2y^2 - 1 = 0$ 满足微分方程 $\dfrac{\mathrm{d}x}{\sqrt{1-x^4}} = \dfrac{2\,\mathrm{d}y}{\sqrt{1-y^4}}$.

(注　验证这些看起来很神奇的关系式成立是不难的, 但显然发现这些关系式应该是一件不平凡的事. 这类问题在经典的微积分发展过程中曾经起到过很重要的作用. 上述关系式中涉及的有关椭圆积分的问题, 等式两端的原函数都是积不出来的, 但它们之间的关系竟然有隐式解, 而且还是代数曲线.)

6.5　高阶导数

前面我们曾用质点位移函数 $s(t)$ 的导数 $s'(t)$ 来描述作直线变速运动的质点在 t_0 时刻的瞬时速度. 它刻画的是路程 $s(t)$ 关于 t 的变化率, 即 $s'(t)$. 在不同的点, 质点可能有不同的瞬时速度 $s'(t)$. 如果我们进一步研究瞬时速度的变化率, 那么物理上我们知道这个变化率称为质点的加速度, 而数学上则自然而然地称之为关于路程函数 $s(t)$ 的二阶导数 $(s'(t))'$. 完全类似地, 我们也可以按照 Leibniz 的几何模型来看这个问题: 对于平面曲线 $y = f(x)$, 它的一阶导数 $f'(x)$ 表示曲线上自变量为 x 对应点处的切线斜率 $f'(x)$. 如果我们感兴趣曲线在不同点切线斜率的变化的快慢, 那么本质上我们遇到了和质点运动的加速度同样的数学问题, 即 $f(x)$ 的二阶导数 $(f'(x))'$. 比如, 直观告诉我们 $y = x$ 在不同点处的斜率相同, 而 $y = x^2$ 的斜率随着 x 的增大而增大. 关于切线变化率的几何意义, 我们在后面适当的时候会作专门的讨论.

6.5.1　高阶导数的定义

下面我们给出二阶导数的定义. 根据一阶导数的定义, 如果一个函数在某点处可导, 则该函数不但要在该点有定义, 而且在包含该点的某邻域内都要有定义. 换句话说, 函数仅在一点有定义是不能定义该点导数的. 因此, 为了考虑函数 $f'(x)$ 在点 x_0 处的导数, 必须要求函数 $f'(x)$ 在包含点 x_0 的某邻域内有定义, 即 $f(x)$ 不能仅仅在点 x_0 处可导, 而应该在包含点 x_0 的某邻域内 (处处) 可导.

<u>**定义 6.5.1**</u>   设函数 $y = f(x)$ 在点 x_0 附近的一个邻域内每一点可导, 如果极限

$$\lim_{x \to x_0} \frac{f'(x) - f'(x_0)}{x - x_0} = A \tag{6.5.1}$$

存在且有限, 则称 $f(x)$ 在点 x_0 处**二阶可导** (或二次可导), 记为

$$A = f''(x_0) = (f')'(x_0),$$

或者

$$y'' = \frac{\mathrm{d}^2 y}{\mathrm{d}x^2} = \frac{\mathrm{d}}{\mathrm{d}x}\left(\frac{\mathrm{d}y}{\mathrm{d}x}\right)\Big|_{x=x_0}, \qquad \frac{\mathrm{d}^2 f(x)}{\mathrm{d}x^2} = \frac{\mathrm{d}}{\mathrm{d}x}\left(\frac{\mathrm{d}f(x)}{\mathrm{d}x}\right)\Big|_{x=x_0}.$$

类似地, 我们可以归纳定义函数 $f(x)$ 的三阶导数, $f'''(x) = (f''(x))'$, 以至 $f(x)$ 的 n 阶导数. $f(x)$ 的 n 阶导数定义为 $f(x)$ 的 $n-1$ 阶导数的导数. 习惯上, 常用符号 $f^{(n)}(x)$ 或 $\frac{\mathrm{d}^n f(x)}{\mathrm{d}x^n}$ 表示, 尤其是当 $n \geqslant 4$ 时.

例 6.5.1   设 $y = x^3$, 求 $y^{(n)}$.

解   容易计算出

$$y' = 3x^2, \quad y'' = (y')' = 6x, \quad y''' = 6, \quad y^{(n)} = 0 \ (n \geqslant 4).$$

更一般地, 对于函数 $y = x^k (k \in \mathbb{N})$, 则当 $n \leqslant k$ 时, 有

$$y^{(n)} = k(k-1)\cdots(k-n+1)x^{k-n}, \qquad \text{特别地,} \quad y^{(k)} = k!.$$

而当 $n > k$ 时, 有 $y^{(n)} = 0$.

在给出更多的常见函数的高阶导数之前, 我们强调一下用定义求高阶导数的重要性, 尤其对于分段定义的函数.

例 6.5.2   设

$$f(x) = \begin{cases} x^2, & x \in \mathbb{Q}, \\ -x^2, & x \notin \mathbb{Q}. \end{cases}$$

试讨论 $f(x)$ 在 $x = 0$ 处二阶导数的存在性.

解   若要考虑 $f''(0)$ 的存在性, 则必须先考虑 $f'(x)$. 根据 $f(x)$ 的具体情况, 这包括两种情况: $x = 0$ 处的导数和 $x \neq 0$ 处的导数.

首先, 根据定义可知 $f(x)$ 在 $x = 0$ 处可导, 且 $f'(0) = 0$. 而对于 $x \neq 0$, 显然 $f(x)$ 在该点处不连续, 因此 $f(x)$ 在 $x \neq 0$ 处不可导. 即在 $x = 0$ 的任何一个邻域内, $f'(x)$ 仅在 $x = 0$ 处有定义, 故 $f''(x)$ 在 $x = 0$ 处不存在.

例 6.5.3   设

$$f(x) = \begin{cases} x^3 \sin \dfrac{1}{x}, & x \neq 0, \\ 0, & x = 0. \end{cases}$$

试讨论 $f(x)$ 在 $x = 0$ 处二阶导数的存在性.

解 我们先考察 $f'(x)$ 的情况. 根据导数的定义, 函数在 $x=0$ 处的导数

$$f'(0) = \lim_{\Delta x \to 0} \frac{f(\Delta x) - f(0)}{\Delta x} = \lim_{\Delta x \to 0} (\Delta x)^2 \sin \frac{1}{\Delta x} = 0.$$

在 $x \neq 0$ 处 $f(x)$ 是初等函数, 其导数为

$$f'(x) = 3x^2 \sin \frac{1}{x} - x \cos \frac{1}{x}.$$

所以 $f(x)$ 满足二阶导数定义的必要条件之一: 在 $x=0$ 的某邻域内每一点均可导.

为了计算 $f(x)$ 在 $x=0$ 处的二阶导数, 需要考虑极限

$$\lim_{\Delta x \to 0} \frac{f'(\Delta x) - f'(0)}{\Delta x} = \lim_{\Delta x \to 0} \left(3\Delta x \sin \frac{1}{\Delta x} - \cos \frac{1}{\Delta x} \right).$$

显然, 该极限不存在. 因此虽然 $f'(x)$ 在 $x=0$ 的某邻域内有定义, 但 $f''(x)$ 在 $x=0$ 处不存在.

作为对比, 读者可以验证函数

$$f(x) = \begin{cases} x^4 \sin \frac{1}{x}, & x \neq 0, \\ 0, & x = 0. \end{cases}$$

在 $x=0$ 处二阶可导但三阶不可导.

例 6.5.4 考察函数

$$f(x) = \begin{cases} k_1 x^2, & x \leqslant 0, \\ k_2 x^2, & x \geqslant 0, \end{cases} \quad \text{其中 } k_1, k_2 \in \mathbb{R}, k_1 \neq k_2 \tag{6.5.2}$$

在 $x=0$ 处二阶导数的存在性.

解 首先从定义可知该函数在 $x=0$ 处一阶可导, 且导数 $f'(0)=0$. 当 $x \neq 0$ 时, 有

$$f'(x) = \begin{cases} 2k_1 x, & x < 0, \\ 2k_2 x, & x > 0. \end{cases}$$

由于

$$\lim_{x \to 0^-} \frac{f'(x) - f'(0)}{x - 0} = \lim_{x \to 0^-} \frac{2k_1 x}{x} = 2k_1,$$

$$\lim_{x \to 0^+} \frac{f'(x) - f'(0)}{x - 0} = \lim_{x \to 0^+} \frac{2k_2 x}{x} = 2k_2 \neq 2k_1,$$

因此 $f''(x)$ 在 $x=0$ 处不存在.

对照一下例 6.1.4 可以发现, 上例中的函数是一个分段抛物线, 在 $x=0$ 处看起来连续、一阶光滑 (一阶可导), 但它的导函数在 $x=0$ 处出现了尖点, 从而使得 $f'(x)$ 不

再可导了. 又比如函数

$$f(x) = \begin{cases} x^4, & x \leqslant 0, \\ 0, & x \geqslant 0, \end{cases}$$

可以证明 $f'''(x)$ 存在, 但在 $x = 0$ 处已经出现由折线

$$g(x) = f'''(x) = \begin{cases} 24x, & x < 0, \\ 0, & x > 0 \end{cases}$$

产生的尖点了. 所以 f 在 $x = 0$ 处四阶导数不存在.

上面的三个例子为我们提供了二阶导数不存在的三种典型情况: 例 6.5.2 中的函数仅在 $x = 0$ 处有一阶导数, 在其他点函数本身都不连续更不可导; 例 6.5.3 中的函数虽然在 $x = 0$ 的某邻域内每点导数都存在, 但导函数不连续; 而例 6.5.4 中的函数每一点导数都存在, 导函数也连续, 但导函数在某点不再可导.

另外, 例 6.5.4 中的函数给我们一种强烈的暗示, 就是该函数在 $x = 0$ 处的单侧二阶导数都存在, 只是两者不等. 因此, 有兴趣的读者可以就单侧高阶导数的定义和性质开展讨论.

事实上, 类似于一阶导数的多种推广, 读者也可以讨论高阶导数的几种推广, 比如单侧导数、Schwarz 型导数、Dini 导数等, 在此不再一一赘述.

犹如几类基本初等函数的一阶导数的计算和结论在整个数学分析的学习中非常重要, 同样, 很多初等函数的高阶导数也格外重要, 值得重视. 下面我们给出更多的例子, 目的在于熟悉这些函数的高阶导数, 而推导过程较为简捷. 高阶导数更多的计算方法, 在后续章节比如在 L'Hôpital 法则和 Taylor 展开式章节中, 还会有进一步的讨论.

例 6.5.5   计算下列函数的 n 阶导数 $y^{(n)}$:

$$y = e^{ax}, \quad y = \ln(1 + x), \quad y = \sin x, \quad y = \cos x, \quad y = \arctan x.$$

解   对于 $y = e^{ax}$, 有

$$y' = ae^{ax}, \quad y'' = a^2 e^{ax}, \quad y^{(n)} = a^n e^{ax}.$$

对于 $y = \ln(1 + x)$, 有

$$y' = \frac{1}{1+x}, \quad y'' = \frac{-1}{(1+x)^2}, \quad y''' = \frac{2!}{(1+x)^3}.$$

不难归纳证明, 对于 $n \geqslant 1$,

$$y^{(n)} = (-1)^{n-1} \frac{(n-1)!}{(1+x)^n}, \quad \text{这里约定 } 0! = 1.$$

对于 $y = \sin x$, 有

$$y' = \cos x, \quad y'' = -\sin x, \quad y''' = -\cos x, \quad y^{(4)} = \sin x = y.$$

我们看到 $\sin x$ 的四阶导数又循环回到函数本身了, 故可以写出下面的关系:

$$\sin^{(n)} x = \sin\left(x + \frac{n\pi}{2}\right).$$

同理可得

$$\cos^{(n)} x = \cos\left(x + \frac{n\pi}{2}\right).$$

对于 $y = \arctan x$, 有

$$y' = \frac{1}{1 + x^2} = \frac{1}{1 + \tan^2 y} = \cos^2 y = \cos y \sin\left(y + \frac{\pi}{2}\right).$$

所以等式两端求导, 有

$$y'' = -2\cos y \sin y \cdot y' = \cos^2 y \cdot \sin 2\left(y + \frac{\pi}{2}\right).$$

可以归纳证明

$$y^{(n)} = (n-1)! \cos^n y \cdot \sin n\left(y + \frac{\pi}{2}\right).$$

在结束本段之前, 我们引入一个重要的函数类——C^k 函数类.

定义 6.5.2(C^k 函数类) 设 I 是 $\mathbb{R}$ 中一区间, f 为定义在 I 上的函数. 如果 $\forall x \in I$, f 在点 x 处 k 阶导数存在且连续, 则称 f 为 I 上的 C^k 函数, 记为 $f \in C^k(I)$. I 上的连续函数全体记为 $C^0(I)$. 如果对任意 $k \geqslant 0$, f 均为 C^k 函数, 则称 f 为无限次可微函数或无穷次光滑函数, 记为 $f \in C^{\infty}(I)$. 特别地, 如果 $I = \mathbb{R}$, 有相应的 $f \in C^k(\mathbb{R})$.

6.5.2 高阶导数的求导法则

函数的高阶导数的计算也有相应的运算法则, 结构上类似于一阶导数的求导法则, 即包括四则运算下的求导法则、复合函数的求导法则、反函数的求导法则、参数方程的求导法则以及隐函数的求导法则等情况.

首先, 两个函数的四则运算下的高阶导数的计算, 成立如下结论: 两个函数和差的高阶导数具有线性叠加性, 乘积的高阶导数满足 Leibniz 公式, 而两个函数商的高阶求导不易写出具体表达式.

定理 6.5.1   设函数 $u(x), v(x)$ 在 x_0 点处均 n 次可导, 则下面运算法则成立:

(1) $(u \pm v)^{(n)} = u^{(n)} \pm v^{(n)}$;

(2) $(u \cdot v)^{(n)} = \sum_{k=0}^{n} \mathrm{C}_n^k u^{(n-k)} \cdot v^{(k)}$ (Leibniz 公式),

其中 $u^{(0)} = u, \ v^{(0)} = v$.

证明 我们只证明函数乘积的 Leibniz 公式, 和与差的情况请读者自己补充. 为此, 考虑数学归纳法.

首先, 当 $n = 1$ 时, 结论显然成立. 假设当 $n > 1$ 时, Leibniz 公式成立, 往证 $n + 1$ 时也成立. 事实上, 我们有

$$
\begin{aligned}
(u \cdot v)^{(n+1)} = ((u \cdot v)^{(n)})' &= \sum_{k=0}^{n} C_n^k \left(u^{(n-k)} \cdot v^{(k)} \right)' \\
&= \sum_{k=0}^{n} C_n^k \left(u^{(n-k+1)} \cdot v^{(k)} + u^{(n-k)} \cdot v^{(k+1)} \right) \\
&= \mathrm{I} + \mathbb{II},
\end{aligned}
$$

其中

$$
\mathrm{I} := \sum_{k=0}^{n} C_n^k u^{(n-k+1)} \cdot v^{(k)}, \qquad \mathbb{II} := \sum_{\ell=0}^{n} C_n^\ell u^{(n-\ell)} \cdot v^{(\ell+1)}.
$$

在 $\mathbb{II}$ 中, 令 $\ell = k - 1$, 可得

$$
\mathbb{II} = \sum_{k=1}^{n+1} C_n^{k-1} u^{(n+1-k)} \cdot v^{(k)}.
$$

继续前面的计算, 有

$$
\begin{aligned}
(u \cdot v)^{(n+1)} &= \mathrm{I} + \mathbb{II} \\
&= u^{(n+1)} \cdot v + \sum_{k=1}^{n} \left(C_n^k + C_n^{k-1} \right) u^{(n+1-k)} \cdot v^{(k)} + u \cdot v^{(n+1)} \\
&= \sum_{k=0}^{n+1} C_{n+1}^k u^{(n+1-k)} \cdot v^{(k)}.
\end{aligned}
$$

其中最后一步用到了恒等式

$$
C_n^k + C_n^{k-1} = C_{n+1}^k. \qquad \square
$$

注意, 两个函数商的二阶导数的计算可以按照一阶导数的法则进行,

$$
\left(\frac{g}{f} \right)'' = \frac{g''f^2 - f''fg - 2f'g'f + 2f'^2 g}{f^3},
$$

在满足可以形式运算的必要条件下, 表达式已经比较烦琐了.

(1) **复合函数高阶导数的求导法则**   关于复合函数高阶导数的求导法则, 可以按照下面的运算法则逐步计算.

设 f 和 g 都是 n 阶可导函数, 且 g 与 f 可以作复合运算 $g(f)$. 那么其复合函数 $h = g(f)$ 也是 n 阶可导的, 且可以按如下方法计算:

$$
h'(x) = g'(f)f'(x);
$$

$$h''(x) = (h')' = g''(f)f'^2 + g'(f)f'';$$

$$h'''(x) = (h'')' = g'''(f)f'^3 + 3g''(f)f'f'' + g'(f)f'''.$$

更高阶的导数可以类似计算, 也可以得到一个与 Leibniz 公式类似的表达式.

(2) 反函数高阶导数的求导法则 参见反函数的一阶求导法则推论 6.3.6.

设函数 $y = f(x)$ 在区间 (a, b) 内严格单调、二阶可导且有非零的导数, 那么它的反函数 $x = g(y)$ 在区间 (α, β) 内可导, 其中

$$\alpha = \min\left\{x(a^+), x(b^-)\right\}, \qquad \beta = \max\left\{x(a^+), x(b^-)\right\}.$$

我们已经知道

$$\frac{\mathrm{d}g(y)}{\mathrm{d}y} = \frac{1}{f'(x)}.$$

对此式再次求导, 得

$$\frac{\mathrm{d}^2 g(y)}{\mathrm{d}y^2} = \frac{\mathrm{d}}{\mathrm{d}y}\left(\frac{1}{f'(x)}\right) = \frac{\mathrm{d}}{\mathrm{d}x}\left(\frac{1}{f'(x)}\right)\frac{\mathrm{d}x}{\mathrm{d}y} = -\frac{f''(x)}{f'^2(x)} \cdot \frac{1}{f'(x)} = -\frac{f''(x)}{f'^3(x)}.$$

反函数更高阶的导数可以类似讨论.

(3) 参数式表示的函数的高阶导数求导法则 设函数 $\varphi(t)$ 和 $\psi(t)$ 在区间 $I = (a, b)$ 内均二阶可导, $\varphi(t)$ 在 I 内严格单调且有非零的导数, $\varphi'(t) \neq 0$. 因此 $\varphi(t)$ 在某区间 J 上有可导的反函数 $t = \varphi^{-1}(x)$, $x \in J$, 其中 J 的定义可参见反函数求导法则中的描述, 而且有 $\dfrac{\mathrm{d}t}{\mathrm{d}x} = \dfrac{1}{\varphi'(t)}$.

现在我们计算由参数表达式

$$x = \varphi(t), \qquad y = \psi(t), \qquad t \in I,$$

所定义的函数

$$y = \psi(t) = \psi(\varphi^{-1}(x)) = f(x), \quad x \in J$$

的二阶导数.

我们知道, 该函数的一阶导数由下式给出:

$$\frac{\mathrm{d}y}{\mathrm{d}x} = f'(x) = \frac{\psi'(t)}{\varphi'(t)}.$$

因此

$$\begin{aligned}
\frac{\mathrm{d}^2 y}{\mathrm{d}x^2} &= \frac{\mathrm{d}}{\mathrm{d}x}\left(\frac{\psi'(t)}{\varphi'(t)}\right) = \frac{\mathrm{d}}{\mathrm{d}t}\left(\frac{\psi'(t)}{\varphi'(t)}\right) \cdot \frac{\mathrm{d}t}{\mathrm{d}x} \\
&= \frac{\psi''(t)\varphi'(t) - \psi'(t)\varphi''(t)}{(\varphi'(t))^2} \cdot \frac{1}{\varphi'(t)} \\
&= \frac{\psi''(t)\varphi'(t) - \psi'(t)\varphi''(t)}{(\varphi'(t))^3}.
\end{aligned}$$

需要提醒的是, 参数形式下函数的二阶导数 $\dfrac{\mathrm{d}^2 y}{\mathrm{d}x^2}$ 的最终表达式并不是 $\dfrac{\psi''(t)}{\varphi''(t)}$. 同时也注意分母不是 $(\varphi'(t))^2$ 而是 $(\varphi'(t))^3$, 这一点很容易出现错误.

有兴趣的读者可以尝试推导一下参数形式下三阶甚至更高阶导数的计算.

(4) 隐函数的高阶导数的求导法则　我们通过一个具体例子来展示一下隐函数方程的高阶导数的计算, 对于隐函数可否确定一个函数关系以及可导的一般性条件, 我们将在多元函数章节详细讨论.

例 6.5.6　设函数 $y = y(x)$ 由隐函数方程 $x^2 + y^2 = 1\ (y > 0)$ 给出, 试求 y'''.

解　由一阶微分的方法, 得

$$x\,\mathrm{d}x + y\,\mathrm{d}y = 0.$$

所以

$$y' = -\frac{x}{y}.$$

在上式两端分别求导, 可得

$$y'' = -\frac{\mathrm{d}}{\mathrm{d}x}\left(\frac{x}{y}\right) = -\frac{y - xy'}{y^2} = -\frac{1}{y^2}\left(y + \frac{x^2}{y}\right) = -\frac{1}{y^3}.$$

进一步有

$$y''' = \frac{3y'}{y^4} = -\frac{3x}{y^5}.$$

6.5.3　高阶微分

若函数 $y = f(x)$ 在区间 (a, b) 内可微, 则有微分关系 $\mathrm{d}y = f'(x)\,\mathrm{d}x$, 其中 $f'(x)$ 仍然为 x 的函数, 而 $\mathrm{d}x$ 是一个与 x 无关的量. 因此, 我们仍然可以把 $\mathrm{d}y$ 视为 x 的函数. 如果 $\mathrm{d}y$ 在某点 x 处可微, 那么我们可以继续计算它的一阶微分 $\mathrm{d}(\mathrm{d}y)$. 为此, 取自变量的改变量 Δx 与原来的改变量相同, 即 $\Delta x = \mathrm{d}x$, 并称为 $y = f(x)$ 的二阶微分, 记为 $\mathrm{d}^2 y$, 即

$$\mathrm{d}^2 y = \mathrm{d}(\mathrm{d}y) = (f'(x)\,\mathrm{d}x)'\,\mathrm{d}x = f''(x)\,\mathrm{d}x\,\mathrm{d}x = f''(x)(\mathrm{d}x)^2 = f''(x)\,\mathrm{d}x^2,$$

其中 $\mathrm{d}x^2 = (\mathrm{d}x)^2$.

需要注意的是这里的 $\mathrm{d}x$ 与 x 无关, 所以 $(\mathrm{d}x)' = 0$, 另外记号 $\mathrm{d}x^2$ 也有点怪异, 它表示 $(\mathrm{d}x)^2$ 而不是 x^2 的微分, 如果要表达 x^2 的微分, 必要时采用符号 $\mathrm{d}(x^2) = 2x\,\mathrm{d}x$.

类似地我们可以定义函数的三阶微分, 即如果函数 $y = f(x)$ 的二阶微分 $\mathrm{d}^2 y$ 在点 $x \in (a, b)$ 处可微, 那么我们就可以计算它的一阶微分 $\mathrm{d}(\mathrm{d}^2 y)$, 特别地, 我们取自变量 x 的改变量与原来的改变量相同, 即 $\Delta x = \mathrm{d}x$, 并称为 $y = f(x)$ 的三阶微分, 记为 $\mathrm{d}^3 y$,

即

$$\mathrm{d}^3 y = \mathrm{d}(\mathrm{d}^2 y) = f'''(x)(\mathrm{d}x)^3 = f'''(x)\,\mathrm{d}x^3,$$

其中 $\mathrm{d}x^3 = (\mathrm{d}x)^3$.

不难看出, 应用数学归纳法, 当 $\mathrm{d}^{n-1}y$ 在点 $x \in (a,b)$ 处可微时, 我们可以作 $\mathrm{d}^{n-1}y$ 的一阶微分, 并取 x 的改变量与原来的改变量相同, 即 $\Delta x = \mathrm{d}x$, 记为 $\mathrm{d}^n y = \mathrm{d}(\mathrm{d}^{n-1}y)$, 称为 $y = f(x)$ 在点 x 处的 n 阶微分. 即

$$\mathrm{d}^n y = \mathrm{d}(\mathrm{d}^{n-1}y) = (f^{(n-1)}(x)\,\mathrm{d}x^{n-1})'\,\mathrm{d}x = f^{(n)}(x)\,\mathrm{d}x^{n-1}\,\mathrm{d}x = f^{(n)}(x)\,\mathrm{d}x^n,$$

其中 $\mathrm{d}x^n = (\mathrm{d}x)^n$.

从上述表达式可以看出高阶微分与高阶导数的关系

$$\frac{\mathrm{d}^n y}{\mathrm{d}x^n} = y^{(n)} = f^{(n)}(x).$$

由此也可看出, 计算高阶微分和计算高阶导数本质上的相同之处. 因此, 关于函数 $u(x)$ 和 $v(x)$ 高阶导数的运算法则也同样适用于高阶微分, 我们有下面的定理:

定理 6.5.2　设函数 $u(x)$ 和 $v(x)$ 在点 x 处存在 n 阶微分, 则下面的关系式成立:

(1) $\mathrm{d}^n(u \pm v) = \mathrm{d}^n u \pm \mathrm{d}^n v$;

(2) $\mathrm{d}^n(u \cdot v) = \displaystyle\sum_{k=0}^{n} \mathrm{C}_n^k\, \mathrm{d}^{n-k}u \cdot \mathrm{d}^k v$　　(Leibniz 公式),

其中 $\mathrm{d}^0 u = u, \quad \mathrm{d}^0 v = v$.

读者可以补充两个函数商的二阶微分表示.

关于复合函数的微分, 我们知道复合函数的一阶微分具有一个极其重要的性质, 即一阶微分的形式不变性. 我们需要强调的是, 对于复合函数的高阶微分形式不变性不再成立.

事实上, 设 $y = f(u)$, 如果 u 是自变量, 则有 $\mathrm{d}^2 y = f''(u)\,\mathrm{d}^2 u$; 但是如果 u 是中间变量, 当 $u = g(x)$ 时, 一阶微分给出

$$\mathrm{d}f = f'(u)\,\mathrm{d}u = f'(u)g'(x)\,\mathrm{d}x,$$

而二阶微分有

$$\mathrm{d}^2 f = \mathrm{d}(f'(u)\,\mathrm{d}u) = f''(u)(g'(x))^2\,\mathrm{d}x^2 + f'(u)g''(x)\,\mathrm{d}x^2 = f''(u)\,\mathrm{d}u^2 + f'(u)\,\mathrm{d}^2 u.$$

等式最右端多出一项 $f'(u)\,\mathrm{d}^2 u$. 所以当 $\mathrm{d}^2 u \neq 0$, 即 $g''(x) \neq 0$ 时, 二阶微分已经不具有形式不变性了. 当然, 当 u 是自变量时 (本质上是 $u = x$), $g''(x) = 0$, 就又回到了 $\mathrm{d}^2 y = f''(u)\,\mathrm{d}u^2$ 了.

习题 6.5

1. 求下列函数指定阶的导数:

(1) $f(x) = \mathrm{e}^x \cos x$, 求 $f^{(5)}$;

(2) $f(x) = x^2 \ln x + x \ln^2 x$, 求 f'';

(3) $f(x) = x^2 \mathrm{e}^x$, 求 $f^{(10)}$;

(4) $f(x) = x^5 \cos x$, 求 $f^{(50)}$.

2. 通过对 $(1+x)^n$ 求导并利用二项式定理证明:

(1) $\sum_{k=0}^{n} \mathrm{C}_n^k k = n2^{n-1}$;

(2) $\sum_{k=0}^{n} \mathrm{C}_n^k k^2 = n(n+1)2^{n-2}$.

3. 证明: 函数 $y = \cos(n \arccos x)$ 满足

$$\frac{n\,\mathrm{d}x}{\sqrt{1-x^2}} = \frac{\mathrm{d}y}{\sqrt{1-y^2}},$$

$$(1-x^2)y'' - xy' + n^2 y = 0.$$

4. 证明: 任一圆周 $(x-a)^2 + (y-b)^2 = c^2$ 上的任意一点 $(x,y), y \neq b$ 处的导数、二阶导数和三阶导数都满足关系式:

(1) $\dfrac{y''}{(\sqrt{1+y'^2})^3} = c$　$(c$ 为常数$)$;

(2) $y'''(1+(y')^2) = 3y'(y'')^2$.

5. 函数 $y = f(x)$ 的极坐标表示为 $r^2 = \cos 2\theta \left(0 < \theta < \dfrac{\pi}{4}\right)$, 计算 $\dfrac{\mathrm{d}^2 y}{\mathrm{d}x^2}$.

6. 设 $f(x) = x \ln(2^{\frac{1}{x}} + 3^{\frac{1}{x}})$, $x > 0$. 证明: $f'(x) > 0$, $f''(x) > 0$.

7. 设 $P(x)$ 是有 n 个单根的 n 次多项式. 证明: $P'(x)^2 \geqslant P(x)P''(x)$.

8. $\forall n \geqslant 1$, 证明下列等式成立:

(1) $(\ln x)^{(n)} = \dfrac{(-1)^{n-1}(n-1)!}{x^n}$;

(2) $(\sin^4 x + \cos^4 x)^{(n)} = 4^{n-1} \cos\left(4x + \dfrac{\pi}{2}n\right)$;

(3) $(\mathrm{e}^{ax}\sin bx)^{(n)} = (a^2+b^2)^{\frac{n}{2}} \mathrm{e}^{ax} \sin(bx + n\varphi)$, 其中 φ 满足条件

$$\sin\varphi = \frac{b}{\sqrt{a^2+b^2}}, \quad \cos\varphi = \frac{a}{\sqrt{a^2+b^2}}.$$

9. 设函数 $y = f(x)$ 在点 x 处三阶可导, 且 $f'(x) \neq 0$. 若 $f(x)$ 存在反函数 $x = f^{-1}(y)$, 试用 $f'(x), f''(x)$ 以及 $f'''(x)$ 表示 $(f^{-1})'''(y)$.

10. 设函数

$$y = x^\alpha \sin \frac{1}{x^\beta} \quad (x \neq 0), \qquad y(0) = 0, \qquad \alpha, \beta \in \mathbb{R}.$$

试讨论函数的连续性、一致连续性、L–连续性、可导性与高阶可导性.

11. 考虑习题 6.3 中的题目 14: 设 $y(x) = (x-x_1)(x-x_2)\cdots(x-x_n)$, 其中 $x_1, x_2, \cdots, x_n$ 是 n 个两两互异的实数. 又设 $\xi_1, \xi_2, \cdots, \xi_{n-1}$ 是 $y'(x) = 0$ 的 $n-1$ 个实根

(其存在性下一章将会讨论). 试计算并化简

$$\sum_{k=1}^{n-1} \frac{1}{y''(\xi_k)}.$$

进一步, 设 $\eta_1, \eta_2, \cdots, \eta_{n-2}$ 是 $y''(x) = 0$ 的 $n-2$ 个实根, 试计算并化简

$$\sum_{k=1}^{n-2} \frac{1}{y'''(\eta_k)}.$$

请给出更一般情况下的描述和讨论.

第七章

微分中值定理

　　在建立了实数理论、引入了极限工具后, 我们开始着手研究函数, 这是因为数学分析的主要目的之一就是研究函数各种性质的. 这些性质有的是预设的, 比如是否有界、是否连续、是否单调、是否凹凸、发展趋势如何、光滑性如何、振荡性如何等. 这些性质或者具有明确的几何直观, 或者具有重要的分析属性, 抑或是实际问题的需求. 也有不少重要的性质并不是预设的, 而是随着探讨的深入, 无意中发现的奇异现象、偶得的神奇结论、意想不到的应用, 比如充满平面区域的连续曲线, 处处连续、处处不可微的函数, 周期三蕴涵着混沌等.

　　本章我们将重点讨论微分中值定理及其应用, 这是分析学中很深刻的一部分内容, 有人甚至将其比喻为微积分的巅峰之作. 我们暂不论此说法的夸张程度, 但多少能反映出微分这个基本概念对研究函数的重要性. 我们先简要梳理一下这部分内容发展的脉络.

　　首先极限是研究函数局部性质的一个基本工具, 一个函数在一点有极限我们就能得到在该点附近的局部有界性. 因此一个函数在一个区间上处处有极限, 就可以得到在此区间内每点附近都局部有界. 至于是否整体有界, 则需要把 (通常是无穷多) 这些点粘合起来统一考虑, 而前面的有限覆盖好像是为此而生的[①]. 这样, 函数是否整体有界就与其极限存在的底层集合是否满足有限覆盖对接上了, 这使得我们再度认识到紧致集这个基本概念的重要性. 连续函数作为不仅极限存在而且极限值等于该点函数值的特殊情况, 自然就有了闭区间上的连续函数必定有界这一重要结论. 进而利用有界必有确界我们又得到了闭区间上的连续函数必能取到最大、最小值. 这里就体现出了局部与整体的联系.

　　如果我们考虑函数在一点附近函数值的大小, 很自然可以引入极值的概念. 这是一个局部概念. 从技术细节上来说, 如果一个函数在一点可微, 同时又是极值点, 那么无论是从几何直观还是从逻辑推导, 都不难证明该点的导数就应该为零. 这就是著名的 Fermat 引理, 这一结论是后续讨论的技术关键.

　　基于这个技术核心, 我们将其应用到闭区间上的可微函数, 只要加一点点技术限制, 使得最值点在区间内部达到, 那么最值点就是极值点, 从而这一点处的导数便为零. 这就是 Rolle[②] 中值定理. 由于 Rolle 中值定理有明确的几何意义, 所以无论从几何上还是分析甚至代数上, 都很自然地推广到著名的 Lagrange 中值定理. 两者本质上是等同的, 但是在应用的灵活性和广泛性上, Lagrange 中值定理都要更方便些. 如果把自变量和因变量都参数化, 我们就可以进一步把 Lagrange 中值定理推广到 Cauchy 中值定理. 这又是一个极其重要的结论, 具有深刻的影响和广泛的应用.

　　微分中值定理作为研究函数的基本工具, 有着多角度的推广. 一种常见的推广是将经典导数框架下的微分中值定理推广到各种广义的导数, 比如单侧导数、Dini 导数、对称导数等, 得到了更宽泛条件下中值定理的多种版本; 另一种推广是把它们作得更精细,

---

　　① 有限覆盖定理远远晚于有界性这个概念, 前者是 19 世纪后半叶由 Heine 提出, 19 世纪 90 年代由 Borel 完善证明的.

　　② Rolle, Michel, 1652 年 4 月 21 日—1719 年 11 月 8 日, 法国数学家.

表现为把涉及的一阶导数推广到高阶导数, 在表现形式上有 Taylor[1] 展开式之结构; 还有一种推广表现为函数所在的定义域舞台的更一般化, 比如复数域中的微分中值定理、多元函数的微分中值定理、无穷维空间中的微分中值定理、映射的微分中值定理等[2].

微分中值定理的深刻之处在于它建立了函数和导函数之间的某些联系, 是利用导数研究函数的强有力的工具. L'Hôpital 法则当属微分中值定理的直接应用之一, 它为计算不定式极限提供了一种简便的操作方法. Taylor 展开式是微分中值定理的一种推广和细化, 利用 Taylor 展开式, 可以考虑用函数的多项式逼近问题. 另外, 它的不同形式的余项表示给我们估计局部误差和整体误差提供了可能.

7.1　微分中值定理

7.1.1　Fermat 引理

微分中值定理的建立和证明, 需要用到下面的 Fermat 引理, 因此我们先来介绍这一基本结论. 为此, 我们先给出极值的定义.

定义 7.1.1(极值点、极值)　设 f 是定义在区间 I 上的函数, $x_0 \in I$. 如果存在 $\delta > 0$, 使得
$$f(x) \geqslant f(x_0) \ (f(x) \leqslant f(x_0)), \ \forall x \in (x_0 - \delta, x_0 + \delta) \cap I,$$
则称 x_0 为 f 在 I 上的一个**极小 (大) 值点**, $f(x_0)$ 称为**极小 (大) 值**.

若在上述定义中, 在 $x \neq x_0$ 处不等号严格成立, 则称 $f(x_0)$ 为**严格极小 (大) 值**. 极大值点和极小值点统称为**极值点**, 极大值和极小值统称为**极值**.

直观上看, 如果函数 $y = f(x)$ 在点 x_0 处取极值, 并且该函数在点 $(x_0, f(x_0))$ 处存在切线, 则该切线应该是水平的. 事实上, 对于函数极值点处的导数, 我们有下面的 **Fermat 引理**.

引理 7.1.1 (Fermat 引理)　设函数 f 在点 x_0 处可导且 x_0 为极值点, 则 $f'(x_0) = 0$.

证明　不妨设 f 在点 x_0 取得极大值, 则
$$f'(x_0) = f'_+(x_0) = \lim_{x \to x_0^+} \frac{f(x) - f(x_0)}{x - x_0} \leqslant 0.$$

---

[1] Taylor, Brook, 1685 年 8 月 18 日—1731 年 12 月 29 日, 英国数学家.

[2] 注意, 不同基空间中的微分中值定理完全对应的表现形式有可能 "不成立", 比如在复变函数中. 此时, 相应的表现形式可能有些改变, 甚至以不等式的方式出现.

同样有

$$f'(x_0) = f'_-(x_0) = \lim_{x \to x_0^-} \frac{f(x) - f(x_0)}{x - x_0} \geqslant 0.$$

因此, $f'(x_0) = 0$. □

> **注 7.1.1**   使得 $f'(x) = 0$ 的点 x_0 也称为 $f(x)$ 的**驻点**或**可疑点**. Fermat 引理告诉我们, 若函数在极值点处可导, 则极值点必为驻点. 反之不一定成立, 比如, $x_0 = 0$ 是函数 $y = x^3$ 的驻点, 因为在该点处导数为零, 但该函数的性质告诉我们, 此驻点并不是极值点. 尽管如此, 在寻找函数的极值点时, 我们仍然可以先把范围缩小到仅考虑驻点和那些导数不存在的点, 因此称驻点为极值的可疑点是很形象的.

灵活运用注解中的逻辑推理, 可以得到一些有趣的结论: 比如函数 $y = R^3(x)$, 其中 $R(x)$ 是 Riemann 函数, 如果我们能用其他方法证明该函数在某些无理点处可导, 那么这些点处的导数一定为零, 这是因为它们都是极值点.

7.1.2 Rolle 中值定理

由 Fermat 引理, 可以立即得到下面的 Rolle 中值定理.

定理 7.1.2 (Rolle 中值定理)   设函数 $f(x)$ 在闭区间 $[a, b]$ 上连续, 在开区间 (a, b) 内可微, 且 $f(a) = f(b)$, 则存在 $\xi \in (a, b)$ 使 $f'(\xi) = 0$.

证明   若 f 为常数, 则结论显然成立. 否则, 存在 $x_0 \in (a, b)$ 使得 $f(x_0) \neq f(a) = f(b)$. 不妨设 $f(x_0) > f(a)$.

由于 f 在 $[a, b]$ 上连续, 因而它在 $[a, b]$ 上有最大值. 设 $\xi \in [a, b]$ 是 f 在 $[a, b]$ 上的最大值点. 则 $f(\xi) \geqslant f(x_0) > f(a) = f(b)$. 从而 $\xi \in (a, b)$. 所以 ξ 是极大值点. 于是由 Fermat 引理得 $f'(\xi) = 0$. □

例 7.1.1   考虑 $2n$ 次多项式 $P(x) = x^n (1-x)^n$ $(n \in \mathbb{N})$. 证明 n 次多项式 $P^{(n)}(x)$ 在区间 $(0, 1)$ 内有 n 个互异的实零点.

证明   首先, 利用 Leibniz 求导法则, 可知 $P^{(n)}(x)$ 是一个 n 次多项式, 且

$$P^{(m)}(x) = (x^n(1-x)^n)^{(m)} = \sum_{i+j=m} \frac{m!}{i!j!} \frac{n!}{(n-i)!} \frac{n!}{(n-j)!} (-1)^j x^{n-i}(1-x)^{n-j}.$$

故当 $m = 0, 1, 2, \cdots, n-1$ 时, 上式右端的各项中均含有因式 $x(1-x)$. 因此

$$P^{(m)}(0) = P^{(m)}(1) = 0, \quad m = 0, 1, 2, \cdots, n-1.$$

由 $P(0) = P(1) = 0$ 根据 Rolle 中值定理知, 存在 $\xi \in (0, 1)$ 使 $P'(\xi) = 0$. 注意到 $P'(x)$ 在区间 $[0, \xi]$ 与 $[\xi, 1]$ 上也适合 Rolle 中值定理的条件, 因此存在 $\eta_1 \in (0, \xi)$ 及 $\eta_2 \in (\xi, 1)$ 使得 $P''(\eta_i) = 0$, $i = 1, 2$, 其中 $0 < \eta_1 < \eta_2 < 1$.

注意导函数 $P''(x)$ 在三个区间 $[0, \eta_1], [\eta_1, \eta_2], [\eta_2, 1]$ 上都满足 Rolle 中值定理的条件, 因此存在三个点 $\zeta_i, 0 < \zeta_1 < \zeta_2 < \zeta_3 < 1$, 使得

$$P'''(\zeta_i) = 0, \qquad i = 1, 2, 3.$$

将此过程进行下去, 可得题目的结论. □

　　Rolle 中值定理的几何意义是当可微函数 (允许函数在端点只是连续) 在端点的值相等的时候, 则该函数的曲线一定有一条斜率为零的切线, 即该切线平行于曲线端点的连线. 根据这一几何解释, 旋转坐标就可以得到更一般的结论: 一个可微函数, 其函数图像必定有一条切线平行于曲线端点的连线 (图 7.1). 这就是如下极为重要的 **Lagrange 中值定理**:

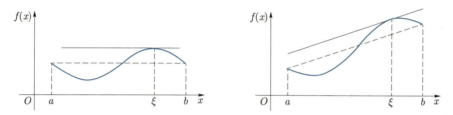

图 7.1　**Rolle 中值定理与 Lagrange 中值定理**

7.1.3　Lagrange 中值定理

　　定理 7.1.3　*设函数 f 在有界闭区间 $[a,b]$ 上连续, 在开区间 (a,b) 内可微. 则存在 $\xi \in (a,b)$ 使得*

$$f(b) - f(a) = f'(\xi)(b - a). \tag{7.1.1}$$

　　证明　前面的几何直观解释提示我们, 可以试图通过构造辅助函数把问题转化为 Rolle 中值定理的情形. 为此, 我们设

$$F(x) = f(x) - kx, \tag{7.1.2}$$

其中 k 待定使得 $F(x)$ 满足 Rolle 中值定理的条件: $F(a) = F(b)$, 即

$$f(a) - ka = f(b) - kb.$$

所以, 只要取 $k = \dfrac{f(b) - f(a)}{b - a}$ 即可. 易见 $F(x)$ 在 $[a,b]$ 上连续, 在 (a,b) 内可微, 于是由 Rolle 中值定理, 存在 $\xi \in (a,b)$ 使得 $F'(\xi) = 0$. 即

$$f(b) - f(a) = f'(\xi)(b - a).$$

□

注 7.1.2   显然, 证明过程中的 $F(x)$ 的选取不是唯一的, 因为任何一个形如

$$F(x) := (f(b) - f(a))x - f(x)(b - a) + c$$

的函数都满足 Rolle 中值定理的条件, 因此我们可以通过选取适当的 c, 使得 $F(x)$ 的表示更 "简捷": $F(a) = F(b) = 0$. 这只要取 $c = -af(b) + bf(a)$ 即可, 即

$$F(x) := (f(b) - f(a))(x - a) - (f(x) - f(a))(b - a). \tag{7.1.3}$$

另外, 函数

$$F(x) := f(x) - \frac{x-a}{b-a}f(b) - \frac{x-b}{a-b}f(a) \tag{7.1.4}$$

也满足 $F(a) = F(b) = 0$. 在后面章节可以看出, 函数 F 的这些表达式都有各自的特点.

Lagrange 中值定理的应用非常灵活和广泛, 比如, 利用此定理我们立即可得下面的几个重要结论.

推论 7.1.4   设函数 $f(x) \in C[a, b]$, 且在 (a, b) 内可导. 若 $f'(x) = 0$, 则 $f(x) \equiv c$, 其中 c 是一常数.

证明 $\forall x \in [a, b]$, 在 $[a, x]$ 上应用 Lagrange 中值定理知, 存在 $\xi \in (a, x)$, 使得

$$0 = f'(\xi) = \frac{f(\xi) - f(a)}{x - a}.$$

由此可得 $f(x) \equiv f(a) = c.$ □

该推论的结论似乎显然, 但如果不利用 Lagrange 中值定理, 证明似乎并不平凡.

推论 7.1.5   设函数 $f(x), g(x) \in C[a, b]$, 且在 (a, b) 内均可导. 若 $f'(x) = g'(x)$, 则 $f(x) = g(x) + c$, 其中 c 为常数.

证明   对函数 $f(x) - g(x)$ 应用推论 7.1.4 即得.   □

例 7.1.2   设 $y'(x) = \dfrac{1}{1 + x^2}$, $y(1) = 0$, 证明 $y(x) = \arctan x - \dfrac{\pi}{4}$.

证明   考虑函数 $f(x) = y(x) - \arctan x$, 则有

$$f'(x) = y'(x) - \frac{1}{1 + x^2} \equiv 0.$$

故 $f(x) = y(x) - \arctan x \equiv c$. 注意到 $f(1) = -\dfrac{\pi}{4}$, 所以 $y(x) = \arctan x - \dfrac{\pi}{4}$.   □

推论 7.1.6   设函数 $f(x)$ 在 $[a, b]$ 上连续, 在 (a, b) 内可导.

(1) 若 $\forall x \in (a, b)$, $f'(x) > 0$, 则 f 在 $[a, b]$ 上严格单增;

(2) 若 $\forall x \in (a, b)$, $f'(x) \geqslant 0$, 则 f 在 $[a, b]$ 上单增.

证明　(1) 如果 $f'(x) > 0$, 则对任意 $a \leqslant x_1 < x_2 \leqslant b$, 由 Lagrange 中值定理得

$$f(x_2) - f(x_1) = f'(\xi)(x_2 - x_1) > 0,$$

可得 $f(x_2) > f(x_1)$.

(2) 的证明可类似给出.　□

> **注 7.1.3**　Lagrange 中值定理的另一种常见的表述形式如下. 由于等式 (7.1.1) 等价于形式
>
> $$f(b) = f(a) + f'(\xi)(b-a), \tag{7.1.5}$$
>
> 所以, Lagrange 中值定理又称为**有限增量定理**.
>
> 　对于等式 (7.1.1) 中的 $\xi \in (a,b)$, 我们更常用 $\xi = a + \theta(b-a)$ 表示, 其中 $\theta \in (0,1)$. 这一表述方式在 a,b 的大小关系不清楚时更为便利. 这样, 我们又把有限增量公式写成
>
> $$f(b) = f(a) + f'(a + \theta(b-a))(b-a). \tag{7.1.6}$$
>
> 需要强调的是 θ 一般来说是依赖于端点 a,b 的.

例 7.1.3　证明: $y = \arctan x$ 在 $(-\infty, +\infty)$ 上一致连续.

证明　任取 $x_1, x_2 \in \mathbb{R}$ $(x_1 < x_2)$, 在区间 $[x_1, x_2]$ 上, 函数 $\arctan x$ 满足 Lagrange 中值定理的所有条件, 因此存在 $\xi \in (x_1, x_2)$, 使得

$$\arctan x_1 - \arctan x_2 = \frac{1}{1 + \xi^2}(x_1 - x_2).$$

故

$$|\arctan x_1 - \arctan x_2| \leqslant |x_1 - x_2|.$$

因此, 立得函数在整个 $\mathbb{R}$ 上的一致连续性.　□

> **注 7.1.4**　由此例还可以看出, 如果 (a,b) 内的一个连续函数有有界的导数, 则该函数在 (a,b) 内一致连续. 对比**注 7.1.6**.

7.1.4　Cauchy 中值定理

如果将 Lagrange 中值定理运用到用参数表示的函数, 则可以得到以下的 **Cauchy 中值定理**.

> **定理 7.1.7 (Cauchy 中值定理)**　设函数 $f(x), g(x)$ 在有界闭区间 $[a,b]$ 上连续, 在开区间 (a,b) 内可微. 则存在 $\xi \in (a,b)$ 使得
>
> $$(f(b) - f(a))g'(\xi) = (g(b) - g(a))f'(\xi). \tag{7.1.7}$$

特别地, 若 $g'(x) \neq 0$, 则

$$\frac{f(b) - f(a)}{g(b) - g(a)} = \frac{f'(\xi)}{g'(\xi)}. \tag{7.1.8}$$

证明   类似于定理 7.1.3 的证明, 我们希望构造出一个辅助函数把定理转化为 Rolle 中值定理的情形. 为此, 我们先形式上设

$$F(x) := f(x) - kg(x), \tag{7.1.9}$$

其中 k 待定, 使得 $F(a) = F(b)$, 即

$$f(a) - kg(a) = f(b) - kg(b).$$

因此, 取

$$k = \frac{f(b) - f(a)}{g(b) - g(a)}.$$

考虑到分母可能为零的情况, 因此, 我们可以取

$$F(x) := (f(b)-f(a))(g(x)-g(a)) - (g(b)-g(a))(f(x)-f(a)), \qquad \forall\, x \in [a,b]. \tag{7.1.10}$$

则 $F(x)$ 在 $[a,b]$ 上连续, 在 (a,b) 内可微, 且 $F(a) = F(b) = 0$. 由 Rolle 中值定理, 存在 $\xi \in (a,b)$ 使得 $F'(\xi) = 0$. 此即 (7.1.7) 式成立.

当 $g'(x) \neq 0$ 时, 即 (7.1.8) 式成立. □

7.1.5   Darboux 介值定理

上面我们介绍了三个经典的微分中值定理. 事实上, 函数的导函数还具有一个重要的性质: 导数的介值性. 我们给出下面的 **Darboux 介值定理**.

定理 7.1.8 (Darboux 介值定理)   设 f 在 $[a,b]$ 上可微, 且 $f'(a) < f'(b)$. 则对任何 $\lambda \in (f'(a), f'(b))$, 存在 $\xi \in (a,b)$ 使得 $f'(\xi) = \lambda$.

证明   考虑

$$F(x) := f(x) - \lambda x, \qquad x \in [a,b].$$

则 $F'(a) < 0, F'(b) > 0$. 于是存在 $\delta > 0$ 使得当 $x \in (a, a+\delta)$ 时, $F(x) < F(a)$. 所以 a 不是 F 在 $[a,b]$ 上的最小值点. 同理, b 不是 F 在 $[a,b]$ 上的最小值点.

另一方面, 由于 F 连续, 它在 $[a,b]$ 上有最小值点 $\xi \in [a,b]$, 则 $\xi \in (a,b)$, 从而它是极小值点. 于是由 Fermat 引理, $F'(\xi) = 0$. 即 $f'(\xi) = \lambda$. □

注 **7.1.5**   定理中的假设条件 $f'(a) < f'(b)$ 显然是非实质性的, 即如果 $f'(a) > f'(b)$, 则类似可证: 对任何介于 $f'(b)$ 和 $f'(a))$ 之间的实数 λ, 都存在 $\xi \in (a,b)$ 使得 $f'(\xi) = \lambda$.

需要强调的是, 虽然 Darboux 介值定理告诉我们一个函数的导函数总是

具有介值性, 这是导函数的一个显著特点, 具有极其重要的应用, 但是这并不是说导函数一定连续. 下面的例子将告诉我们这点. 然而, 由介值性我们可以断定, 导函数如果不连续的话, 那么也一定不会是跳跃间断点或者可去间断点.

另外, 我们看到, 如果一个函数的导函数在某个区间上非零, 那么它要么是恒为正, 要么恒为负; 与之对应的则是原来的函数要么严格单调上升, 要么严格单调下降. 因此, 如果一个函数的导函数非零, 则它一定具有反函数.

关于 Darboux 介值定理更多的性质和应用, 我们在后面还会作进一步的探讨.

例 7.1.4 考虑函数

$$f(x) = \begin{cases} x^2 \sin \dfrac{1}{x}, & x \neq 0, \\ 0, & x = 0. \end{cases}$$

容易得到

$$f'(x) = \begin{cases} 2x \sin \dfrac{1}{x} - \cos \dfrac{1}{x}, & x \neq 0, \\ 0, & x = 0. \end{cases}$$

由于

$$\lim_{n \to +\infty} f'\left(\frac{1}{2n\pi}\right) = -1, \quad \lim_{n \to +\infty} f'\left(\frac{1}{(2n+1)\pi}\right) = 1,$$

可知导函数 $f'(x)$ 在 $x = 0$ 点不连续.

有了 Darboux 介值定理, 我们回头再看一下 Cauchy 中值定理. 根据注 7.1.5 知, 当 $g'(x) \neq 0$ 时, 根据 Darboux 介值定理, $g'(x)$ 必恒正或恒负, 不妨假设 $g'(x) > 0$. 从而 g 在 $[a,b]$ 上严格单增. 我们可以把 Cauchy 中值定理视为参数方程确定的函数所对应的 Lagrange 中值定理. 具体地, 令 $X = g(x), Y = f(x)$. 则有 $Y = f(g^{-1}(X))$, 即 Y 作为 X 的函数在 $[g(a), g(b)]$ 上连续, 在 $(g(a), g(b))$ 内可微. 因此由 Lagrange 中值定理知存在 $\eta \in (g(a), g(b))$ 使得

$$Y(g(b)) - Y(g(a)) = \frac{\mathrm{d}Y}{\mathrm{d}X}(\eta)(g(b) - g(a)).$$

由 $g(x)$ 的连续性和单调性, 存在唯一的 $\xi \in (a,b)$ 使得 $g(\xi) = \eta$. 从而

$$f(b) - f(a) = Y(g(a)) - Y(g(b))$$
$$= \frac{\mathrm{d}Y}{\mathrm{d}X}(g(\xi))(g(b) - g(a)) = \frac{f'(\xi)}{g'(\xi)}(g(b) - g(a)).$$

这就证明了结论.

Cauchy 中值定理有明确的几何意义: 设在 XOY 坐标平面上的曲线由参数方程 $X = g(x), Y = f(x)$ 给出, 其中 f, g 满足定理条件, 则存在一点 $\xi \in (a, b)$, 使得过点 $(g(\xi), f(\xi))$ 的切线平行于两端点的连线.

类似于 Lagrange 中值定理, Cauchy 中值定理也常写成如下形式:

$$\frac{f(b) - f(a)}{g(b) - g(a)} = \frac{f'(a + \theta(b - a))}{g'(a + \theta(b - a))}, \quad 0 < \theta < 1.$$

上述所有的微分中值定理, 当条件满足 (比如函数足够光滑性) 时, 可以多次应用.

例 7.1.5　设 $f(x)$ 在 $(0, 1]$ 上连续, 在 $(0, 1)$ 内可导, 且 $\lim\limits_{x \to 0^+} \sqrt{x} f'(x) = c$. 证明 $f(x)$ 在区间 $(0, 1]$ 上一致连续.

证明　由假设可知, 存在 $M > 0$ 和 $0 < \delta_0 < 1$, 使得

$$|\sqrt{x} f'(x)| \leqslant M, \quad x \in (0, \delta_0].$$

任取 $x_1, x_2 \in (0, \delta_0]$, $x_1 < x_2$, 根据 Cauchy 中值定理, 知存在一点 $\xi \in (x_1, x_2)$,

$$\frac{f(x_1) - f(x_2)}{\sqrt{x_1} - \sqrt{x_2}} = 2\sqrt{\xi} f'(\xi).$$

于是, 有

$$|f(x_1) - f(x_2)| < 2M |\sqrt{x_1} - \sqrt{x_2}|$$

上式对 $x_1 = x_2$ 时也成立. 注意到

$$|\sqrt{x_1} - \sqrt{x_2}|^2 \leqslant |x_1 - x_2|,$$

故有

$$|f(x_1) - f(x_2)| < 2M \sqrt{|x_1 - x_2|}.$$

此关系式蕴涵着函数的一致连续性.　　　　　　　　　　　　　　　　　　　□

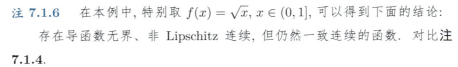

注 7.1.6　在本例中, 特别取 $f(x) = \sqrt{x}$, $x \in (0, 1]$, 可以得到下面的结论: 存在导函数无界、非 Lipschitz 连续, 但仍然一致连续的函数. 对比**注 7.1.4**.

习题 7.1

1. 试构造一个在 $[0, 1]$ 上处处可导但其导数在 $[0, 1]$ 上无界的函数.

2. 设 $f(x)$ 在 $[a, b]$ 上连续, 在 (a, b) 内可微, 且 $f(a) = f(b) = 0$. 证明: 存在 $\xi \in (a, b)$, 使得 $f'(\xi) = 2f(\xi)$.

3. 设 $f(x)$ 在 $[a, b]$ 上二阶可微, 且 $f(a) = f(b) = 0$, $f'_+(a) f'_-(b) > 0$. 证明: 存在 $\xi \in (a, b)$, 使得 $f''(\xi) = 0$.

4. 设一元实函数 f 在 $[a,b]$ 上连续, 在 (a,b) 内可导, $ab>0$. 证明: 存在 $\xi\in(a,b)$ 使得

$$\frac{1}{a-b}\begin{vmatrix} a & b \\ f(a) & f(b) \end{vmatrix} = f(\xi)-\xi f'(\xi).$$

5. 设 $f(x)$ 为 $[a,b]$ 上的三阶可导函数, 且 $f(a)=f'(a)=f(b)=0$. 证明: 任给 $c\in[a,b]$, 存在 $\xi\in(a,b)$, 使得

$$f(c)=\frac{1}{6}f^{(3)}(\xi)(c-a)^2(c-b).$$

6. 设函数 f 在区间 $[a,b]$ 上可导, 且存在 $M>0$, 使得

$$|f'(x)|\leqslant M, \quad \forall x\in[a,b].$$

证明:
$$\left|f(x)-\frac{f(a)+f(b)}{2}\right|\leqslant\frac{1}{2}M(b-a), \quad \forall x\in[a,b].$$

7. 证明: 多项式 x^3-3x+c 在 $[0,1]$ 上不存在两个不同的实根.

8. 证明: Chebyshev[1] 多项式 $\mathrm{e}^x\dfrac{\mathrm{d}^n}{\mathrm{d}x^n}(x^n\mathrm{e}^{-x})$ 有 n 个正的实根.

9. 证明: Legendre[2] 多项式 $\dfrac{\mathrm{d}^n}{\mathrm{d}x^n}(x^2-1)^n$ 在 $(-1,1)$ 内有 n 个两两互异的实根.

10. 设函数 $f(x)$ 在区间 $[a,b]$ 上连续, 在区间 (a,b) 内可导, ξ 是 (a,b) 内一点. 问是否一定存在 $a_1,b_1\in(a,b)$, $a_1<\xi<b_1$, 使得 $f'(\xi)=\dfrac{f(b_1)-f(a_1)}{b_1-a_1}$?

进一步, 试着给出一定存在 a_1,b_1 使得上式成立的某些函数类.

11. 设 f 在 $[a,+\infty)$ 上可微, 且

$$0\leqslant f'(x)\leqslant f(x), \quad f(a)=0, \quad \forall x\in[a,+\infty).$$

证明: 在 $[a,+\infty)$ 上 $f\equiv 0$.

12. 设 f 在 $[a,+\infty)$ 上可微, 且

$$|f'(x)|\leqslant M|f(x)|, \quad f(a)=0,\ M>0, \quad \forall x\in[a,+\infty).$$

证明: 在 $[a,+\infty)$ 上 $f(x)\equiv 0$.

13. 设 $f(x)=a_1\sin x+a_2\sin 2x+\cdots+a_n\sin nx$, 且 $|f(x)|\leqslant|\sin x|$, 其中 $a_1,a_2,\cdots,a_n$ 为常数. 求证: $|a_1+2a_2+\cdots+na_n|\leqslant 1$.

14. 设 $f(x)$ 在 $[0,1]$ 上连续, 在 $(0,1)$ 内可导. 若 $f(0)=0$, $f(1)=1$, 证明: 存在 $\xi_1,\xi_2\in(0,1)$, $\xi_1\neq\xi_2$, 使得 $f'(\xi_1)f'(\xi_2)=1$.

---

① Чебышёв, Пафнутий Львович, 英文 Chebyshev, Pafnuty Lvovich, 1821 年 5 月 16 日—1894 年 12 月 8 日, 俄国数学家、力学家.

② Legendre, Adrien-Marie, 1752 年 9 月 18 日—1833 年 1 月 10 日, 法国数学家.

15. 设 $f(x)$ 在 $[a,b]$ 上连续, 在 (a,b) 内可导. 记 $S(x)$ 为由 $(a,f(a)),(b,f(b)),(x,f(x))$ 三点组成的三角形面积, 试对 $S(x)$ 应用 Rolle 中值定理证明 Lagrange 中值定理.

16. 设 $f(x),g(x)$ 在 $[a,b]$ 上连续, 在 (a,b) 内可导. 记 $T(x)$ 为由 $(f(a),g(a))$, $(f(b),$ $g(b))$, $(f(x),g(x))$ 三点组成的三角形面积, 试对 $T(x)$ 应用 Rolle 中值定理证明 Cauchy 中值定理.

17. 设 $f(x),g(x),h(x)$ 在 $[a,b]$ 上连续, 在 (a,b) 内可导. 证明: 存在 $\xi \in (a,b)$ 使得

$$\begin{vmatrix} f'(\xi) & g'(\xi) & h'(\xi) \\ f(a) & g(a) & h(a) \\ f(b) & g(b) & h(b) \end{vmatrix} = 0.$$

18. 设函数 f 在 $[a,b]$ 上连续, 在 (a,b) 内 Schwarz 对称可导, 且 $f(a) = f(b) = 0$, 证明: 存在 $x_1, x_2 \in (a,b)$, 使得

$$f^{[1]}(x_1) \geqslant 0, \ f^{[1]}(x_2) \leqslant 0.$$

19. 设函数 f 在 $[a,b]$ 上连续, 在 (a,b) 内 Schwarz 对称可导, 证明: 存在 $x_1, x_2 \in$ (a,b), 使得

$$f^{[1]}(x_1) \leqslant \frac{f(b) - f(a)}{b - a} \leqslant f^{[1]}(x_2).$$

20. 设函数 f 在 $[a,b]$ 上连续, 在 (a,b) 内 Schwarz 对称可导, 且对任意的 $x \in (a,b)$, 有 $g^{[1]}(x) \neq 0$, 证明: 存在 $x_1, x_2 \in (a,b)$, 使得 $g(x)$ 为凸函数,

$$\frac{f^{[1]}(x_1)}{g^{[1]}(x_1)} \leqslant \frac{f(b) - f(a)}{g(b) - g(a)} \leqslant \frac{f^{[1]}(x_2)}{g^{[1]}(x_2)}.$$

21. (类 Rolle 中值定理) 设 f 在区间 (a,b) ((a,b) 可为无界区间) 内可导. 如果存在 $a_n, b_n \in (a,b)$ 使得当 $n \to +\infty$ 时 $a_n \to a$, $b_n \to b$, 且 $\lim\limits_{n \to +\infty} f(a_n) = \lim\limits_{n \to +\infty} f(b_n) = \alpha \in \mathbb{R}$, 则存在 $\xi \in (a,b)$, 使得 $f'(\xi) = 0$.

22. (类 Lagrange 中值定理) 设 f 在区间 (a,b) 内可导. 如果存在 $a_n, b_n \in (a,b)$ 使得当 $n \to +\infty$ 时 $a_n \to a$, $b_n \to b$, 且 $\lim\limits_{n \to +\infty} f(a_n) = \alpha \in \mathbb{R}$, $\lim\limits_{n \to +\infty} f(b_n) = \beta \in \mathbb{R}$, 则存在 $\xi \in (a,b)$, 使得 $f'(\xi) = \dfrac{\beta - \alpha}{b - a}$.

23. (Lagrange 二阶微分中值定理) 设 f 在 $[a,b]$ 上可导, 在 (a,b) 内二阶可导. 证明: 存在 $\xi \in (a,b)$, 使得

$$f'(b) - f'(a) = f''(\xi)(b - a).$$

24. (Cauchy 二阶微分中值定理) 设 f, g 在 $[a,b]$ 上可导, 在 (a,b) 内均二阶可导, 若 g'' 在 (a,b) 内处处非零. 证明: 存在 $\xi \in (a,b)$, 使得

$$\frac{f'(b) - f'(a)}{g'(b) - g'(a)} = \frac{f''(\xi)}{g''(\xi)}.$$

25. 考虑 Darboux 介值定理退化的情形: 设 f 在 $[a,b]$ 上可微, 且 $f'(a) = A = f'(b)$. 试问在 (a,b) 内是否一定存在 $\xi \in (a,b)$ 使得 $f'(\xi) = A$?

26. (**Flett 中值定理**[①]) 如果 $f(x)$ 在 $[a,b]$ 上可导, 且 $f'(a) = f'(b)$. 试证明存在 $\xi \in (a,b)$ 满足

$$\frac{f(\xi) - f(a)}{\xi - a} = f'(\xi),$$

并给出此关系式的几何解释. 进一步考虑去掉条件 $f'(a) = f'(b)$ 时的推广.

27. 试考虑能否将上题推广到类似 Cauchy 中值定理的框架中去, 即考虑两个函数 $f(x)$ 和 $g(x)$ 的情形.

7.2　L'Hôpital 法则

L'Hôpital[②] 法则是计算函数不定式极限的重要工具之一. 粗略说来, L'Hôpital 法则就是把两个函数商的极限转化为求它们的导函数商的极限. 大致说来, 与之对应的 Stolz 公式讨论的是离散型的场景.

我们先界定一下什么样的极限称为不定式的极限. 在计算函数极限时, 我们经常遇到下列两种情形:

(1) 当 $x \to x_0$ 时, $f(x) \to 0$, $g(x) \to 0$;

(2) 当 $x \to x_0$ 时, $f(x) \to \infty$, $g(x) \to \infty$

(其中 x_0 可以取 $\pm\infty$). 然后我们待求的极限可能是下面的组合 (纯粹是形式记号):

$$\infty - \infty, \quad 0 \cdot \infty, \quad \frac{0}{0}, \quad \frac{\infty}{\infty}, \quad 1^\infty, \quad 0^0, \quad \infty^0, \cdots.$$

这些形式我们统称为不定式极限.

所有这些不定式极限, 经过简单的变换都可以转化为 $\frac{0}{0}$ 型不定式. 比如,

$$\infty - \infty = \infty \cdot (1 - 1) = \frac{0}{1/\infty} = \frac{0}{0}, \qquad 0^0 = e^{0 \cdot \ln 0} = e^{\frac{0}{0}}$$

等.

考虑到在具体应用中, 虽然 $\frac{\infty}{\infty}$ 型也可以转化为 $\frac{0}{0}$ 型, 但在很多场景下, 能直接给出前者相应的 L'Hôpital 法则, 会带来很多方便. 因此, 下面我们仅详细讨论两种不定式极限: $\frac{0}{0}$ 型和 $\frac{\infty}{\infty}$ 型.

[①] FLETT T M. A mean value theorem. Math. Gazette, 1958, **42**: 38-39.

[②] Marquis de L'Hôpital, Guillaume François Antoine, 1661 年—1704 年 2 月 2 日, 法国数学家.

7.2.1 $\dfrac{0}{0}$ 型极限

定理 7.2.1 (L'Hôpital 法则之一)   设 $f(x), g(x)$ 在 (a,b) 内可导, 且 $g'(x)$ 处处非零. 如果

(1) $\lim\limits_{x\to a^+} f(x) = \lim\limits_{x\to a^+} g(x) = 0$;

(2) $\lim\limits_{x\to a^+} \dfrac{f'(x)}{g'(x)} = \alpha$, 其中 α 为实数或 $\pm\infty$,

则

$$\lim_{x\to a^+} \frac{f(x)}{g(x)} = \lim_{x\to a^+} \frac{f'(x)}{g'(x)} = \alpha.$$

证明   补充定义 $f(a) = g(a) = 0$, 则 f, g 在 $[a,b]$ 上连续. 由 Cauchy 中值定理, 任给 $x \in (a,b)$, 存在 $\xi \in (a,x)$, 使得

$$\frac{f(x)}{g(x)} = \frac{f(x) - f(a)}{g(x) - g(a)} = \frac{f'(\xi)}{g'(\xi)}.$$

当 $x \to a^+$ 时, 有 $\xi \to a^+$, 从而

$$\lim_{x\to a^+} \frac{f(x)}{g(x)} = \lim_{x\to a^+} \frac{f'(\xi)}{g'(\xi)} = \alpha. \tag{7.2.1}$$

$\square$

注 7.2.1   只要定理条件满足, 则可以多次应用 L'Hôpital 法则. 即如果仍有 $f'_+(a) = g'_+(a) = 0$, 则可以利用二次导数继续求极限:

$$\lim_{x\to a^+} \frac{f(x)}{g(x)} = \lim_{x\to a^+} \frac{f'(x)}{g'(x)} = \lim_{x\to a^+} \frac{f''(x)}{g''(x)},$$

高阶导数以此类推. 但是必须注意, 在应用 L'Hôpital 法则时, 必须每一步都要先验证极限 $\lim\limits_{x\to a^+} \dfrac{f'(x)}{g'(x)}$ 是否存在: 如果极限存在, 则可以进行下去; 如果极限不存在, 并不能说明原极限不存在, 只是需要另寻他法.

例 7.2.1   考虑极限

$$\lim_{x\to\infty} \frac{x - \sin x}{x + \sin x}.$$

一方面显然该极限为 1, 但是如果盲目使用 L'Hôpital 法则, 就会得到

$$\lim_{x\to\infty} \frac{x - \sin x}{x + \sin x} = \lim_{x\to\infty} \frac{1 - \cos x}{1 + \cos x} = \lim_{x\to\infty} \frac{\sin x}{-\sin x} = -1.$$

注 7.2.2   L'Hôpital 法则对于区间 (a,b) 为 $(-\infty, b)$ 或 $(a, +\infty)$, 结论仍然成立, 只需考虑变量替换 $x = \dfrac{1}{t}$ 即可.

例 7.2.2   求极限 $\lim\limits_{x\to 0} \dfrac{\ln(1+x) - x}{x^2}$.

解 由 L'Hôpital 法则可得

$$\lim_{x\to0}\frac{\ln(1+x)-x}{x^2}=\lim_{x\to0}\frac{(1+x)^{-1}-1}{2x}=-\frac12.$$

例 7.2.3 求极限 $\lim_{x\to0}\dfrac{x-\sin x}{x^3}$.

解 由 L'Hôpital 法则可得

$$\lim_{x\to0}\frac{x-\sin x}{x^3}=\lim_{x\to0}\frac{1-\cos x}{3x^2}=\lim_{x\to0}\frac{\sin x}{6x}=\frac16.$$

在求比较复杂的极限时, 人们常常将适当的等价替换和 L'Hôpital 法则相结合来简化计算. 为了说明问题, 我们略带夸张地考虑下面几个例子, 例 7.2.4 用来说明不作等价替换的话计算可能难以实现; 例 7.2.5 用来说明在适当时候作适当的等价替换能极大简化计算; 而例 7.2.6 则用来说明等价替换必须 "适当".

例 7.2.4 求极限 $\lim_{x\to+\infty}\dfrac{x}{\sqrt{x^2+1}}$.

解 显然等价替换 $\sqrt{x^2+1}\sim x$ 可以直接给出题目的答案, 极限为 1. 但如果机械地套用 L'Hôpital 法则, 可得

$$\lim_{x\to+\infty}\frac{x}{\sqrt{x^2+1}}\xlongequal[\text{法则}]{\text{L'Hôpital}}\lim_{x\to+\infty}\frac{\sqrt{x^2+1}}{x}\xlongequal[\text{法则}]{\text{L'Hôpital}}\lim_{x\to+\infty}\frac{x}{\sqrt{x^2+1}}=\cdots.$$

例 7.2.5 求极限 $\lim_{x\to0}\left(\dfrac{1}{\sin^2x}-\dfrac{1}{x^2}\right)$.

解 注意到

$$\frac{1}{\sin^2x}-\frac{1}{x^2}=\frac{(x-\sin x)(x+\sin x)}{(\sin x)^2x^2},$$

利用 $\sin x\sim x\ (x\to0)$ 以及例 7.2.3 的结论 $x-\sin x\sim\dfrac{x^3}{6}\ (x\to0)$, 可得

$$\lim_{x\to0}\left(\frac{1}{\sin^2x}-\frac{1}{x^2}\right)=\lim_{x\to0}\frac{(x^3/6)(x+\sin x)}{x^4}=\frac13.\tag{7.2.2}$$

例 7.2.6 求极限

$$\lim_{x\to0}\frac1x\left((1+x)^{\frac1x}-\mathrm e\right).$$

解 根据 L'Hôpital 法则, 可得

$$\lim_{x\to0}\frac1x((1+x)^{\frac1x}-\mathrm e)=\lim_{x\to0}(1+x)^{\frac1x}\left(\frac{-1}{x^2}\ln(1+x)+\frac{1}{x(1+x)}\right).\tag{7.2.3}$$

由于 $(1+x)^{\frac1x}\to\mathrm e\ (x\to0)$, 从而只需考虑极限

$$\lim_{x\to0}\frac{x-(1+x)\ln(1+x)}{x^2(1+x)}.$$

考虑分母上的等价替换 $1 + x \sim 1\,(x \to 0)$, 可以计算极限

$$\lim_{x \to 0} \frac{x - (1 + x)\ln(1 + x)}{x^2}.$$

对此应用 L'Hôpital 法则, 可得

$$\lim_{x \to 0} \frac{x - (1 + x)\ln(1 + x)}{x^2} = \lim_{x \to 0} \frac{-\ln(1 + x)}{2x} = -\frac{1}{2}.$$

这样一来, 原来的极限为 $-\dfrac{\mathrm{e}}{2}$.

但是, 如果在 (7.2.3)式中对分母上的 $1 + x$ 作等价替换 $1 + x \sim 1\,(x \to 0)$, 即考虑极限

$$\lim_{x \to 0} \left(\frac{-\ln(1 + x)}{x^2} + \frac{1}{x} \right) = \lim_{x \to 0} \frac{x - \ln(1 + x)}{x^2}.$$

再应用 L'Hôpital 法则, 可得原极限为 $\dfrac{\mathrm{e}}{2}$. 因此, 上述等价替换至少有一种情况的应用是错误的. 请读者思考一下问题所在. $\qquad\square$

L'Hôpital 法则的一个直接应用是可以用来证明下面的导数极限定理, 事实上, 只要注意到定理的条件保证了 L'Hôpital 法则可以实施的充分性, 则立得.

定理 7.2.2（导数极限定理）　设 $f(x)$ 在点 x_0 的邻域内连续, 在点 x_0 的去心邻域内可导, 且导函数在点 x_0 处的极限存在, 则 $f(x)$ 在点 x_0 处的导数也存在, 并且等于导函数的极限, 即

$$\lim_{x \to x_0} \frac{f(x) - f(x_0)}{x - x_0} = \lim_{x \to x_0} f'(x)$$

我们也可以从 Lagrange 中值定理出发, 根据极限定义和最基本的性质, 给出下面这个稍显啰唆的证明.

证明　考虑 x_0 的左半邻域 $x < x_0$, 在 (x, x_0) 内应用 Lagrange 中值定理, 可得

$$\lim_{x \to x_0^-} \frac{f(x) - f(x_0)}{x - x_0} = \lim_{x \to x_0^-} f'(\xi) \qquad (x < \xi < x_0).$$

由假设, 极限 $\lim\limits_{x \to x_0^-} f'(x)$ 存在, 设其极限为 A, 即 $\forall \varepsilon > 0, \exists \delta > 0$, 当 $0 < x_0 - x < \delta$ 时, 有 $|f'(x) - A| < \varepsilon$. 所以对满足 $0 < x_0 - x < \delta$ 的 x, 都有 $0 < x_0 - \xi < \delta$, 从而 $|f'(\xi) - A| < \varepsilon$, 即 $\lim\limits_{x \to x_0^-} f'(\xi) = A$. 即

$$\lim_{x \to x_0^-} \frac{f(x) - f(x_0)}{x - x_0} = A$$

极限存在, 且

$$\lim_{x \to x_0^-} \frac{f(x) - f(x_0)}{x - x_0} = \lim_{x \to x_0^-} f'(\xi) = \lim_{x \to x_0^-} f'(x).$$

同理, 对右导数有类似的讨论. 再由于 $\lim\limits_{x \to x_0^-} f'(x) = \lim\limits_{x \to x_0^+} f'(x)$, 所以

$$\lim_{x \to x_0^-} \frac{f(x) - f(x_0)}{x - x_0} = \lim_{x \to x_0^+} \frac{f(x) - f(x_0)}{x - x_0}.$$

即

$$\lim_{x \to x_0} \frac{f(x) - f(x_0)}{x - x_0} = \lim_{x \to x_0} f'(x).$$ □

7.2.2 $\dfrac{\infty}{\infty}$ 型极限

定理 7.2.3 (L'Hôpital 法则之二) 设 $f(x), g(x)$ 在 a 点的 δ_0 去心邻域 $\overset{\circ}{B}_{\delta_0}(a)$, 即 $0 < |x - a| < \delta_0 (\delta_0 > 0)$ 内可导, 且满足

(1) $\lim\limits_{x \to a} g(x) = \infty$;

(2) $g'(x) \neq 0, \ \forall x \in \overset{\circ}{B}_{\delta_0}(a)$;

(3) $\lim\limits_{x \to a} \dfrac{f'(x)}{g'(x)} = \ell$, 其中 ℓ 为实数或 $\pm\infty$,

则 $\lim\limits_{x \to a} \dfrac{f(x)}{g(x)} = \ell$.

证明 我们只对 $\ell \in \mathbb{R}$, $x \to a^+$ 的情形给以证明, 其他情况的证明完全类似, 请读者自行补充.

根据假设, 对任给 $\varepsilon > 0$, 存在 $0 < \eta < \delta_0$, 当 $x \in (a, a + \eta)$ 时

$$\ell - \frac{\varepsilon}{4} < \frac{f'(x)}{g'(x)} < \ell + \frac{\varepsilon}{4}. \tag{7.2.4}$$

对任意的 $x \in (a, a + \eta)$, 在 $(x, a + \eta)$ 内应用 Cauchy 中值定理, 知存在 $\xi \in (x, a + \eta)$, 使得

$$\ell - \frac{\varepsilon}{4} < \frac{f(x) - f(a + \eta)}{g(x) - g(a + \eta)} = \frac{f'(\xi)}{g'(\xi)} < \ell + \frac{\varepsilon}{4}.$$

现在对 $\dfrac{f(x)}{g(x)} - \ell$ 进行估计. 由于

$$\frac{f(x)}{g(x)} - \ell = \frac{f(a + \eta) - \ell \cdot g(a + \eta)}{g(x)} + \left(1 - \frac{g(a + \eta)}{g(x)}\right) \cdot \left(\frac{f(x) - f(a + \eta)}{g(x) - g(a + \eta)} - \ell\right).$$

从而

$$\left|\frac{f(x)}{g(x)} - \ell\right| \leqslant \left|\frac{f(a + \eta) - \ell \cdot g(a + \eta)}{g(x)}\right| + \left|1 - \frac{g(a + \eta)}{g(x)}\right| \cdot \frac{\varepsilon}{4}.$$

根据定理条件 (1) 可知, 当 $x \to a^+$ 时, 上述关系式中右端第一个绝对值趋于 0, 第二个绝对值趋于 1. 即对前面给定的 ε, 存在 $0 < \delta < \eta$, 使得当 $x \in (a, a + \delta)$ 时

$$\left|\frac{f(a + \eta) - \ell \cdot g(a + \eta)}{g(x)}\right| < \frac{\varepsilon}{2}, \qquad \left|1 - \frac{g(a + \eta)}{g(x)}\right| < 2.$$

这样我们就证明了

$$\left|\frac{f(x)}{g(x)} - \ell\right| < \varepsilon.$$ □

注 7.2.3 定理中的 a 可以为 $\pm\infty$.

我们看到, 所谓的 $\frac{\infty}{\infty}$ 型不定式的极限, 其实并没有要求分子中的函数趋于无穷大, 因此一个夸张的能说明问题的例子是, 极限 $\lim\limits_{x\to\infty}\frac{1}{x}$ 的计算是可以使用 L'Hôpital 法则的.

完全类同于注 7.2.1, 在应用 L'Hôpital 法则时, 必须每一步都要先验证极限 $\lim\limits_{x\to a}\frac{f'(x)}{g'(x)}$ 是否存在. 因此求极限 $\lim\limits_{x\to\infty}\frac{\sin x}{x}$ 时, 虽然分母中的函数趋于无穷大, 但仍然不宜应用 L'Hôpital 法则.

例 7.2.7 设 $f(x)$ 在 $(a,+\infty)$ 上可微, 若 $\lim\limits_{x\to+\infty}\big(f'(x)+f(x)\big)=\alpha\in\mathbb{R}$. 证明: $\lim\limits_{x\to+\infty}f(x)=\alpha$.

证明 可以直接通过计算实现证明

$$\lim_{x\to+\infty}f(x)=\lim_{x\to+\infty}\frac{\mathrm{e}^x f(x)}{\mathrm{e}^x}=\lim_{x\to+\infty}\frac{\big(\mathrm{e}^x f(x)\big)'}{\mathrm{e}^x}=\lim_{x\to+\infty}\big(f'(x)+f(x)\big)=\alpha. \qquad\square$$

例 7.2.8 设 f 在 $(a,+\infty)$ 上可导.

(1) 如果 $\lim\limits_{x\to+\infty}xf'(x)=\lambda\neq 0$, 则 $\lim\limits_{x\to+\infty}f(x)=\infty$;

(2) 如果 f 为有界函数, 且 f' 为单调函数, 则 $\lim\limits_{x\to+\infty}xf'(x)=0$.

证明 (1) 当 $x\to+\infty$ 时, $\ln x\to+\infty$, 故由 L'Hôpital 法则可得

$$\lim_{x\to+\infty}\frac{f(x)}{\ln x}=\lim_{x\to+\infty}\frac{f'(x)}{1/x}=\lim_{x\to+\infty}xf'(x)=\lambda,$$

特别地, $\lim\limits_{x\to+\infty}f(x)=\infty$.

(2) 由 f' 单调可知, 当 x 充分大时 f' 不变号, 从而 f 也是单调的. 由 f 有界可知极限 $\lim\limits_{x\to+\infty}f(x)$ 存在且有限, 记为 β. 当 x 充分大时, 根据 Lagrange 定理, 存在 $\xi\in(x/2,x)$, $\zeta\in(x,2x)$, 使得

$$f(x)-f(x/2)=\frac{1}{2}xf'(\xi),\quad f(2x)-f(x)=xf'(\zeta).$$

由 $\lim\limits_{x\to+\infty}f(x)=\beta$ 可知 $\lim\limits_{x\to+\infty}xf'(\xi)=0$, $\lim\limits_{x\to+\infty}xf'(\zeta)=0$. 注意到 $xf'(x)$ 介于 $xf'(\xi)$ 与 $xf'(\zeta)$ 之间, 从而极限也等于零. $\qquad\square$

例 7.2.9 求极限 $\lim\limits_{x\to+\infty}\frac{x^\alpha}{\mathrm{e}^x}$, 其中 $\alpha>0$.

解 这是一个 $\frac{\infty}{\infty}$ 型极限. 应用 L'Hôpital 法则, 可得

$$\lim_{x\to+\infty}\frac{x^\alpha}{\mathrm{e}^x}=\lim_{x\to+\infty}\frac{\alpha x^{\alpha-1}}{\mathrm{e}^x}.$$

后者仍然有可能是一个 $\frac{\infty}{\infty}$ 型极限 (比如当 $\alpha>1$ 时). 可以多次应用 L'Hôpital 法则, 直到

$$\lim_{x\to+\infty}\frac{x^\alpha}{\mathrm{e}^x}=\cdots=\lim_{x\to+\infty}\frac{\alpha(\alpha-1)\cdots(\alpha-[\alpha])x^{\alpha-[\alpha]-1}}{\mathrm{e}^x}=0.$$

例 7.2.10　考虑函数

$$f(x) = \begin{cases} \mathrm{e}^{-\frac{1}{x^2}}, & x \neq 0, \\ 0, & x = 0. \end{cases}$$

证明 $f(x) \in C^\infty(\mathbb{R})$, 即 $f(x)$ 是 $\mathbb{R}$ 上的光滑函数 ($C^k(I)$ 和 $C^\infty(I)$ 见定义 6.5.2).

证明　当 $x \neq 0$ 时,

$$f'(x) = \frac{2}{x^3}\mathrm{e}^{-\frac{1}{x^2}}.$$

当 $x = 0$ 时, 根据导数的定义, 有

$$f'(0) = \lim_{x \to 0} \frac{f(x) - f(0)}{x} = \lim_{x \to 0} \frac{\mathrm{e}^{-\frac{1}{x^2}}}{x} = \lim_{t \to \infty} \frac{t}{e^{t^2}} = \lim_{t \to \infty} \frac{1}{2te^{t^2}} = 0,$$

其中中间一步我们作了变量替换 $t = \dfrac{1}{x}$, 最后一步应用了 L'Hôpital 法则. 因此我们证明了 $f(x) \in C^1(\mathbb{R})$.

在求导的过程中, 可以归纳证明 $f^{(n)}(x)$ 具有形式

$$f^{(n)}(x) = \begin{cases} P_{3n}\left(\dfrac{1}{x}\right)\mathrm{e}^{-\frac{1}{x^2}}, & x \neq 0, \\ 0, & x = 0, \end{cases}$$

其中 $P_k(t)$ 是 t 的 k 次多项式.

下面我们用数学归纳法证明 $f(x) \in C^n(\mathbb{R})$ $(n > 1)$. 前面已证 $n = 1$ 时结论为真. 假设对自然数 n 结论成立, 我们来看 $n + 1$ 时的情形.

当 $x \neq 0$ 时,

$$f^{(n+1)}(x) = \left(\frac{2}{x^3}P_{3n}\left(\frac{1}{x}\right) - \frac{1}{x^2}P'_{3n}\left(\frac{1}{x}\right)\right)\mathrm{e}^{-\frac{1}{x^2}} = P_{3(n+1)}\left(\frac{1}{x}\right)\mathrm{e}^{-\frac{1}{x^2}}.$$

而

$$f^{(n+1)}(0) = \lim_{x \to 0} \frac{1}{x}P_{3n}\left(\frac{1}{x}\right)\mathrm{e}^{-\frac{1}{x^2}} = \lim_{t \to \infty} \frac{tP_{3n}(t)}{e^{t^2}} = 0.$$

故结论成立.　　　　　　　　　　　　　　　　　　　　　　　　　　　　　□

例子中的这个函数 (或者相应的变形) 是数学诸多分支中极其重要的函数, 在以后的章节中我们还会与这个函数打交道. 该函数的一个重要作用之一是可以 "磨光" 一些函数. 比如, 为了把定义在 $(-\infty, 0] \cup [1, +\infty)$ 上的函数

$$\Phi(x) = \begin{cases} 0, & x \leqslant 0, \\ 1, & x \geqslant 1 \end{cases}$$

在区间 $[0,1]$ 上无穷次光滑地连接起来, 我们可以对例题中的函数适当 "加工", 定义

$$\varphi(x) = \begin{cases} \mathrm{e}^{-\frac{1}{x^2}}, & x > 0, \\ 0, & x \leqslant 0. \end{cases}$$

则 $\varphi(x) \in C^\infty(\mathbb{R})$, 函数 $\Phi(x) = \dfrac{\varphi(x)}{\varphi(x) + \varphi(1-x)}$ 满足要求.

　　例 7.2.11　设 $f(x) \in C^2(\mathbb{R})$, 满足 $f''(x) + xf'(x) + f(x) = 0$. 证明: $f(x)$ 和 $f'(x)$ 均为有界函数. 更进一步, 成立

$$\lim_{x \to +\infty} f(x) = 0, \qquad \lim_{x \to +\infty} f'(x) = 0.$$

　　证明　注意到

$$f''(x) + xf'(x) + f(x) = (f'(x) + xf(x))' = 0,$$

故有 $f'(x) + xf(x) = c$. 因此,

$$\lim_{x \to +\infty} f(x) = \lim_{x \to +\infty} \frac{f(x)\mathrm{e}^{\frac{x^2}{2}}}{\mathrm{e}^{\frac{x^2}{2}}} = \lim_{x \to +\infty} \frac{(xf(x) + f'(x))\mathrm{e}^{\frac{x^2}{2}}}{x\mathrm{e}^{\frac{x^2}{2}}} = \lim_{x \to +\infty} \frac{c}{x} = 0.$$

因此存在实数 $M > 0$, 使得当 $|x| > M$ 时, 有 $|f(x)| < 1$, 故 $f(x)$ 有界; 而当 $|x| \leqslant M$ 时, 由 $f(x)$ 的连续性知在 $[-M, M]$ 上也是有界的.

　　同理, 有

$$\lim_{x \to +\infty} f'(x) = \lim_{x \to +\infty} \frac{f'(x)\mathrm{e}^{\frac{x^2}{2}}}{\mathrm{e}^{\frac{x^2}{2}}} = \lim_{x \to +\infty} \frac{(f''(x) + xf'(x))\mathrm{e}^{\frac{x^2}{2}}}{x\mathrm{e}^{\frac{x^2}{2}}} = \lim_{x \to +\infty} \frac{-f(x)}{x} = 0.$$

特别地, $f'(x)$ 在 $\mathbb{R}$ 上也有界. □

习题 7.2

1. 求下列极限:

(1) $\displaystyle\lim_{x \to 0} \frac{\mathrm{e}^x - 1}{\sin x}$;

(2) $\displaystyle\lim_{x \to 1} x^{\frac{1}{1-x}}$;

(3) $\displaystyle\lim_{x \to a} \frac{a^x - x^a}{x - a}$;

(4) $\displaystyle\lim_{x \to 0} (\tan x)^{\frac{1}{x^2}}$;

(5) $\displaystyle\lim_{x \to 0} \frac{x \cot x - 1}{x^2}$;

(6) $\displaystyle\lim_{x \to 1} \frac{1 - \sin^2 \frac{\pi x}{2}}{1 - x^2}$.

2. 求下列极限 $(a, b > 0)$:

(1) $\displaystyle\lim_{x \to +\infty} \frac{\ln(x \ln x)}{x^a}$;

(2) $\displaystyle\lim_{x \to +\infty} x\left(\left(1 + \frac{1}{x}\right)^x - \mathrm{e}\right)$;

(3) $\displaystyle\lim_{x \to 0} \frac{\mathrm{e}^{ax} - \mathrm{e}^{bx}}{\sin ax - \sin bx}$;

(4) $\displaystyle\lim_{x \to +\infty} \left(\frac{\pi}{2} - \arctan x\right)^{1/\ln x}$.

3. 试分别就 $a \in \{0, \pm 1, \pm\infty\}$, 求极限 $\lim\limits_{x \to a} \left(\dfrac{a_1^x + a_2^x + \cdots + a_n^x}{n} \right)^{1/x}$ $(a_i \geqslant 0)$.

4. 设 $f(x)$ 是一个在点 a 二阶可导的函数, 证明:

$$\lim_{h \to 0} \frac{f(a+h) + f(a-h) - 2f(a)}{h^2} = f''(a).$$

5. 求下列极限:

(1) $\lim\limits_{x \to 0} \dfrac{1}{x^2} \left(2(1+x)^{\frac{1}{x}} + \mathrm{e}(x-2)) \right)$;

(2) $\lim\limits_{x \to 0} \dfrac{1}{x^2} \left((1 + \ln(1+x))^{\frac{1}{\tan x}} + \mathrm{e}(x-1)) \right)$.

6. 设 α, β 为方程 $x^2 + bx + c = 0$ 的两个不同的实根. 求极限

$$\lim_{x \to \beta} \frac{\mathrm{e}^{2(x^2 + bx + c)} - 1 - 2(x^2 + bx + c)}{(x - \beta)^2}.$$

7. 设

$$f(x) = \begin{cases} \dfrac{1}{x}(g(x) - \cos x), & x > 0, \\ ax + b, & x \leqslant 0, \end{cases}$$

其中 $g''(0) = 5$, $g'(0) = 2$, $g(0) = 1$. 试确定 a, b 的值, 使得 $f(x)$ 在 $x = 0$ 处可导, 并求 $f'(0)$.

8. 设 f 在 $(a, +\infty)$ 上有定义, 在每一个有界区间内有界 $\lim\limits_{x \to +\infty} \dfrac{f(x+1) - f(x)}{x^n} = \ell$. 试求极限 $\lim\limits_{x \to +\infty} \dfrac{f(x)}{x^{n+1}}$.

9. 设 f 是方程

$$\begin{cases} f''(x) + 3f'(x) + 4f(x) = \dfrac{4x^2}{x^2 + x + 1}, & x \geqslant 0, \\ f(0) = 1, \qquad f'(0) = 2 \end{cases}$$

的解. 证明: $\lim\limits_{x \to +\infty} f''(x) = \lim\limits_{x \to +\infty} f'(x) = 0$.

10. (1) 设 f 在 $[a, +\infty)$ 上二阶可导, 且满足

$$|f''(x)| \leqslant M|f(x)|, \ f(a) = f'(a) = 0, \ M > 0, \ \forall x \in [a, +\infty).$$

证明: 在 $[a, +\infty)$ 上 $f(x) \equiv 0$.

(2) 结合 (1) 的条件和结论以及习题 7.1 中题目 12, 能否给出一个更一般的结论?

11. 设 f 在 $\mathbb{R}$ 上连续可微, 且

$$\forall x \in \mathbb{R}, \quad f(x+1) - f(x) = f'(x), \quad \lim_{x \to +\infty} f'(x) = c.$$

证明: $f'(x) \equiv c$.

12. 设 f 在 $\mathbb{R}$ 上可导且 $\forall x \in \mathbb{R}$, $|f'(x)| < 1$, 又设 $x_0 \in \mathbb{R}$, $x_{n+1} = f(x_n)$ $(n \geqslant 0)$. 举例说明 $\{x_n\}$ 可能发散.

13. 试求对于任何 $x \in \left(0, \dfrac{\pi}{2}\right)$ 使得 $x < \dfrac{\sin x}{\cos^\alpha x}$ 都成立的最小的 α.

14. 证明: $\forall x \in \left(0, \dfrac{\pi}{2}\right)$, 有 $\sin x < x < 4\sin\dfrac{x}{2} - \sin x$.

15. 求使得不等式

$$\tan x + \alpha \sin x \geqslant (1+\alpha)x, \qquad \forall x \in \left(0, \dfrac{\pi}{2}\right)$$

成立的 α.

16. 设 $f(x)$ 是 $[0,1]$ 上的可微函数, $f(0) = 0$, $f(1) = 1$,

$$\lambda_1, \lambda_1, \cdots, \lambda_n > 0, \quad \lambda_1 + \lambda_2 + \cdots + \lambda_n = 1.$$

证明: 区间 $[0,1]$ 上存在 n 个两两互异的实数 $x_1, x_2, \cdots, x_n$ 使得 $\displaystyle\sum_{k=1}^{n} \dfrac{\lambda_k}{f'(x_k)} = 1$.

17. 设 $f(x)$ 是 $[0,1]$ 上的连续可微函数, $f(0) = 0$, $f(1) = 1$. 证明或否定下面的结论:

对任意的 $\varepsilon > 0$, 都存在自然数 N, 以及两两互异的 $x_1, x_2, \cdots, x_N \in (0,1)$ 使得

$$\left| \dfrac{1}{2f'(x_1)} + \dfrac{1}{2^2 f'(x_2)} + \dfrac{1}{2^3 f'(x_3)} + \cdots + \dfrac{1}{2^N f'(x_N)} - 1 \right| < \varepsilon.$$

18. 设 $f(x)$ 和 $\tilde{f}(x)$ 均为连续可微函数, 满足

$$f(x_1) = f(x_2) = 0, \qquad \tilde{f}(\tilde{x}_1) = \tilde{f}(\tilde{x}_2) = 0,$$

其中 $x_1 < x_2$, 而 $\tilde{x}_i$ $(i = 1, 2)$ 是由 x_i 向右移动得到的, 且满足 $\tilde{x}_1 < \tilde{x}_2$. 根据 Rolle 中值定理, 应该分别存在 $\xi \in (x_1, x_2)$ 和 $\tilde{\xi} \in (\tilde{x}_1, \tilde{x}_2)$ 使得 $f'(\xi) = 0$ 和 $\tilde{f}'(\tilde{\xi}) = 0$. 问是否一定成立 $\xi < \tilde{\xi}$? 如果成立, 请证明, 如果不成立, 举个反例.

19. 设 $P(x)$ 和 $\tilde{P}(x)$ 均为 n 次首一 (最高阶项系数为 1) 多项式, 均有 n 个实单根,

$$P(x) = (x - x_1)(x - x_2) \cdots (x - x_n),$$

$$\tilde{P}(x) = (x - \tilde{x}_1)(x - \tilde{x}_2) \cdots (x - \tilde{x}_n),$$

其中 $x_1 < x_2 < \cdots < x_n$, 而 $\tilde{x}_i$ 是由 x_i 向右移动得到的, 且满足 $\tilde{x}_1 < \tilde{x}_2 < \cdots < \tilde{x}_n$. 记 $P'(x)$ 位于 (x_i, x_{i+1}) 内的零点为 ξ_i; $\tilde{P}'(x)$ 位于 $(\tilde{x}_i, \tilde{x}_{i+1})$ 内的零点为 $\tilde{\xi}_i$ $(i = 1, 2, \cdots, n-1)$. 证明: $\tilde{P}'(x)$ 的每个零点都分别位于 $P'(x)$ 的相应的零点右侧, 即 $\xi_i < \tilde{\xi}_i$.

20. 设函数 f 在点 x_0 处二阶可导, 且 $f''(x_0) \neq 0$. 由微分中值定理, 当 h 充分小时, 存在 $\theta = \theta(h)$ $(0 < \theta < 1)$, 使得 $f(x_0 + h) - f(x_0) = f'(x_0 + \theta h)h$. 证明 $\displaystyle\lim_{h \to 0} \theta = \dfrac{1}{2}$.

21. 设 $a_i \in \mathbb{R}$ $(1 \leqslant i \leqslant n)$. 求极限 $\displaystyle\lim_{x \to 0} \frac{1}{x^2}\Big(1 - \cos(a_1 x)\cos(a_2 x)\cdots\cos(a_n x)\Big)$.

22. 设 $f''(x_0)$ 存在, $f'(x_0) \neq 0$. 求极限 $\displaystyle\lim_{x \to x_0}\left(\frac{1}{f(x) - f(x_0)} - \frac{1}{f'(x_0)(x - x_0)}\right)$.

23. 设 $a_1 \in (0, \pi)$, $a_{n+1} = \sin a_n$ $(n \geqslant 1)$. 证明: $\displaystyle\lim_{n \to +\infty} \sqrt{n} a_n = \sqrt{3}$.

24. 设 f 在 0 点的某一邻域内有二阶导数, 且 $f(0) = 0$, 定义 $g(0) = f'(0)$ 且当 $x \neq 0$ 时, $g(x) = \dfrac{f(x)}{x}$. 求证: g 在该邻域内有连续的导函数.

25. 设 f 在 $(a, +\infty)$ 上可导, 若 $\displaystyle\lim_{x \to +\infty}(f(x) + xf'(x)\ln x) = \ell$, 证明: $\displaystyle\lim_{x \to +\infty} f(x) = \ell$.

7.3 Taylor 展开式

本节我们利用导数和高阶导数来讨论函数的逼近问题. 具体来说, 在前面章节我们考察了无穷小增量公式与有限增量公式, 这些公式借助于线性式 (即一次多项式) 研究可导函数. 现在我们把上述公式推广到用 n 次多项式来研究 n 次可导的函数.

7.3.1 带 Peano 型余项的 Taylor 展开式

我们知道, 如果函数 $f(x)$ 在点 x_0 处连续, 则

$$f(x) - f(x_0) = o(1) \qquad (x \to x_0),$$

即在点 x_0 附近 f 可用常值函数来逼近. 如果 $f(x)$ 在点 x_0 处可导的话, 则

$$f(x) - \big(f(x_0) + f'(x_0)(x - x_0)\big) = o(x - x_0) \qquad (x \to x_0),$$

即在点 x_0 附近 f 可用线性函数 T_1 来逼近, 其中

$$T_1(x) = f(x_0) + f'(x_0)(x - x_0).$$

因此

$$f(x) = T_1(x) + o(x - x_0) \qquad (x \to x_0),$$

我们先来看一下如果 $f(x)$ 在点 x_0 处二阶可导的情景.

例 7.3.1 设 f 在点 x_0 处二阶可导, 求极限 $\displaystyle\lim_{h \to 0}\frac{1}{h^2}\big(f(x_0 + h) - f(x_0) - f'(x_0)h\big)$.

解 由 L'Hôpital 法则和已知条件可得

$$\lim_{h \to 0}\frac{f(x_0 + h) - f(x_0) - f'(x_0)h}{h^2} = \lim_{h \to 0}\frac{f'(x_0 + h) - f'(x_0)}{2h} = \frac{1}{2}f''(x_0).$$

记 $x = x_0 + h$, 则上式表明, 如果 f 在点 x_0 处二阶可导, 则

$$f(x) - \left(f(x_0) + f'(x_0)(x - x_0) + \frac{1}{2}f''(x_0)(x - x_0)^2 \right) = o((x - x_0)^2) \quad (x \to x_0),$$

即在点 x_0 附近 $f(x)$ 可用二次多项式 T_2 来逼近, 其中

$$T_2(x) = f(x_0) + f'(x_0)(x - x_0) + \frac{1}{2}f''(x_0)(x - x_0)^2.$$

因此

$$f(x) = T_2(x) + o((x - x_0)^2) \quad (x \to x_0).$$

现在一个自然的问题是, 对于更一般情况, 如果 $f(x)$ 在点 x_0 处具有 n 阶导数, 是否可以用某个 n 次多项式逼近? 即是否存在 n 次多项式 $T_n(x)$, 使得下面相应的关系式成立:

$$f(x) = T_n(x) + o((x - x_0)^n) \quad (x \to x_0).$$

进一步, 如果成立的话, 那么 $T_n(x)$ 的表达式能否给出? 下面的定理对这个问题给出了一个肯定的回答.

定理 7.3.1 (带 Peano 型余项的 Taylor 公式)　设 $f(x)$ 在点 x_0 处 n 阶可导, 则

$$f(x) = \sum_{k=0}^{n} \frac{f^{(k)}(x_0)}{k!}(x - x_0)^k + o((x - x_0)^n) \quad (x \to x_0), \tag{7.3.1}$$

其中约定 $f^{(0)}(x) = f(x)$, $(x - x_0)^0 = 1$.

证明　记

$$T_n(x) = \sum_{k=0}^{n} \frac{f^{(k)}(x_0)}{k!}(x - x_0)^k, \tag{7.3.2}$$

又记

$$R_n(x) = f(x) - T_n(x). \tag{7.3.3}$$

则

$$R(x_0) = R'(x_0) = \cdots = R^{(n)}(x_0) = 0.$$

反复利用 L'Hôpital 法则可得

$$\lim_{x \to x_0} \frac{R(x)}{(x - x_0)^n} = \lim_{x \to x_0} \frac{R'(x)}{n(x - x_0)^{n-1}} = \cdots = \lim_{x \to x_0} \frac{R^{(n-1)}(x)}{n!(x - x_0)}$$

$$= \lim_{x \to x_0} \frac{1}{n!} \frac{R^{(n-1)}(x) - R^{(n-1)}(x_0)}{x - x_0} = \frac{1}{n!}R^{(n)}(x_0) = 0,$$

这说明 $R(x) = o((x - x_0)^n) \quad (x \to x_0)$.

我们给出几个基本概念, 并澄清一下它们之间内涵上的异同.

<u>定义 7.3.1</u>(Taylor 多项式、Taylor 展开式、展开式余项) 设 $f(x)$ 在点 x_0 处 n 阶可导, 则称

$$T_n(x) = \sum_{k=0}^{n} \frac{f^{(k)}(x_0)}{k!}(x - x_0)^k.$$

为 $f(x)$ 的 n 阶 **Taylor 多项式**. 表达式

$$f(x) = \sum_{k=0}^{n} \frac{f^{(k)}(x_0)}{k!}(x - x_0)^k + o\big((x - x_0)^n\big) \quad (x \to x_0), \tag{7.3.4}$$

称为 $f(x)$ 带 Peano 型余项的 **Taylor 公式** 或称 **Taylor 展开式**, 称

$$R_n(x) = f(x) - T_n(x) = o\big((x - x_0)^n\big)$$

为 $f(x)$ 的 **Taylor 展开式的余项**.

特别地, 当 $x_0 = 0$ 时, $f(x)$ 的 n 阶 Taylor 展开式称为函数的 n 阶 **Maclaurin**[①] 展开式.

换句话说, $f(x)$ 在点 x_0 的 n 阶 Taylor 多项式 $T_n(x)$ 是一个阶数不高于 n 次的多项式, 它与 $f(x)$ 在点 x_0 处的所有不高于 n 阶的导数都相等.

注 7.3.1 由定理 7.3.1 可以看出, 如果 $f(x)$ 在点 x_0 处 n 阶可导, 且

$$f'(x_0) = f''(x_0) = \cdots = f^{(n)}(x_0) = 0,$$

那么带 Peano 型余项的 Taylor 公式为

$$f(x) = o\big((x - x_0)^n\big) \quad (x \to x_0). \tag{7.3.5}$$

但是, 需要注意的是, 反过来, 如果函数 $f(x)$ 在点 x_0 处有估计式 (7.3.5), 则一般来说, 我们并不能得到 $f(x)$ 在点 x_0 的连续性和可导性. 事实上, 无论多么大的 n, 我们只能证明: 假如 $f(x)$ 在点 x_0 处连续, 那么它必定一阶可导, 但不一定二阶可导.

例如

$$f(x) = \begin{cases} 0, & x = 0, \\ x^{n+1} \sin \dfrac{1}{x^n}, & x \neq 0. \end{cases}$$

则 $f(x)$ 在 0 点附近满足 $f(x) = o(x^n) \ (x \to 0)$, 但 $f(x)$ 在 $x = 0$ 处的二阶导数并不存在. 事实上, 如果改变 $f(0) = 0$ 的值, 那么 f 在 0 点都不连续.

---

① Maclaurin, Colin, 1698 年 2 月 — 1746 年 6 月 14 日, 英国数学家.

换句话说, 上面的注解告诉我们, 如果函数 $f(x)$ 没有高阶导数存在性的假设, 仅凭在点 x_0 附近的估计式

$$f(x) = P_n(x) + o((x - x_0)^n) \quad (x \to x_0),$$

其中 $P_n(x)$ 是 n 次多项式, 我们不能称 $P_n(x)$ 为 $f(x)$ 的 Taylor 多项式, 也得不到 $f''(x) - P_n''(x)$ 的任何估计, 因为 $f''(x_0)$ 可能根本不存在. 但是, 另一方面, 如果 $f(x)$ 的 n 阶导数存在, 则可以得到两者各阶导数的相等性. 这一重要性质可以概括为下面的结论, 即 Taylor 展开式的**唯一性**. 唯一性这个结果为我们计算 Taylor 展开式提供了极大的灵活和方便; 反过来, 这一特点也为计算某函数在指定点处的高阶导数提供了可能.

引理 7.3.2   设对于常数 $a_k, b_k (0 \leqslant k \leqslant n)$, 在点 x_0 附近有

$$\sum_{k=0}^{n} a_k(x - x_0)^k = \sum_{k=0}^{n} b_k(x - x_0)^k + o((x - x_0)^n) \quad (x \to x_0). \tag{7.3.6}$$

则 $a_k = b_k (0 \leqslant k \leqslant n)$.

证明   在 (7.3.6) 式两端令 $x \to x_0$ 即得 $a_0 = b_0$. 进而得到

$$\sum_{k=1}^{n} a_k(x - x_0)^k = \sum_{k=1}^{n} b_k(x - x_0)^k + o((x - x_0)^n) \quad (x \to x_0). \tag{7.3.7}$$

于是, 在 (7.3.7) 式两端除以 $x - x_0$ 后再令 $x \to x_0$ 又可以得到 $a_1 = b_1$. 因此可得对任何 $0 \leqslant k \leqslant n, a_k = b_k$.   □

我们把上述唯一性结论再以下面的方式重述一下. 证明同上述引理.

定理 7.3.3 (Taylor 公式系数的唯一性)   设 $f(x)$ 在点 x_0 处 n 阶可导, 且

$$f(x) = \sum_{k=0}^{n} a_k(x - x_0)^k + o((x - x_0)^n) \quad (x \to x_0),$$

则

$$a_k = \frac{1}{k!} f^{(k)}(x_0), \ k = 0, 1, \cdots, n.$$

例 7.3.2   求 $f(x) = e^x$ 的 n 阶 Maclaurin 展开式.

解   注意到 $\left. \dfrac{d^n e^x}{dx^n} \right|_{x=0} = e^0 = 1 \quad (n = 0, 1, 2, \cdots)$, 所以有

$$e^x = 1 + x + \frac{1}{2!} x^2 + \cdots + \frac{1}{n!} x^n + o(x^n) \quad (x \to 0).$$

例 7.3.3   求 $f(x) = \sin x$ 和 $g(x) = \cos x$ 的 n 阶 Maclaurin 展开式.

解   通过直接计算不难得到

$$\sin x = x - \frac{x^3}{3!} + \frac{x^5}{5!} - \cdots + (-1)^{n-1} \frac{x^{2n-1}}{(2n-1)!} + o(x^{2n}) \quad (x \to 0)$$

和

$$\cos x = 1 - \frac{x^2}{2!} + \frac{x^4}{4!} - \cdots + (-1)^n \frac{x^{2n}}{(2n)!} + o(x^{2n+1}) \quad (x \to 0).$$

例 7.3.4   求 $f(x) = \arctan x$ 的 n 阶 Maclaurin 展开式.

解   我们只需计算出 $f(x)$ 在 $x = 0$ 处的各阶导数 $f^{(n)}(0)$ 即可.

由 $(1 + x^2)f'(x) = 1$, 可以在等式两端对 x 求其 n 阶导数, 并且利用 Leibniz 公式, 得出

$$(1 + x^2)f^{(n+1)}(x) + 2nxf^{(n)}(x) + n(n - 1)f^{(n-1)}(x) = 0.$$

将 $x = 0$ 代入上式, 得

$$f^{(n+1)}(0) = -(n - 1)nf^{(n-1)}(0).$$

从而

$$f^{(n)}(0) = \begin{cases} 0, & n\text{为偶数,} \\ (-1)^k(2k)!, & n = 2k + 1, \end{cases}$$

其中 $k = 0, 1, 2, \cdots$. 所以有

$$\arctan x = \sum_{k=0}^{n} \frac{(-1)^k}{2k + 1} x^{2k+1} + o(x^{2n+2}) \quad (x \to 0).$$

例 7.3.5   求下面函数的 n 阶 Maclaurin 展开式:

$$\ln(1 + x), \quad (1 + x)^\alpha, \quad \frac{1}{1 + x}, \quad \arcsin x.$$

我们可以给出类似的讨论和展式表达, 具体计算细节略:

$$\ln(1 + x) = x - \frac{x^2}{2} + \frac{x^3}{3} + \cdots + (-1)^{n-1} \frac{x^n}{n} + o(x^n) \quad (x \to 0).$$

对于 $\alpha \in \mathbb{R}$, 当 $x > -1$, $x \to 0$ 时,

$$(1 + x)^\alpha = 1 + \alpha x + \frac{\alpha(\alpha - 1)}{2!} x^2 + \cdots + \frac{\alpha(\alpha - 1)\cdots(\alpha - n + 1)}{n!} x^n + o(x^n).$$

特别地, 当 $\alpha = -1$ 时,

$$\frac{1}{1 + x} = 1 - x + x^2 + \cdots + (-1)^n x^n + o(x^n) \quad (x \to 0).$$

$$\arcsin x = x + \frac{1}{3}\frac{1}{2!!} x^3 + \frac{1}{5}\frac{3!!}{4!!} x^5 + \cdots + \frac{1}{2n + 1}\frac{(2n - 1)!!}{(2n)!!} x^{2n+1} + o(x^{2n+2}) \quad (x \to 0).$$

7.3.2　带 Lagrange 型余项的 Taylor 展开式

上面我们讨论了函数在一点附近用多项式逼近的问题, 相应的误差只是定性描述, 而非定量的估计, 所以它只适用于求无穷小量的阶或求极限等问题. 为了研究函数 (比如整个区间内) 的大范围估计, 就需要给出误差的定量描述. 带 Lagrange 型余项的 Taylor 公式可以回答这一问题.

定理 7.3.4 (带 Lagrange 型余项的 Taylor 公式)　设 $f(x)$ 在区间 (a,b) 内有直到 $n+1$ 阶的导数, $x_0, x \in (a,b)$. 则存在介于 x 与 x_0 之间的 ξ, 使得

$$f(x) = T_n(x) + \frac{f^{(n+1)}(\xi)}{(n+1)!}(x-x_0)^{n+1} \quad \text{(Lagrange 型余项)}.$$

可以看出, 定理中如果 $n=0$, 刚好是前面讨论过的 Lagrange 中值定理, 因为此时 $T_0(x) = f(x_0)$,

$$f(x) - T_0(x) = f(x) - f(x_0) = f'(\xi)(x-x_0).$$

所以上述定理可以看出是 Lagrange 中值定理的推广, 余项 $R_n(x) = f(x) - T_n(x)$ 的表达形式也吻合 Lagrange 中值定理表述的推广. 定理余项中的 ξ 又常表示成

$$\xi = x_0 + \theta(x - x_0), \quad \text{其中} \quad 0 < \theta < 1.$$

下面给出定理的证明.

证明　可以反复使用 Cauchy 中值定理: 设 T_n 由 (7.3.2) 式给出的 Taylor 多项式, 则

$$\begin{aligned}
\frac{f(x) - T_n(x)}{(x-x_0)^{n+1}} &= \frac{\big(f(x) - T_n(x)\big) - \big(f(x_0) - T_n(x_0)\big)}{(x-x_0)^{n+1} - (x_0 - x_0)^{n+1}} \\
&= \frac{f'(\xi_1) - T_n'(\xi_1)}{(n+1)(\xi_1 - x_0)^n} = \frac{f''(\xi_2) - T_n''(\xi_2)}{(n+1)n(\xi_2 - x_0)^{n-1}} \\
&= \cdots = \frac{f^{(n)}(\xi_n) - T_n^{(n)}(\xi_n)}{(n+1)!(\xi_n - x_0)} = \frac{f^{(n+1)}(\xi)}{(n+1)!},
\end{aligned}$$

其中 ξ_1 介于 x_0 与 x 之间, ξ_2 介于 x_0 与 ξ_1 之间, $\cdots$, $\xi = \xi_{n+1}$ 介于 x_0 与 ξ_n 之间. 定理得证.　　　　　□

下面是几个常见函数的 Lagrange 型余项表达式.

$$\mathrm{e}^x = 1 + \frac{x}{1!} + \frac{x^2}{2!} + \cdots + \frac{x^n}{n!} + \frac{\mathrm{e}^{\theta x}}{(n+1)!}x^{n+1}, \quad x \in \mathbb{R}, 0 < \theta < 1.$$

$$\sin x = x - \frac{x^3}{3!} + \frac{x^5}{5!} - \cdots + (-1)^{n-1}\frac{x^{2n-1}}{(2n-1)!} + (-1)^n \frac{\cos\theta x}{(2n+1)!}x^{2n+1}, x \in \mathbb{R}, 0 < \theta < 1.$$

$$\cos x = 1 - \frac{x^2}{2!} + \frac{x^4}{4!} - \cdots + (-1)^n\frac{x^{2n}}{(2n)!} + (-1)^{n+1} \frac{\cos\theta x}{(2n+2)!}x^{2n+2}, x \in \mathbb{R}, 0 < \theta < 1.$$

$$\ln(1+x) = x - \frac{x^2}{2} + \frac{x^3}{3} + \cdots + (-1)^{n-1}\frac{x^n}{n} + \frac{(-1)^n}{n+1}\frac{x^{n+1}}{(1+\theta x)^{n+1}}, |x| < 1, 0 < \theta < 1.$$

在上述证明过程中, 我们也不难得到下面的一种余项表示, 称之为 **Cauchy 型余项**.

定理 7.3.5 (带 Cauchy 型余项的 Taylor 公式) 设 $f(x)$ 在区间 (a,b) 内有直到 $n+1$ 阶的导数, $x_0, x \in (a,b)$. 则存在介于 x 与 x_0 之间的 ζ, 使得

$$f(x) = T_n(x) + \frac{f^{(n+1)}(\zeta)}{n!}(x-\zeta)^n(x-x_0).$$

只要考虑对函数 $F(t) = T_n(t) = \sum_{k=0}^{n}\frac{f^{(k)}(t)}{k!}(x-t)^k$ 和 $G(t) = \frac{x-t}{x-x_0}$ 在 x 与 x_0 之间应用 Cauchy 中值定理即可完成证明.

关于 Taylor 展开式余项更精细的估计方法有待于引入定积分理论后, 通过建立带积分型余项的 Taylor 展开式来实现.

Lagrange 型余项或 Cauchy 型余项的确能让我们对一个函数给出一个多项式逼近, 并且能够估计在整个区间上的误差. 这使得在应用中非常方便.

例 7.3.6 试用 10 次多项式在 $\left[-\frac{\pi}{2}, \frac{\pi}{2}\right]$ 上逼近正弦函数 $\sin x$, 并给出误差估计.

解 取 $\sin x$ 的 10 阶 Taylor 多项式 $T_{10}(x)$ 作为其逼近多项式

$$T_{10}(x) = x - \frac{x^3}{3!} + \frac{x^5}{5!} - \frac{x^7}{7!} + \frac{x^9}{9!},$$

则

$$|\sin x - T_{10}(x)| \leqslant \frac{|x|^{11}}{11!} \leqslant \frac{\pi^{11}}{2^{11}\,11!} < 3.5988 \times 10^{-6}.$$

这个估计在整个区间 $\left[-\frac{\pi}{2}, \frac{\pi}{2}\right]$ 上都成立, 其精度还是相当高的.

习题 7.3

1. 计算下列极限:

(1) $\lim\limits_{x \to +\infty} x\left(\left(1+\frac{1}{x}\right)^x - \mathrm{e}\right)$;

(2) $\lim\limits_{x \to +\infty}\left(\frac{\mathrm{e}}{2}x + x^2\left(\left(1+\frac{1}{x}\right)^x - \mathrm{e}\right)\right)$;

(3) $\lim\limits_{x \to 0}(\cos x)^{1/x^2}$;

(4) $\lim\limits_{x \to 0}\frac{\sin^2 x - x^2\cos x}{x^4}$.

2. 计算下列极限:

(1) $\lim\limits_{x \to +\infty} x^{3/2}\left(\sqrt{x+1} + \sqrt{x-1} + 2\sqrt{x}\right)$;

(2) $\lim\limits_{x \to 0}\frac{\cos x - \mathrm{e}^{-x^2/2}}{x^4}$;

(3) $\lim\limits_{x \to +\infty} x\left(\left(1+\frac{1}{x}\right)^x - \mathrm{e}x\ln\left(1+\frac{1}{x}\right)\right)$;

(4) $\lim\limits_{x \to 0} x\left(\frac{1}{x} - \cot x\right)$.

3. 计算函数 $f(x) = (7+\cos x)^{\frac{-1}{3}}$ 的带 Peano 型余项的三阶 Maclaurin 展开式.

4. 将 $\sqrt[3]{1+\sin^4 x}$ 在 0 点附近展开到 x^{12}.

5. 设函数 f 在 $x=1$ 处有三阶导数，并满足 $f'(x)=f\big(f(x)\big)$ 以及 $f(1)=1$. 试求 f 在 $x=1$ 处的带 Peano 型余项的三阶 Taylor 展开式.

6. 设 $f(x)=\sin x\sin 2x\sin 3x\cdots\sin nx$. 试计算 $f^{(n)}(0)$.

7. 设函数 $y=y(x)$ 在 $x=0$ 处有五阶导数，$y(0)=0$，其反函数 $x=x(y)$ 满足 $x=y-3y^3+5y^5+o(y^5)\ \ (y\to 0)$. 试求 $y(x)$ 带 Peano 型余项的五阶 Maclaurin 展开式.

8. 设函数 $y=y(x)$ 在 $x=1$ 处有三阶导数，$y(1)=0$，其反函数 $x=x(y)$ 满足 $x=1+y+3y^2-4y^3+o(y^3)\ \ (y\to 0)$. 试求 $y(x)$ 在 $x=1$ 处的带 Peano 型余项的三阶 Taylor 展开式.

9. 设定义在 0 点附近的光滑函数 $y=y(x)$ 满足 $y(0)=0$ 以及 $x=\tan y-2y$. 计算 $y(x)$ 在 $x=0$ 处的带 Peano 型余项的五阶 Taylor 展开式.

10. 设光滑函数 $y=y(x)$ 满足 $x=\sqrt{y-\ln(1+y)}\,\mathrm{sgn}(y)$. 试求 $y(x)$ 带 Peano 型余项的二阶 Maclaurin 展开式.

11. 设实数 a,A,B 满足 $\displaystyle\lim_{x\to\infty}\left(A\Big(\cos\frac{1}{x}+a\sin\frac{1}{x^2}+2\cos\frac{1}{x^3}+\sin\frac{1}{x^4}\Big)\right)^{x^4}=B$. 试求 a,A,B.

12. 设 f 在原点有二阶导数，且 $\displaystyle\lim_{x\to 0}\left(\frac{\sin 3x}{x^3}+\frac{f(x)}{x^2}\right)=0$. 试求：

(1) $f(0),\quad f'(0),\quad f''(0)$;　　　　　(2) $\displaystyle\lim_{x\to 0}\frac{f(x)+3}{x^2}$.

13. 若 $f(x)=\displaystyle\sum_{k=0}^{n+1}a_k x^k+o(x^{n+1})\ \ (x\to 0)$，问是否有

$$f'(x)=\sum_{k=0}^{n}(k+1)a_{k+1}x^k+o(x^n)\quad(x\to 0)$$

成立？如果成立，请证明. 如若不然，请举反例并且完善命题成立的条件.

14. 试把 $(-\infty,0]$ 上的常值函数 $\ell(x)\equiv 0$ 和 $[1,+\infty)$ 上的常值函数 $r(x)\equiv 1$ 通过定义在 $[0,1]$ 上的函数延拓为 $(-\infty,+\infty)$ 上的 C^k 但不是 C^{k+1} 函数，其中 $k\geqslant 2$ 为自然数.

15. 设函数 f 在 $\mathbb{R}$ 上有三阶导数，且 $M_0,M_3<+\infty$，其中

$$M_m:=\sup_{x\in\mathbb{R}}|f^{(m)}(x)|\quad(m=0,1,2,3).$$

证明：存在与 f 无关的常数 $C>0$ 使得 $M_2\leqslant CM_0^{\frac13}M_3^{\frac23}$.

16. 设 $n\geqslant 1$，函数 f 在 $\mathbb{R}$ 上有 $n+1$ 阶导数，且 $M_0,M_{n+1}<+\infty$，其中

$$M_m:=\sup_{x\in\mathbb{R}}|f^{(m)}(x)|\quad(m=0,1,\cdots,n+1).$$

证明：对于 $1\leqslant m\leqslant n$，存在与 f 无关的常数 $C_m>0$ 使得 $M_m\leqslant C_m M_0^{1-\frac{m}{n+1}}M_{n+1}^{\frac{m}{n+1}}$.

17. 设 f 是 $[0, +\infty)$ 上的有界函数, 并有三阶导数, 且 $\lim\limits_{x \to +\infty} f'''(x) = \alpha$, 其中 $\alpha \in \mathbb{R}$.

(1) 证明: $\lim\limits_{x \to +\infty} f''(x) = 0$.

(2) 问是否 $\lim\limits_{x \to +\infty} f'(x) = 0$ 成立? 如果假设 $\lim\limits_{x \to +\infty} f(x) = 0$, 证明: $\lim\limits_{x \to +\infty} f'(x) = 0$.

18. 设 $f \in C^{\infty}(\mathbb{R})$, m 和 n 为两正整数, $0 < m < n$. 试讨论下面的问题:

(1) 如果 $\sup\limits_{x \in \mathbb{R}} |f^{(m)}(x)|$ 和 $\sup\limits_{x \in \mathbb{R}} |f^{(n)}(x)|$ 均有界, 证明: 对任意的自然数 $k, m < k < n$, $\sup\limits_{x \in \mathbb{R}} |f^{(k)(x)}|$ 均有界.

(2) 如果 $\lim\limits_{x \to +\infty} |f^{(m)}(x)|$ 和 $\lim\limits_{x \to +\infty} |f^{(n)}(x)|$ 都存在且有限, 证明: 对任意的自然数 $k, m < k < n$, 极限 $\lim\limits_{x \to +\infty} |f^{(k)}(x)|$ 也存在且有限, 并求其值.

(3) 如果 $\lim\limits_{x \to +\infty} |f^{(m)}(x)|$ 存在且有限, $\sup\limits_{x \in \mathbb{R}} |f^{(n)}(x)|$ 有界, 问对任意的自然数 $k, m < k < n$, 极限 $\lim\limits_{x \to +\infty} |f^{(k)}(x)|$ 是否存在?

(4) 设 k 为正整数, 试分别对 $k < m$ 和 $k > n$ 两种情况, 重新讨论上面问题中的结论是否仍然成立.

19. 设数列 $\{a_n\}$ 有界, 满足

$$\lim\limits_{n \to +\infty} \big(a_{n+2} - 2a_{n+1} + a_n\big) = 0,$$

问是否有 $\lim\limits_{n \to +\infty} \big(a_{n+1} - a_n\big) = 0$?

20. 设 f 在 $(-1, 1)$ 内有定义, 在 0 点处二阶可导且 $f(0) = 0$. 证明

$$\lim\limits_{n \to +\infty} \sum_{k=-n}^{n} f\Big(\frac{k}{n^{\frac{3}{2}}}\Big) = \frac{1}{3} f''(0).$$

21. 设函数 f 在 $[0, +\infty)$ 上有二阶连续导数, 满足 $f(0) = f'(0) = 0$ 以及

$$f''(x) + 3f'(x) + 2f(x) \geqslant 0.$$

证明: $f(x) \geqslant 0 \quad (\forall\, x \in [0, +\infty))$.

22. 设函数 f 在区间 $[-1, 1]$ 上连续, 在 $(-1, 1)$ 内三阶可导. 证明: 存在 $\xi \in (-1, 1)$ 使得

$$f'''(\xi) = 3\big(f(1) - f(-1) - 2f'(0)\big).$$

23. 设函数 f 为 $\mathbb{R}$ 上的有界可微函数, 且对任何 x 均有 $|f'(x)| < 1$. 证明: 存在 $M < 1$ 使得对任何 $x \in \mathbb{R}$ 有 $|f(x) - f(0)| \leqslant M|x|$.

进一步, 是否有常数 $K < 1$ 使得对任何 $x, y \in \mathbb{R}$ 均有 $|f(x) - f(y)| \leqslant K|x - y|$?

24. 设函数 f 是 $\mathbb{R}$ 上的连续可微函数, 且 $\forall x \in \mathbb{R}$, $f'(x) > f(f(x))$. 证明: $\forall x \geqslant 0$, $f(f(f(x))) \leqslant 0$.

25. 设 $c > \dfrac{1}{\mathrm{e}}$, 证明: 不存在在 $\mathbb{R}$ 上为正的可微函数 f 使得 $f'(x) \geqslant f(x+c)$.

若 $0 < c \leqslant \dfrac{1}{\mathrm{e}}$, 试寻找在 $\mathbb{R}$ 上为正的可微函数 f 满足 $f'(x) \geqslant f(x+c)$.

26. 已知 $f(x) \in C^4[0,1]$, $p(x)$ 为三次多项式, 满足

$$p(0) = f(0), \quad p'(0) = f'(0), \quad p(1) = f(1), \quad p'(1) = f'(1).$$

证明:

$$|f(x) - p(x)| \leqslant \frac{1}{384} \max |f^{(4)}|(x).$$

27. 设函数 $f(x)$ 在 $\mathbb{R}$ 上任意次可导, 且 $f(0) = f'(0) = \cdots = f^{(k-1)}(0) = 0$, $f^{(k)}(0) \neq 0$. 证明: 函数 $g(x) = \dfrac{f(x)}{x^k}$ 在 $\mathbb{R}$ 上也任意次可导.

7.4 Lagrange 插值多项式

插值是数值分析中离散函数逼近的重要方法, 它是在离散数据的基础上通过补插连续函数, 使得这个连续函数通过全部给定的离散数据点 $\{x_i, y_i\}$. 利用连续函数通过函数在有限个点处的取值状况, 可以估算出函数在其他点处的近似值.

连续函数类的选取可以非常灵活, 但合理的选取标准应该满足简单、方便、光滑性好等特点. 所以多项式函数类无疑应该是插值函数中最自然的函数类之一. 为此, 我们把多项式插值的具体提法明确一下:

给定一组 $n+1$ 个数据点 $(x_0, y_0), (x_1, y_1), \cdots, (x_n, y_n)$, 其中 $x_0, x_1, \cdots, x_n \in [a, b]$ 两两不同. 假设这组数据来自某个 (并不知道的) 函数关系 $f(x)$, 即

$$y_i = f(x_i), \qquad i = 0, 1, \cdots, n.$$

我们希望寻求一个多项式 $P(x)$, 它刚好通过这些给定的数据点, 即

$$P(x_i) = y_i, \qquad i = 0, 1, \cdots, n. \tag{7.4.1}$$

对于给定的插值数据 $\{(x_i, y_i)\}_{i=0}^n$, 满足条件 (7.4.1) 的多项式 $P(x)$ 称为 $f(x)$ 的插值多项式.

初步分析可以看出, 如果存在满足插值数据的插值多项式 $P(x)$, 一般来说, $P(x)$ 应该有 $n+1$ 个参数. 所以这又使得我们自然而然地在所有 n 次多项式集合中寻找满足这些条件的 $P_n(x)$.

下面我们构造性寻找满足上述要求的多项式. 为此, 我们先看最简单的情形, 即 $n = 1$. 此时即为两点一次插值. 因此插值多项式就是过这两点的直线 $y = P_1(x)$, 即

$$P_1(x) = \frac{y_1 - y_0}{x_1 - x_0} x + \frac{x_1 y_0 - x_0 y_1}{x_1 - x_0},$$

将其改写成

$$P_1(x) = \frac{x - x_1}{x_0 - x_1} y_0 + \frac{x - x_0}{x_1 - x_0} y_1.$$

记

$$L_0(x) = \frac{x - x_1}{x_0 - x_1}, \qquad L_1(x) = \frac{x - x_0}{x_1 - x_0},$$

则线性插值函数可写成

$$P_1(x) = L_0(x) y_0 + L_1(x) y_1$$

(对比前面曾经提到过的关系式 (7.1.4) 中的系数函数). 同时, 还有下面的关系式成立:

$$L_i(x_j) = \delta_{ij} = \begin{cases} 1, & i = j, \\ 0, & i \neq j. \end{cases}$$

我们再来看一下 $n = 2$ 的情形, 即**二次多项式插值**.

考虑三个插值数据 $\{(x_0, y_0), (x_1, y_1), (x_2, y_2)\}$. 然后直接求解一个三元线性方程组, 即可得到 $y = P_2(x)$ 如下:

$$P_2(x) = L_0(x) y_0 + L_1(x) y_1 + L_2(x) y_2,$$

其中

$$L_0(x) = \frac{(x - x_1)(x - x_2)}{(x_0 - x_1)(x_0 - x_2)}, \quad L_1(x) = \frac{(x - x_0)(x - x_2)}{(x_1 - x_0)(x_1 - x_2)},$$

$$L_2(x) = \frac{(x - x_0)(x - x_1)}{(x_2 - x_0)(x_2 - x_1)}.$$

下面的关系式仍然成立:

$$L_i(x_j) = \delta_{ij} = \begin{cases} 1, & i = j, \\ 0, & i \neq j. \end{cases}$$

通过上述有明显导向性的讨论, 不难验证具有以下一般性的结论: 对于一般的 $n+1$ $(n \geqslant 2)$ 个插值数据, 可以构造出 n 次插值多项式

$$P_n(x) = \sum_{i=0}^{n} L_i(x) y_i,$$

其中每个 $L_i(x)$ 满足

$$L_i(x_j) = \delta_{ij} = \begin{cases} 1, & i = j, \\ 0, & i \neq j. \end{cases}$$

注意到只要有 $L_i(x_j) = \delta_{ij}$, 就有 $P_n(x_j) = \sum_{i=0}^{n} \delta_{ij} y_i = y_j$. 所以只需要写出 $L_i(x)$ 的表达式即可.

不难发现: 为了使得 $L_i(x_j) = 0$ $(i \neq j)$, 那么 $\forall j \neq i$, $(x - x_j)$ 都必须是 $L_i(x)$ 的一个因式. 所以遍历所有的 $j \neq i$, $\prod_{j \neq i}(x - x_j)$ 必须是 $L_i(x)$ 的一个因式. 所以有

$$L_i(x) = k \prod_{j \neq i}(x - x_j).$$

另外, 从 $L_i(x_i) = 1$ 知, $k = \left(\prod_{j \neq i}(x_i - x_j) \right)^{-1}$, 代入上式即可得到 $L_i(x)$ 的表达式:

$$L_i(x) = \frac{\prod\limits_{j \neq i}(x - x_j)}{\prod\limits_{j \neq i}(x_i - x_j)},$$

从而得到所求的多项式

$$P_n(x) = \sum_{i=0}^{n} L_i(x) y_i.$$

上述 $L_i(x)$ 常被称为 **Lagrange 基函数**, $P_n(x)$ 称为 **Lagrange 插值多项式**.

对于给定的 $[a,b]$ 上的 $n+1$ 个**插值节点** $x_0, x_1, \cdots, x_n \in [a,b]$, 引入函数

$$\omega(x) = (x - x_0)(x - x_1) \cdots (x - x_n).$$

则 Lagrange 插值多项式也可以写成如下形式:

$$P_n(x) = \sum_{i=0}^{n} y_i \frac{\omega(x)}{\omega'(x_i)}.$$

最后, 不难证明 Lagrange 插值多项式的唯一性: 即满足 $n+1$ 个插值数据的次数不超过 n 次的插值多项式是唯一的.

我们知道, 当初的插值数据是从一个 (未知真实的) 函数 $f(x)$ 获得来的一组数据, 而我们是想通过这些数据恢复原来的 $f(x)$. 由于种种原因, 我们做不到这一点, 于是就索性找最方便的研究的函数类之一 Lagrange 插值多项式. 那么我们这样得到的多项式, 与真实函数 $f(x)$ 实际差别到底有多大?

这个问题听起来有点突兀: $f(x)$ 是未知的, 仅仅靠若干个插值点来估计 Lagrange 插值多项式与 f 之间的误差, 应该是难以实现, 因为随意改变其他非插值点的值, 都没有改变 Lagrange 插值多项式. 即使是设置了 f 为连续函数这个底线, 仍然是过于自由. 因此, 要回答上面的问题, 我们加上一个光滑性较强的假设: $f(x) \in C^{(n+1)}[a,b]$. 在此假设下, 可以证明 $P_n(x)$ 与 $f(x)$ 之间的误差可以估计出来.

定理 7.4.1 设被插函数 $f(x) \in C^{(n+1)}[a,b]$, 且插值节点 x_i 互不相同, 则对任意的 $x \in [a,b]$, 都存在 $\xi \in [a,b]$, 使得

$$R_n(x) = f(x) - P_n(x) = \frac{f^{(n+1)}(\xi)}{(n+1)!}\omega(x) = \frac{f^{(n+1)}(\xi)}{(n+1)!}\prod_{i=0}^{n}(x-x_i).$$

证明 由于

$$f(x_i) = P_n(x_i), \quad i = 0, 1, 2, \cdots, n,$$

所以这 $n+1$ 个插值节点都是 $R_n(x)$ 的零点, 故

$$R_n(x) = \omega(x)r(x).$$

我们来寻求 $r(x)$ 的表达式: 令

$$F(t) = f(t) - P_n(t) - \omega(t)r(x).$$

对任意的 $x \in [a,b] \setminus \{x_0, x_1, \cdots, x_n\}$, 有

$$F(x) = 0, \quad F(x_i) = 0, \quad i = 0, 1, 2, \cdots, n.$$

所以 $F(t)$ 至少有 $n+2$ 个零点, 反复应用 Rolle 中值定理, 可得 $F^{(n+1)}(t)$ 至少有一个零点 ξ, 即

$$F^{(n+1)}(\xi) = f^{(n+1)}(\xi) - r(x)(n+1)! = 0.$$

因此, $r(x) = \dfrac{f^{(n+1)}(\xi)}{(n+1)!}$. □

习题 7.4

1. 已知函数 $f(x)$ 在三点的函数值为

x	1.0	1.5	2.0
$f(x)$	0.0000	0.4055	0.6931

求它的二次插值多项式 $P_2(x)$, 并用 $P_2(x)$ 估算 $f(1.2)$.

2. 已知函数 $f(x) = \ln(x)$ 的函数值如下:

x	0.4	0.5	0.6	0.7	0.8
$f(x)$	-0.9163	-0.6931	-0.5108	-0.3567	-0.2231

试分别用它的一次插值多项式 $P_1(x)$ 和二次插值多项式 $P_2(x)$ 估算 $\ln(0.52)$ 的近似值.

7.5 利用导数研究函数

研究函数可以有多种方法和角度, 这里所谓的利用导数研究函数, 通常是指能直接利用导数的定义和性质、微分中值定理、Taylor 展开式等方面的内容来重点研究函数的极值、最值、单调性、凹凸性等方面的属性.

7.5.1 极值与最值

在前面的章节, 我们给出了极值和最值的定义, 引入了驻点、极值点等概念, 给出了可微函数在极值点处导数为零的必要条件, 即 Fermat 引理等重要性质. 下面我们利用导数、微分中值定理和 Taylor 展开式等工具, 对函数的极值性和最值性作进一步的研究.

根据函数光滑性的不同, 我们可以作如下基本的分层分析, 所有结论的证明都非常直接, 留给读者补充.

(1) 如果函数在点 x_0 附近不可导, 这种情况自然不宜归为导数的应用这一节, 此时极值性的确定只得另寻他法, 比如根据函数的具体特点回归到定义讨论.

(2) 如果 $f(x)$ 在点 x_0 的某邻域 $(x_0-\delta, x_0+\delta)$ 内连续, 在 $(x_0-\delta, x_0)$ 内 $f'(x) > 0$, 在 $(x_0, x_0+\delta)$ 内 $f'(x) < 0$, 那么 x_0 是 $f(x)$ 的严格极大值点. 读者可类似给出严格极小值点的情形. 一个典型例子是 $f(x) = |x|$, 该函数在 $x_0 = 0$ 处取得极小值; 如果 $f'(x)$ 在点 x_0 的两个单侧邻域内同号, 那么 x_0 不是 $f(x)$ 极值点. 比如函数 $f(x) = \begin{cases} x, & x < 0, \\ 2x, & x \geqslant 0, \end{cases}$ $x_0 = 0$ 处不是其极值点.

(3) 如果 $f(x)$ 在点 x_0 的某实心邻域内可微, 则由 Fermat 引理知, x_0 是极值点的必要条件是 $f'(x_0) = 0$. 换句话说, 如果函数在点 x_0 处导数非零, 则该点一定不是极值点.

(4) 如果 $f(x)$ 在点 x_0 的某实心邻域内有更高阶的可导性, 那么通常我们有更方便的判别极值性的方法. 这就是下面介绍的更一般的结论.

命题 7.5.1　设 f 在点 x_0 处 n 阶可导, 且

$$f'(x_0) = f''(x_0) = \cdots = f^{(n-1)}(x_0) = 0, \quad f^{(n)}(x_0) \neq 0.$$

则当 n 为偶数时, 如果 $f^{(n)}(x_0) < 0$, 则 x_0 为极大值点; 如果 $f^{(n)}(x_0) > 0$, 则 x_0 为极小值点; 而当 n 为奇数时, x_0 不是极值点.

证明　由已知条件和带 Peano 型余项的 Taylor 公式, 可得

$$f(x) = f(x_0) + \frac{f^{(n)}(x_0)}{n!}(x - x_0)^n + o\big((x - x_0)^n\big)$$
$$= f(x_0) + \Big(\frac{1}{n!}f^{(n)}(x_0) + o(1)\Big)(x - x_0)^n \quad (x \to x_0).$$

由此看出, 当 n 为偶数时, 上式第二项中的因子 $(x - x_0)^n$ 不变号, 故依 $f^{(n)}$ 的符号可知 x_0 是极大值或极小值点; 而当 n 为奇数时, 由于 $(x - x_0)^n$ 因 $x > x_0$ 还是 $x < x_0$ 而改变符号, 所以 x_0 不是极值点.　□

命题 7.5.1 中一种最常见的情形是 $n = 2$. 如果 f 在点 x_0 的某邻域内二阶连续可导, x_0 是 f 的驻点, 即 $f'(x_0) = 0$, 那么如果 $f''(x_0) \neq 0$, 我们就称 x_0 为 f 的**非退化驻点**, 否则称之为**退化驻点**.

对于非退化驻点, 上述命题的具体表现如下:

设 $f'(x_0) = 0$, 如果 $f''(x_0) > 0$, 则 x_0 为 $f(x)$ 的极小值点; 如果 $f''(x_0) < 0$, 则 x_0 为 $f(x)$ 的极大值点.

作为命题 7.5.1 的一种完善, 我们考虑下面一种场景: 假设 x_0 是 f 的退化驻点, 并且在点 x_0 的某邻域内只有二阶连续导数. 因此, 不允许对 f 继续求其高阶导数, 那么我们可以应用下面的结论:

命题 7.5.2　设 f 在点 x_0 某邻域 $V = (x_0 - \delta, x_0 + \delta)$ $(\delta > 0)$ 内二阶连续可导, $f'(x_0) = f''(x_0) = 0$.

(1) 如果 $\forall x \in V \setminus \{x_0\}$, $f''(x) > 0$, 那么 x_0 为 f 的极小值点;

(2) 如果 $\forall x \in V \setminus \{x_0\}$, $f''(x) < 0$, 那么 x_0 为 f 的极大值点;

需要注意的是, 即使 $f''(x)$ 在 x_0 的任一邻域内都改变符号, 也不能断定 x_0 就一定不是 f 的极值点. 换句话说, 此时 x_0 仍然有可能是极值点.

证明　(1) 根据 f 的带 Lagrange 型余项的 Taylor 展开式立得

$$f(x) = f(x_0) + \frac{1}{2}f''(x_0 + \theta(x - x_0))(x - x_0)^2 \geqslant f(x_0).$$

(2) 的证明完全类似, 略.　□

例 7.5.1   设

$$f(x) = \begin{cases} 0, & x = 0, \\ x^6 \left(2 + \sin \dfrac{1}{x} \right), & x \neq 0. \end{cases}$$

容易验证 $f'(0) = 0$, 故 $x = 0$ 是驻点. 直接计算可得 $f''(0) = 0$, 所以 $x = 0$ 是退化驻点. 又由于当 $x \neq 0$ 时,

$$f''(x) = -x^2 \left(\sin \frac{1}{x} + 10x \cos \frac{1}{x} - 30x^2 \sin \frac{1}{x} - 60x^2 \right).$$

可以看出 $f(x)$ 是二阶连续可微函数, 并且当 x 充分小时 $f''(x)$ 是变号的. 但是, 我们并不能得到 $x = 0$ 不是 f 极值点的结论. 事实上, $x = 0$ 显然是 f 的 (严格) 极小值点: $\forall x \neq 0, f(x) \geqslant x^6 > f(0) = 0$.

有时候, 尽管函数可导甚至无穷次可导, 但判断一个驻点是否为极值点还得依照极值的定义. 比如例 7.2.10 中的函数.

例 7.5.2   证明 $x = 0$ 是函数

$$f(x) = \begin{cases} \mathrm{e}^{-\frac{1}{x^2}}, & x \neq 0, \\ 0, & x = 0 \end{cases}$$

的极值点.

证明   由定义可得 $x = 0$ 显然是极小值点, 但如果利用导数的方法, 只能得到 $x = 0$ 是函数的驻点, 由于函数在 0 点处的各阶导数均为零, 所以命题 7.5.1并不适用本例情况. 详证略.   □

最后, 我们简要总结一下求函数**最值**时需要注意的几点:

(1) 计算函数在不可导点处的函数值;

(2) 求出函数所有的驻点, 以及驻点处的函数值;

(3) 计算函数在可能的区间端点处的值;

(4) 把所有这些点的值作比较, 可以得到最值.

例 7.5.3   求 Dirichlet 函数 $D(x) = \begin{cases} 1, & x \in \mathbb{Q} \cap [0,1], \\ 0, & x \in [0,1] \setminus \mathbb{Q} \end{cases}$ 的极值点和极值.

解   这道题的结论非常容易得到. 从极值的角度来看, 此例给出一个非常有趣的函数, 它在定义域上的每一点都是极值点, 同时又不是常值函数.

例 7.5.4   求函数 $f(x) = x^x$ ($x > 0$) 的极值和最值, 并判断其极值性.

解   由于 $f'(x) = x^x(1 + \ln x)$, 所以函数有唯一驻点 $x_0 = \dfrac{1}{\mathrm{e}}$. 再由

$$f''(x_0) = x^x \left((1 + \ln x)^2 + \frac{1}{x} \right) \Big|_{x_0} > 0$$

知 x_0 是函数 $f(x)$ 的极小值点, 极小值为 $\mathrm{e}^{-1/\mathrm{e}}$.

为了考虑函数的最大、最小值, 直接计算可以得到

$$\lim_{x \to 0^+} x^x = 1, \quad \lim_{x \to +\infty} x^x = +\infty,$$

所以函数在 $x > 0$ 上无最大值, 而最小值就是其唯一的极小值 $\mathrm{e}^{-1/\mathrm{e}}$.

例 7.5.5　求函数 $f(x) = (x-3)\sqrt[3]{x^2}$ 在 $(-1,1)$ 上的极值.

解　首先易知 $f(x) \in C(-1,1)$, 且

$$f'(x) = \frac{5x-6}{3\sqrt[3]{x}}.$$

可得区间 $(-1,1)$ 内有唯一的不可导点 $x_0 = 0$. 其次, 注意到

$$f'(x) > 0 \quad (x < 0), \qquad f'(x) < 0 \quad (0 < x < 1)$$

所以 $x_0 = 0$ 是函数 $f(x)$ 的极大值点, 极大值为 $f(0) = 0$.

例 7.5.6　求函数 $f(x) = x^3 - x + 1$ 在 $[-1,1]$ 上的最小值和最大值.

解　因为 $f(x) = x^3 - x + 1$ 为连续函数, 故它在 $[-1,1]$ 上可以取到最小值和最大值. 为了求函数的驻点, 考虑方程 $f'(x) = 3x^2 - 1 = 0$ 的解为 $x = \pm\dfrac{1}{\sqrt{3}}$, 因此 f 可能的最值点为 $\pm 1, \pm\dfrac{1}{\sqrt{3}}$. f 在这些点处的取值如下:

$$f(-1) = 1, \quad f(1) = 1, \quad f\left(\frac{-1}{\sqrt{3}}\right) = 1 + \frac{2\sqrt{3}}{9}, \quad f\left(\frac{1}{\sqrt{3}}\right) = 1 - \frac{2\sqrt{3}}{9}.$$

所以 f 的最大、小值分别为 $1 + \dfrac{2\sqrt{3}}{9}$ 和 $1 - \dfrac{2\sqrt{3}}{9}$.

注意到在本例中, 驻点均为最值点, 但情况并非总是如此.

例 7.5.7　求函数 $f(x) = x^3 - x^2 + 1$ 在 $[-1,2]$ 上的最小值和最大值.

解　由 $f'(x) = 3x^2 - 2x = 0$ 求得驻点 $x = 0, \dfrac{2}{3}$. 因此 f 可能的极值点为 $0, \dfrac{2}{3}$, 以及区间的两个端点 -1 和 2.

分别计算 f 在这些点的函数值如下:

$$f(-1) = -1, \quad f(0) = 1, \quad f\left(\frac{2}{3}\right) = \frac{23}{27}, \quad f(2) = 5.$$

这说明 f 的最小值为 -1, 最大值为 5.

由于 $f''(0) = -2 < 0$, $f''\left(\dfrac{2}{3}\right) = 2 > 0$, 所以利用命题 7.5.1 可知驻点 $x = 0$ 是极大值点, 另一驻点 $x = \dfrac{2}{3}$ 是极小值点.

下面我们通过具体讨论 Fermat 原理 (光行最速原理), 再借助于导数的应用, 来体会一下微积分的灵活运用. 我们来建立一下 Fermat 原理与最速降线之间的关系.

光学中 Fermat 原理是说: 光总是沿着最省时间的路线传播. 所以, 在相同的均匀介质中光按直线行进. 下面我们推导光线遇到不同介质的界面时, 其传播的线路特点, 即推导验证所谓的光的折射定律.

例 7.5.8   有两种均匀介质, 以某水平面作为分界面, 如果一束光从介质一中的点 A 射向介质二中的点 B, 试求这束光穿行的路线.

解   我们可以把问题放到平面上来考虑. 设 A 点到界面的距离为 h_1 (图 7.2), B 点到界面的距离为 h_2, AB 两点的水平距离 (平行于分界面的距离) 为 d. 设光线在 C 点发生折射, 记 AC 的水平距离为 x_1, $d - x_1 = x_2$, 那么从 A 点到 B 点所需时间是

$$t = \frac{AC}{v_1} + \frac{CB}{v_2} = \frac{1}{v_1}\sqrt{h_1^2 + x_1^2} + \frac{1}{v_2}\sqrt{h_2^2 + x_2^2},$$

其中 v_1, v_2 分别是两种介值中光的速度. 求导得 (注意到 $x_2 = d - x_1$)

$$\frac{\mathrm{d}t}{\mathrm{d}x_1} = \frac{x_1}{v_1\sqrt{h_1^2 + x_1^2}} - \frac{x_2}{v_2\sqrt{h_2^2 + x_2^2}}.$$

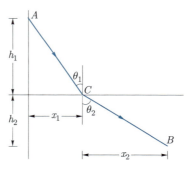

图 7.2   光行最速原理

注意到耗时最少的路径必须满足 $\dfrac{\mathrm{d}t}{\mathrm{d}x_1} = 0$, 故有

$$\frac{x_1}{v_1\sqrt{h_1^2 + x_1^2}} = \frac{x_2}{v_2\sqrt{h_2^2 + x_2^2}},$$

即

$$\frac{\sin\theta_1}{v_1} = \frac{\sin\theta_2}{v_2}.$$

可以直接验证, 此时 $\dfrac{\mathrm{d}^2 t}{\mathrm{d}x_1^2} > 0$, 因此符合折射定律的路径费时最少.

不难证明, 当光线穿过 n 种均匀介值, 由 A 点到达 B 点时, 下面的公式成立:

$$\frac{\sin\theta_1}{v_1} = \frac{\sin\theta_2}{v_2} = \cdots = \frac{\sin\theta_n}{v_n}.$$

下面我们利用上面这个做法和结论来讨论更一般的情况, 借此展现微积分的最基本理念之一——以直代曲. 在积分理论中我们还会更系统地应用这一基本思想. 有兴趣的读者可以完善下面推导的细节和证明的严谨.

如图 7.3 所示, 给定 A, B 两点 (B 不在 A 的垂直下方), 若不计摩擦力, 问这个质点在重力作用下沿着什么曲线从点 A 滑到 B 点所需时间最短? 这就是经典的最速降线问题.

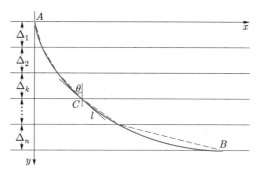

图 7.3 最速降线

下面我们把最速降线问题转化成 Fermat 原理的极限状态. 为此, 我们先建立适当的坐标系: 如图所示, 以 A 点为坐标系原点, 水平方向为 x 轴方向, 向下垂直方向为 y 轴方向, 建立直角坐标系.

现在我们把 AB 垂直方向等分成 n 个水平的带形区域, 当质点从坐标原点作自由落体滑落时, 如果 n 充分大, 那么可以把质点在第 $k(k = 1, 2, \cdots, n)$ 个宽度为 Δ_k 的带形区域内的每点处的速度 v_k 看成是均匀的. 当质点从第 $k-1$ 个带形区域滑落到第 k 个带形区域时, 我们看成质点穿过不同的介值, 其运动规律遵循 Fermat 原理, 从而有

$$\frac{\sin \theta_{k-1}}{v_{k-1}} = \frac{\sin \theta_k}{v_k} = c.$$

假设曲线 ACB 是所求的最速降线, $C(x, y)$ 是最速降线上的一点, 设 ℓ 是最速降线在 C 点的切线, 记 θ 是 ℓ 与垂直线 (平行于 y 轴) 的交角.

如果采用极限的观点, 不难看出, 当 $n \to +\infty$ 时, 一方面我们知道质点在 $C(x, y)$ 处的速度应该与 $\sqrt{y}$ 成正比, 即 $v \sim \sqrt{2gy}$, 其中 g 是重力加速度, 我们可以把 $\sqrt{2gy}$ 看成是质点在 (充分小的带形) 介值中的穿行速度, 因此, 可得

$$\frac{\sin \theta}{\sqrt{y}} = c. \tag{7.5.1}$$

我们留给读者验证满足方程 (7.5.1) 的函数恰巧对应**旋轮线** (又称**摆线**) 所满足的特性. 所以最速降线就是倒置 ($y \to -y$) 的旋轮线

$$x = a(\varphi - \sin \varphi), \qquad y = -a(1 - \cos \varphi). \tag{7.5.2}$$

如图 7.4 所示. 事实上, 我们知道经典的旋轮线在 (x,y) 点处的切线斜率为

$$k := \frac{\mathrm{d}y}{\mathrm{d}x} = \frac{\sin\varphi}{1-\cos\varphi} = \cot\frac{\varphi}{2}.$$

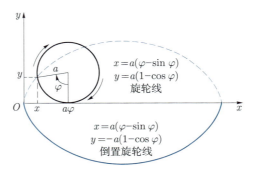

图 **7.4**　旋轮线与倒置旋轮线

另一方面, 此处切线斜率的几何意义给出的表示具有形式

$$k = \frac{\mathrm{d}y}{\mathrm{d}x} := \tan\alpha.$$

上式中的 α 与 φ 的关系恰好可以由图 7.3 与图 7.4 中的 θ 与 φ 的关系反映出来.

注 7.5.1　最速降线问题是 Galileo[①] 于 1630 年提出的, 历史上曾有诸多数学家给出了不同的做法, 比如影响较大的是 Johann Bernoulli 给出的精妙的解答. 在数学上, 它催生了变分法理论体系的诞生. 最速降线无论在数学上还是物理上都进行过严格的证明.

7.5.2　单调性

由于讨论函数的单增与单减并没有任何本质上的不同, 下面我们仅讨论单增的情况, 相应的单减情形下的表述完全平行.

我们曾在推论 7.1.6 中利用导数给出了函数单调的结论: 若在区间 I 上, $f'(x) \geqslant 0$, 则 f 在 I 上单增; 若 $f'(x) > 0$, 则 f 在 I 上严格单增. 同时也易知: 如果 f 在 I 上单增, 则 $f'(x) \geqslant 0$. 那么接下来很自然的两点思考: 一是如果 $\forall x \in I$, $f'(x) \geqslant 0$, 则 f 可以严格单增吗? 二是 f 在 I 上严格单增, 是否也有可能存在导数为 0 的点, 即 $f'(x) \geqslant 0$? 事实上, 这两点在说同一件事, 而且可以从函数 $f(x) = x^3$ 中得到答案: "可以".

下面我们试图给出严格单调与导数符号之间的一个等价关系. 首先有下述性质:

---

① Galileo, di Vincenzo Bonaulti de Galilei, 1564 年 2 月 15 日 — 1642 年 1 月 8 日, 意大利天文学家.

命题 7.5.3 设函数 $f(x)$ 在 $[a,b]$ 上连续, 在 (a,b) 内除了有限个点外均有正的导数. 则 f 在 $[a,b]$ 上严格单增.

证明 不妨假设 f 除了在有限个点 $x_1, x_2, \cdots, x_n$, $(a = x_0 < x_1 < x_2 < \cdots < x_n < x_{n+1} = b)$ 外, $f'(x) > 0$. 因此有 f 连续, 并在区间 $(x_i, x_{i+1})(i = 0, 1, \cdots, n)$ 内严格单增, 得证. $\qquad\square$

注 7.5.2 在定理中提到的有限个点处函数可以可导, 如 $f(x) = x^3$ 在 0 点; 也可以不可导, 如单增的折线函数在折点处.

定理 7.5.4 设函数 $f(x)$ 在 $[a,b]$ 上连续, 在 (a,b) 内可导. 则 f 在 $[a,b]$ 上严格单增的充要条件是

(1) 当 $x \in (a,b)$ 时, $f'(x) \geqslant 0$;

(2) 在 (a,b) 的任何开子区间上, 导数都不恒为零, 即 $f'(x) \not\equiv 0$.

证明 事实上, 条件 (1) 的必要性前面已经讨论过, 条件 (2) 的必要性可基于以下事实: 如果函数在某个开区间上导数为零, 则由微分中值定理知, 此时函数在该区间为常数, 故不可能严格单增.

(充分性) 假设定理中的两条件均成立, 则由 (1) 知函数单增. 假如不是严格单增, 则存在 $a \leqslant x_1 < x_2 \leqslant b$, 使得 $f(x_1) = f(x_2)$, 而这蕴涵着在整个区间 $[x_1, x_2]$ 上都有 $f(x_1) = f(x) = f(x_2)$, 故 $f'(x) = 0, x \in (x_1, x_2)$. 与 (2) 矛盾. $\qquad\square$

推论 7.5.5 设函数 $f(x)$ 在 $[a,b]$ 上连续, 在 (a,b) 内可导. 则 f 为单调函数当且仅当 $f'(x)$ 不改变符号.

例 7.5.9 证明: 当 $x \in \left(0, \dfrac{\pi}{2}\right)$ 时,

$$\frac{2}{\pi} < \frac{\sin x}{x} < 1. \tag{7.5.3}$$

证明 定义函数

$$f(x) = \begin{cases} 1, & x = 0, \\ \dfrac{\sin x}{x}, & x \in \left(0, \dfrac{\pi}{2}\right]. \end{cases}$$

显然 $f(x)$ 在 $\left[0, \dfrac{\pi}{2}\right]$ 上连续, 在 $\left(0, \dfrac{\pi}{2}\right)$ 内可导, 且

$$f'(x) = \frac{x \cos x - \sin x}{x^2} = \frac{\cos x(x - \tan x)}{x^2} < 0,$$

从而 $f(x)$ 在 $\left[0, \dfrac{\pi}{2}\right]$ 上严格单减. 所以当 $x \in \left(0, \dfrac{\pi}{2}\right)$ 时,

$$\frac{2}{\pi} = f\left(\frac{\pi}{2}\right) < \frac{\sin x}{x} = f(x) < f(0) = 1.$$

$\qquad\square$

不等式 (7.5.3) 的一个常见的等价形式如下:

$$\frac{2}{\pi}x < \sin x < x, \qquad x \in \left(0, \frac{\pi}{2}\right).$$

它表明了 $\sin x$ 在 $\left(0, \frac{\pi}{2}\right)$ 内被夹在两个线性函数之间.

注意, 存在可微函数, 其导函数的正负号改变可以非常复杂, 甚至其驻点可以有聚点.

例 7.5.10   考虑函数

$$f(x) = \begin{cases} 0, & x = 0, \\ x^2 \sin \dfrac{2}{x}, & x \neq 0, \end{cases}$$

则 $x = 0$ 是函数的驻点, 但在 $x = 0$ 的任意一个邻域 $(-\delta, \delta)$ $(\delta > 0)$ 内, 函数 f 都有无穷多个驻点.

如果一个可微函数的所有驻点是孤立的, 那么根据 Darboux 介值定理, 在两个相邻的驻点间, 函数的单调走向是明确的, 即

例 7.5.11   可微函数在两个相邻驻点之间是单调的.

最后我们通过下面的例子强调一下, 如果函数仅在一点的导数大于零, 并不能推出函数在该点邻域内的单调性.

例 7.5.12   函数

$$f(x) = \begin{cases} 0, & x = 0, \\ x + x^2 \sin \dfrac{2}{x}, & x \neq 0. \end{cases}$$

则有 $f'(0) > 0$, 但是在任何区间 $(-\delta, \delta)$ $(\delta > 0)$ 内, 都有导数小于零的点和子区间, 故函数在 $(-\delta, \delta)$ 内并不单增.

对这个例子中的现象进一步挖掘的话, 可以看到问题发生在 $f(x)$ 虽然可导, 但导函数在 $x_0 = 0$ 点失去了连续性. 对于一个导函数在点 x_0 处不连续的函数来说, 一点处导数值的正负条件太弱, 携带的信息量太少. 换句话说, 如果 $f(x)$ 有连续的导数, 且在点 x_0 处导数大于零, 那么该函数在点 x_0 的某邻域内严格单调上升. 不过仅仅一点处的导数大于零这个假设也还是能得到函数的一点点性质的, 即下面的性质成立.

如果 $f(x)$ 在点 x_0 处可导, 且 $f'(x_0) > 0$, 则存在 $\delta_0 > 0$, 使得 $\forall h \in (0, \delta_0)$,

$$f(x_0 - h) < f(x_0) < f(x_0 + h).$$

注意这种表述是有别于 $f(x)$ 单调上升的, 因为单调是针对区间上任意两个点的值进行比较的, 而这里仅仅是与 $f(x_0)$ 比较大小, 换句话说, 我们无法比较 $f(x_0 + h_1)$ 和 $f(x_0 + h_2)$ 的大小, 其中 $h_1, h_2 \in (0, \delta_0)$. 鉴于 $f'(x_0) > 0$ 蕴涵着点 x_0 右 (左) 侧的函数值大 (小) 于 $f(x_0)$, 以及类似地, $f'(x_0) < 0$ 蕴涵着点 x_0 右 (左) 侧的函数值小 (大) 于 $f(x_0)$,

所以我们也形象地把 $f'(x_0) > 0$ (或 $f'(x_0) < 0$) 时的这一性质称为函数在**一点处的单调性**.[①]

例 7.5.13 函数

$$f(x) = \begin{cases} x + x^2, & x \in \mathbb{Q}, \\ x - x^2, & x \notin \mathbb{Q} \end{cases}$$

仅在 $x = 0$ 处连续、可导, $f'(0) = 1 > 0$, 尽管 $f(x)$ 不是单调函数, 但是在 0 点的某邻域 $(-\delta, \delta)$ $(\delta > 0)$ 内, 有

$$f(x_1) < f(0) < f(x_2), \qquad -\delta < x_1 < 0 < x_2 < \delta.$$

7.5.3 凹凸性

数学分析最主要的任务之一就是研究各类函数, 而至于函数类的划分则有多种方式和标准, 比如按照函数的光滑性是一种常见的分类方法, 按这个分类标准, 函数可以有间断函数、连续函数、可微函数、n 次可微函数、无穷光滑函数和解析函数等, 而每一个类别内还可以进一步细分, 比如连续函数可以有 Hölder 连续、一致连续、Lipschitz 连续等. 除了这种分类, 还有其他分类标准下的重要函数类, 比如单调函数、凹凸函数、有界变差函数等.

本节我们将应用导数来重点讨论凹函数和凸函数. 首先我们给出凹凸函数解析形式的定义.

定义 7.5.1(凸函数) 设 f 为定义在区间 I 上的函数. 如果对任意的 $a, b \in I, a \neq b$, 以及 $t \in (0, 1)$, 均有

$$f\big(ta + (1-t)b\big) \leqslant tf(a) + (1-t)f(b), \tag{7.5.4}$$

则称 f 为 I 中的**凸函数** (图 7.5), 不等号反向 $\geqslant$ 时称为**凹函数**. 不等号为严格小于号 $<$ 时称为**严格凸函数**, 不等号为严格大于号 $>$ 时称为**严格凹函数**.

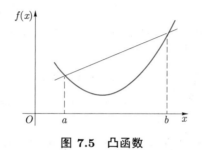

图 7.5 凸函数

---

① 这仅仅为一种形象陈述, 应该不是一种规范用语.

通常所谓研究函数的**凸性**是指讨论一个函数是不是凸函数或凹函数.

注意, 不同教材或参考书上关于凹凸函数有不同的称呼, 常见的是把定义 7.5.1 中的凸函数又叫**下凸函数**, 凹函数称为**上凸函数**.

由于对凹函数和凸函数可以进行完全平行的讨论, 即无论从形式上还是从结论上, 两者都没有本质的区别, 因此, 下面我们主要讨论凸函数, 所有的结论和过程都可以平行地搬到凹函数.

凸 (凹) 性是函数的一个鲜明的几何特征, 一个定义在区间 I 上的凸函数具有一个最基本的几何直观: 函数图像上任意两点形成的割线段 (不含端点) 都在曲线的上方.

由于函数图像上的任意两点 $(a, f(a))$, $(b, f(b))$ 确定的线性函数 $\ell(x)$ 满足 $\ell(a) = f(a), \ell(b) = f(b)$, 因此可以表示为

$$\ell(x) = \frac{b-x}{b-a}f(a) + \frac{x-a}{b-a}f(b),$$

于是凸函数也常采用下面的定义.

定义 7.5.1′   定义在区间 I 上的函数 f 称为**凸函数**, 是指对任意的 $a, b \in I, a \neq b$, 以及 $x \in (a, b)$, 均有

$$f(x) \leqslant \ell(x), \qquad \forall\, x \in (a, b). \tag{7.5.5}$$

事实上, 可以看出这两种定义之间的关系是通过 $t = \dfrac{b-x}{b-a}$ 建立的. 因此 $t \in (0, 1)$ 的几何意义也非常明确.

另外, 凸函数还可以有如下形式上似乎更一般然而实则等价的定义.

定义 7.5.2   称 f 是区间 I 上的**凸函数**, 是指对任何 $m \geqslant 2$, 以及满足 $t_1 + t_2 + \cdots + t_m = 1$ 的 $t_1, t_2, \cdots, t_m \geqslant 0$ 以及 $x_1, x_2, \cdots, x_m \in I$, 成立

$$f\left(\sum_{k=1}^{m} t_k x_k\right) \leqslant \sum_{k=1}^{m} t_k f(x_k). \tag{7.5.6}$$

当 x_i 不全等时, 上述不等式严格成立, 则称 f 为严格凸函数.

不等式 (7.5.6) 称为 **Jensen 不等式**. 这是一个非常实用的不等式: 可以通过选取适当的凸函数 $f(x)$, 适当的 n (最常见的有 $n = 2$ 和一般的 n) 以及适当的 t_k, 得到或验证诸多有趣的不等式.

命题 7.5.6   定义 7.5.1 与定义 7.5.2 是等价的.

证明   首先, 如果 f 是定义 7.5.2 下的凸函数, 那么显然 f 在定义 7.5.1 下也是凸的, 因为只要取 $m = 2$ 即可.

反过来, 如果 f 在定义 7.5.1 下是凸的, 我们用数学归纳法证明 f 在定义 7.5.2 下也是凸的. 显然, $m = 2$ 时已经成立. 假设命题对 $m = k$ 时成立, 我们来看 $m = k + 1$ 时的情况.

对任意的 $x_i \in I$, $t_i > 0$, $i = 1, 2, \cdots, k+1$, $t_1 + t_2 + \cdots + t_{k+1} = 1$, 令

$$\alpha_i = \frac{t_i}{1 - t_{k+1}}, \qquad i = 1, 2, \cdots, k.$$

则有 $\alpha_i > 0$, $i = 1, 2, \cdots, k$, 且 $\alpha_1 + \alpha_2 + \cdots + \alpha_k = 1$. 于是由凸函数的定义 7.5.1 和 $m = k$ 时的归纳假设, 可得

$$f(t_1 x_1 + \cdots + t_k x_k + t_{k+1} x_{k+1}) = f\big((1 - t_{k+1})\boldsymbol{x} + t_{k+1} x_{k+1}\big),$$

其中 $\boldsymbol{x} = \alpha_1 x_1 + \alpha_2 x_2 + \cdots + \alpha_k x_k \in I$, 所以有

$$f(t_1 x_1 + \cdots + t_k x_k + t_{k+1} x_{k+1}) \leqslant (1 - t_{k+1}) f(\boldsymbol{x}) + t_{k+1} f(x_{k+1}).$$

再注意到

$$f(\boldsymbol{x}) = f(\alpha_1 x_1 + \alpha_2 x_2 + \cdots + \alpha_k x_k) \leqslant \alpha_1 f(x_1) + \alpha_2 f(x_2) + \cdots + \alpha_k f(x_k),$$

从而有

$$f(t_1 x_1 + \cdots + t_k x_k + t_{k+1} x_{k+1}) \leqslant t_1 f(x_1) + \cdots + t_k f(x_k) + t_{k+1} f(x_{k+1}).$$

结论得证. $\qquad\qquad\qquad\qquad\qquad\qquad\qquad\qquad\qquad\qquad\qquad\qquad\qquad\square$

有一种弱化版本的凸函数的定义, 即所谓的**中点凸**函数. 它对应的定义是在定义 7.5.1 中, 取 $t = \dfrac{1}{2}$ 的特殊情况.

定义 7.5.3　定义在区间 I 上的函数 f 称为**中点凸**的, 是指 $\forall x_1, x_2 \in I$, 都有

$$f\Big(\frac{x_1 + x_2}{2}\Big) \leqslant \frac{1}{2}\big(f(x_1) + f(x_2)\big), \quad \forall x_1, x_2 \in I.$$

可以证明, 中点凸与下面命题中的凸是等价的, 证明留作练习.

命题 7.5.7　设函数 $f(x)$ 在区间 I 上有定义. 则 $f(x)$ 是区间 I 上的中点凸函数的充要条件是 $\forall x_1, x_2, \cdots, x_n \in I$, 有

$$f\Big(\frac{x_1 + x_2 + \cdots + x_n}{n}\Big) \leqslant \frac{1}{n}\big(f(x_1) + f(x_2) + \cdots + f(x_n)\big).$$

有例子表明, 中点凸定义下的凸函数与定义 7.5.1中的凸函数是不等价的, 即存在中点凸但不是凸的函数. 但是对于连续函数, 则中点凸等价于凸. 证明留作练习.

命题 7.5.8　设 $f(x)$ 是区间 I 上的连续函数. 则它是 (严格) 凸函数当且仅当它是 (严格) 中点凸函数.

一方面, 可以证明在连续性假设下, 中点凸等价于凸, 另一方面 "连续性" 假设还可以适当弱化, 比如下面这个结论成立, 读者可以试着完善证明.

定理 7.5.9　设函数 f 是定义在区间 I 上的函数, $x_0 \in I$. 如果 f 在点 x_0 附近有界, 则 f 是 I 上的凸函数当且仅当它在 I 上是中点凸函数.

至于能否把 "有界" 条件变为更弱, 使得中点凸等价于凸仍然成立, 这方面的内容已经超出本书范围. 不过, 我们罗列一个与此有点关联的问题, 不打算作更多的铺开讨论.

注 7.5.3 若定义在 $\mathbb{R}$ 上的 f 满足

$$f(x+y) = f(x) + f(y),$$

则 f 是一个什么样的函数?

这个问题的答案远非平凡, 该函数的图像可能也远超我们的直观想象. 但是如果对这类函数加上一点点额外的条件, 则可以证明它是个线性函数了. 这些额外条件可以是诸多条件中的一种表现, 比如下面几种条件中的任何一个都能保证函数是线性函数:[①]

(1) $f(x)$ 是连续函数;

(2) $f(x)$ 在一点处连续;

(3) $f(x)$ 在某邻域内有界;

(4) $f(x)$ 在某区间单调.

注意凸函数的原始定义并没有要求函数的连续性或可微性 (命题 7.5.8 仅仅在比较两种定义强弱时用到了连续假设), 因此在研究函数凸性时, 一个非常自然的逻辑推理是: 如果仅仅假设函数连续, 那么我们就只能利用与连续有关的性质和结论; 同理, 如果假设函数可导, 那么就可以采用导数的有关性质; 以此类推到高阶可导. 一般来说, 如果函数有一阶或二阶的导数, 那么研究函数的凸性要方便得多.

事实上, 对于凸函数而言, 一个有趣的结论是我们并不需要事先假设函数连续. 这是因为凸性自动蕴涵着函数在区间内点处的连续性, 这是凸函数的一个极具特色的性质 (见下面的定理 7.5.11). 更深入的讨论还可以得到凸函数在任何内点处单侧导数的存在性, 从而得到凸函数可导点的稠密性. 为了深入的讨论, 我们首先给出凸函数的其他等价的刻画, 它们在应用中非常方便.

定理 7.5.10 设 f 为区间 I 上的实函数. 则 f 为 I 上的凸函数等价于以下条件中任意一条: 对 I 中任意的三点 $x_1 < x_2 < x_3$, 有

$$\frac{f(x_2) - f(x_1)}{x_2 - x_1} \leqslant \frac{f(x_3) - f(x_2)}{x_3 - x_2}, \tag{7.5.7}$$

$$\frac{f(x_2) - f(x_1)}{x_2 - x_1} \leqslant \frac{f(x_3) - f(x_1)}{x_3 - x_1}, \tag{7.5.8}$$

$$\frac{f(x_3) - f(x_1)}{x_3 - x_1} \leqslant \frac{f(x_3) - f(x_2)}{x_3 - x_2}. \tag{7.5.9}$$

证明 对于 I 中三点 $x_1 < x_2 < x_3$, 记 $t = \dfrac{x_3 - x_2}{x_3 - x_1}$, 则 $t \in (0,1)$, 且 $x_2 = tx_1 + (1-t)x_3$. 可直接验证不等式

$$f(x_2) \leqslant tf(x_1) + (1-t)f(x_3)$$

[①] f 是 Lebesgue 可测函数也能保证 f 是线性函数.

与 (7.5.7)~(7.5.9) 式中每一个不等式等价. $\qquad\Box$

注 7.5.4 　(1) 定理 7.5.10中的三个不等式联立起来即为

$$\frac{f(x_2) - f(x_1)}{x_2 - x_1} \leqslant \frac{f(x_3) - f(x_1)}{x_3 - x_1} \leqslant \frac{f(x_3) - f(x_2)}{x_3 - x_2}. \tag{7.5.10}$$

即三条弦 AB, AC, BC 的斜率 (图 7.6) 有关系

$$k_{AB} \leqslant k_{AC} \leqslant k_{BC}. \tag{7.5.11}$$

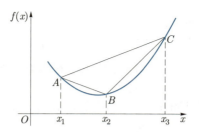

图 7.6　凸函数与割线斜率

(2) 定理 7.5.10 中的三个不等式本质上是在说同一个几何现象: 在由函数 $y = f(x)$ 给出的曲线图像 $\{(x, f(x))\}$ 上, 任取一点 $P(x_P, f(x_P))$, 由 P 点任意画出两条射线, 交图像于另外两点 $M(x_M, f(x_M))$ 和 $N(x_N, f(x_N))$. 那么凸函数的等价说法是, 只要 M 点在 N 点的左侧, 那么弦 MP 的斜率就不大于弦 PN 的斜率, 即

$$x_M < x_N \iff k_{MP} \leqslant k_{NP}. \tag{7.5.12}$$

如图 7.6 所示. 这说明了割线斜率的单调性是凸函数的一个基本特征.

可以看出在定理 7.5.10 中, 参照图 7.6, 如果取 $P = A$, $M = B, N = C$, 那么 B 点在 C 点的左侧, f 凸等价于 $k_{AB} \leqslant k_{AC}$, 这就是关系式 (7.5.8).

如果取 $P = B$, $M = A, N = C$, 那么 A 点在 C 点的左侧, f 凸等价于 $k_{AB} \leqslant k_{BC}$, 这就是关系式 (7.5.7).

类似地, 如果取 $P = C$, $M = A, N = B$, 那么 A 点在 B 点的左侧, f 凸等价于 $k_{AC} \leqslant k_{BC}$, 这就是关系式 (7.5.9).

根据上述关系式 (7.5.12), 对于多点 (如图 7.7 是四个点) 的情况, 可以建立多条割线斜率之间的关系式.

例 7.5.14 　设 f 为区间 I 上的凸函数. 若 $x, y, s, t \in I$ 满足 $x < s < t < y$, 则有

$$\frac{f(s) - f(x)}{s - x} \leqslant \frac{f(t) - f(x)}{t - x} \leqslant \frac{f(y) - f(x)}{y - x} \leqslant \frac{f(y) - f(s)}{y - s} \leqslant \frac{f(y) - f(t)}{y - t} \tag{7.5.13}$$

和

$$\frac{f(s) - f(x)}{s - x} \leqslant \frac{f(t) - f(x)}{t - x} \leqslant \frac{f(t) - f(s)}{t - s} \leqslant \frac{f(y) - f(s)}{y - s} \leqslant \frac{f(y) - f(t)}{y - t}. \qquad (7.5.14)$$

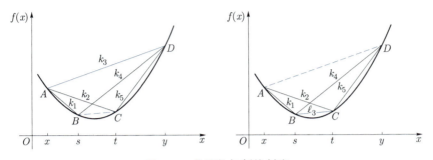

图 7.7   凸函数与割线斜率

证明   只要注意到图 7.7中点的位置关系, 反复应用关系式(7.5.12), 即可得到割线的斜率之间的关系式:

$$k_1 \leqslant k_2 \leqslant k_3 \leqslant k_4 \leqslant k_5$$

和

$$k_1 \leqslant k_2 \leqslant \ell_3 \leqslant k_4 \leqslant k_5,$$

其中 $k_i \ (i = 1, 2, 3, 4, 5)$ 和 ℓ_3 都是相应割线的斜率.

需要注意的是, 一般来说, k_3 和 ℓ_3 之间不存在必然的大小关系.   □

1. 凸性与连续性的关系

由定理 7.5.10和关系式(7.5.12), 可以证明凸函数在区间内点是连续的, 特别地, 开区间上的凸函数是连续的. 换句话说, 凸函数的间断点充其量发生在区间的端点. 这是因为, 在端点增加一个凸函数的函数值不会改变其凸性但改变了其连续性.

定理 7.5.11 (凸函数的连续性定理)   设 f 是区间 (a, b) 内的凸函数. 则 f 在 (a, b) 内连续.

证明   任取 $x_0 \in (a, b)$, 则有 $\delta > 0$ 使得 $[x_0 - 2\delta, x_0 + 2\delta] \subset (a, b)$. 由定理 7.5.10, 对任何 $x \in (x_0 - \delta, x_0 + \delta)$, $x \neq x_0$, 有

$$\frac{f(x_0 - \delta) - f(x_0 - 2\delta)}{\delta} \leqslant \frac{f(x) - f(x_0)}{x - x_0} \leqslant \frac{f(x_0 + 2\delta) - f(x_0 + \delta)}{\delta}.$$

由此即得 $\lim\limits_{x \to x_0} f(x) = f(x_0)$. 因此, f 在 (a, b) 内连续.   □

2. 凸性与一阶导数的关系

前面我们讨论了割线斜率之间的不等式关系, 容易看出, 在凸函数的图像上任取一点 P, 那么它的左、右侧割线的斜率有一个单调关系和大小关系, 当左侧割线的割点逼

近 P 点时, 则一方面斜率是单调上升的, 另一方面又是有上界的, 因为它总不能超过任何一个右侧割线的斜率. 这一观察给出了下面的定理.

定理 7.5.12 (凸函数单侧导数存在且单侧连续定理)

(1) 开区间上的凸函数在每一点处左右导数均存在;

(2) 开区间上的凸函数在每一点处左导数左连续, 右导数右连续.

具体来说, 设 f 是区间 (a,b) 内的凸函数, 则 $\forall x \in (a,b)$, f 在点 x 处的左导数 $f'_-(x)$ 与右导数 $f'_+(x)$ 均存在, 且成立:

(i) 同一点 x 处的左 (右) 导数与左 (右) 割线斜率之间有大小关系

$$f'_-(x) \geqslant \frac{f(x) - f(z)}{x - z}, \qquad \forall a < z < x < b, \tag{7.5.15}$$

$$f'_+(x) \leqslant \frac{f(y) - f(x)}{y - x}, \qquad \forall a < x < y < b; \tag{7.5.16}$$

(ii) 同一点 x 处左、右导数以及不同点 x,y 处左、右导数之间有大小关系

$$f'_-(x) \leqslant f'_+(x) \leqslant f'_-(y) \leqslant f'_+(y), \qquad \forall a < x < y < b; \tag{7.5.17}$$

(iii) 左导数左连续, 右导数右连续, 且

$$f'_+(x^-) = f'_-(x^-) = f'_-(x), \quad f'_+(x^+) = f'_-(x^+) = f'_+(x), \quad \forall a < x < b, \tag{7.5.18}$$

即

$$\lim_{s \to x^-} f'_-(s) = f'_-(x), \qquad \lim_{t \to x^+} f'_+(t) = f'_+(x). \tag{7.5.19}$$

证明　我们分以下几步证明.

(i) $\forall x \in (a,b)$, 我们来证明 $f'_-(x)$ 与 $f'_+(x)$ 的存在性. 取 $a < x_0 < x$, 并考虑 $x < s < y < b$. 则由定理 7.5.10,

$$\frac{f(x) - f(x_0)}{x - x_0} \leqslant \frac{f(s) - f(x)}{s - x} \leqslant \frac{f(y) - f(x)}{y - x}.$$

这表明 $\dfrac{f(s) - f(x)}{s - x}$ 关于 $s \in (x,b)$ 单调增加且有下界. 因此 $f'_+(x) = \lim\limits_{s \to x^+} \dfrac{f(s) - f(x)}{s - x}$ 存在, 且 (7.5.16) 式成立. 同理可证 $f'_-(x)$ 存在, 且 (7.5.15) 式成立.

(ii) 我们来证明 $f'_-(x) \leqslant f'_+(x)$. 考虑 $a < s < x < t < b$. 则由定理 7.5.10,

$$\frac{f(s) - f(x)}{s - x} \leqslant \frac{f(t) - f(x)}{t - x}.$$

令 $s \to x^-$ 以及 $t \to x^+$ 即得结论.

现在证明对于 $a < x < y < b$ 有 $f'_+(x) \leqslant f'_-(y)$. 为此, 考虑 $x < s < t < y$, 则由定理 7.5.10,

$$\frac{f(s) - f(x)}{s - x} \leqslant \frac{f(y) - f(t)}{y - t}.$$

令 $s \to x^+$ 以及 $t \to y^-$ 即得结论.

至此, (7.5.17) 式中所有不等式得证.

(iii) 最后, 我们来证明 f'_+ 右连续, f'_- 左连续以及 (7.5.18) 式.

固定 $x \in (a,b)$. 由 (7.5.17) 式, $f'_+(x^+) = \lim\limits_{y \to x^+} f'_+(y)$ 存在, 且 $f'_+(x^+) \geqslant f'_+(x)$. 另一方面, 考虑 $x < y < s$, 由 (7.5.16) 式,

$$f'_+(y) \leqslant \frac{f(s) - f(y)}{s - y}.$$

因此, 令 $y \to x^+$ 得到

$$f'_+(x^+) \leqslant \frac{f(s) - f(x)}{s - x}.$$

最后, 令 $s \to x^+$, 即得 $f'_+(x^+) \leqslant f'_+(x)$. 总之, 我们得到 $f'_+(x^+) = f'_+(x)$, 即 f'_+ 右连续. 同理可证 f'_- 左连续.

最后利用 (7.5.17) 式和夹逼准则即得 (7.5.18) 式. $\qquad\square$

由上面的定理, 结合单调函数的间断点至多可数, 我们可以得到一个有趣的结论: 凸函数的不可导点至多可数个. 这是继凸函数在开区间上连续后的又一个非常重要的性质和特点.

定理 7.5.13 (凸函数可导点的稠密性) 凸函数至多只有可列个不可导的点.

证明 由定理 7.5.12 知 f'_+ 单调, 因此根据单调函数的间断点至多只有可数个这一基本性质, 可知

(i) f'_+ 的间断点至多可列;

(ii) 当 x 是 f'_+ 的连续点时, 有 $f'_+(x^+) = f'_+(x) = f'_+(x^-)$. 结合 (7.5.18) 式得到

$$f'_-(x) = f'_+(x^-) = f'_+(x).$$

即 f 在 x 点可导.

综上所述, 可得 f 的不可导点至多可列. $\qquad\square$

3. 凸函数的支撑线

下面我们从几何直观方面来探讨一下凸函数的性质.

定理 7.5.14 设 f 为定义在区间 (a,b) 内的函数. 则 f 是凸函数当且仅当对任何 $x_0 \in (a,b)$, 存在 $k = k(x_0) \in \mathbb{R}$ 使得

$$f(x) \geqslant f(x_0) + k(x - x_0), \qquad \forall\, x \in (a,b). \tag{7.5.20}$$

而 f 是严格凸函数当且仅当对任何 $x_0 \in (a,b)$ 以及 $x \neq x_0$, (7.5.20) 式中严格不等式成立.

证明 以下只讨论有关凸的情形, 关于严格凸部分的证明留给读者.

(充分性) 任取 $x_1, x_2 \in (a,b)$, $t \in (0,1)$, 记 $x_t = tx_1 + (1-t)x_2$. 由假设, 存在 $k \in \mathbb{R}$ 使得
$$f(x) \geqslant f(x_t) + k(x - x_t), \qquad x \in (a,b),$$
即
$$f(x_t) \leqslant f(x) - k(x - x_t), \qquad x \in (a,b).$$
特别地,
$$f(x_t) \leqslant f(x_j) - k(x_j - x_t), \qquad j = 1, 2.$$
从而
$$\begin{aligned} f(x_t) &\leqslant t\big((f(x_1) - k(x_1 - x_t)\big) + (1-t)\big((f(x_2) - k(x_2 - x_t)\big) \\ &= tf(x_1) + (1-t)f(x_2). \end{aligned}$$

因此, f 为凸函数.

(必要性) 如果 f 为凸函数, 则对任意的 $x_0 \in (a,b)$, $\forall x_1, x_2 \in (a,b)$, $x_1 < x_0 < x_2$. 由凸性假设, $f'_-(x_0)$ 和 $f'_+(x_0)$ 均存在, 且 $f'_-(x_0) \leqslant f'_+(x_0)$. 任取 $k \in [f'_-(x_0), f'_+(x_0)]$ 则有
$$\frac{f(x_1) - f(x_0)}{x_1 - x_0} \leqslant f'_-(x_0) \leqslant k \leqslant f'_+(x_0) \leqslant \frac{f(x_2) - f(x_0)}{x_2 - x_0}.$$
无论 $x_1 < x_0$ 还是 $x_2 > x_0$, 均有
$$f(x_i) \geqslant f(x_0) + k(x_i - x_0), \quad i = 1, 2. \qquad \square$$

注 7.5.5 如果记 (7.5.20) 式右端的式子为
$$\ell(x) = f(x_0) + k(x - x_0),$$
那么, 这是一条过凸函数图像上点 $P(x_0, f(x_0))$ 的直线 ℓ. 关系式 (7.5.20) 是说 $f(x) \geqslant \ell(x)$, 它表明凸函数的图像在直线的上方并且有一个接触点 $P(x_0, f(x_0))$. 由于凸函数 f 在每个点 x_0 处的左、右导数均存在, 且 $f'_-(x_0) \leqslant f'_+(x_0)$. 存在两种情况:

(1) 如果 $f'_-(x_0) < f'_+(x_0)$, 即 f 在点 x_0 处不可导, 此时, k 可选取为区间 $[f'_-(x_0), f'_+(x_0)]$ 上的任一实数. 参见图 7.8 (a).

(2) 如果 $f'_-(x_0) = f'_+(x_0)$, 即 f 在点 x_0 处可导, 此时, 取 $k = f'(x_0)$, ℓ 刚好是函数在 $(x_0, f(x_0))$ 处的切线. 参见图 7.8 (b).

直线 ℓ 常称为凸函数在点 x_0 处的**支撑线**.

凸函数和 (左、右) 导数之间有如下关系.

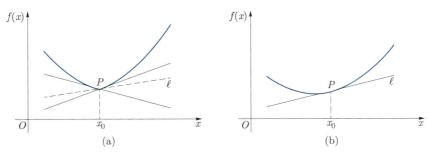

图 **7.8**　导数与支撑线

定理 **7.5.15**　设 f 为定义在区间 (a,b) 内的连续函数. 则下列结论成立:

(1) f 是 (严格) 凸函数当且仅当 f'_+ 在 (a,b) 内存在, 且 f'_+ (严格) 单增.

(2) f 是凸函数当且仅当 f'_+ 在 (a,b) 内存在, 且对任何 $x_0 \in (a,b)$, 有

$$f(x) \geqslant f(x_0) + f'_+(x_0)(x - x_0), \qquad \forall\, x \in (a,b). \tag{7.5.21}$$

而 f 是严格凸函数当且仅当 f'_+ 在 (a,b) 内存在, 且对任何 $x_0 \in (a,b)$ 以及 $x \neq x_0$, (7.5.21) 式中严格不等式成立.

同理, 如果考虑左导数的情况, 有平行于定理 7.5.15 的如下结论.

定理 **7.5.15′**　设 f 为定义在区间 (a,b) 内的连续函数. 则下列结论成立:

(1) f 是 (严格) 凸函数当且仅当 f'_- 在 (a,b) 内存在, 且 f'_- (严格) 单增.

(2) f 是凸函数当且仅当 f'_- 在 (a,b) 内存在, 且对任何 $x_0 \in (a,b)$, 有

$$f(x) \geqslant f(x_0) + f'_-(x_0)(x - x_0), \qquad \forall\, x \in (a,b). \tag{7.5.22}$$

而 f 是严格凸函数当且仅当 f'_- 在 (a,b) 内存在, 且对任何 $x_0 \in (a,b)$ 以及 $x \neq x_0$, (7.5.22) 式中严格不等式成立.

特别地, 当一个凸函数可导时, 下面的结论成立.

定理 **7.5.15″**　设 f 为定义在区间 (a,b) 内的连续函数. 则下列结论成立:

(1) 若 f 可导, 则 f 是 (严格) 凸函数当且仅当 f' (严格) 单增.

(2) 若 f 可导, 则 f 是凸函数当且仅当**曲线在切线之上**, 即对任何 $x_0 \in (a,b)$, 有

$$f(x) \geqslant f(x_0) + f'(x_0)(x - x_0), \qquad \forall\, x \in (a,b). \tag{7.5.23}$$

而 f 是严格凸函数当且仅当对任何 $x_0 \in (a,b)$ 以及 $x \neq x_0$, (7.5.23) 式中严格不等式成立.

4. 凸性与二阶导数的关系

当函数有较高的光滑度, 比如二阶可导时, 那么根据定理 7.5.15″, 有如下方便的判断函数凸性的方法.

推论 7.5.16 设函数 f 在 (a,b) 内二阶可导. 则 f 是凸函数当且仅当 $f''(x) \geqslant 0$. 如果 $f'' > 0$, 则 f 是严格凸函数.

例 7.5.15 函数 $y = x^2$ 是 $\mathbb{R}$ 上的凸函数, 这是因为 $y'' = 2 > 0$.

推论中的假设 $f''(x) \geqslant 0$ 也有可能是严格凸. 比如 $y = x^4$, 有 $y'' = 12x^2 \geqslant 0$, 故 $y = x^4$ 是 $\mathbb{R}$ 上的凸函数, 事实上, 它也是 $\mathbb{R}$ 上的严格凸函数, 虽然 $y''(0) = 0$.

5. 凸函数的极值与最值

凸函数中有一类平凡凸函数. 如果函数 f 在区间 I 上为线性函数, 则称其为**平凡凸函数**. 特别地, 常值函数是一类平凡凸函数. 容易看出, 严格凸函数是不可能平凡凸的.

凸函数具有下面的基本性质.

命题 7.5.17 设 f 为区间 I 上的严格凸函数. 则 f 在 I 的内部不可能取得极大值, 也不可能取到最大值.

证明 设 f 在点 x_0 处取得最大值 M. 任取 $a, b \in I$, 使得 $a < x_0 < b$. 此时 x_0 可以表示为

$$x_0 = ta + (1-t)b, \quad \text{其中 } t = \frac{b - x_0}{b - a} \in (0, 1).$$

由严格凸函数的定义可得

$$M = f(x_0) = f(ta + (1-t)b) < tf(a) + (1-t)f(b) < tM + (1-t)M = M,$$

矛盾, 故结论成立. 类似地可得极大值的结论. □

凸函数的另一个重要的整体性质是极值点必为最值点.

命题 7.5.18 设 f 为区间 I 上的凸函数. 如果 f 在 I 的内部取得极值, 则该点必为最小值点.

证明 设 f 在 I 的内部点 x_0 取得极值. 如果 x_0 为 f 的极大值点, 则由命题 7.5.17 知 f 为常值函数, 所以 x_0 也是最小值点. 结论成立.

如果 x_0 是 f 的极小值点, 任取 $x > x_0$, 我们断言必有 $f(x) \geqslant f(x_0)$.

事实上, 考虑 f 在 $[x_0, x]$ 上的最大值点 x_1.

(i) 如果 $x_1 = x$, 则证明已完成.

(ii) 如果 $x_1 \in (x_0, x)$, 这意味着 (x_0, x) 上的最大值点在内部点 x_1 处达到, 由命题 7.5.17 知 f 在 $[x_0, x]$ 上是常值函数. 特别地, $f(x) = f(x_0)$.

(iii) 如果 $x_1 = x_0$, 则 x_0 在 $[x_0, x]$ 上既是极小值点又是极大值点, 从而存在 $\delta > 0$, 使得 f 在 $[x_0, x_0 + \delta]$ 上取常值. 特别地, f 的极大值在区间内部取到, 仍由命题 7.5.17 知 f 为常值函数, 从而也有 $f(x) = f(x_0)$.

同理, 任取 $x < x_0$, 完全类似地可以证明 $f(x) \geqslant f(x_0)$. 故 x_0 是最小值点. □

命题 7.5.19 (1) 定义在整个数轴 $\mathbb{R}$ 上的凸函数不可能有上界, 除非是常值函数;

(2) 定义在整个数轴 $\mathbb{R}$ 上的凹函数不可能有下界, 除非是常值函数.

证明 我们只证 (1), 凹函数情况的证明完全类似. 假如 $f(x) \leqslant c \ (\forall x \in \mathbb{R})$, 任取 $a < b$, 设 $x_1 < a, b < x_2$, 则

$$\frac{f(a) - c}{a - x_1} \leqslant \frac{f(a) - f(x_1)}{a - x_1} \leqslant \frac{f(b) - f(a)}{b - a} \leqslant \frac{f(x_2) - f(b)}{x_2 - b} \leqslant \frac{c - f(b)}{x_2 - b},$$

在上式中令 $x_1 \to -\infty, x_2 \to +\infty$, 可得

$$0 \leqslant \frac{f(b) - f(a)}{b - a} \leqslant 0,$$

即 $f(a) = f(b)$. 由 a, b 的任意性知 f 为常值函数. □

根据命题 7.5.19, 可以立得下面一个非常实用的推论.

推论 7.5.20 定义在 $\mathbb{R}$ 上的二阶可导的有界函数必至少有一个二阶导数为零的点.

例 7.5.16 设 $y = \dfrac{1}{1 + x^2}$, 证明: 存在 $\xi \in \mathbb{R}$, 使得 $f''(\xi) = 0$.

本题结论的证明可以通过直接计算即可完成. 但对于形式稍微复杂一些的题目, 通过计算的方法来验证二阶导数零点的存在性可能就不是那么容易了. 比如下面的例子.

例 7.5.17 设 $P_n(x)$ 和 $Q_m(x)$ 分别为 n 次和 m 次多项式, $n > m$, $P_n(x) = 0$ 无实根. 证明: 至少存在一点 $\xi \in \mathbb{R}$, 使得

$$(P_n^2 Q_m'' + 2Q_m(P_n')^2)|_\xi = (P_n Q_m P_n'' + 2P_n P_n' Q_m')|_\xi.$$

事实上, 注意到函数 $f(x) = \dfrac{Q_m(x)}{P_n(x)}$ 是 $\mathbb{R}$ 上的二阶连续可微的有界函数, 因此必至少存在一点 $\xi \in \mathbb{R}$ 使得 $f''(\xi) = 0$, 后者等价于待证的等式.

7.5.4 函数的拐点与渐近线

1. 函数的拐点

如果函数 f 的凹凸性在某一点 $(x_0, f(x_0))$ 处发生改变, 我们就称这一点为拐点[①]. 具体地, 有如下定义.

定义 7.5.4 设 f 在点 x_0 附近连续, 若存在 $\delta_0 > 0$ 使得 f 在 $[x_0 - \delta_0, x_0]$ 和 $[x_0, x_0 + \delta_0]$ 上的凹凸性刚好改变, 即 f 在 $[x_0 - \delta_0, x_0]$ 上为凸函数 (凹函数), 在 $[x_0, x_0 + \delta_0]$ 上为凹函数 (凸函数), 则称 $(x_0, f(x_0))$ 为 f 的**拐点**.

命题 7.5.21 若 $(x_0, f(x_0))$ 是 $f(x)$ 的拐点, 且 $f''(x_0)$ 存在, 则 $f''(x_0) = 0$.

证明 因为 $f''(x_0)$ 存在, 所以 $f'(x)$ 在点 x_0 某邻域存在. 由于 $f(x)$ 在点 x_0 的左、右凹凸性改变, 这说明 $f'(x)$ 在点 x_0 的左、右单调性刚好相反, 即 x_0 是 $f'(x)$ 一个极值点. 由 Fermat 引理知, $f''(x_0) = 0$. □

---

① 有两种常见的拐点定义, 一种是把拐点定义为函数图像上的点 $(x_0, f(x_0))$, 另一种是把拐点定义为自变量坐标 x_0. 我们这里采用前者.

类似于利用 Taylor 公式讨论极值问题, 当函数有一定光滑性时, 我们也可以应用 Taylor 公式讨论函数的拐点.

命题 7.5.22 如果 $f(x)$ 在点 x_0 的某邻域内二阶可导, $f''(x_0) = 0$, $f'''(x_0)$ 存在且非零, 则 $(x_0, f(x_0))$ 是 $f(x)$ 的拐点.

证明 考虑 $f''(x)$ 的 Taylor 公式

$$f''(x) = f''(x_0) + f'''(x_0)(x - x_0) + o(x - x_0) = (f'''(x_0) + o(1))(x - x_0).$$

所以当 $|x - x_0| \ll 1$ 时, $f'''(x_0) + o(1)$ 与 $f'''(x_0)$ 有相同符号, 从而 $f''(x)$ 在点 x_0 左、右符号相反, 即 $f(x)$ 在点 x_0 左、右凹凸性相反, 故 $(x_0, f(x_0))$ 是 f 的拐点. $\qquad\square$

例 7.5.18 试讨论函数

$$f(x) = \frac{(x-1)^3}{(x+1)^2}$$

的拐点.

解 直接计算可知

$$f'(x) = \frac{(x-1)^2(x+5)}{(x+1)^3}, \qquad f''(x) = \frac{24(x-1)}{(x+1)^4}.$$

由于 $f''(x)$ 在 $x_0 = 1$ 的左、右符号刚好相反, 所以 $(1, 0)$ 是函数的拐点.

2. 函数的渐近线

函数有无渐近线是函数的一个重要的直观特征. 渐近线的存在性和寻求可以通过极限来定义和给出. 具体来说, 如果 $\lim\limits_{x \to \pm\infty} f(x) = A$, 则 $y = A$ 是函数的**水平渐近线**; 如果 $\lim\limits_{x \to x_0^+} f(x) = \infty$ 或者 $\lim\limits_{x \to x_0^-} f(x) = \infty$, 则 $x = x_0$ 是函数的**垂直渐近线**; 如果 $\lim\limits_{x \to +\infty} \dfrac{f(x)}{x} = k$ 存在有限, 且同时有 $\lim\limits_{x \to +\infty} (f(x) - kx) = b$ 存在有限, 则称 $y = kx + b$ 是函数 f 当 $x \to +\infty$ 时的**斜渐近线**. 完全类似可以定义函数 f 当 $x \to -\infty$ 时的**斜渐近线**.

可以看出, 如果斜渐近线存在, 那么 k 就是渐近线的斜率, b 就是渐近线在 y 轴上的截距.

在讨论渐近线时, 应该明确 x 和 y 的渐近方式. 比如, 应该把 ∞ 区分为 $+\infty$ 和 $-\infty$.

例 7.5.19 试讨论例 7.5.18 中的函数

$$f(x) = \frac{(x-1)^3}{(x+1)^2}$$

的渐近线.

解 首先容易看出 $x = -1$ 是函数的一条垂直渐近线, 又

$$\lim_{x \to \pm\infty} \frac{f(x)}{x} = 1, \qquad \lim_{x \to \pm\infty} (f(x) - x) = -5,$$

因此 $y = x - 5$ 是函数 f 当 $x \to +\infty$ 和 $x \to -\infty$ 时的共同的斜渐近线.

7.5.5　函数作图

说起函数作图, 大家自然想到强大的绘图软件能用极快的速度把众多函数图形准确地画出来. 然而, 用绘图软件画图不是数学分析的核心内容. 我们这里介绍的 "函数作图", 旨在综合利用我们学过的极限和导数的基本内容, "手工" 绘出函数大致的性态. 也许我们画的图形在尺寸上与真实数据不是那么精准对等, 但如果能把握好几个要素, 我们就能抓住函数的 "灵魂", 甚至能凸显出我们感兴趣的角度. 这个犹如相机代替不了漫画一样.

那么画好一个函数的图形, 需要注意哪些重要因素? 我们可以简单罗列如下: 函数的定义域、有界性、奇偶性、周期性、单调区间、极值点、凹凸性、拐点、渐近线、一些特殊的点 (是否过原点、与坐标轴的交点) 等.

下面我们通过具体例子来熟悉一下上述环节.

例 7.5.20　作出函数 $f(x) = \dfrac{2x}{1+x^2}$ 的图像.

解　显然 f 是一个奇函数. 求导可得

$$f'(x) = \frac{2(1-x^2)}{(1+x^2)^2}, \qquad f''(x) = \frac{4x(x^2-3)}{(1+x^2)^3}.$$

故得 $x = \pm 1$ 为 f 的驻点, f 在 $(-\infty, -1)$ 上单调递减, 在 $(-1, 1)$ 内单调递增, 在 $(1, +\infty)$ 上单调递减. $f(-1) = -1$ 为 f 的极小值, $f(1) = 1$ 为 f 的极大值.

从 $f''(x) = 0$ 又可以判断出 $(\sqrt{3}, \frac{\sqrt{3}}{2})$, $(-\sqrt{3}, \frac{-\sqrt{3}}{2})$ 和 $(0,0)$ 均为 f 的拐点. 即 f 在 $\left(-\infty, -\sqrt{3}\right)$ 上是凹函数, 在 $\left(-\sqrt{3}, 0\right)$ 内是凸函数的, 在 $\left(0, \sqrt{3}\right)$ 内是凹函数, 在 $\left(\sqrt{3}, +\infty\right)$ 上又是凸函数.

再者, 由于 $\lim\limits_{x \to \infty} f(x) = 0$, 因此 $y = 0$ 为 f 的渐近线.

其他要素: f 除了过原点外与坐标轴没有其他交点, 函数显然有界 $|f| \leqslant 1$. 综上, 我们可以大致画出函数的图形, 见图 7.9.

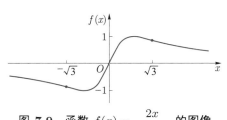

图 7.9　函数 $f(x) = \dfrac{2x}{1+x^2}$ 的图像

例 7.5.21　作出函数 $y = f(x) = \dfrac{x^3}{2(1-x^2)}$ 的图像.

解 通过直接计算不难得到如下结论:

(1) 函数的定义域为 $x \neq \pm 1$.

(2) 函数是奇函数.

(3) 通过求解 $f'(x) = 0$ 可得函数的驻点 $x = 0, \pm\sqrt{3}$. 进一步可判断出 $x = \sqrt{3}$ 是极大值点, 极大值为 $f(\sqrt{3}) = -\dfrac{3\sqrt{3}}{4}$. $x = -\sqrt{3}$ 是极小值点, 极小值为 $f(-\sqrt{3}) = \dfrac{3\sqrt{3}}{4}$.

(4) 通过求解 $f'(x) > 0$ 和 $f'(x) < 0$, 可知 x 分别在区间 $(-\infty, -\sqrt{3})$, $(-\sqrt{3}, -1)$, $(-1, 0)$, $(0, 1)$, $(1, \sqrt{3})$, $(\sqrt{3}, +\infty)$ 内时, 函数分别单调递减、单调递增、单调递增、单调递增、单调递增、单调递减.

(5) 通过考察 $f''(x)$ 可以得到函数的凹凸性以及拐点: 函数在 $(0, 1)$ 内是凸函数, 在 $(1, +\infty)$ 上是凹函数, 在 $(-1, 0)$ 内是凹函数, 在 $(-\infty, -1)$ 上是凸函数. $(0, 0)$ 是函数的拐点.

由 (4), (5) 可得, 当 x 分别在区间 $(-\infty, -\sqrt{3})$, $(-\sqrt{3}, -1)$, $(-1, 0)$, $(0, 1)$, $(1, \sqrt{3})$, $(\sqrt{3}, +\infty)$ 内时, 函数分别单调递减 (凸函数)、单调递增 (凸函数)、单调递增 (凹函数)、单调递增 (凸函数)、单调递增 (凹函数)、单调递减 (凹函数).

(6) 有两条垂直渐近线 $y = \pm 1$ 和一条斜渐近线 $y = -\dfrac{1}{2}x$.

综合上述性质, 可以大致作出函数的图像, 见图 7.10.

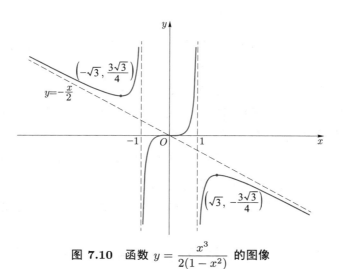

图 **7.10** 函数 $y = \dfrac{x^3}{2(1 - x^2)}$ 的图像

习题 **7.5**

1. 证明下列等式:

(1) $\arcsin x + \arccos x = \dfrac{\pi}{2}$, $\forall x \in [-1, 1]$;

(2) $2\arctan x + \arcsin \dfrac{2x}{1 + x^2} = \pi$, $\forall x \geqslant 1$.

2. 证明下列不等式:

(1) $\tan x > x + \dfrac{x^3}{3}, \ \forall x \in \left(0, \dfrac{\pi}{2}\right)$;

(2) $\dfrac{2x}{\pi} < \sin x < x, \ \forall x \in \left(0, \dfrac{\pi}{2}\right)$;

(3) $x - \dfrac{x^2}{2} < \ln(1 + x) < x - \dfrac{x^2}{2(1 + x)}, \ \forall x > 0$;

(4) $ny^{n-1}(x - y) < x^n - y^n < nx^{n-1}(x - y) \ (n > 1), \ \forall x > y > 0$;

(5) $\mathrm{e}^x > 1 + x + \dfrac{x^2}{2!} + \cdots + \dfrac{x^n}{n!}, \ \forall x > 0$;

(6) $\dfrac{\tan x}{x} > \dfrac{x}{\sin x}, \ \forall x \in \left(0, \dfrac{\pi}{2}\right)$.

3. 数列 $1, \sqrt{2}, \sqrt[3]{3}, \cdots, \sqrt[n]{n}, \cdots$ 中哪一项最大?

4. 证明: 当 $x \in \left[\dfrac{\pi}{4}, \dfrac{3\pi}{4}\right]$ 时, 不等式

$$\frac{2\sqrt{2}}{3\pi} \leqslant \frac{\sin x}{x} \leqslant \frac{2\sqrt{2}}{\pi}$$

成立.

5. 研究函数 $\dfrac{1}{\sin x} - \dfrac{1}{x}$ 的单调性, 其中 $x \in (0, \pi)$.

6. 设 $f(x) \in C[0, +\infty)$. 若 $\forall x \geqslant 0, \forall \delta > 0$, 都存在 $y \in (x, x + \delta)$ 满足 $f(y) \geqslant f(x)$. 证明: $f(x)$ 单调不减.

7. 证明: (严格) 凸函数的极值点就是 (严格) 最值点.

8. 设 f 是 $\mathbb{R}$ 上的连续函数, 且 $|f|$ 是凸函数. 证明: f 至多只有一个拐点.

9. 证明: 有界闭区间上的凸函数必有界.

10. 设 f 在 $[0, +\infty)$ 上连续, 在 $(0, +\infty)$ 上可导. 若 $f(0) = 0$, $f'(x)$ 严格单调递增. 证明: $\dfrac{f(x)}{x}$ 在 $(0, +\infty)$ 上也严格单调递增.

11. 证明: 任意一个定义在整个 $\mathbb{R}$ 上的严格凸函数都不可能被夹在两条平行直线之间.

12. 设 $\varepsilon_0 > 0, \delta_0 > 0$. 试问: 能否存在一个定义在整个 $\mathbb{R}$ 上的光滑的 (C^∞) 严格凸函数, 使之位于带形区域

$$\Omega = \left\{ (x, y): \begin{array}{ll} -\varepsilon_0 x \leqslant y \leqslant -\varepsilon_0 x + \delta_0, & x \leqslant 0 \\ \varepsilon_0 x \leqslant y \leqslant \varepsilon_0 x + \delta_0, & x \geqslant 0 \end{array} \right\}$$

内. 如果不可以, 请证明; 如果可以, 请构造一个这样的函数.

13. 证明命题 7.5.7: 设函数 $f(x)$ 在区间 I 上有定义. 则 $f(x)$ 是区间 I 上的中点

凸函数的充要条件是 $\forall x_1, x_2, \cdots, x_n \in I$, 有

$$f\left(\frac{x_1 + x_2 + \cdots + x_n}{n}\right) \leqslant \frac{1}{n}\big(f(x_1) + f(x_2) + \cdots + f(x_n)\big).$$

14. 证明命题 7.5.8: 设 $f(x)$ 是区间 I 上的连续函数. 则它是 (严格) 凸函数当且仅当它是 (严格) 中点凸函数.

15. 试讨论函数 $f(x) = -\ln x \ (x > 0)$ 的凹凸性, 并证明不等式

$$\sqrt[n]{a_1 a_2 \cdots a_n} \leqslant \frac{1}{n}(a_1 + a_2 + \cdots + a_n),$$

其中 $a_i > 0$, $i = 1, 2, \cdots, n$.

16. 设 $a_i > 0$, $i = 1, 2, \cdots, n$. 证明不等式

$$\frac{n}{\dfrac{1}{a_1} + \dfrac{1}{a_2} + \cdots + \dfrac{1}{a_n}} \leqslant \sqrt[n]{a_1 a_2 \cdots a_n}.$$

17. 设 $a_i > 0$, $i = 1, 2, \cdots, n$, 且 $\displaystyle\sum_{i=1}^{n} a_i = 1$. 证明不等式

$$x_1^{a_1} x_2^{a_2} \cdots x_n^{a_n} \leqslant \sum_{i=1}^{n} a_i x_i, \quad \forall x_i \geqslant 0,$$

并求等号成立的条件.

18. 证明: $\mathbb{R}$ 上的严格凸函数不可能有上界, 严格凹函数不可能有下界.

进一步, 任何一条非垂直直线都不可能控制住一个定义在整个 $\mathbb{R}$ 上的严格凸函数. 从而, 如果一个定义在整个 $\mathbb{R}$ 上的二阶光滑函数有界, 必然有一个二阶导数为 0 的点.

19. 证明: $y'' + a(x)y = 0$, $\quad a(x) \geqslant c > 0$ 在 $\mathbb{R}$ 上的任一非零全局解必有无限多个拐点.

20. 证明或证否: 区间 (a, b) 内的严格凸函数的极值点最多只有一个, 且为最值点.

21. 证明或证否: 凸函数不可能存在两条平行的渐近线. 特别地, $\mathbb{R}$ 上的非平凡凸函数不可能有界.

22. 设 $P_0(a, b)$ 为平面上的一定点. 证明: 点 $(x, 0)$ 到 P_0 的距离函数是一个凸函数.

23. 设 f 为 $(-\infty, +\infty)$ 上的连续函数. 若对任意 $x \in \mathbb{R}$, 均有

$$\lim_{h \to 0} \frac{f(x+h) + f(x-h) - 2f(x)}{h^2} = 0.$$

证明: $f(x)$ 为线性函数.

24. 求曲线 $x^3 + y^3 = 3xy$ 的渐近线.

25. 作出下列函数的图像:

(1) $f(x) = \sin^3 x + \cos^3 x$, $x \in \mathbb{R}$;   (2) $f(x) = \dfrac{1 - 2x}{x^2} + 1$, $x > 0$;

(3) $f(x) = x^3 - x^2 - x + 1,\ x \in \mathbb{R}$; 　　(4) $y = x^4 - 2x + 10$;

(5) $f(x) = \mathrm{e}^{-x^2},\ x \in \mathbb{R}$; 　　(6) $f(x) = (2+x)\mathrm{e}^{\frac{1}{x}},\ x \neq 0$;

(7) $f(x) = x^2 \mathrm{e}^{-x},\ x \in \mathbb{R}$. 　　(8) $y = \ln(1+x^2)$;

(9) $y = x - \ln(1+x)$; 　　(10) $y = \dfrac{-x}{1-x^7}$.

26. (1) 是否存在 $\mathbb{R}$ 上的凸函数 f, 使得 $f(0) < 0$, 且

$$\lim_{|x| \to +\infty} (f(x) - |x|) = 0;$$

(2) 是否存在 $\mathbb{R}$ 上的凸函数 f, 使得 $f(0) > 0$, 且

$$\lim_{|x| \to +\infty} (f(x) - |x|) = 0.$$

27. 设 f 和 g 分别是定义在整个 $\mathbb{R}$ 上的严格凹函数和严格凸函数, 两者图形没有交点. 试讨论下面的结论是否成立:

(1) $\forall x \in \mathbb{R}$, 是否一定成立 $g(x) > f(x)$.

(2) 有没有可能成立 $\lim\limits_{x \to +\infty} \big(g(x) - f(x)\big) = 0$ 或者 $\lim\limits_{x \to -\infty} \big(g(x) - f(x)\big) = 0$;
有没有可能成立 $\lim\limits_{x \to +\infty} \big(g(x) - f(x)\big) = 0$ 且 $\lim\limits_{x \to -\infty} \big(g(x) - f(x)\big) = 0$.

(3) 如果 $\lim\limits_{x \to +\infty} g(x) - f(x) = 0$, 是否必有 $\lim\limits_{x \to -\infty} |g(x) - f(x)| = +\infty$;
如果 $\lim\limits_{x \to -\infty} g(x) - f(x) = 0$, 是否必有 $\lim\limits_{x \to +\infty} |g(x) - f(x)| = +\infty$.

(4) 如果 $\lim\limits_{x \to +\infty} \big(g(x) - f(x)\big) = 0$, $g(x) - f(x)$ 是否单调趋于 0; f 与 g 是否一定有相同的渐近线.

(5) 如果 $\lim\limits_{x \to +\infty} g(x) - f(x) = 0$, 是否一定存在一条直线 L 把这两个函数的图形分到直线的两侧, 且此直线与它们都不相交.

第八章

不定积分

8.1　原函数与不定积分

在前面章节, 我们引入了导数的定义, 介绍了求导数的一些方法, 并且给出了一些基本初等函数的导数. 从运算的角度来看, 就是说给定一个函数 $F(x)$, 如果它是可导的, 那么它就对应一个所谓的导函数 $F'(x) = f(x)$. 在那里函数 $F(x)$ 是已知的, 我们讨论的重点主要放在寻求和研究导函数 $f(x)$ 上. 本章我们将着重考虑上述求导运算的逆运算, 即函数 $f(x)$ 是已知的, 我们关注的是如何寻求 $F(x)$. 与此紧密相关的问题包括 $F(x)$ 的存在性; 如果存在的话, 有多少这样的函数; 以及能否求出这些函数, 如何求出这些函数, 等等. 类似于求导运算, 如果存在这样的 $F(x)$ 使得 $F'(x) = f(x)$, 那么我们通常称 $f(x)$ 是可积的 (这里的可积与后面定积分章节中的可积有所不同), 而把 $F(x)$ 称为 $f(x)$ 的一个**原函数**. 严格定义如下.

定义 8.1.1　设函数 $f(x)$ 在区间 I 上有定义. 如果函数 $F(x)$ 在 I 上可导, 且满足

$$F'(x) = f(x), \qquad 或者 \quad \mathrm{d}F = f(x)\,\mathrm{d}x, \quad x \in I,$$

那么就称 F 为 f 在区间 I 上的一个**原函数**. 在不强调区间 I 时, 又简称为 F 为 f 的一个**原函数**.

根据导数的基本性质, 显然原函数具有下面的性质.

定理 8.1.1　设函数 $f(x)$ 在区间 I 上有定义.

(1) 如果 $F(x)$ 是 $f(x)$ 在区间 I 上的一个原函数, 那么对于任意的常数 $c \in \mathbb{R}$, 函数

$$G(x) = F(x) + c$$

也是 $f(x)$ 的一个原函数;

(2) 如果 $G(x)$ 也是 $f(x)$ 的一个原函数, 那么必有常数 c, 使得

$$G(x) = F(x) + c.$$

证明　(1) 首先, 对于任意常数 c, 由 $F'(x) = f(x)$, 知

$$G'(x) = (F(x) + c)' = F'(x) = f(x), \qquad \forall x \in I.$$

因此根据原函数的定义, 得 $F(x) + c$ 是 $f(x)$ 的一个原函数.

(2) 反过来, 如果 $G(x)$ 是 $f(x)$ 的另一个原函数, 则根据导数运算的代数法则, 有

$$(G(x) - F(x))' = G'(x) - F'(x) \equiv 0, \qquad \forall x \in I.$$

因而有

$$G(x) - F(x) = c, \qquad \forall x \in I,$$

即

$$G(x) = F(x) + c. \qquad \square$$

由定理可知, 如果能求出 $f(x)$ 的一个原函数, 则可以得到它所有的原函数, 任意两个原函数之间仅相差一个常数.

该定理有明确的几何直观: 设 F 是给定函数 f 的原函数, $\Gamma: y = F(x)$ 是这样一条曲线, 它在 $x = x_0$ 处有斜率为 $k = f(x_0)$ 的切线 ℓ. 将 Γ 沿着 y 轴向上平移 c 得到曲线 $\Gamma_c: y = F(x) + c$. 则 Γ_c 在 $x = x_0$ 处的切线 ℓ_c 也对应着 ℓ 的平移, 即它们有完全相同的斜率 k, 所以 $y = F(x) + c$ 也是 $f(x)$ 的一个原函数. Γ 和 Γ_c 的切线方程分别为

$$\ell: \quad y = f(x_0)(x - x_0) + F(x_0), \qquad \ell_c: \quad y = f(x_0)(x - x_0) + F(x_0) + c.$$

容易看出, 在这一族相互平行的曲线中, 如果要研究某一条过指定点 (x_0, y_0) 的曲线 Γ^*, 则只需确定出相应的常数 $c = y_0 - F(x_0)$ 即可.

定理 8.1.1的一个等价说法是, 如果函数 $f(x)$ 有一个原函数 $F(x)$, 则通过平移得到一族原函数; 反过来, 任何一个原函数都必须在此函数族中, 即 $\{F(x) + c : c \in \mathbb{R}\}$ 的集合恰好由 $f(x)$ 的所有原函数组成. 这样, 我们很自然地可以把这族由 $f(x)$ 生成的函数集合赋予它一个记号

$$\int f(x) \, \mathrm{d}x,$$

并称之为 $f(x)$ 的**不定积分**, $f(x)$ 常称为**被积函数**.

这里我们需要注意两点: 一是原函数和不定积分是两个概念, 它们之间的关系是元素与集合的从属关系. 不定积分 $\int f(x) \, \mathrm{d}x$ 代表的不是一个函数, 而是一个由所有具有相同导函数的元素组成的集合, 这个集合中的每一个函数都称为 $f(x)$ 的一个原函数. 二是 $f(x)$ 的不定积分这个称呼以及记号 $\int f(x) \, \mathrm{d}x$ 现阶段看起来有点突兀, 它们的意义在学到定积分后将会看得更清楚和更深刻, 目前暂时当成一个术语理解即可.

例 8.1.1　求下列不定积分:

$$\int \sin x \, \mathrm{d}x, \qquad \int x^2 \, \mathrm{d}x, \qquad \int \mathrm{e}^{ax} \, \mathrm{d}x \ (a \neq 0).$$

解　下面所有表达式中的 c 均为常数, 不再一一赘述.

由于 $(\cos x)' = -\sin x$, 所以

$$\int \sin x \, \mathrm{d}x = -\cos x + c.$$

同理, 我们可以写出另外两个不定积分:

$$\int x^2 \, \mathrm{d}x = \frac{1}{3}x^3 + c, \qquad \int \mathrm{e}^{ax} \, \mathrm{d}x = \frac{1}{a}\mathrm{e}^{ax} + c.$$

例 8.1.2   试讨论符号函数

$$
\operatorname{sgn}(x) = \begin{cases} -1, & x < 0, \\ 0, & x = 0, \\ 1, & x > 0 \end{cases}
$$

在 $\mathbb{R}$ 上是否有原函数.

解   我们假设 $\operatorname{sgn}(x)$ 有原函数 $F(x)$, 则

当 $x < 0$ 时, $F'(x) = -1$, 因此 $F(x) = -x + c_1$;

当 $x > 0$ 时, $F'(x) = 1$, 因此 $F(x) = x + c_2$.

由于 $F(x)$ 是原函数, 故必须可导, 从而在 $x = 0$ 处连续. 因而必须有 $c_1 = c_2 = c$, 即

$$
F(x) = \begin{cases} -x + c, & x < 0, \\ c, & x = 0, \\ x + c, & x > 0. \end{cases}
$$

然而这样的 $F(x)$ 在 $x = 0$ 处不可能可导, 从而 $\operatorname{sgn}(x)$ 在 $\mathbb{R}$ 上没有原函数. 但请注意, $\operatorname{sgn}(x)$ 在任一不包含原点在内的区间上是有原函数的.

习题 8.1

1. 证明: 若 $\displaystyle\int f(x)\,\mathrm{d}x = F(x) + C$, 则

$$
\int f(ax + b)\,\mathrm{d}x = \frac{1}{a}F(ax + b) + C \quad (a \neq 0).
$$

2. 求下列不定积分:

(1) $\displaystyle\int (2^x + 3^x)\,\mathrm{d}x$;

(2) $\displaystyle\int \tan^2 x\,\mathrm{d}x$;

(3) $\displaystyle\int \frac{2x^2}{1 + x^2}\,\mathrm{d}x$;

(4) $\displaystyle\int \cos^2 x\,\mathrm{d}x$;

(5) $\displaystyle\int \cos x \cos 2x\,\mathrm{d}x$;

(6) $\displaystyle\int \frac{\cos 2x}{\cos^2 x \sin^2 x}\,\mathrm{d}x$;

(7) $\displaystyle\int \frac{\mathrm{e}^{3x} + 1}{\mathrm{e}^x + 1}\,\mathrm{d}x$;

(8) $\displaystyle\int \frac{\cos 2x}{\cos x - \sin x}\,\mathrm{d}x$;

(9) $\displaystyle\int \sqrt{1 - \sin 2x}\,\mathrm{d}x$.

3. 求下列不定积分:

(1) $\displaystyle\int \mathrm{e}^{-|x|}\,\mathrm{d}x$;

(2) $\displaystyle\int |x|\,\mathrm{d}x$;

(3) $\displaystyle\int \max\{1, x^2\}\,\mathrm{d}x$;

(4) $\displaystyle\int |\sin x|\,\mathrm{d}x$.

4. 设 f 在 (a,b) 内可导, 且 $|f'(x)| \leqslant M, \forall x \in (a,b)$. 证明: 极限 $\lim\limits_{x \to a^+} f(x)$ 和 $\lim\limits_{x \to b^-} f(x)$ 都存在且有限.

5. 设 f 在 $[a,b]$ 上连续, 在 (a,b) 内的左导数存在且恒为零, 证明: f 为常值函数. 对于右导数有类似的结论.

6. 设 f 周期为 T. 则其原函数 F 以 T 为周期当且仅当 $F(T) = F(0)$.

7. 设 f 为奇函数. 则其原函数为偶函数; 设 f 为偶函数. 则其原函数 F 为奇函数当且仅当 $F(0) = 0$.

8.2 原函数的存在性

上节我们给出了原函数的概念和不定积分的定义, 本节我们将讨论不定积分的一个基本问题——原函数的存在性问题. 这个问题包含两个方面, 一是什么样的函数一定有原函数, 二是什么样的函数一定没有原函数. 对于问题的第一个方面, 我们有如下结论.

定理 8.2.1 (原函数存在定理) 闭区间 I 上的连续函数必有原函数.

在给出定理证明之前, 我们简单分析一下. 首先, 连续函数原函数的存在性大都放到定积分引入之后, 通过变上限积分直接给出原函数 (见定理 9.3.6). 下面我们给出一个直接的证明.

回顾一下第六章例 6.1.7 中的函数 $g(x)$ 和 $G(x)$. 用原函数的语言重述该例的结论就是, 如果区间 I 上的逐段线性函数 $g(x)$ 连续, 则 $g(x)$ 有连续的逐段为抛物线的原函数 $G(x)$. 本定理的证明将主要基于该结论.

给定区间 $I = [a,b]$ 和 I 上的一组分点

$$a = x_0 < x_1 < x_2 < \cdots < x_n < x_{n+1} = b.$$

设 $g(x)$ 是区间 I 上的形如下式的逐段线性函数:

$$g(x) = a_i + k_i(x - x_i), \quad x \in [x_i, x_{i+1}], \quad i = 0, 1, \cdots, n.$$

为了保证 $g(x)$ 的连续性, 有

$$a_i = a_{i-1} + k_{i-1}(x_i - x_{i-1}) \quad i = 1, 2, \cdots, n.$$

例 6.1.7 直接给出了函数 $g(x)$ 满足 $G(a) = 0$ 的原函数

$$G(x) = A_i + a_i(x - x_i) + \frac{k_i}{2}(x - x_i)^2, \quad x \in [x_i, x_{i+1}], \quad i = 0, 1, \cdots, n,$$

其中 $A_0 = 0, \quad A_i = A_{i-1} + a_{i-1}(x_i - x_{i-1}) + \frac{k_{i-1}}{2}(x_i - x_{i-1})^2, \, i = 1, 2, \cdots, n.$

证明　不失一般性, 不妨假设 $I = [0,1]$. 设函数 $f(x)$ 是 I 上的连续函数, 我们证明一定存在 I 上的函数 $F(x)$ 使得 $F'(x) = f(x)$ (这里在区间端点处自然理解为单侧导数).

记

$$\omega(r) = \max_{\substack{x,x' \in [0,1] \\ |x-x'| \leqslant r}} |f(x) - f(x')|, \qquad \forall r \geqslant 0.$$

由于 $f(x)$ 在 I 上连续, 故一致连续, 即 $\lim\limits_{r \to 0^+} \omega(r) = \omega(0) = 0$.

任取 $n \geqslant 2$, 定义

$$f_n(x) = \begin{cases} f(0) + n\left(f\left(\dfrac{1}{n}\right) - f(0)\right)x, & x \in \left[0, \dfrac{1}{n}\right), \\[2mm] f\left(\dfrac{1}{n}\right) + n\left(f\left(\dfrac{2}{n}\right) - f\left(\dfrac{1}{n}\right)\right)\left(x - \dfrac{1}{n}\right), & x \in \left[\dfrac{1}{n}, \dfrac{2}{n}\right), \\[2mm] \cdots, \\[2mm] f\left(\dfrac{n-1}{n}\right) + n\left(f(1) - f\left(\dfrac{n-1}{n}\right)\right)\left(x - \dfrac{n-1}{n}\right), & x \in \left[\dfrac{n-1}{n}, 1\right]. \end{cases}$$

则 $f_n(x)$ 是 $[0,1]$ 上的连续的逐段线性函数. 根据第六章例 6.1.7 的结论, 知 $f_n(x)$ 在 I 上有原函数 $F_n(x)$ 且 $F_n(0) = 0$, $F_n(x)$ 是一个连续的逐段抛物线函数.

显然, $\forall x \in I$, 有

$$|f_n(x) - f(x)| \leqslant \omega\left(\frac{1}{n}\right).$$

由 Lagrange 中值定理, 知存在点 $\xi = \xi(m, n, x) \in (0, 1)$ 使得对任意的自然数 $m, n \geqslant 2$, 有

$$|F_m(x) - F_n(x)| = |(F_m(x) - F_n(x)) - (|F_m(0) - F_n(0)|)|$$

$$= |f_m(\xi) - f_n(\xi)| \cdot |x| \leqslant |f_m(\xi) - f_n(\xi)|$$

$$\leqslant |f_m(\xi) - f(\xi)| + |f_n(\xi) - f(\xi)|$$

$$\leqslant \omega\left(\frac{1}{m}\right) + \omega\left(\frac{1}{n}\right).$$

由 Cauchy 收敛准则知当 $n \to +\infty$ 时, 有 $F_n(x)$ 收敛到某函数 $F(x)$.

对于 $n \geqslant 2$, 利用 Lagrange 中值定理, 考虑差商

$$\left| \frac{F_n(x) - F_n(x')}{x - x'} - f(x) \right| = |f_n(x + \theta(x - x')) - f(x)|$$

$$\leqslant |f_n(x + \theta(x - x')) - f(x + \theta(x - x'))| +$$

$$|f(x + \theta(x - x')) - f(x)|$$

$$\leqslant \omega\left(\frac{1}{n}\right) + \omega(|x - x'|),$$

这意味着

$$\left|\frac{F(x) - F(x')}{x - x'} - f(x)\right| \leqslant \omega(|x - x'|).$$

即 $\forall x \in I$, $F'(x) = f(x)$. $\qquad\square$

对于本节开头时问题的第二个方面, 即什么样的函数一定没有原函数, 从例题 8.1.2 我们看到符号函数不可能有原函数. 事实上, 我们有下面更一般的结论.

定理 8.2.2 区间 I 上不具有介值性的函数一定不存在原函数.

证明 定理本质上是 Darboux 介值定理的应用: 任何一个可微函数的导函数必具有介值性, 因此不具有介值性的函数是不可能成为一个函数的导函数的. $\qquad\square$

注 8.2.1 上面两个定理合起来并没有给出连续函数是有原函数的充要条件. 换句话说, 我们并没有排除掉不连续函数一定没有原函数这种情况. 事实上, 下面的例子告诉我们, 即使 $f(x)$ 在 $x = 0$ 处不连续, 但它仍然可以有原函数. 当然, 此时的间断点一定不是第一类间断点.

例 8.2.1 证明函数

$$f(x) = \begin{cases} 2x\sin\dfrac{1}{x^2} - \dfrac{2}{x}\cos\dfrac{1}{x^2}, & x \neq 0, \\ 0, & x = 0 \end{cases}$$

有原函数

$$F(x) = \begin{cases} x^2\sin\dfrac{1}{x^2}, & x \neq 0, \\ 0, & x = 0. \end{cases}$$

证明 直接验证即可. $\qquad\square$

事实上, 我们可以利用连续函数必有原函数这一结论, 来给出构造不连续函数仍有原函数的稍微一般的方法. 参见本节习题题目 5.

习题 8.2

1. 试讨论符号函数 $\mathrm{sgn}\,(x)$ 和 Dirichlet 函数有没有原函数?

2. 设 $a < c < b$, f 在 (a,b) 内连续, F 在 (a,c) 与 (c,b) 内均为 f 的原函数, 且 F 在 (a,b) 内连续. 证明: F 是 f 在 (a,b) 内的原函数.

3. 设 f 是区间 $[a,b]$ 上的实连续函数, F 是 f 在区间 (a,b) 内的一个原函数. 证明: $F(a^+)$ 与 $F(b^-)$ 存在.

4. 设 $f(x)$ 在 $[a,b]$ 上有界且存在原函数, $g(x)$ 是 $[a,b]$ 上的连续函数. 求证: $f(x)g(x)$ 在 $[a,b]$ 上存在原函数.

5. 设函数 $f(x)$ 在 $(-\infty,+\infty)$ 上可导, $\lim\limits_{x\to\infty}\dfrac{f(x)}{x}=0$. 求证:

$$g(x)=\begin{cases} f'\left(\dfrac{1}{x}\right), & x\neq 0,\\[2mm] 0, & x=0 \end{cases}$$

在 $(-\infty,+\infty)$ 上有原函数.

6. 在上面的题目 5 中, 特别地, 取 $f_1(x)=-\cos x$, $f_2(x)=\sin x$, 则满足 $\lim\limits_{x\to\infty}\dfrac{f_i(x)}{x}=0, i=1,2.$ 因此, 下面结论成立: 函数

$$g_1(x)=\begin{cases} \sin\dfrac{1}{x}, & x\neq 0,\\[2mm] 0, & x=0, \end{cases} \qquad g_2(x)=\begin{cases} \cos\dfrac{1}{x}, & x\neq 0,\\[2mm] 0, & x=0 \end{cases}$$

在 $\mathbb{R}$ 上有原函数. 试证明这个结论. 进一步, 证明 $g_2^2(x)$ 在 $\mathbb{R}$ 上没有原函数.

7. 试问函数

$$f(x)=\begin{cases} \dfrac{1}{x}\sin\dfrac{1}{x}, & x>0,\\[2mm] 0, & x=0 \end{cases}$$

在 $[0,+\infty)$ 上是否有原函数?

8. 设 $F(x)$ 是 $f(x)$ 在 $\mathbb{R}$ 上的一个有下界的原函数. 证明: $\inf\limits_{x\in\mathbb{R}}|f(x)|=0$.

9. 设函数 $f(x)$ 和 $g(x)$ 在区间 I 上都有原函数. 问 $f(x)g(x)$ 是否在区间 I 上也必有原函数?

8.3　不定积分的性质与计算

8.3.1　积出来和积不出来

定理 8.2.1告诉我们, 区间 I 上的连续函数一定有原函数, 那么随之而来的问题是: 如何计算一个给定的连续函数的原函数? 事实上, 一个前置的问题是: 一个函数如果有原函数, 原函数总能算出来吗? 这个问题逻辑上非常类同于一个奇数次多项式在实数域上至少有一个实数根和这个根总能算出来吗? 的确, 原函数的存在性和能否表示出来是两个层面的问题.

要回答连续函数的原函数能否表达出来, 首先要明确什么是表达出来. 一个通俗的说法是: 用什么方式表达出来的函数才能称之为被积函数算出来了? 比如, 当我们稍后理解到变上限的定积分也可以表示函数时, 那么 $\displaystyle\int_a^x \mathrm{e}^{-t^2}\,\mathrm{d}t$ 就是 e^{-t^2} 的一个原函数. 我

们能说它的不定积分能表达出来并且就是 $\int_a^x \mathrm{e}^{-t^2}\,\mathrm{d}t + c$ 吗？再比如, 如果原函数是由极限, 或者由无穷多个函数之和 (函数项级数) 或之积表示, 我们能称这个不定积分的原函数表示出来了吗？基于此, 我们对一个函数的原函数能表示出来给一些基本的限定.

被积函数的原函数如果能用基本初等函数, 或者基本初等函数的有限次代数运算 (四则运算、复合运算、反函数运算等), 那么就称为该被积函数能**积出来**, 即上面所说的表示出来. 否则, 即使原函数存在, 我们通常也称该被积函数**积不出来**.

要判断一个具体的函数能否积出来不是一件容易的事, 17、18 世纪诸多数学家曾经一度发展了诸多方法和技巧, 直到发现即使是一些表达式非常简捷的初等函数, 也很难求出原函数的表示, 人们才渐渐意识到可能有些函数就是积不出来的!

从理论上考虑一个函数能否积出来的开创性工作是 19 世纪上半叶由 Liouville 提出并研究的, 后被诸多数学家给以推广. 系统的研究需要用到微分代数方面的知识, 已经远超本课的范围. 有兴趣的读者可以作进一步的延伸阅读, 参见文献 [60] 或追溯一下教学研究方面的论文.

1. 几个能积出来的函数

下面我们先给出几个后面学习中经常遇到的能积出来的初等函数以及它们的不定积分, 其正确性可以直接从前面的导数运算中得以验证.

(1) $\displaystyle\int 0\,\mathrm{d}x = c$;

(2) $\displaystyle\int x^{\mu}\,\mathrm{d}x = \frac{1}{\mu+1}x^{\mu+1} + c\ (\mu \neq -1)$;

(3) $\displaystyle\int \mathrm{e}^x\,\mathrm{d}x = \mathrm{e}^x + c$;

(4) $\displaystyle\int \frac{1}{x}\,\mathrm{d}x = \ln|x| + c$;

(5) $\displaystyle\int \cos x\,\mathrm{d}x = \sin x + c$;

(6) $\displaystyle\int \sin x\,\mathrm{d}x = -\cos x + c$;

(7) $\displaystyle\int \sec^2 x\,\mathrm{d}x = \tan x + c$;

(8) $\displaystyle\int \csc^2 x\,\mathrm{d}x = -\cot x + c$;

(9) $\displaystyle\int \frac{1}{\sqrt{1+x^2}}\,\mathrm{d}x = \ln(x+\sqrt{1+x^2}) + c$;

(10) $\displaystyle\int \frac{1}{\sqrt{1-x^2}}\,\mathrm{d}x = \arcsin x + c$;

(11) $\displaystyle\int \frac{1}{1+x^2}\,\mathrm{d}x = \arctan x + c$;

(12) $\displaystyle\int \sinh x\,\mathrm{d}x = \cosh x + c$.

注意, 原函数的表达形式可能不是唯一的, 这种形式上的差别本质上是由于原函数之间可以相差一个常数造成的. 比如上面列表中的不定积分 $\displaystyle\int \frac{1}{\sqrt{1-x^2}}\,\mathrm{d}x$ 有原函数 $\arcsin x$, 也可以取 $-\arccos x$ 为原函数. 而 $\displaystyle\int \frac{1}{1+x^2}\,\mathrm{d}x$ 可以有原函数 $\arctan x$, 也可以取 $-\mathrm{arccot}\,x$ 为原函数. 又比如不定积分

$$I = \int \frac{1}{1+x^4}\,\mathrm{d}x = \frac{\sqrt{2}}{8}\ln\frac{x^2+\sqrt{2}x+1}{x^2-\sqrt{2}x+1} - \frac{\sqrt{2}}{4}\arctan\frac{\sqrt{2}x}{x^2-1} + c,$$

也可以表示为

$$I = \frac{\sqrt{2}}{4} \ln \frac{x^2 + \sqrt{2}x + 1}{\sqrt{1 + x^4}} + \frac{\sqrt{2}}{4} \left(\arctan(\sqrt{2}x + 1) + \arctan(\sqrt{2}x - 1) \right) + c.$$

2. 几个积不出来的函数

我们下面给出几个著名的积不出来的初等函数, 供读者了解. 这些被积函数很多源于有关学科中的具体背景, 有着广泛的应用和影响, 而且大多数积分还曾被冠以数学家的名字. 也有一些被积函数是根据 Liouville 积不出来的结论刻意构造出来的, 意在营造一种效果: 这些形式上看似很简单的初等函数是根本就积不出来的.

Gauss 积分类型: $\displaystyle\int x^{2n} \mathrm{e}^{-x^2} \,\mathrm{d}x \ (n \in \mathbb{N})$.

Fresnel[①] 积分: $\displaystyle\int \sin(x^2) \,\mathrm{d}x, \quad \int \cos(x^2) \,\mathrm{d}x$.

正弦、余弦积分: $\displaystyle\int \frac{\sin x}{x^n} \,\mathrm{d}x, \quad \int \frac{\cos x}{x^n} \,\mathrm{d}x \ (n \in \mathbb{N})$.

对数积分:

$$\int \frac{\mathrm{d}t}{\ln t}, \quad \int \frac{\ln t}{1+x} \,\mathrm{d}t, \quad \int \frac{\ln x}{x(1+x)} \,\mathrm{d}x, \quad \int \frac{\ln x}{1+x^2} \,\mathrm{d}x,$$

$$\int \ln(\sin t) \,\mathrm{d}t, \quad \int \ln(\cos t) \,\mathrm{d}t, \quad \int \ln(1 + \sin t) \,\mathrm{d}t, \quad \int \ln(1 + \cos t) \,\mathrm{d}t.$$

指数积分: $\displaystyle\int \frac{\mathrm{e}^x}{x} \,\mathrm{d}x, \quad \int \frac{\mathrm{e}^x}{1+x} \,\mathrm{d}x, \quad \int \frac{\mathrm{e}^x}{1+x^2} \,\mathrm{d}x, \quad \int \frac{\mathrm{e}^x}{x(1+x)} \,\mathrm{d}x$.

椭圆积分: $\displaystyle\int \frac{\mathrm{d}x}{\sqrt{(1-x^2)(1-k^2x^2)}}, \quad \int \frac{x^2 \,\mathrm{d}x}{\sqrt{(1-x^2)(1-k^2x^2)}} \quad (0 < k^2 < 1)$.

事实上, 可以根据一般性结论构造出很多形式简捷但积不出来的函数, 只不过要介绍这些一般性结论需要大量篇幅, 超出课程范围. 比如, Chebyshev 在 19 世纪中叶证明了下面的结论.

定理 8.3.1 形如 $\displaystyle\int x^m (a + bx^n)^p \,\mathrm{d}x \ (m, n, p \text{ 均为有理数})$ 的不定积分能积出来的充要条件是 p, $\dfrac{m+1}{n}$, $p + \dfrac{m+1}{n}$ 三者至少有一个是整数.

那么根据这个结论, 我们可以构造下面形式简捷但积不出来的函数 (椭圆积分):

$$\int \frac{1}{\sqrt{1 - x^3}} \,\mathrm{d}x, \quad \int \frac{1}{\sqrt{1 - x^4}} \,\mathrm{d}x.$$

另一方面, 通过调整 m, n, p, 又可以断定不定积分

$$\int \frac{\sqrt{x}}{\sqrt{1 - x^3}} \,\mathrm{d}x$$

是能积出来的, 剩下的就看如何把它积出来了.

---

① Fresnel, Augustin-Jean, 1788 年 5 月 10 日 — 1827 年 7 月 14 日, 法国物理学家.

8.3.2 不定积分的基本性质

虽然求原函数的初等表示渐渐被直接定性分析原函数所取代, 并且把积不出来的函数当作一种全新的函数来接受并加以研究, 但是, 即使今天我们仍然把寻求原函数的显式表示当作数学分析学习中的基本方法和重要内容, 因为如果被积函数能用初等函数表示出来的话, 在进一步的研究中毕竟还是有其方便之处的. 这一点在学到定积分 Newton-Leibniz 公式时愈发能感悟到不定积分的重要性. 因此, 在本章我们还要详细讨论不定积分的性质以及计算不定积分的常用方法.

首先从微分的性质和不定积分的定义, 可以直接推导和验证下面的结论:

(1) 函数 $f(x)$ 的原函数的导数还是 $f(x)$, 即

$$\frac{\mathrm{d}}{\mathrm{d}x}\left(\int f(x)\,\mathrm{d}x\right) = f(x).$$

这条性质说明对一个函数先实施积分 $\int$ 运算, 再实施微分 d 运算, 其效果刚好抵消, 相当于恒等运算:

$$\mathrm{d}\circ\int = \mathrm{id}.$$

(2) 设 $F(x)$ 是 $F'(x)$ 的一个原函数, 则有

$$\int F'(x)\,\mathrm{d}x = F(x) + c, \qquad \int \mathrm{d}F(x) = F(x) + c.$$

这条性质说明对一个函数先实施微分 d 运算, 再实施积分 $\int$ 运算, 其效果是得到了这个函数所在的函数类:

$$\int \circ\, \mathrm{d} : f \mapsto f + c.$$

结合上一条, 我们看到, 微分和积分在抹掉一个常数的意义下是一对逆运算.

(3) 设 k 是常数 ($k \neq 0$), 则

$$\int k f(x)\,\mathrm{d}x = k \int f(x)\,\mathrm{d}x.$$

(4) 设 $f(x)$ 和 $g(x)$ 在区间 I 上均有原函数, 则 $f(x) + g(x)$ 在 I 上也有原函数, 且

$$\int (f(x) \pm g(x))\,\mathrm{d}x = \int f(x)\,\mathrm{d}x \pm \int g(x)\,\mathrm{d}x.$$

性质 (3) 和 (4) 表明了不定积分运算的线性性.

注 8.3.1 在上面式子中, 应该注意以下一点: 当等式两端都含不定积分时, 由于每个不定积分都包含一个任意常数项, 所以这类等式应理解为等式左右两端相差一个常数. 也可以理解为其中有一个积分不再是任意原函数, 而是

在其他积分常数选定之后被确定了.

8.3.3 不定积分的运算法则之一: 分部积分法

下面我们介绍计算不定积分时常用的几个法则. 首先求不定积分的一个重要法则是分部积分法, 它的成立本质上是基于两个函数乘积的导数法则.

回顾一下两个函数 $u(x)$ 和 $v(x)$ 乘积的求导法则

$$\mathrm{d}(u(x)v(x)) = v(x)\,\mathrm{d}u(x) + u(x)\,\mathrm{d}v(x),$$

即

$$u(x)\,\mathrm{d}v(x) = \mathrm{d}(u(x)v(x)) - v(x)\,\mathrm{d}u(x),$$

从而

$$\int u(x)\,\mathrm{d}v(x) = u(x)v(x) - \int v(x)\,\mathrm{d}u(x).$$

这就是分部积分法. 我们给出严格的描述.

定理 8.3.2 设 $u(x)$ 和 $v(x)$ 均有连续的导函数, 则

$$\int u(x)v'(x)\,\mathrm{d}x = u(x)v(x) - \int u'(x)v(x)\,\mathrm{d}x. \tag{8.3.1}$$

公式 (8.3.1) 在自变量不产生歧义时, 也常简记为

$$\int uv'\,\mathrm{d}x = uv - \int u'v\,\mathrm{d}x.$$

分部积分法是求不定积分时使用频率最高的法则之一, 它特别适合于由两个不同类型函数乘积构成的被积函数的不定积分. 通常情况下, 可以试着先求其中一部分 $v'(x)$ 的积分 $v(x)$, 然后将 $\int u(x)v'(x)\,\mathrm{d}x$ 转化为求解 $\int v(x)u'(x)\,\mathrm{d}x$. 通过把 u 和 v 的角色对换, 使得原来不易处理的函数的不定积分对换成相对容易讨论的函数的不定积分. 选择合适的 u 和 v 直接影响计算的效果, 这一点可以通过适量的练习积累一些感觉.

当我们熟练掌握了这个法则后, 可以不必每次都标出函数 u 和 v, 只要心中记住相应函数的变动规则即可. 另外, 分部积分法则可以重复多次使用, 即有如下推广.

定理 8.3.3 设函数 $u(x)$ 和 $v(x)$ 在区间 I 上均有 n 阶连续的导函数 $u'(x)$, $u''(x)$, $\cdots$, $u^{(n)}(x)$ 和 $v'(x)$, $v''(x)$, $\cdots$, $v^{(n)}(x)$, 则

$$\int uv^{(n)}\,\mathrm{d}x = uv^{(n-1)} - u'v^{(n-2)} + u''v^{(n-3)} + \cdots + (-1)^n \int u^{(n)}v\,\mathrm{d}x. \tag{8.3.2}$$

证明 根据定理 8.3.3, 通过一次分部积分, 可得

$$\int uv^{(n)}\,\mathrm{d}x = \int u\,\mathrm{d}v^{(n-1)} = uv^{(n-1)} - \int v^{(n-1)}\,\mathrm{d}u = uv^{(n-1)} - \int u'v^{(n-1)}\,\mathrm{d}x.$$

类似地, 有

$$\int u'v^{(n-1)}\,\mathrm{d}x = u'v^{(n-2)} - \int u''v^{(n-2)}\,\mathrm{d}x,$$

$$\int u''v^{(n-2)}\,\mathrm{d}x = u''v^{(n-3)} - \int u'''v^{(n-3)}\,\mathrm{d}x,$$

$$\cdots,$$

$$\int u^{(n-1)}v'\,\mathrm{d}x = u^{(n-1)}v - \int u^{(n)}v\,\mathrm{d}x.$$

整理这些关系式, 即得 (8.3.2) 式. □

例 8.3.1 求不定积分

$$I_1 = \int x\sin x\,\mathrm{d}x, \qquad I_2 = \int \arctan x\,\mathrm{d}x.$$

解 设 $v = \cos x$, $u = x$, 则

$$I_1 = -\int x\,\mathrm{d}(\cos x) = -x\cos x + \int \cos x\,\mathrm{d}x$$

$$= -x\cos x + \sin x + c.$$

为了计算 I_2, 可以设 $v = x, u = \arctan x$, 则有

$$I_2 = x\arctan x - \int x\,\mathrm{d}(\arctan x)$$

$$= x\arctan x - \int \frac{x}{1+x^2}\,\mathrm{d}x$$

$$= x\arctan x - \frac{1}{2}\ln(1+x^2) + c.$$

例 8.3.2 计算不定积分

$$\int x^n\ln x\,\mathrm{d}x.$$

解 可以取 $u = \ln x$, $\mathrm{d}v = x^n\,\mathrm{d}x$. 于是

$$\mathrm{d}u = \frac{\mathrm{d}x}{x}, \qquad v = \frac{1}{n+1}x^{n+1}.$$

因此

$$\int x^n\ln x\,\mathrm{d}x = \frac{1}{n+1}x^{n+1}\ln x - \frac{1}{n+1}\int x^n\,\mathrm{d}x = \frac{1}{n+1}x^{n+1}\ln x - \frac{1}{(n+1)^2}x^{n+1}.$$

例 8.3.3 (反函数的原函数)　设 $f(x)$ 有可微的反函数 $f^{-1}(x)$, $F(x)$ 为 $f(x)$ 的一个原函数, 则

$$\int f^{-1}(x)\,\mathrm{d}x = xf^{-1}(x) - F(f^{-1}(x)) + c.$$

证明　等式右端事实上是通过分部积分得到的, 下面我们给以验证. 为此, 在等式右端关于 x 求导, 得

$$\frac{\mathrm{d}}{\mathrm{d}x}\left(xf^{-1}(x) - F(f^{-1}(x)) + c\right)$$

$$= f^{-1}(x) + x\frac{\mathrm{d}}{\mathrm{d}x}f^{-1}(x) - f(f^{-1}(x))\frac{\mathrm{d}}{\mathrm{d}x}f^{-1}(x)$$

$$= f^{-1}(x) + x\frac{\mathrm{d}}{\mathrm{d}x}f^{-1}(x) - x\frac{\mathrm{d}}{\mathrm{d}x}f^{-1}(x) = f^{-1}(x). \qquad \square$$

有很多重要的被积函数的不定积分需要多次使用分部积分求得, 比如下面的例子.

例 8.3.4　计算不定积分

$$I_n = \int \frac{1}{(x^2+1)^n}\,\mathrm{d}x.$$

解　由

$$I_n = \frac{x}{(x^2+1)^n} + 2n\int \frac{x^2}{(x^2+1)^{n+1}}\,\mathrm{d}x$$

$$= \frac{x}{(x^2+1)^n} + 2nI_n - 2nI_{n+1},$$

得

$$I_{n+1} = \frac{x}{2n(x^2+1)^n} + \frac{2n-1}{2n}I_n.$$

然后递推可得到 I_n 的一般表达式. 特别地, 有

$$I_2 = \int \frac{\mathrm{d}x}{(x^2+1)^2} = \frac{x}{2\,(x^2+1)} + \frac{1}{2}\arctan x + c.$$

8.3.4　不定积分的运算法则之二: 换元积分法

换元积分法是计算不定积分时另一种常用的手法, 它本质上对应于复合函数的求导法则, 是基于一阶微分的形式不变性这一条性质的应用. 具体来说, 我们有

$$f\big(u(x)\big)u'(x)\,\mathrm{d}x = f(u)\,\mathrm{d}u,$$

其中 $u = u(x)$. 因此, 我们有

$$\int f\big(u(x)\big)u'(x)\,\mathrm{d}x = \int f(u)\,\mathrm{d}u. \qquad (8.3.3)$$

我们通过下面两个例子, 分别说明常见的两种换元积分方法. 它们分别对应关系式 (8.3.3) 中左端和右端之一的不定积分容易计算时的典型做法. 具体来说, 一种情况是左端的不定积分不是一下子能够看出来的, 而右端的不定积分相对容易求得. 此时, 我们需要做的是甄别出哪个因子是 $u'(x)$, 需要确定 $f(u(x))$. 由于我们看到的是乘积 $f(u(x))u'(x)$, 因此, 这种甄别并不平凡, 需要把若干因子 "打包" 成 $u(x)$.

另一种情况则是左端的不定积分容易计算, 而右端的不定积分难以计算. 此时, 我们需要寻找合适的 $u = u(x)$, 使得右端关于 u 的积分转化为左端关于 x 的积分.

例 8.3.5 若 $\displaystyle\int f(u)\,\mathrm{d}u = F(u) + c$. 试求不定积分 $\displaystyle\int f(ax+b)\,\mathrm{d}x\ (a \neq 0)$.

解 初步观察可以发现, 如果把 $ax+b$ 打包成复合函数求导中的 $u(x)$, 那么 $f(ax+b)$ 的问题形式上就得到了处理 $f(u(x))$. 即令 $u = u(x) = ax + b$, 则 $u'(x)\,\mathrm{d}x = a\,\mathrm{d}x$. 由

$$\int f\big(u(x)\big)u'(x)\,\mathrm{d}x = \int f(u)\,\mathrm{d}u,$$

得

$$\int f(ax+b) \cdot a\,\mathrm{d}x = \int f(u)\,\mathrm{d}u = F(u) + c = F(ax+b) + c.$$

所以

$$\int f(ax+b)\,\mathrm{d}x = \frac{1}{a}F(ax+b) + \tilde{c}.$$

特别地, 当 $a, b\ (a \neq 0)$ 为某些特定值时, 如下关系式成立:

$$\int f(ax)\,\mathrm{d}x = \frac{1}{a}F(ax) + c_1, \qquad \int f(x+b)\,\mathrm{d}x = F(x+b) + c_2.$$

例 8.3.6 求不定积分 $\displaystyle\int \frac{\mathrm{d}x}{\sqrt{a^2 + x^2}}$, 其中 $a > 0$.

解 这里从被积函数中不易看出哪些因子可以凑在一起打包成 $u(x)$. 我们采取另一种尝试, 即能否造出一个 $u(x)$ 来, 同时考虑到 $\mathrm{d}u(x)$ 产生的效果, 使得被积函数变成我们熟悉的函数. 比如, 我们试着用 $x = a\tan t\ \left(|t| < \dfrac{\pi}{2}\right)$ 去替换被积函数中的 x, 这样一来, 有

$$\frac{\mathrm{d}x}{\sqrt{a^2 + x^2}} = \frac{\cos t}{a} \cdot \frac{a\,\mathrm{d}t}{\cos^2 t} = \frac{\mathrm{d}t}{\cos t}.$$

因此, 我们有

$$\int \frac{\mathrm{d}x}{\sqrt{a^2 + x^2}} = \int \frac{\mathrm{d}t}{\cos t} = \int \frac{\cos t\,\mathrm{d}t}{\cos^2 t} = \int \frac{\mathrm{d}\sin t}{1 - \sin^2 t}.$$

最后这个式子的积分可以通过下面的方式计算出来: 令 $v = \sin t$,

$$\int \frac{\mathrm{d}\sin t}{1 - \sin^2 t} = \int \frac{\mathrm{d}v}{1 - v^2} = \frac{1}{2}\left(\int \frac{\mathrm{d}v}{1-v} + \int \frac{\mathrm{d}v}{1+v}\right)$$

$$= \frac{1}{2}\ln\left|\frac{1+v}{1-v}\right| + c.$$

注意到 $v = \sin t = \dfrac{x}{\sqrt{a^2 + x^2}}$，所以有

$$\frac{1+v}{1-v} = \frac{1+\sin t}{1-\sin t} = \frac{\sqrt{a^2+x^2}+x}{\sqrt{a^2+x^2}-x} = \frac{1}{a^2}(x + \sqrt{a^2+x^2})^2.$$

最后得到

$$\int \frac{\mathrm{d}x}{\sqrt{a^2+x^2}} = \ln(x + \sqrt{a^2+x^2}) + \tilde{c},$$

其中 $\tilde{c}$ 是把原来不定积分中的任意常数 c 和 a 考虑进去后的一个常数.

注 8.3.2　形式上与上例中的被积函数相近的还有如下几个不定积分:

$$\int \frac{\mathrm{d}x}{\sqrt{a^2-x^2}}, \quad \int \frac{\mathrm{d}x}{\sqrt{x^2-a^2}}, \quad \int \sqrt{a^2 \pm x^2}\,\mathrm{d}x, \quad \int \sqrt{x^2-a^2}\,\mathrm{d}x.$$

它们都是重要的被积函数, 建议读者试试相应的计算.

习题 8.3

1. 求下列不定积分:

(1) $\displaystyle\int \frac{\mathrm{d}x}{1+\cos x}$;

(2) $\displaystyle\int \frac{\mathrm{d}x}{1+\sin x}$;

(3) $\displaystyle\int \frac{\mathrm{d}x}{\cos^3 x}$.

(4) $\displaystyle\int \frac{\mathrm{d}x}{\cos^4 x}$.

(5) $\displaystyle\int \sin mx \cos nx\,\mathrm{d}x$;

(6) $\displaystyle\int \sin mx \sin nx\,\mathrm{d}x$.

2. 求下列不定积分:

(1) $\displaystyle\int \frac{\mathrm{d}x}{\sqrt{x}(1-x)}$;

(2) $\displaystyle\int x^{-\frac{1}{2}}(1+x)^{-1}\,\mathrm{d}x$;

(3) $\displaystyle\int \sin^3 x \cos x\,\mathrm{d}x$;

(4) $\displaystyle\int \frac{\mathrm{d}x}{a^2\sin^2 x + b^2\cos^2 x}$;

(5) $\displaystyle\int \frac{\mathrm{d}x}{\sqrt{(x-a)(b-x)}}$;

(6) $\displaystyle\int (x^2+a^2)^{-\frac{3}{2}}\,\mathrm{d}x$;

(7) $\displaystyle\int (a^2-x^2)^{-\frac{3}{2}}\,\mathrm{d}x$;

(8) $\displaystyle\int (\arctan x)^2\,\mathrm{d}x$;

(9) $\displaystyle\int x^5(1+x)^{-1}\,\mathrm{d}x$;

(10) $\displaystyle\int \frac{\mathrm{d}x}{a\sin x + b\cos x}$.

3. 求下列不定积分:

(1) $\displaystyle\int x^2 \mathrm{e}^{-3x}\,\mathrm{d}x$;

(2) $\displaystyle\int \cos(\ln x)\,\mathrm{d}x$;

(3) $\displaystyle\int x\sin^{-2} x\,\mathrm{d}x$;

(4) $\displaystyle\int x^2 \sin 2x\,\mathrm{d}x$;

(5) $\displaystyle\int \sqrt{x(1-x^3)}\,\mathrm{d}x$;

(6) $\displaystyle\int x^2 \arccos x\,\mathrm{d}x$;

(7) $\displaystyle\int x^2 \arctan x\,\mathrm{d}x$;

(8) $\displaystyle\int x^2(1+x^2)^{-2}\,\mathrm{d}x$;

(9) $\displaystyle\int x^2\sqrt{a^2+x^2}\,\mathrm{d}x$;

(10) $\displaystyle\int \sin x\ln(\tan x)\,\mathrm{d}x$;

(11) $\displaystyle\int \arctan\sqrt{x}\,\mathrm{d}x$;

(12) $\displaystyle\int \sin^{-2}x\ln(\sin x)\,\mathrm{d}x$;

(13) $\displaystyle\int x^{-2}\arcsin x\,\mathrm{d}x$;

(14) $\displaystyle\int x\ln\left(\dfrac{1+x}{1-x}\right)\mathrm{d}x$;

(15) $\displaystyle\int \ln(x+\sqrt{1+x^2})\,\mathrm{d}x$.

4. 求下列不定积分的递推公式 ($m,\ n$ 为非负整数):

(1) $\displaystyle\int \sin^n x\,\mathrm{d}x$;

(2) $\displaystyle\int \cos^n x\,\mathrm{d}x$;

(3) $\displaystyle\int \sin^{-n} x\,\mathrm{d}x$;

(4) $\displaystyle\int \cos^{-n} x\,\mathrm{d}x$;

(5) $\displaystyle\int (\arcsin x)^n\,\mathrm{d}x$;

(6) $\displaystyle\int (\ln x)^n\,\mathrm{d}x$;

(7) $\displaystyle\int x^n \mathrm{e}^x\,\mathrm{d}x$;

(8) $\displaystyle\int \sin^m x\cos^n x\,\mathrm{d}x$;

(9) $\displaystyle\int x^n(1+x)^{-1}\,\mathrm{d}x$.

5. 计算 $\displaystyle\int xf''(x)\,\mathrm{d}x$.

8.4 几类能积出来的初等函数的不定积分

8.4.1 有理函数的不定积分

有理函数是为数不多的能确保积出来的函数类, 我们下面详细介绍一下有理函数类不定积分的求法.

首先, 所谓的有理函数是指形如 $f(x)=\dfrac{P(x)}{Q(x)}$ 的函数, 其中 $P(x)$ 和 $Q(x)$ 均为实系数多项式. 利用多项式的带余除法, 我们总可以把它写成如下形式:

$$f(x)=\frac{P(x)}{Q(x)}=P_0(x)+\frac{P_1(x)}{Q(x)},$$

其中 $P_0(x)$ 和 $P_1(x)$ 为实系数多项式, 且 $P_1(x)$ 的次数低于 $Q(x)$ 的次数. 由于多项式 $P_0(x)$ 的不定积分很容易求得, 因此我们仅需考虑 $\dfrac{P_1(x)}{Q(x)}$ 的不定积分. 所以下面我们不妨假设 $f(x)=\dfrac{P(x)}{Q(x)}$ 已经是既约真分式的有理函数, 即 $P(x)$ 的次数严格低于 $Q(x)$ 的次数, 且两者互素.

下面的定理是代数学中的一个结论, 其证明不难在高等代数教科书中找到, 在此不再证明. 需要注意的是以下所有结论都是在实数域内.

定理 8.4.1 　设 $f(x) = \dfrac{P(x)}{Q(x)}$ 是一个真分式有理函数, 则

(1) $Q(x)$ 有不可约因子分解

$$Q(x) = (x - a_1)^{k_1} \cdots (x - a_r)^{k_r} (x^2 + p_1 x + q_1)^{\ell_1} \cdots (x^2 + p_s x + q_s)^{\ell_s},$$

其中 a_i, p_j, q_j 为实数, k_i, ℓ_j 为正整数, $p_j^2 - 4q_j < 0$, $i = 1, 2, \cdots, r$, $j = 1, 2, \cdots, s$.

(2) $f(x)$ 有分解式

$$
\begin{aligned}
f(x) = {} & \frac{A_{11}}{x - a_1} + \frac{A_{12}}{(x - a_1)^2} + \cdots + \frac{A_{1k_1}}{(x - a_1)^{k_1}} + \cdots + \\
& \frac{A_{r1}}{x - a_r} + \frac{A_{r2}}{(x - a_r)^2} + \cdots + \frac{A_{rk_r}}{(x - a_r)^{k_r}} + \\
& \frac{B_{11} x + C_{11}}{x^2 + p_1 x + q_1} + \frac{B_{12} x + C_{12}}{(x^2 + p_1 x + q_1)^2} + \cdots + \frac{B_{1\ell_1} x + C_{1\ell_1}}{(x^2 + p_1 x + q_1)^{\ell_1}} + \cdots + \\
& \frac{B_{s1} x + C_{s1}}{x^2 + p_s x + q_s} + \frac{B_{s2} x + C_{s2}}{(x^2 + p_s x + q_s)^2} + \cdots + \frac{B_{s\ell_s} x + C_{s\ell_s}}{(x^2 + p_s x + q_s)^{\ell_s}},
\end{aligned}
$$

其中所有参数 A_{ij}, B_{ij}, C_{ij} 均为唯一确定的实数.

根据这个定理容易看出, 所求函数 $f(x)$ 的不定积分本质上就是两类函数的不定积分的线性组合:

$$\frac{A}{(x - a)^k}, \qquad \frac{Bx + C}{(x^2 + px + q)^\ell}, \quad \text{其中} \, p^2 - 4q < 0.$$

所以, 我们只需处理这两类积分即可.

首先, 对于不定积分 $\displaystyle\int \frac{A}{(x - a)^k} \, \mathrm{d}x \, (k \in \mathbb{N})$, 易见有如下结果:

(1) 当 $k = 1$ 时,

$$\int \frac{A}{(x - a)^k} \, \mathrm{d}x = \ln |x - a| + c.$$

(2) 当 $k > 1$ 时,

$$\int \frac{A}{(x - a)^k} \, \mathrm{d}x = \frac{1}{1 - k} (x - a)^{1 - k} + c.$$

其次, 对于不定积分 $\displaystyle\int \frac{Bx + C}{(x^2 + px + q)^\ell} \, \mathrm{d}x \, (\ell \in \mathbb{N})$, 我们作如下处理:

$$x^2 + px + q = \left(x + \frac{p}{2}\right)^2 + q - \frac{p^2}{4} = u^2 + \mu^2,$$

其中 $u = x + \dfrac{p}{2}, \mu^2 = q - \dfrac{p^2}{4}$. 这样一来,

$$\int \frac{Bx + C}{(x^2 + px + q)^\ell} \, \mathrm{d}x = B \int \frac{u}{(u^2 + \mu^2)^\ell} \, \mathrm{d}u + \left(C - \frac{Bp}{2}\right) \int \frac{1}{(u^2 + \mu^2)^\ell} \, \mathrm{d}u.$$

对于第一项积分, 有

1. 当 $\ell = 1$ 时,

$$\int \frac{u}{u^2 + \mu^2}\,du = \frac{1}{2}\ln(u^2 + \mu^2) + c = \frac{1}{2}\ln(x^2 + px + q) + c.$$

2. 当 $\ell > 1$ 时,

$$\int \frac{u}{(u^2 + \mu^2)^\ell}\,du = \frac{1}{2(1-\ell)}(u^2 + \mu^2)^{1-\ell} + c = \frac{1}{2(1-\ell)}(x^2 + px + q)^{1-\ell} + c.$$

对于第二项积分, 本质上是求不定积分

$$\int \frac{1}{(u^2 + \mu^2)^\ell}\,du,$$

这是前面例 8.3.4 中讨论过的情景.

综上, 原则上我们证明了下面的结论.

定理 8.4.2   有理函数的不定积分能积出来.

定理 8.4.1 给出了有理函数分解的结论, 从而从理论证明了有理函数一定能积出来, 但在具体计算中, 最关键的工作是分解 $Q(x)$ 和确定诸多系数. 这是一件理论上思路明了但实际操作中比较烦琐的事情. 为了确定这些系数通常采用待定系数法. 但请注意, 虽然待定系数法本质上是求解线性方程组的问题, 理论上总是可解的, 但最好根据具体情况尝试一下是否有更合适的方法, 而不是墨守成规.

例 8.4.1   求不定积分 $\int \frac{1}{1 + x^3}\,dx$.

解   我们用待定系数法求解. 由于

$$\frac{1}{1 + x^3} = \frac{1}{(1+x)(x^2 - x + 1)} = \frac{A}{x+1} + \frac{Bx + C}{x^2 - x + 1},$$

消去分母, 得

$$1 = A(x^2 - x + 1) + (Bx + C)(1 + x),$$

比较两端同次幂的系数, 可得

$$A + B = 0, \quad -A + B + C = 0, \quad A + C = 1,$$

有

$$A = \frac{1}{3}, \quad B = -\frac{1}{3}, \quad C = \frac{2}{3}.$$

因此

$$\begin{aligned}
\int \frac{1}{1 + x^3}\,dx &= \frac{1}{3}\int \frac{1}{x+1}\,dx + \frac{1}{3}\int \frac{-x+2}{x^2 - x + 1}\,dx \\
&= \frac{1}{3}\ln|x+1| - \frac{1}{6}\ln(x^2 - x + 1) + \frac{1}{2}\int \frac{1}{x^2 - x + 1}\,dx \\
&= \frac{1}{3}\ln|x+1| - \frac{1}{6}\ln(x^2 - x + 1) + \frac{1}{\sqrt{3}}\arctan\left(\frac{2}{\sqrt{3}}\left(x - \frac{1}{2}\right)\right) + c.
\end{aligned}$$

例 8.4.2   求不定积分 $I = \displaystyle\int \frac{1}{1+x^4}\,\mathrm{d}x$.

解   我们完全可以按照上面例子中同样的做法, 即通过待定系数法进行计算. 考虑到分母的多项式的分解和后续的待定系数, 计算量将会比上一例题大得多. 因此, 我们尝试采用另一种做法, 引入另一个不定积分

$$J = \int \frac{x^2}{1+x^4}\,\mathrm{d}x.$$

我们有

$$I + J = \int \frac{1+x^2}{1+x^4}\,\mathrm{d}x = \int \frac{\dfrac{1}{x^2}+1}{\dfrac{1}{x^2}+x^2}\,\mathrm{d}x = \int \frac{\mathrm{d}\left(x-\dfrac{1}{x}\right)}{\left(x-\dfrac{1}{x}\right)^2 + 2}$$

$$= \frac{1}{\sqrt{2}}\arctan\left(\frac{\sqrt{2}}{2}\left(x-\frac{1}{x}\right)\right) + c_1.$$

$$I - J = \int \frac{1-x^2}{1+x^4}\,\mathrm{d}x = \int \frac{\dfrac{1}{x^2}-1}{\dfrac{1}{x^2}-x^2}\,\mathrm{d}x = -\int \frac{\mathrm{d}\left(x+\dfrac{1}{x}\right)}{\left(x+\dfrac{1}{x}\right)^2 - 2}$$

$$= \frac{\sqrt{2}}{4}\left(\ln\left|x+\frac{1}{x}+\sqrt{2}\right| - \ln\left|x+\frac{1}{x}-\sqrt{2}\right|\right) + c_2.$$

因此, 有

$$I = \frac{\sqrt{2}}{8}\ln\left|\frac{x^2+\sqrt{2}x+1}{x^2-\sqrt{2}x+1}\right| + \frac{\sqrt{2}}{4}\arctan\left(\frac{\sqrt{2}}{2}\left(x-\frac{1}{x}\right)\right) + c.$$

例 8.4.3   求不定积分 $I = \displaystyle\int \frac{1+x^4}{x^5+x^4-x^3-x^2}\,\mathrm{d}x$.

解   因为

$$x^5+x^4-x^3-x^2 = x^2(x^3+x^2-x-1) = x^2(x+1)^2(x-1).$$

所以被积函数可以分解为

$$\frac{1+x^4}{x^5+x^4-x^3-x^2} = \frac{A}{x} + \frac{B}{x^2} + \frac{C}{x-1} + \frac{D}{x+1} + \frac{E}{(x+1)^2}. \tag{8.4.1}$$

为了确定这些系数, 可以在 (8.4.1) 式两端进行如下运算:

两端乘 x^2, 再令 $x = 0$, 可得 $B = -1$.

两端乘 $x-1$, 再令 $x = 1$, 可得 $C = \dfrac{1}{2}$.

两端乘 $(x+1)^2$, 再令 $x = -1$, 可得 $E = -1$.

将 $B=-1, C=\dfrac{1}{2}, E=-1$ 代入 (8.4.1) 式并整理, 可得

$$\frac{1+x^4}{x^2(x-1)(x+1)^2}+\frac{1}{(x+1)^2}=\frac{A}{x}-\frac{1}{x^2}+\frac{1}{2(x-1)}+\frac{D}{x+1}. \qquad (8.4.2)$$

(8.4.2) 式两端乘 $x+1$, 并令 $x\to-1$, 由于等式左端的极限为 $-\dfrac{1}{2}$, 右端的极限为 D, 故得 $D=-\dfrac{1}{2}$.

最后 (8.4.1) 式两端乘 x, 再令 $x\to\infty$, 可得 $A+C+D=1$, 从而 $A=1$. 从而得所求不定积分

$$I=\ln|x|+\frac{1}{x}+\frac{1}{x+1}+\frac{1}{2}\ln\left|\frac{x-1}{x+1}\right|+c.$$

8.4.2　几类可有理化函数的不定积分

本节简要介绍以下几类函数的不定积分:

1. 三角函数有理式的不定积分
2. 形如 $\displaystyle\int R\left(x,\sqrt[p]{\frac{ax+b}{cx+d}},\cdots,\sqrt[q]{\frac{ax+b}{cx+d}}\right)\mathrm{d}x$ 的不定积分
3. 形如 $\displaystyle\int R\left(x,\sqrt{ax^2+bx+c}\right)\mathrm{d}x(a\neq0)$ 的不定积分
4. 形如 $\displaystyle\int x^m(a+bx^n)^p\,\mathrm{d}x$ 的不定积分

1. 三角函数有理式的不定积分

三角函数有理式是指形如 $R(\sin x,\cos x)$ 的函数, 其中 $R(u,v)$ 是二元有理函数, 后者是指两个二元多项式比值的函数, 即

$$R(u,v)=\frac{P(u,v)}{Q(u,v)},$$

其中 $P(u,v)$ 和 $Q(u,v)$ 都是二元多项式函数. 比如

$$R(\sin x,\cos x)=\frac{1}{2\sin x+3\cos x}$$

就是三角函数的有理式, 而 $\sin\dfrac{1}{x}$ 和 $\cos\sqrt{x}$ 就不属于这类函数.

下面我们简要讨论三角函数有理式的不定积分

$$I=\int R(\sin x,\cos x)\,\mathrm{d}x.$$

我们证明, 这类函数总可以通过所谓的万能变换

$$t=\tan\frac{x}{2}\ (-\pi<x<\pi)\quad\text{或}\quad x=2\arctan t$$

把它化为有理函数的积分, 从而总是可以积出来.

事实上, 注意到

$$\sin x = 2\sin\frac{x}{2}\cos\frac{x}{2} = \frac{2\tan\frac{x}{2}}{1+\tan^2\frac{x}{2}} = \frac{2t}{1+t^2},$$

$$\cos x = \cos^2\frac{x}{2} - \sin^2\frac{x}{2} = \frac{1-\tan^2\frac{x}{2}}{1+\tan^2\frac{x}{2}} = \frac{1-t^2}{1+t^2},$$

$$\mathrm{d}x = \frac{2\,\mathrm{d}t}{1+t^2}.$$

于是可把原来的不定积分化为

$$I = \int R\left(\frac{2t}{1+t^2}, \frac{1-t^2}{1+t^2}\right)\frac{2\,\mathrm{d}t}{1+t^2}.$$

由于有理函数的复合函数还是有理函数, 因此我们得到的关于 t 的被积函数的确是有理函数. 根据前面的讨论, 我们理论上证明了三角函数有理式的不定积分总是能积出来的.

注意, 在实际计算中可以视被积函数的具体情况, 采用灵活的变量替换, 比如 $t = \sin x, t = \cos x$, 或者 $t = \tan x$.

例 8.4.4   求不定积分 $\displaystyle\int \frac{\mathrm{d}x}{\sin x + 2\cos x + 3}$.

解   令 $t = \tan\dfrac{x}{2}$, 则有

$$\begin{aligned}
\int \frac{\mathrm{d}x}{\sin x + 2\cos x + 3} &= 2\int \frac{\mathrm{d}t}{t^2 + 2t + 5}\\
&= 2\int \frac{\mathrm{d}t}{(t+1)^2 + 4} = \arctan\frac{t+1}{2} + c\\
&= \arctan\left(\frac{1}{2}\left(1 + \tan\frac{x}{2}\right)\right) + c.
\end{aligned}$$

例 8.4.5   求下面与著名的 Poisson 核函数有关的不定积分:

$$\int \frac{(1-r^2)\,\mathrm{d}x}{1 - 2r\cos x + r^2}.$$

该被积函数在后续的分析类课程中会时常遇到.

解   令 $t = \tan\dfrac{x}{2}$, 则有

$$\begin{aligned}
\int \frac{(1-r^2)\,\mathrm{d}x}{1 - 2r\cos x + r^2} &= 2\int \frac{(1-r^2)\,\mathrm{d}t}{(1+r^2)(1+t^2) - 2r(1-t^2)}\\
&= 2(1-r^2)\int \frac{\mathrm{d}t}{(1-r)^2 + (1+r)^2 t^2}\\
&= 2\arctan\left(\frac{1+r}{1-r}\tan\frac{x}{2}\right) + c.
\end{aligned}$$

2. 形如 $\displaystyle\int R\left(x, \sqrt[p]{\dfrac{ax+b}{cx+d}}, \cdots, \sqrt[q]{\dfrac{ax+b}{cx+d}}\right) \mathrm{d}x$ **的不定积分**

设 $R(x_1, x_2, \cdots, x_n)$ 是关于 n 元变量 $x_1, x_2, \cdots, x_n$ 的有理函数, 即可以写成这些变量的两个多项式的比值. 我们研究被积函数形如

$$R\left(x, \sqrt[p]{\dfrac{ax+b}{cx+d}}, \cdots, \sqrt[q]{\dfrac{ax+b}{cx+d}}\right), \quad (p, \cdots, q是大于 1 的自然数), \quad ad - bc \neq 0$$

的不定积分. 注意此时, 被积函数关于 x 而言是无理函数.

处理这类函数积分的基本思路是考虑如下的变量变换: 设 k 为这些自然数 $p, \cdots, q$ 的最小公倍数, 令

$$t = \sqrt[k]{\dfrac{ax+b}{cx+d}},$$

则

$$x = \dfrac{dt^k - b}{a - ct^k}, \qquad \mathrm{d}x = \dfrac{ad - bc}{(a - ct^k)^2} k t^{k-1} \, \mathrm{d}t.$$

从而基于有理函数在复合运算下的封闭性, 可知 R 的不定积分就转化为关于 t 的有理函数的积分, 后者是能积出来的.

例 8.4.6 计算不定积分 $I = \displaystyle\int \sqrt[3]{\dfrac{1-x}{1+x}} \dfrac{\mathrm{d}x}{1-x}$.

解 我们简要介绍一下思路: 令 $\dfrac{1-x}{1+x} = t^3$, 则可以把原来的不定积分转化为

$$I = -3 \int \dfrac{\mathrm{d}t}{1 + t^3}.$$

注意右端的不定积分, 除了相差常数 -3 外, 刚好是例 8.4.1 的情况, 因此

$$I = -\ln|t+1| + \dfrac{1}{2}\ln(t^2 - t + 1) - \sqrt{3}\arctan\left(\dfrac{2}{\sqrt{3}}\left(t - \dfrac{1}{2}\right)\right) + c.$$

最后再将 $t = \sqrt[3]{\dfrac{1-x}{1+x}}$ 代入上式即可.

3. 形如 $\displaystyle\int R\left(x, \sqrt{ax^2 + bx + c}\right)\mathrm{d}x\,(a \neq 0)$ **的不定积分**

这里假设 $R(u, v)$ 为变量 u, v 的有理函数, 因此, 关于 x 而言则是 x 的无理函数. 注意到

$$ax^2 + bx + c = a\left(x + \dfrac{b}{2a}\right)^2 + c - \dfrac{b^2}{4a} = \pm\left(\sqrt{|a|}\left(x + \dfrac{b}{2a}\right)\right)^2 \pm \left(\sqrt{\left|c - \dfrac{b^2}{4a}\right|}\right)^2.$$

令 $u = \sqrt{|a|}\left(x + \dfrac{b}{2a}\right)$, 则 $\sqrt{ax^2 + bx + c}$ 可以转化为下面三种情况之一:

$$\sqrt{u^2 + \mu^2}, \quad \sqrt{u^2 - \mu^2}, \quad \sqrt{\mu^2 - u^2}.$$

被积函数的微分 $R\left(x, \sqrt{ax^2 + bx + c}\right)\mathrm{d}x$ 相应分别转化为

$$R_1(u, \sqrt{u^2 + \mu^2})\,\mathrm{d}u, \quad R_2(u, \sqrt{u^2 - \mu^2})\,\mathrm{d}u, \quad R_3(u, \sqrt{\mu^2 - u^2})\,\mathrm{d}u.$$

对于这三种情况, 再分别令

$$u = \mu \tan t, \qquad u = \mu \sec t, \qquad u = \mu \sin t,$$

则被积函数表达式就转化为三角函数的有理式, 后者我们已经讨论过了.

形如 $\displaystyle\int R\left(x, \sqrt{ax^2 + bx + c}\right)\mathrm{d}x\,(a \neq 0)$ 的不定积分还有一种经典的做法就是 Euler 替换. 我们简要介绍如下.

情形 (i) $a > 0$, 此时令

$$\sqrt{ax^2 + bx + c} = t - \sqrt{a}x \quad (\text{或} \sqrt{ax^2 + bx + c} = t + \sqrt{a}x),$$

即所谓的**第一种 Euler 替换**. 可以得到

$$bx + c = t^2 - 2\sqrt{a}tx, \quad x = \frac{t^2 - c}{2\sqrt{a}t + b},$$

$$\sqrt{ax^2 + bx + c} = \frac{\sqrt{a}t^2 + bt + c\sqrt{a}}{2\sqrt{a}t + b}, \qquad \mathrm{d}x = \frac{2(\sqrt{a}t^2 + bt + c\sqrt{a})}{(2\sqrt{a}t + b)^2}\,\mathrm{d}t.$$

把这些式子全部代入原不定积分, 得到关于 t 的有理函数的不定积分. 利用前面的讨论, 再求得关于 t 的原函数后, 再把 $t = \sqrt{ax^2 + bx + c} + \sqrt{a}x$ 代入表达式即可.

情形 (ii) $c > 0$, 此时令

$$\sqrt{ax^2 + bx + c} = xt + \sqrt{c} \quad (\text{或} \sqrt{ax^2 + bx + c} = xt - \sqrt{c}),$$

即所谓的**第二种 Euler 替换**. 可以得到

$$ax + b = xt^2 + 2\sqrt{c}t, \quad x = \frac{2\sqrt{c}t - b}{a - t^2},$$

$$\sqrt{ax^2 + bx + c} = \frac{\sqrt{c}t^2 - bt + \sqrt{c}a}{a - t^2}, \qquad \mathrm{d}x = \frac{2(\sqrt{c}t^2 - bt + \sqrt{c}a)}{(a - t^2)^2}\,\mathrm{d}t.$$

情形 (iii) 当二次式 $ax^2 + bx + c$ 有两个互异的实根 λ 和 μ 时, 可以作下面的所谓的**第三种 Euler 替换**: 由

$$ax^2 + bx + c = a(x - \lambda)(x - \mu),$$

令

$$\sqrt{ax^2 + bx + c} = t(x - \lambda).$$

可得

$$x = \frac{\lambda t^2 - a\mu}{t^2 - a}, \quad \sqrt{ax^2 + bx + c} = \frac{a(\lambda - \mu)t}{t^2 - a}, \quad \mathrm{d}x = \frac{2a(\mu - \lambda)t}{(t^2 - a)^2}\,\mathrm{d}t.$$

以下可以按照前面情况下的程序讨论即可.

注意, 上面的几种 Euler 替换看起来多少有点突兀, 实则它们有明确的几何背景, 即代数曲线的有理参数化的常用做法. 事实上, 考虑平面二次曲线 $y^2 = ax^2 + bx + c$, 取过曲线上的任一点 $P_0(x_0, y_0)$ 的割线 $\ell : y - y_0 = t(x - x_0)$, 其中 t 是参数, ℓ 与曲线交于两点 P_0 和 $P(x(t), y(t))$, 满足

$$y_0^2 = ax_0^2 + bx_0 + c, \qquad (y_0 + t(x - x_0))^2 = ax^2 + bx + c.$$

整理得

$$2y_0 t + t^2(x - x_0) = a(x + x_0) + b,$$

由此可知 $P(x(t), y(t))$ 的坐标为

$$x(t) = x_0 - \frac{2y_0 t - 2ax_0 - b}{t^2 - a}, \qquad y(t) = y_0 - \frac{(2y_0 t - 2ax_0 - b)t}{t^2 - a}.$$

然后被积函数就可以化为关于 t 的有理函数从而可以积出来了.

容易看出一种特殊情况, 如果 $c = 0$, 形如 $\int R(x, y)\,\mathrm{d}x = R(x, \sqrt{ax^2 + bx})\,\mathrm{d}x$ 的不定积分, 则可以选 $(x_0, y_0) = (0, 0)$, 从而有有理参数化

$$x = \frac{b}{t^2 - a}, \qquad y = \frac{bt}{t^2 - a}, \qquad \mathrm{d}x = \frac{-2bt}{(t^2 - a)^2}.$$

更一般些, 由二元多项式 $P(x, y) = 0$ 给出的代数曲线, 如果有一个好的有理参数化表达, 那么与此有关的由隐函数确定的不定积分就能积出来. 我们仅举一个例子简单介绍这个做法.

例 8.4.7 设 $y = y(x)$ 是方程 $y^2(x - y) = x^2$ 确定的隐函数. 计算不定积分

$$\int \frac{1}{y^2}\,\mathrm{d}x.$$

解 由方程看出 $x = 0 \iff y = 0$, 要计算的积分要求 $y \neq 0$.

令 $y = tx$, t 为参数, $t \neq 0$. 代入方程, 则隐函数 $y = y(x)$ 可以写成参数方程

$$\begin{cases} x = \dfrac{1}{t^2(1 - t)}, \\ y = \dfrac{1}{t(1 - t)}, \end{cases} \quad \text{从而有} \quad \mathrm{d}x = \frac{3t - 2}{t^3(1 - t)^2}\,\mathrm{d}t.$$

利用换元法

$$\int \frac{1}{y^2}\,\mathrm{d}x = \int t^2(1-t)^2 \frac{3t-2}{t^3(1-t)^2}\,\mathrm{d}t = \int \left(3 - \frac{2}{t}\right)\mathrm{d}t$$

$$= 3t - 2\ln|t| + c = \frac{3y}{x} - 2\ln\left|\frac{y}{x}\right| + c.$$

4. 形如 $\int x^m(a+bx^n)^p\,\mathrm{d}x$ 的不定积分

这里的常数 $a,b \in \mathbb{R}, m,n,p \in \mathbb{Q}, abnp \neq 0$.

稍微观察一下这个函数的表达式, 不难发现有可能出现根号套根号的情况. 所以我们从尽可能去掉根号这一基本出发点入手, 比如作变换

$$x^n = t, \quad x = t^{\frac{1}{n}}, \quad \mathrm{d}x = \frac{1}{n}t^{\frac{1}{n}-1}\,\mathrm{d}t.$$

所以被积函数的微分表示式为

$$x^m(a+bx^n)^p\,\mathrm{d}x = t^{\frac{m}{n}}(a+bt)^p \cdot \frac{1}{n}t^{\frac{1}{n}-1}\,\mathrm{d}t = \frac{1}{n}t^{\frac{m+1}{n}+p-1}\left(\frac{a+bt}{t}\right)^p\,\mathrm{d}t.$$

可以看出, 如果

$$\frac{m+1}{n} \in \mathbb{Z}, \quad \text{或者} \quad \frac{m+1}{n}+p \in \mathbb{Z}, \quad \text{或者} \quad p \in \mathbb{Z},$$

则上面的式子就完全转化为前面已经讨论过的情况. 在微积分早期就已经知道这些情况能积出来. 有趣的是, Chebyshev 在 19 世纪中叶证明了这也是能积出来的所有情况. 换句话说, 我们 (不加证明) 介绍 Chebyshev 的一个结论:

形如 $\int x^m(a+bx^n)^p\,\mathrm{d}x$ $(m,n,p$ 均为有理数) 的积分能积出来的充要条件是 p, $\frac{m+1}{n}, p+\frac{m+1}{n}$ 三者至少有一个是整数. 根据这个结论, 我们可以构造如下积不出来的不定积分 (椭圆积分):

$$\int \frac{1}{\sqrt{1-x^3}}\,\mathrm{d}x, \qquad \int \frac{1}{\sqrt{1-x^4}}\,\mathrm{d}x.$$

另一方面, 通过调整 m,n,p 可以知道不定积分

$$\int \frac{\sqrt{x}}{\sqrt{1-x^3}}\,\mathrm{d}x$$

是能积出来的, 读者可自行思考.

例 8.4.8 求不定积分 $I = \int \frac{\sqrt[3]{1+\sqrt[4]{x}}}{\sqrt{x}}\,\mathrm{d}x = \int x^{-\frac{1}{2}}\left(1+x^{\frac{1}{4}}\right)^{\frac{1}{3}}\,\mathrm{d}x.$

解 $m = -\frac{1}{2}, n = \frac{1}{4}, p = \frac{1}{3}$. 由于 $\frac{m+1}{n} = 2 \in \mathbb{Z}$, 所以此积分能积出来. 作变量替换 $t = \sqrt[3]{1+\sqrt[4]{x}}$, 直接运算可得如下结论:

$$I = \frac{3}{7}t^4(4t^3 - 7) + c.$$

再把 $t = t(x)$ 代入即可.

习题 8.4

1. 求下列不定积分:

(1) $\displaystyle\int \frac{\mathrm{d}x}{(x+1)(x+2)^2}$;

(2) $\displaystyle\int \frac{\mathrm{d}x}{x^4 + x^2 + 1}$;

(3) $\displaystyle\int \frac{1+x^4}{1+x^6}\,\mathrm{d}x$;

(4) $\displaystyle\int \frac{\mathrm{d}x}{1+x^3}$;

(5) $\displaystyle\int \frac{x^4\,\mathrm{d}x}{x^2+1}$;

(6) $\displaystyle\int \frac{(x^4+1)\,\mathrm{d}x}{(x^2+1)^2}$.

2. 求下列不定积分:

(1) $\displaystyle\int \sin^{-\frac{3}{2}} x \cos^{-\frac{5}{2}} x\,\mathrm{d}x$;

(2) $\displaystyle\int \sin^{-\frac{1}{2}} x \cos^{\frac{1}{2}} x\,\mathrm{d}x$;

(3) $\displaystyle\int \sqrt{1+\sin x}\,\mathrm{d}x$;

(4) $\displaystyle\int \frac{x+\sin x}{1+\cos x}\,\mathrm{d}x$;

(5) $\displaystyle\int \frac{\mathrm{d}x}{\sin x - \sin \alpha}$;

(6) $\displaystyle\int \frac{\mathrm{d}x}{\sin(x+a)\cos(x+b)}$.

3. 计算不定积分 $\displaystyle\int \frac{x^2}{(x\sin x + \cos x)^2}\,\mathrm{d}x$.

4. 设 $y = y(x)$ 是方程 $x^3 + y^3 = x^2 + y^2$ 确定的隐函数, 试计算不定积分 $\displaystyle\int \frac{1}{y^3}\,\mathrm{d}x$.

5. 在承认 $\displaystyle\int \frac{\mathrm{e}^x}{x}\,\mathrm{d}x$ 不是初等函数的前提下, 问 $\displaystyle\int \mathrm{e}^x P_n\left(\frac{1}{x}\right)\,\mathrm{d}x$ 何时为初等函数, 其中 $P_n(x)$ 为 n 次多项式.

参考文献

[1] SAYEL A A. The mth ratio test: new convergence tests for series. The American Mathematical Monthly, 2008, 115(6): 514-524.

[2] 波利亚, 舍贵. 数学分析中的问题和定理: 第一卷. 张奠宙，宋国栋，等，译. 上海: 上海科学技术出版社, 1981.

[3] 陈传章, 金福临, 朱学炎, 等. 数学分析: 上册. 2 版. 北京: 高等教育出版社, 1983.

[4] 陈传章, 金福临, 朱学炎, 等. 数学分析: 下册. 2 版. 北京: 高等教育出版社, 1983.

[5] 陈纪修, 於崇华, 金路. 数学分析: 上册. 3 版. 北京: 高等教育出版社, 2019.

[6] 陈纪修, 於崇华, 金路. 数学分析: 下册. 3 版. 北京: 高等教育出版社, 2019.

[7] 陈天权. 数学分析讲义: 第一册. 北京: 北京大学出版社, 2009.

[8] 陈天权. 数学分析讲义: 第二册. 北京: 北京大学出版社, 2010.

[9] 陈天权. 数学分析讲义: 第三册. 北京: 北京大学出版社, 2010.

[10] 程艺, 陈卿, 李平. 数学分析讲义: 第一册. 北京: 高等教育出版社, 2019.

[11] 程艺, 陈卿, 李平. 数学分析讲义: 第二册. 北京: 高等教育出版社, 2020.

[12] 程艺, 陈卿, 李平, 等. 数学分析讲义: 第三册. 北京: 高等教育出版社, 2020.

[13] 常庚哲, 史济怀. 数学分析教程: 上册. 3 版. 合肥: 中国科学技术大学出版社, 2012.

[14] 常庚哲, 史济怀. 数学分析教程: 下册. 3 版. 合肥: 中国科学技术大学出版社, 2013.

[15] 崔尚斌. 数学分析教程: 上册. 北京: 科学出版社, 2013.

[16] 崔尚斌. 数学分析教程: 中册. 北京: 科学出版社, 2013.

[17] 崔尚斌. 数学分析教程: 下册. 北京: 科学出版社, 2013.

[18] 布雷苏. 微积分溯源: 伟大思想的历程. 陈见柯, 林开亮, 叶卢庆, 译. 北京: 人民邮电出版社, 2022.

[19] 丁传松, 李秉彝, 布伦. 实分析导论. 北京: 科学出版社, 1998.

[20] DUNHAM W. 微积分的历程: 从牛顿到勒贝格. 李伯民, 汪军, 张怀勇, 译. 北京: 人民邮电出版社, 2010.

[21] 菲赫金哥尔茨. 微积分学教程 (第 8 版): 第一卷. 杨弢亮, 叶彦谦, 译. 北京: 高等教育出版社, 2006.

[22] 菲赫金哥尔茨. 微积分学教程 (第 8 版): 第二卷. 徐献瑜, 冷生明, 梁文骐, 译. 北京: 高等教育出版社, 2006.

[23] 菲赫金哥尔茨. 微积分学教程 (第 8 版): 第三卷. 路见可, 余家荣, 吴亲仁, 译. 北京: 高等教育出版社, 2006.

[24] 郝兆宽, 杨睿之, 杨跃. 数理逻辑证明及其限度. 上海: 复旦大学出版社, 2014.

[25] 华东师范大学数学系. 数学分析: 上册. 5 版. 北京: 高等教育出版社, 2019.

[26] 华东师范大学数学系. 数学分析: 下册. 5 版. 北京: 高等教育出版社, 2019.

[27] 郇中丹, 刘永平, 王昆扬. 简明数学分析. 2 版. 北京: 高等教育出版社, 2009.

[28] 黄玉民, 李成章. 数学分析. 2 版. 北京: 科学出版社, 2004.

[29] HUNT R A. On the convergence of Fourier series//Proceedings of the Conference on Orthogonal Expansions and Their Continuous Analogues. Carbondale: Southern Illinois University Press, 1968: 235-255.

[30] HUYNH E. A second Raabe's test and other series tests. The American Mathematical Monthly, 2022, 129(9): 865-875.

[31] 吉林大学数学系. 数学分析: 上册. 北京: 人民教育出版社, 1978.

[32] 吉林大学数学系. 数学分析: 中册. 北京: 人民教育出版社, 1978.

[33] 吉林大学数学系. 数学分析: 下册. 北京: 人民教育出版社, 1978.

[34] KOLMOGOROFF A N. Une série de Fourier-Lebesgue divergente presque partout. Fundamenta mathematicae, 1923(4): 324-328.

[35] KOLMOGOROFF A N. Une série de Fourier-Lebesgue divergente partout. Comptes Rendus de l' Académie des Sciences Paris, 1926, 183: 1327-1328.

[36] KÖRNER T W. Uniqueness for trigonometric series. Annals of Mathematics, 1987, 126(1): 1-34.

[37] 李逸. 基本分析讲义: 第一卷 上册. 北京: 高等教育出版社, 2025.

[38] 李逸. 基本分析讲义: 第一卷 下册. 北京: 高等教育出版社, 2025.

[39] 刘玉琏, 傅沛仁, 林玎, 等. 数学分析讲义: 上册. 5 版. 北京: 高等教育出版社, 2008.

[40] 刘玉琏, 傅沛仁, 林玎, 等. 数学分析讲义: 下册. 5 版. 北京: 高等教育出版社, 2008.

[41] 楼红卫. 数学分析——要点 • 难点 • 拓展. 北京: 高等教育出版社, 2020.

[42] 楼红卫. 微积分进阶. 北京: 科学出版社, 2009.

[43] 楼红卫. 数学分析: 上册. 北京: 高等教育出版社, 2022.

[44] 楼红卫. 数学分析: 下册. 北京: 高等教育出版社, 2023.

[45] 楼红卫. 数学分析技巧选讲. 北京: 高等教育出版社, 2022.

[46] 梅加强. 数学分析. 2 版. 北京: 高等教育出版社, 2020.

[47] 欧阳光中, 朱学炎, 秦曾复. 数学分析: 上册. 上海: 上海科学技术出版社, 1983.

[48] 欧阳光中, 朱学炎, 秦曾复. 数学分析: 下册. 上海: 上海科学技术出版社, 1982.

[49] 裴礼文. 数学分析中的典型问题与方法. 3 版. 北京: 高等教育出版社, 2021.

[50] PRUS-WIŚNIOWSKI F. A refinement of Raabe's test. The American Mathematical Monthly, 2008, 115(3): 249-252.

[51] 齐民友. 重温微积分. 北京: 高等教育出版社, 2004.

[52] RUDIN W. 数学分析原理 (原书第 3 版). 赵慈庚, 蒋铎, 译. 北京: 机械工业出版社, 2004.

[53] SCHRAMM M, TROUTMAN J, WATERMAN D. Segmentally alternating series. The American Mathematical Monthly, 2014, 121(8): 717-722.

[54] 佘志坤. 全国大学生数学竞赛参赛指南. 北京: 科学出版社, 2022.

[55] 佘志坤. 全国大学生数学竞赛解析教程 (数学专业类)——数学分析: 上册. 北京: 科学出版社, 2024.

[56] STUART C. An inequality involving $\sin(n)$. The American Mathematical Monthly, 2018, 125(2): 173-174.

[57] 陶哲轩. 陶哲轩实分析. 王昆扬, 译. 北京: 人民邮电出版社, 2008.

[58] TRENCH W F. Introduction to Real Analysis. Upper Saddle River: Prentice Hall, 2003.

[59] 王昆扬. 数学分析简明教材. 北京: 高等教育出版社, 2015.

[60] WATSON G N. A Treatise on the Theory of Bessel Functions. 2nd ed. Cambridge: Cambridge University Press, 1944.

[61] 伍胜健. 数学分析: 第一册. 北京: 北京大学出版社, 2009.

[62] 伍胜健. 数学分析: 第二册. 北京: 北京大学出版社, 2010.

[63] 伍胜健. 数学分析: 第三册. 北京: 北京大学出版社, 2010.

[64] 小平邦彦. 微积分入门 I: 一元微积分. 裴东河, 译. 北京: 人民邮电出版社, 2008.

[65] 小平邦彦. 微积分入门 II: 多元微积分. 裴东河, 译. 北京: 人民邮电出版社, 2008.

[66] 肖文灿. 集合论初步. 2 版. 北京: 商务印书馆, 1950.

[67] 谢惠民, 恽自求, 易法槐, 等. 数学分析习题课讲义: 上册. 2 版. 北京: 高等教育出版社, 2018.

[68] 谢惠民, 恽自求, 易法槐, 等. 数学分析习题课讲义: 下册. 2 版. 北京: 高等教育出版社, 2019.

[69] 辛钦. 数学分析八讲. 王会林, 齐民友, 译. 北京: 人民邮电出版社, 2010.

[70] 叶怀安. 连续函数列的极限函数的一个性质及其应用. 湖南数学年刊, 1985, 5(2): 87-88.

[71] 张福保, 薛星美. 数学分析 (全三册). 北京: 科学出版社, 2022.

[72] 张锦文. 公理集合论导引. 北京: 科学出版社, 1991.

[73] 张筑生. 数学分析新讲: 第一册. 北京: 北京大学出版社, 1990.

[74] 张筑生. 数学分析新讲: 第二册. 北京: 北京大学出版社, 1990.

[75] 张筑生. 数学分析新讲：第三册. 北京: 北京大学出版社, 1991.

[76] 周民强. 实变函数论. 3 版. 北京: 北京大学出版社, 2016.

[77] 周民强. 数学分析习题演练: 第一册. 北京: 科学出版社, 2006.

[78] 周民强. 数学分析习题演练: 第二册. 北京: 科学出版社, 2006.

[79] 卓里奇. 数学分析 (第 4 版): 第一卷. 蒋铎, 王昆扬, 周美珂, 等, 译. 北京: 高等教育出版社, 2006.

[80] 卓里奇. 数学分析 (第 4 版): 第二卷. 蒋铎, 钱珮玲, 周美珂, 等, 译. 北京: 高等教育出版社, 2006.

[81] ZYGMUND A. Trigonometric Series. 3rd ed. Cambridge: Cambridge University Press, 2002.

常用符号

$\mathbb{N}$	自然数集
$\mathbb{Z}, \mathbb{Z}_+$	整数集, 正整数集
$\mathbb{Q}, \mathbb{Q}_+$	有理数域, 正有理数集
$\mathbb{R}, \mathbb{R}_+$	实数域, 正实数集
$\mathbb{R}^n$	n 维欧氏空间
$\mathbb{C}$	复数域
$\mathbb{C}^n$	n 维复空间
S^{n-1}	$\mathbb{R}^n$ 中单位球面, 即 $\{\boldsymbol{x} \in \mathbb{R}^n \mid \|\boldsymbol{x}\| = 1\}$
$\mathbb{S}^n$	n 阶实对称矩阵全体
$B_r(\boldsymbol{x})$	半径为 r, 中心在 $\boldsymbol{x} \in \mathbb{R}^n$ 的开球
$\mathring{B}_r(\boldsymbol{x})$	半径为 r, 中心在 $\boldsymbol{x} \in \mathbb{R}^n$ 的去心开球
$I_r(\boldsymbol{x})$	边长为 $2r$, 中心在 $\boldsymbol{x} \in \mathbb{R}^n$ 且各边平行于坐标轴的闭方体
$\boldsymbol{A}^{\mathrm{T}}, \boldsymbol{x}^{\mathrm{T}}$	矩阵 $\boldsymbol{A}$, 向量 $\boldsymbol{x}$ 的转置
$\boldsymbol{x} \cdot \boldsymbol{y}$	$\mathbb{R}^n$ 中向量 $\boldsymbol{x}$ 与 $\boldsymbol{y}$ 的内积, 也常用 $\langle \boldsymbol{x}, \boldsymbol{y} \rangle$, $\boldsymbol{x}^{\mathrm{T}} \boldsymbol{y}$ 表示
$\langle x, y \rangle$	内积空间中两个元素 x, y 的内积
$\|\boldsymbol{x}\|_p$	$\mathbb{R}^n$ 中向量 $\boldsymbol{x} = (x_1, x_2, \cdots, x_n)^{\mathrm{T}}$ 的 p-范数 $\left(\sum\limits_{k=1}^{n} |x_k|^p \right)^{\frac{1}{p}}$
$\|\boldsymbol{A}\|_p$	方阵 $\boldsymbol{A} \in \mathbb{R}^{n \times n}$ 的诱导范数 $\|\boldsymbol{A}\|_p := \max\limits_{\|\boldsymbol{x}\|_p = 1} \|\boldsymbol{A}\boldsymbol{x}\|_p$
$\|\boldsymbol{x}\|$	$\mathbb{R}^n$ 中向量 $\boldsymbol{x}$ 通常的范数, 即 $\|\boldsymbol{x}\|_2$
$\|\boldsymbol{A}\|$	方阵 $\boldsymbol{A} \in \mathbb{R}^{n \times n}$ 通常的诱导范数 $\|\boldsymbol{A}\|_2$
$\nu(E)$	$\mathbb{R}^n$ 中 Jordan 可测集 E 的 Jordan 测度 (容积)——长度、面积、体积
a^+, a^-	实数 a 的正部 $(|a| + a)/2$ 与负部 $(|a| - a)/2$

$a \vee b, a \wedge b$	实数 a, b 的最大值和最小值
$\operatorname{Re} z, \operatorname{Im} z$	复数 $z = a + b\mathrm{i}$ 的实部 a 和虚部 b, 其中 a, b 为实数
χ_E	集合 E 的特征函数, 即在 E 上取值为 1, 在其余点上取值为 0 的函数
$\exists$	存在
$\forall$	对于所有
$\gg, \ll$	大大大于, 大大小于
a.e.	几乎处处
s.t.	使得
$\varnothing$	空集
$\in, \ni$	$a \in E$ 和 $E \ni a$ 均表示 a 是 E 的元素
$\subseteq, \supseteq$	$E \subseteq F$ 和 $F \supseteq E$ 均表示集合 E 包含于集合 F, 即 F 包含 E
$\subset, \supset$	$E \subset F$ 和 $F \supset E$ 均表示集合 E 真包含于集合 F, 即 F 真包含 E
$\subset\subset$	集合的紧包含关系, $E \subset\subset F$ 当且仅当 $\overline{E}$ 是 F 的紧子集
$E\{\varphi \in F\}$	表示集合 $\{x \in E \mid \varphi(x) \in F\}$. 在 E 明确的情况下, 简记为 $\{\varphi \in F\}$
$f(D)$	当 f 是映射, D 是集合时, 表示 D 的像集 $\{f(x) \mid x \in D\}$
$\cap$	集合的交, $A \cap B$ 表示同时属于 A 和 B 的所有元素组成的集合
$\cup$	集合的并, $A \cup B$ 表示属于 A 或属于 B 的所有元素组成的集合
$\backslash$	集合的差, $A \backslash B$ 表示属于 A 而不属于 B 的所有元素组成的集合
$\mathscr{C}$	集合的补, $\mathscr{C}E$ 表示在全集 X 明确的情况下, E 的补集 $X \backslash E$
E°	集合 E 的内部, 即 E 的内点的全体
E'	集合 E 的导集, 即 E 的极限点 (聚点) 的全体
$\overline{E}$	集合 E 的闭包
∂E	集合 E 的边界
$\alpha E + \beta F$	线性空间中集合的伸缩、代数和与代数差等, 表示集合 $\{\alpha x + \beta y \mid x \in E, y \in F\}$
$\sum, \prod$	连加号, 连乘号
$[x], \{x\}$	实数 x 的整数部分 (即不大于 x 的最大整数) 与小数部分 (即 $x - [x]$)
$\overline{\lim}, \underline{\lim}$	上极限, 下极限
$\overline{\int}, \underline{\int}$	上积分符号, 下积分符号
$\mathcal{R}(I)$	区间 I 上的 Riemann 可积函数全体
$\mathcal{R}^p(I)$	区间 I 上正部与负部均 p 次 (广义) 可积的函数全体
$\mathcal{R}_{\#}^p(\mathbb{R})$	在 $\mathbb{R}$ 上以 2π 为周期在 $[0, 2\pi]$ 上正负部都 p 次 (广义) 可积函数全体, $1 \leqslant p < +\infty$
C_n^k	在 n 个不同的元素中选取 k 个的组合数

$C^{\omega}(I)$ 区间 $I \subseteq \mathbb{R}$ 上的实解析函数全体

$C^k(\Omega)$ 在 Ω 上有 k 阶连续 (偏) 导数的函数全体

$C_c^k(\Omega)$ 在 Ω 上有紧致集且有 k 阶连续 (偏) 导数的函数全体

$C^{k,\alpha}(\Omega)$ 在 Ω 上 k 阶 (偏) 导数满足 α 次 Hölder 条件的函数全体

$C_{\#}^k(\mathbb{R})$ 在 $\mathbb{R}$ 上以 2π 为周期的 k 阶连续可微函数全体

$\mathscr{S}$ 速降函数全体

$\widehat{f}, \overset{\vee}{f}$ 函数 f 的 Fourier 变换, Fourier 逆变换

$f*g$ 函数 f 和 g 的卷积

ℓ_{∞} 有界实数数列的全体

ℓ_p $1 \leqslant p < +\infty$, p 次可求和序列的全体

索引

郑重声明

高等教育出版社依法对本书享有专有出版权。任何未经许可的复制、销售行为均违反《中华人民共和国著作权法》，其行为人将承担相应的民事责任和行政责任；构成犯罪的，将被依法追究刑事责任。为了维护市场秩序，保护读者的合法权益，避免读者误用盗版书造成不良后果，我社将配合行政执法部门和司法机关对违法犯罪的单位和个人进行严厉打击。社会各界人士如发现上述侵权行为，希望及时举报，我社将奖励举报有功人员。

反盗版举报电话　　（010）58581999　58582371
反盗版举报邮箱　　dd@hep.com.cn
通信地址　　北京市西城区德外大街4号
　　　　　　高等教育出版社知识产权与法律事务部
邮政编码　　100120

读者意见反馈

为收集对教材的意见建议，进一步完善教材编写并做好服务工作，读者可将对本教材的意见建议通过如下渠道反馈至我社。

咨询电话　　400-810-0598
反馈邮箱　　hepsci@pub.hep.cn
通信地址　　北京市朝阳区惠新东街4号富盛大厦1座
　　　　　　高等教育出版社理科事业部
邮政编码　　100029

防伪查询说明

用户购书后刮开封底防伪涂层，使用手机微信等软件扫描二维码，会跳转至防伪查询网页，获得所购图书详细信息。

防伪客服电话　　（010）58582300

图书在版编目（CIP）数据

数学分析. 上册／楼红卫，杨家忠，梅加强编著.
北京：高等教育出版社，2025.3. -- ISBN 978-7-04
-063893-6

Ⅰ. O17

中国国家版本馆 CIP 数据核字第 20255L355A 号

Shuxue Fenxi

策划编辑	李　蕊	出版发行	高等教育出版社
责任编辑	李　蕊	社　　址	北京市西城区德外大街4号
封面设计	王　洋	邮政编码	100120
版式设计	童　丹	购书热线	010-58581118
责任绘图	黄云燕	咨询电话	400-810-0598
责任校对	高　歌	网　　址	http://www.hep.edu.cn
责任印制	赵义民		http://www.hep.com.cn
		网上订购	http://www.hepmall.com.cn
			http://www.hepmall.com
			http://www.hepmall.cn

印　　刷	北京盛通印刷股份有限公司
开　　本	787mm×1092mm　1/16
印　　张	19
字　　数	350 千字
版　　次	2025年3月第1版
印　　次	2025年7月第2次印刷
定　　价	49.80元

本书如有缺页、倒页、脱页等质量问题，
请到所购图书销售部门联系调换

物 料 号　63893-A0

数学"101计划"已出版教材目录